全国注册城乡规划师考试丛书

1
城乡规划原理
真题详解与考点速记

白莹 魏鹏 孙易 主编

中国建筑工业出版社

图书在版编目（CIP）数据

城乡规划原理真题详解与考点速记.1 / 白莹，魏鹏，孙易主编. —北京：中国建筑工业出版社，2021.8
（全国注册城乡规划师考试丛书）
ISBN 978-7-112-26268-7

Ⅰ. ①城… Ⅱ. ①白… ②魏… ③孙… Ⅲ. ①城乡规划—中国—资格考试—自学参考资料 Ⅳ. ①TU984.2

中国版本图书馆CIP数据核字（2021）第127160号

责任编辑：刘 静 陆新之
责任校对：焦 乐

全国注册城乡规划师考试丛书
1 城乡规划原理真题详解与考点速记
白莹 魏鹏 孙易 主编
*
中国建筑工业出版社出版、发行（北京海淀三里河路9号）
各地新华书店、建筑书店经销
北京红光制版公司制版
北京建筑工业印刷厂印刷
*
开本：787毫米×1092毫米 1/16 印张：20¾ 字数：505千字
2021年8月第一版 2021年8月第一次印刷
定价：88.00元
ISBN 978-7-112-26268-7
（37872）

版权所有 翻印必究
如有印装质量问题，可寄本社图书出版中心退换
（邮政编码 100037）

编 委 会

编委会主任：宋晓龙

主　　　编：白　莹　魏　鹏　孙　易

副　主　编：魏易芳　黄　玲　许　琳　彭雨晗

编　　　委：于　丁　韩贞江　王　铮　蔡昌秀　吴云萍　袁思敏
　　　　　　杨　晴

前 言

自1999年原人事部、原建设部印发《注册城市规划师执业资格制度暂行规定》确定国家开始实施城市规划师执业资格制度，至今已有22年。2008年《中华人民共和国城乡规划法》开始实施，2009年《全国注册城市规划师职业资格考试大纲》修订工作启动，随后经历多次修订，从2014年至2020年考试一直沿用《全国注册城市规划师执业资格考试大纲》（2014版）（以下简称"2014版考试大纲"）。2014版考试大纲中采用"掌握、熟悉、了解"三个不同要求程度的用词明确考试备考复习的侧重点，对考试备考辅助大。同时作为专业技术人员职业资格考试来说，每年考试会有1~2题考查国家新政策新动向，因此在大纲之外需要关注国家层面与规划相关的新政策和新动向。

2012年，党的十八大从新的历史起点出发，提出大力推进生态文明建设，建设中国特色社会主义"五位一体"的总布局。2013年，党的十八届三中全会通过《中共中央关于全面深化改革若干重大问题的决定》，提出"建立空间规划体系，划定生产、生活、生态空间开发管制界限，落实用途管制"。

2018年，中共中央印发了《深化党和国家机构改革方案》，组建自然资源部，为统一履行全民所有自然资源资产所有者职责、国土空间用途管制和生态保护修复职责提供了制度基础。2019年1月17日人力资源和社会保障部公布国家职业资格目录，明确注册城乡规划师职业资格实施单位为自然资源部、人力资源社会保障部、相关行业协会。同年5月《中共中央 国务院关于建立国土空间规划体系并监督实施的若干意见》《自然资源部关于全面开展国土空间规划工作的通知》发布，明确指出"按照自上而下、上下联动、压茬推进的原则，抓紧启动编制全国、省级、市县和乡镇国土空间规划（规划期至2035年，展望至2050年），尽快形成规划成果"，"各地不再新编和报批主体功能区规划、土地利用总体规划、城镇体系规划、城市（镇）总体规划、海洋功能区划等"。

为适应新时期新形式的要求，2019年注册城乡规划师考试题目中出现若干关于国土空间规划政策或技术文件题目，题目整体沿用2014版考试大纲。2020年，随着构建国土空间规划体系工作不断推进，相关政策、技术规范文件陆续颁布，8月3日自然资源部国土空间规划局发布《关于增补注册城乡规划师职业资格考试大纲内容的函》，提出为深入贯彻党中央"多规合一"改革精神，进一步落实《中共中央 国务院关于建立国土空间规划体系并监督实施的若干意见》，推进注册城乡规划师职业资格考试与国土空间规划实践需求相适应，决定对注册城乡规划师职业资格考试大纲增补有关内容，明确要求：熟悉国土空间规划相关政策法规；掌握国土空间规划相关技术标准；了解国土空间规划与相关专项规划关系；掌握国土空间规划编制审批及实施监督有关要求。2020年注册城乡规划师职业资格考试正式进入国土空间规划体系时代，题目大部分跳出2014版考试大纲限定，规划原理、规划管理与法规、相关知识、规划实务题目均出现了50%~70%的新考点新内容。由于当前国土空间规划编制工作仍在推进中，适应于国土空间规划的相关政策法规、技术标准目前仍在推进完善中，一定程度上给当年的备考带来了较大的难度。

在 2014 版考试大纲的基础上，紧跟国土空间规划的知识体系新架构和政策标准新动向，识别出四科知识点中的变与不变是备考关键。

因此，关于注册城乡规划师考试的复习重点，有下列几项要着重说明：

1. 架构。充分了解国土空间规划体系建构要求，规划编制所涉及的不同学科跨度、理念、诉求、规划审批、实施监督方面改革，在城乡规划学科知识架构基础上，横向拓展主体功能区制度、土地管理、自然资源管理等学科知识，尤其要以近 2~3 年自然资源部出台的政策法规、技术标准中所涉及的内容为基准建构起国土空间规划知识架构。

规划原理、规划管理与法规、相关知识、规划实务四科的备考知识架构仍存在重合。在对这些重合内容进行整合的过程中，依据从基础理论到实际操作的层次进行分层排列，可以发现一个更清晰的架构，整体的架构分为三层：基础与相关理论、法律法规体系及工作体系。工作体系又分为编制体系和实施体系。读者在复习的过程中应重点围绕此架构对相关内容进行复习，以提高效率，加深理解。

注册城乡规划师考试的知识架构

层次		原理	相关	管理与法规	实务
基础与相关理论		城市与城市发展 城市规划的发展及主要理论与实践 国土空间规划体系 国土空间用途管制 土地管理 自然资源管理 双评价 双评估	建筑学 城市道路交通工程 城市市政公用设施 信息技术在城乡规划中的应用 城市经济学 城市地理学 城市社会学 城市生态与城市环境	国土空间规划体系 国土空间用途管制 土地管理 自然资源管理 双评价 双评估	—
工作体系	编制体系	省级国土空间总体规划 市级国土空间总体规划 详细规划 村庄规划及乡村振兴 城市综合交通规划、历史文化名城保护规划、市政公用设施规划等其他主要规划类型	第三次全国国土调查	省级国土空间总体规划 市级国土空间总体规划 详细规划 村庄规划及乡村振兴	市级国土空间总体规划 居住区规划 村庄规划 城市综合交通规划 历史文化名城保护规划
	实施体系	国土空间规划实施监督 "多规合一""多证合一""多测合一"改革	土地利用计划管理、耕地保护占补平衡等土地资源管理工作，海洋资源管理工作等其他自然资源类型管理工作	国土空间规划实施监督 文化和自然遗产规划管理	国土空间规划实施监督 国土空间规划法律责任
法律法规体系		—	—	国土空间规划相关法律、法规 国土空间规划技术标准与规范 城乡规划法	—

2. 核心。 由于国土空间规划编制工作尚未结束，国土空间规划体系考试内容侧重考查新政策、规范和标准，而中心城区规划，城市综合交通规划、历史文化名城保护规划、市政公用设施等专项规划，控制性详细规划，居住区规划等编制技术仍为现有的城乡规划内容（教材及近十年新出技术标准导则），本书在后半部分增补了国土空间规划体系及其相关文件等内容，考生可以结合真题对其进行复习。

3. 真题。 对于任何考试，真题都是极为重要的，可以说知识架构是对考点的罗列，而考点的形式及重要性是在考题中具体呈现的。本书收集了包括最近三次大纲修订的十年真题（2011～2020年，其中2015～2016年停考），将历年考试题目中涉及的考点进行表格化处理，放于真题后，并通过真题编号体系与考点表格建立检索关联，方便读者查阅考点表格时，直观看到真题出现的频率，了解其重要性，并可以即看即做，巩固所学考点，做到即时反馈、步步为营。

4. 互动。 为了能与读者形成良好的即时互动，本丛书建立了一个QQ群，用于交流读者在看书过程中产生的问题，收集读者发现的问题，以对本丛书进行迭代优化，并及时发布最新的考试动态，共享最新行业文件，欢迎大家加群，在讨论中发现问题、解决问题，相互交流并相互促进！

规划丛书交流QQ群
群号：648363244

微信服务号
微信号：JZGHZX

目 录

第一章 考试趋势变化分析及复习建议

第一节 考试趋势 ………………………………………………………… 2
第二节 出题思路 ………………………………………………………… 4
　一、填空型 …………………………………………………………… 5
　二、判断辨析型 ……………………………………………………… 5
第三节 备考策略 ………………………………………………………… 6
　一、2021年原理备考四大关键词 …………………………………… 6
　二、2021年原理备考复习三步走 …………………………………… 6

第二章 历年真题训练

第一节 2011年真题 ……………………………………………………… 8
第二节 2012年真题 ……………………………………………………… 33
第三节 2013年真题 ……………………………………………………… 61
第四节 2014年真题 ……………………………………………………… 89
第五节 2017年真题 ……………………………………………………… 116
第六节 2018年真题 ……………………………………………………… 144
第七节 2019年真题 ……………………………………………………… 173
第八节 2020年真题 ……………………………………………………… 200

第三章 考点速记

第一节 城市与城市发展 ………………………………………………… 230
　一、城市的概念与内涵 ……………………………………………… 231
　二、城市与乡村 ……………………………………………………… 231
　三、城市的形成与发展规律 ………………………………………… 233
　四、城镇化及其发展 ………………………………………………… 234
　五、城市发展与区域、经济社会及资源环境的关系 ……………… 235
第二节 城市规划的发展及主要理论与实践 …………………………… 236
　一、国外城市与城市规划理论的发展 ……………………………… 237
　二、中国城市与城市规划的发展 …………………………………… 244
　三、世纪之交城乡规划的理论探索和实践 ………………………… 246
第三节 城乡规划体系 …………………………………………………… 247
　一、城乡规划的基本概念 …………………………………………… 247
　二、我国城乡规划体系 ……………………………………………… 249

7

三、城乡规划的制定……249
第四节　**城镇体系规划**……250
　　一、城镇体系规划的作用与任务……250
　　二、城镇体系规划的编制……251
第五节　**总体规划**……252
　　一、城市总体规划的作用和任务……253
　　二、城市总体规划纲要……253
　　三、城市总体规划编制程序和基本要求……254
　　四、城市总体规划基础研究……254
　　五、城镇空间发展布局规划……258
　　六、城市用地布局规划……259
　　七、城市总体规划成果……263
　　八、镇总体规划的工作范畴及任务……264
　　九、镇总体规划编制……265
第六节　**详细规划**……267
　　一、控制性详细规划……268
　　二、修建性详细规划……270
　　三、村庄规划……271
第七节　**专项规划**……272
　　一、城市综合交通规划……273
　　二、历史文化遗产保护规划……280
　　三、城市市政公用设施规划……282
　　四、其他主要专项规划……285
第八节　**其他主要规划类型**……287
　　一、居住区规划……288
　　二、风景名胜区规划……290
　　三、城市设计……292
第九节　**城乡规划实施**……295
　　一、城乡规划实施的含义、作用与机制……295
　　二、城乡规划实施的基本内容……296
第十节　**国土空间规划**……298
　　一、全面深化改革背景下的国土空间规划体系……299
　　二、国土空间规划改革进程……302
　　三、国土空间规划的基本概念……305
　　四、国土空间规划体系……306
　　五、国土空间规划编制体系……311
　　六、国土空间规划技术支撑……315
　　七、用途管制与资源总量管理……317
　　八、规划实施与监督监管……322

第一章 考试趋势变化分析及复习建议

第一节 考 试 趋 势

对2017年至2020年收集的题目按不同主题内容板块的分布进行整理与统计（2020年题目未收集全，当前收集90道题），不难看出，2017年、2018年和2019年三年考试内容均有涉及，题目数量设置相似，而2020年是原理考题全面转向国土空间规划体系的第一年，考题针对不同内容板块题目数量设置变化较大（图1-1-1）。

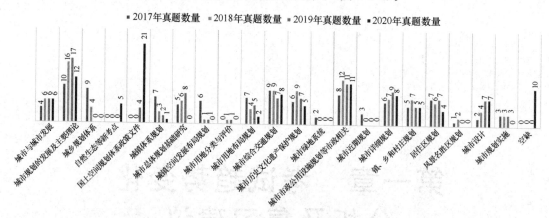

图1-1-1 2017～2020年城乡规划原理考题考点分布情况
（注：图例内容参考全国城市规划执业制度管理委员会．城市规划原理：
2011年版［M］．北京：中国计划出版社，2011.）

2020年题目相较前几年考题偏难，考试题目并不局限于自然资源部国土空间规划局在2020年8月3日发布的"增补大纲"。从国土空间规划体系涉及的学科内容来看，需要关注城乡规划学科中心城区规划及交通、历史文化、市政等专项规划内容，建设用地开发管控（控制性详细规划、规划实施监督），以土地管理法、耕地保护为主要内容的土地管理，以生态保护为主的自然资源管理。国土空间用途管制要素从单一走向综合，从割裂走向系统，建设用地开发管控是考试重点，森林、草原、湿地等自然资源空间保护管控同样也成为考试重点，同时，自然资源产权制度改革、自然资源管理与生态保护红线管理、双评价之间的关联性同样是2020年考试中的考查重点。

从图1-1-2可以看出：城市与城市发展、城市规划的发展及主要理论等内容基本保持不变；城乡规划体系的内容全部替换为"国土空间规划"；城镇体系规划内容被删除；城市总体规划中城市总体规划作用、城市总体规划基础研究同样因国土空间规划体系建构，在考题中被舍弃，直到城市综合交通规划、城市历史文化遗产保护规划、城市市政公用设施规划、城市综合防灾规划等内容才出现考题；城市详细规划中出现很多考题，详细规划仍在国土空间规划体系中占据一席之地，在注册城乡规划师职业资格考试中仍处于保留的状态；镇、乡、村规划则主要侧重考国土空间规划政策文件及政策热点内容；其他主要规划类型中居住区规划是直接考察新规划标注，城市设计出的题目很偏；城乡规划实施内容没有进行考察，但是在前面国土空间规划政策文件中有涉及。

国土空间规划改革进入注册规划考试中，占比约为30%～35%。这个占比会随着国土空间规划政策技术标准的进一步完善而提升，紧跟改革的步伐是非常有必要的。从

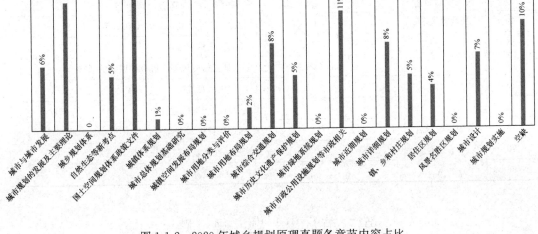

图 1-1-2　2020 年城乡规划原理真题各章节内容占比

2020 年规划原理考试试题分析中可以看到，仍然是重要板块内容的有城市与城市发展、城市规划的发展及主要理论、城市综合交通规划体系、城市历史文化遗产保护规划、城市市政公用设施规划、城市综合防灾规划、详细规划等，这些内容在国土空间规划编制中仍然是基础性的知识体系。考题中出现的新考点除了增补大纲的政策文件之外，还涉及土地管理法、自然生态保护等内容，在复习备考中需要按照国土空间规划体系构建要求横向拓展知识体系，补充相关学科重要知识点（表 1-1-1）。

2020 年城乡规划原理真题中涉及国土空间规划的考点内容　　表 1-1-1

题目		考点内容
18	国土空间规划新政策文件	国土空间规划编制目的
19		海洋功能区划遵循原则
22		双评价
23		省级国土空间规划矿产资源开发要求
24		省级国土空间规划传导要求
25		三条控制线
26		城镇开发边界线
27		省级国土空间规划必要成果
29		省级国土空间规划主体功能分区
30		生态保护红线
31		省级国土空间规划重点管控
32		省级双评价生态保护重要性评价内容
33		市县国土空间开发保护现状评估指南（试行）评价指标

续表

题目		考点内容
34	国土空间规划新政策文件	生态修复和国土空间综合整治
36		关于以"多规合一"为基础推进规划用地"多审合一、多证合一"改革的通知
68		乡镇级国土空间规划
69		国务院印发《乡村振兴战略规划（2018—2022年）》
88		生态文明体制改革
97		自然资源部办公厅关于加强村庄规划促进乡村振兴的通知
13	其他新的考点	生态足迹
14		土地管理法土地用途管制
15		湿地保护规划内容
70		土地管理法在宅基地三权分立
86		公益林

第二节 出题思路

规划原理选择题题目类型有两种：填空型选择题和判断辨析型选择题。填空型选择题选项为1对3错，直接考查知识点的掌握程度。判断辨析型选择题需要逐项辨析来判断选项是否准确，考查知识点的综合应用能力（图1-2-1）。

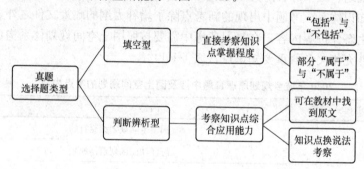

图1-2-1 城乡规划原理考试选择题题目类型

2017年和2018年真题题目类型比例相同，填空型33道，判断辨析型67道。2019年真题填空型题目增至48道，判断辨析型52道。2020年真题填空型题目减少至26道，其中半数题目为国土空间规划新政策或新知识点，判断辨析型增加至74道（图1-2-2）。

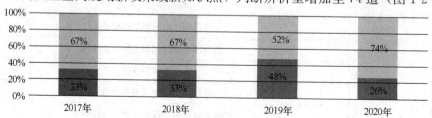

图1-2-2 2017~2020年填空型与判断辨析型真题数目占比统计

一、填空型

考察重点：知识点掌握程度，需要通过复习来掌握重要的知识点。

应对策略：需要认真复习，把控细节。

真题举例：2020-017、2020-028。

2020-017. 根据现行《中华人民共和国土地管理法》，国家实行(　　)用途管制制度。

　　A. 空间　　　　　　　　　　B. 国土
　　C. 国土空间　　　　　　　　D. 土地

【答案】D

2020-028. 下列人口数量中，不属于城市规模划分标准的划分档位的是(　　)。

　　A. 20万人　　　　　　　　　B. 50万人
　　C. 200万人　　　　　　　　 D. 500万人

【答案】D

二、判断辨析型

考察重点：考察不准确或者错误选项的逻辑错误，包括：①概念混淆；②断章取义；③是非不分；④张冠李戴；⑤以偏概全/以全概偏；⑥换相近词汇（不是含义相近，而是长得像，错把李鬼当李逵）；⑦充分条件与必要条件颠倒。

应对策略：复习时抓住"基本概念名词—基本概念的内涵与边界—各个概念相互之间的关系表达"认知线。审题时判断是考概念的内涵边界，还是考各概念相互关系；分析是否存在上述逻辑上的错误，透过文字观察背后的逻辑关系是否准确；排除法去掉最不可能选的答案，最后剩两个的情况下，选择错误程度最大的选项。

真题举例：2020-001、2020-003、2010-032。

2020-001. 下列关于城市本质特征的表述，不准确的是(　　)。

　　A. 城市是人类文明的结晶
　　B. 城市的集聚效益是其不断发展的根本动力
　　C. 城市是政治统治、军事防御和商品交换的聚集地
　　D. 城市是非农人口集聚的居民点

【答案】D

【解析】选项D为断章取义的逻辑错误，漏掉非农产业集聚。

2020-003. 按照城镇化的基本概念，不属于城镇化范畴的是(　　)。

　　A. 原有农业用地上出现大量建筑物、构筑物，土地景观发生变化
　　B. 第一产业向第二、三产业转变，产业结构发生变化
　　C. 城市生活方式向农村地区扩散和普及，家庭生活模式发生变化
　　D. 学历结构提高、老龄化加速，人口结构发生变化

【答案】D

【解析】选项D为概念混淆的逻辑错误，学历结构提高、老龄化加速与城镇化基本没有关系，从逻辑错误上来说，属于随便乱扣帽子，随便找不相干的词句凑错误答案。

2010-032. 关于组团式城市总体布局的表述，下列哪项是不准确的？（ ）

A. 各组团应根据功能基本完善、居住与工作基本平衡的原则予以组织
B. 组团规模不宜太小，应配套完善的生活服务设施
C. 各组团之间必须要有城市干路以上级别的道路相连
D. 各组团之间应有明确的自然分隔

【答案】D

【解析】采用排除法来做题目，需要对组团城市有常识性的认识，选择说法上存在问题最大的选项。组团式城市典型代表是深圳市，城市交通拥堵问题非常严重，城市通勤压力非常大，现在超级大城市、大城市都是在规划中引导发展组团式城市，减少职住不平衡问题，减少城市内部长距离通勤交通。A选项、B选项、C选项是对的，符合组团城市布局的要求。D选项为必要条件和充分条件混淆的逻辑错误。城市总体布局可以按照自然山水分隔，形成组团式布局形式；反过来说是不成立的，组团之间不需要有明确的自然分隔。

第三节 备 考 策 略

一、2021年原理备考四大关键词

考察内容变"宽"： 2020年注册规划考试改革元年，备考需对国土空间规划政策文件重视起来，考生应针对国土空间规划相关政策文件、土地管理、生态保护红线管理等当前国土空间规划编制所涉及的内容进行知识强化与巩固复习。

考试要点变"细"： 2020年城乡规划原理考题特点突出，不少选项直接考原文，考察对原文细节点记忆精准程度。考生需通过理解记忆、习题练习和突击背诵等方式，对政策文件反复揣摩，强化细节、关键词、关键数字等的记忆。

原理架构成"脉"： 城乡规划原理的知识点琐碎但是可以系统化。在复习的时候，尤其是学习国土空间规划新知识时，必须借助思维导图熟悉体系架构相互关系，掌握体系的"脉络"关系。

四大科目成"串"： 2020年注册规划考试中，原理、法规和实务三个科目交集内容多，考生可将相同内容"串"在一起复习，这种横向知识点的串联更有助于在脑海里建构整个的知识框架。

二、2021年原理备考复习三步走

第一步：长线复习，理解记忆： 原理备考复习内容拓展非常多，需要长线复习，考前最好能复习两遍。原理、法规、实务应三科集中发力，相对独立，前期以复习原理为主，中期横向串联复习法规、实务，遇到相同知识点再去查找原理加固，后期三科同时巩固。

第二步：思维导图，日常练题： 通过思维导图辅助建立知识点逻辑框架体系，理顺各规划内容板块内在逻辑。选择题虽然有100题，但是题目涵盖知识面广，需要通过日常练习巩固知识点，熟悉常规错误逻辑套路。

第三步：横向串联，反复回顾： 四科内容交错的部分，一定要横向串联，相互辅助，因为这几门考试的内容边界不太清晰。四科知识点本身就是相连相通的，不要割裂或忽略。

第二章 历年真题训练

第一节 2011年真题

一、单选题（每题四个选项，其中一个选项为正确答案）

2011-001. 城市形成的原因不包括( )。
  A. 军事防御 B. 商品买卖
  C. 集体耕作 D. 产业分工
【答案】C
【解析】城市在三次劳动大分工之后产生，具有军事防御和商品交易的职能，因此选项C符合题意。

2011-002. 城镇化发展的主要动力是( )。
  A. 地理气候条件 B. 法律、法规
  C. 工业与服务业的发展 D. 交通网络的完善
【答案】C
【解析】城镇化发展随着生产力水平的提高、产业结构的变化，由第一产业向第二、第三产业转变，也就是由以农业为主向以工业和服务业为主转化。因此选项C符合题意。

2011-003. 关于城乡统筹的表述，不准确的是( )。
  A. 城乡统筹应统筹城乡的基础设施
  B. 城乡统筹应统筹城乡的医疗与社会保障体系
  C. 城乡统筹的核心任务是保障城乡居民平等的权利
  D. 城乡统筹的核心任务是保障城乡居民的同工同酬
【答案】D
【解析】城乡统筹应统筹城乡经济资源、政治资源、社会资源。城乡居民分工不同，就业模式不同，不能"同工"，生活成本和生活水平不同，不能"同酬"。因此选项D不准确。

2011-004. 古代欧洲城市轴线放射型街道布局主要体现了( )。
  A. 古希腊的民主政治思想 B. 古罗马的强势与享乐观念
  C. 君权统治的意志 D. 中世纪的宗教理念
【答案】C
【解析】17世纪后资产阶级与国王联盟，反对封建割据势力，建立了一批中央集权的绝对军权国家，轴线放射型街道布局是社会君权时期城市特点。因此选项C符合题意。

2011-005. 19世纪巴黎改建是由( )。
  A. 一批有责任心的建筑师发起的 B. 工会组织的
  C. 规划协会组织的 D. 政府组织的
【答案】D
【解析】1853年豪斯曼作为巴黎的行政长官，看到巴黎存在严重的城市环境问题，于是通过政府直接参与组织，对巴黎进行全面的改建。因此选项D符合题意。

2011-006. 下列不属于索里亚·马塔提出的城市形态的内容是（   ）。
   A. 城市平面布局要保证结构对称
   B. 圆形城市形态
   C. 城市点到点的方便联系
   D. 街坊呈矩形或梯形
   【答案】B
   【解析】索里亚·马塔认为铁路是能够做到安全、高效和经济的最好的交通工具，城市的形状理所当然就应该是线形的。这一点也就是线形城市理论的出发点。在余下的其他原则中，索里亚·玛塔还提出城市平面应当呈规矩的几何形状，在具体布置时要保证结构对称，街坊呈矩形或梯形，建筑用地应当至多只占1/5，要留有发展的余地，要公正地分配土地等原则。因此选项B符合题意。

2011-007. 西谛城市规划与设计理念的核心是（   ）。
   A. 强调城市土地使用功能的最大化
   B. 主张人的感受与艺术性空间布局
   C. 要求发展快速公共交通
   D. 优先建设城市行政中心
   【答案】B
   【解析】卡米洛·西谛的城市形态研究，通过对城市空间各类构成要素之间相互关系的探讨，揭示出建立艺术和宜人城市的相互关系的基本原则，强调人的尺度、环境的尺度与人的活动及其感受的协调，从而形成丰富多彩的城市空间和人的活动空间。因此选项B符合题意。

2011-008. 首先提出规划过程理念的是（   ）。
   A. 《雅典宪章》   B. 《马丘比丘宪章》
   C. 柯布西耶的现代城市理念   D. 沙里宁的有机疏散理论
   【答案】B
   【解析】《马丘比丘宪章》认为城市是一个动态系统，要求城市规划师和政策制定人必须把城市看作在连续发展与变化过程中的一个结构体系。因此选项B符合题意。

2011-009. 不属于邻里单位理论所提倡的原则是（   ）。
   A. 创造安全的社区环境   B. 一所小学的服务人口规模
   C. 街坊式的布局   D. 商业服务设施应与其他商业设施对接
   【答案】C
   【解析】邻里单位就是"一个组织家庭生活的社区计划"，因此这个计划不仅要包括住房，而且要包括它们的环境，还要有相应的公共设施，这些设施至少要包括一所小学、零售商店和娱乐设施等。邻里单位由6个要素组成：①规模：一个邻里单位的开发应当提供满足一所小学的服务人口所需要的住房；②边界：邻里单位应当以城市的主要交通干道为边界，这些道路应当足够宽以满足交通通行的需要，避免汽车从居住单位内穿越；③开放空间：应当提供小公园和娱乐空间的系统，它们被计划用来满足特定邻里的需要；④机构用地：学校和其他机构的服务范围应当对应于邻里单位的界限，它们应该适当地围绕着一个中心或公地进行成组布置；⑤地方商业：与服务人口相适应的一个或更多的商业区应当布置在邻里单位的周边，最好是处于道路的交叉处，或与相邻邻里的商业设施共同组成商业区；⑥内部道路系统：邻里单位应当提供特别的街道系统，每一条道路都要与它可能承载的交通量相适应，整个街道网要便于单位内的通行，同时又能阻止过境交通的使用。因此选项C符合题意。

2011-010. 我国古代都城大部分采用规整的空间布局形态，其原因主要是为了(　　)。
　　A. 尊重自然　　　　　　　　B. 便捷交通
　　C. 方便建设　　　　　　　　D. 合乎礼制
【答案】D
【解析】中国古代城市布局思想体现君民不相参，皇权至高无上，核心思想是封建等级制度。因此选项D符合题意。

2011-011. 近代由于交通方式与交通设施的发展而导致原有地位相对衰落的城市是(　　)。
　　A. 郑州　　　　　　　　　　B. 石家庄
　　C. 芜湖　　　　　　　　　　D. 扬州
【答案】D
【解析】扬州历史悠久，文化璀璨，商业昌盛，人杰地灵。它地处江苏省中部，长江与京杭大运河交汇处，是南京都市圈紧密圈城市和长三角城市群城市，国家重点工程南水北调东线水源地。有着"淮左名都，竹西佳处"之称；又有着"中国运河第一城"的美誉，也是中国首批历史文化名城。由于近代交通方式由水路交通向公路、铁路转变，扬州逐渐衰退。因此选项D符合题意。

2011-012. 有关城市规划特点的表述，不确切的是(　　)。
　　A. 城市规划需要考虑城市社会、经济、环境、技术发展等各项因素的综合作用
　　B. 城市规划是政府调控城市空间资源、维护社会公平、保障公共安全和公众利益的重要手段
　　C. 城市规划是从城市的实际问题和需求出发的地方性事务
　　D. 城市规划是在城市发展过程中发挥作用的社会实践
【答案】C
【解析】现代城市规划的主要特点：①综合性，城市的社会、经济、环境和技术发展等各项要素，既互为依据，又相互制约。因此选项A正确。②政策性，城市规划发展和建设的战略部署，同时也是政府调控城市空间资源、指导城乡发展与建设、维护社会公平、保障公共安全和公众利益的重要手段。因此选项B正确。③民主性，城市规划涉及城市发展和社会公共资源的配置，需要代表最为广大的人民的利益。因此选项C错误。④实践性，城市规划是在城市发展过程中的一项社会实践。因此选项D正确。

2011-013. 有关《城乡规划法》的表述，不准确的是(　　)。
　　A.《城乡规划法》是国家法律体系的组成部分

B. 国务院部门和省级人民政府制定行政规章时必须符合《城乡规划法》
C. 所有的城乡规划建设管理行为都不得违背《城乡规划法》
D. 制定《城乡规划法》的目的就是确立各类法定城乡规划的权威性

【答案】D

【解析】制定《城乡规划法》的目的就是为了加强城乡规划管理，协调城乡空间布局，改善人居环境，促进城乡经济社会全面协调可持续发展。因此选项D错误。

2011-014. 下列表述中，错误的是(　　)。
A. 城乡规划主管部门是各级人民政府的组成部门
B. 城乡规划主管部门负责各自行政辖区内的城乡规划管理工作
C. 上级城乡规划主管部门对下级城乡规划主管部门进行业务指导和监督
D. 下级城乡规划主管部门应当定期向上级城乡规划主管部门报告城乡规划实施情况，并接受监督

【答案】D

【解析】城乡规划作为政府行为，不同的政府机构在其中担当着不同的职责。其"纵向"行政关系及其与其他政府部门之间"横向"行政关系共同组成了城市规划行政体系。因此，《城乡规划法》第五十二条规定，地方各级人民政府应当向本级人民代表大会常务委员会或者乡、镇人民代表大会报告城乡规划的实施情况，并接受监督。上级城乡规划行政主管部门无权监督下级政府城乡规划实施情况，因此选项D说法错误。

2011-015. 有关县人民政府所在地镇规划体系的表述，错误的是(　　)。
A. 镇总体规划由县人民政府组织编制
B. 镇控制性详细规划由县人民政府城乡规划主管部门组织编制
C. 镇的修建性详细规划由镇人民政府组织编制
D. 县人民政府城乡规划主管部门组织编制重要地块的修建性详细规划

【答案】C

【解析】《城乡规划法》第二十条：镇人民政府根据镇总体规划的要求，组织编制镇的控制性详细规划，报上一级人民政府审批。县人民政府所在地镇的控制性详细规划，由县人民政府城乡规划主管部门根据镇总体规划的要求组织编制，经县人民政府批准后，报本级人民代表大会常务委员会和上一级人民政府备案。因此选项C错误。

2011-016. 全球化时代的城镇地域分工最显著的特点是(　　)。
A. 金字塔型　　　　　　B. 功能明确
C. 垂直结构　　　　　　D. 没有规律

【答案】C

【解析】全球化时代的城镇地域分工特点是以市场为导向，以跨国公司为核心的经济活动全过程中各个环节（管理策划、研究开发、生产制造、流通销售等）的垂直功能分工。因此选项C符合题意。

2011-017. 有关省域城镇体系规划的表述，正确的是(　　)。
A. 应制定全省（自治区）经济社会发展目标

B. 应制定全省（自治区）城镇化和城镇发展战略
C. 由省（自治区）住房和城乡建设厅组织编制
D. 由省（自治区）人民政府审批

【答案】B

【解析】省域城镇体系规划的核心内容是制定全省（自治区）城镇化和城镇发展战略，确定区域城镇发展用地规模的控制目标，省域城镇体系由省、自治区人民政府组织编制报国务院审批，选项A错误，选项B正确。省域城镇体系规划应由省、自治区人民政府组织编制，报国务院审批，选项C、D错误。

2011-018. 不属于省域城镇体系规划内容的是（　　）。

A. 城镇规模控制　　　　　　　B. 区域重大基础设施布局
C. 划定省域内必须控制开发的区域　　D. 历史文化名城保护规划

【答案】D

【解析】《城乡规划法》第十三条：省、自治区人民政府组织编制省域城镇体系规划，报国务院审批。省域城镇体系规划的内容应当包括：城镇空间布局和规模控制，重大基础设施的布局，为保护生态、环境、资源等需要严格控制的区域。因此选项D符合题意。

2011-019. 不属于城镇体系规划内容的是（　　）。

A. 统筹安排区域社会服务设施
B. 提出实施规划的政策措施
C. 确定城镇体系规划区的范围
D. 确定保护区域生态环境、自然环境和人文景观及历史遗产的原则和措施

【答案】C

【解析】城镇体系规划属于战略规划，一般研究范围即行政辖区，无城镇体系规划区范围一说，因此选项C符合题意。

2011-020. 关于城镇体系的表述中，错误的是（　　）。

A. 城镇体系是以一个相对完整区域内的城镇群体为研究对象，不同的区域有不同的城镇体系
B. 没有一个具有一定经济社会影响力的中心城市，就不可能形成有现代意义的城镇体系
C. 城镇体系是有一定数量的城镇所组成的，城镇之间一般存在着性质、规模和功能方面的差别
D. 在一定区域空间内，相互缺乏联系的城镇可以构成城镇体系

【答案】D

【解析】城镇体系最本质的特征是相互联系，因此选项D错误。

2011-021. 下列表述中，正确的是（　　）。

A. 城镇体系规划体现各级政府事权
B. 城镇体系规划涉及全国、省域、地（市）域、县（市）域、镇域等层次

C. 城镇体系规划需要单独编制并报批
D. 城镇体系规划的对象只涉及城镇

【答案】A

【解析】城镇体系规划是一个综合的多目标规划，涉及社会经济各个部门、不同空间层次乃至不同的专业领域，按行政等级和管辖范围，可以分为全国城镇体系规划、省域（或自治区域）城镇体系规划、市域（包括直辖市以及其他市级行政单元）城镇体系规划等，一级政府、一级规划、一级事权，城镇体系规划按照行政等级编制相应等级城镇体系规划，体现各级政府事权，选项A正确，B选项错误。全国城镇体系规划、省域（或自治区域）城镇体系规划需要单独编制并报批，市域城镇体系规划作为城市总体规划的一部分，可不单独编制并报批，选项C错误。城镇体系规划的对象除了城镇之外，还需考虑区域基础设施支撑系统、区域开发管制区域等，选项D错误。

2011-022. 城市总体规划进行区域环境调查的范围应为( )。

A. 该城市所在的省域 B. 该城市的经济区域
C. 该城市的市域 D. 该城市的规划区

【答案】B

【解析】在城市总体规划阶段，指城市与周边发生相互作用的其他城市和广大的农村腹地所共同组成的地域范围。此处指的相互作用关系，主要是经济联系。因此选项B符合题意。

2011-023. 编制城市总体规划必须进行深入细致的调查工作。下列表述中，正确的是( )。

A. 自然环境调查的主要方法是地形图判读
B. 经济环境调查的核心是了解城市建设资金状况
C. 历史环境调查主要是了解历史文物的分布情况
D. 住房及居住环境调查需要了解城市现状居住水平

【答案】D

【解析】城市住房及居住环境调查需了解城市现状居住水平、中低收入家庭住房状况、居民住房意愿、居住环境，选项D正确。自然环境涉及自然地理环境、气象因素、生态因素，选项A不准确。经济环境调查包括城市整体的经济状况，城市中各产业部门的状况，城市土地经济方面内容，城市建设资金的筹措、安排与分配，选项B不准确。历史环境调查主要把握城市的经济、社会和政治状况的发展演变，选项C不准确。

2011-024. 下列不属于规划现状调查主要方法的是( )。

A. 建立数学模型 B. 查阅地方志
C. 企业访谈 D. 出行调查

【答案】A

【解析】现状调查的方法包括：现场踏勘（出行调查）、抽样或问卷调查（查阅地方志）、访谈和座谈调查（企业访谈）、文献资料收集。因此选项A符合题意。

2011-025. 在城市规划调查中，社会环境的调查不包括( )。

A. 人口的年龄结构、自然变动、迁移变动和社会变动
B. 构成城市社会各类群体以及它们之间的相互关系
C. 城市与周边发生相互作用的其他城市和广大的农村腹地所共同组成的地域范围内的城乡状况
D. 城乡医疗卫生系统的基本情况

【答案】C

【解析】社会环境的调查包括：①人口方面，主要涉及人口的年龄结构、自然变动、迁移变动和社会变动；②社会组织和社会结构方面，主要涉及构成城市社会各类群体及它们之间的相互关系，包括家庭规模、家庭生活方式、家庭行为模式及社区组织等；③还有政府部门、其他公共部门及各类企业事业单位的基本情况。因此选项C符合题意。

2011-026. 关于城乡规划实施评估的表述，错误的是( )。
A. 应评价规划方案的优劣
B. 应跟踪评价规划目标实现情况
C. 应定期进行评估
D. 应确定是否需要修改规划

【答案】A

【解析】在城乡规划实施期间，需要结合当地经济社会发展的情况定期对规划目标实现的情况进行跟踪评估，及时监督规划的执行情况，及时调整规划实施的保障措施，提高规划实施的严肃性。同时，对城乡规划进行全面、科学的评估，也有利于及时研究规划实施中出现的新问题，及时总结和发现城乡规划的优点和不足，为继续贯彻实施规划或者对其进行修改提供可靠的依据，提高规划实施的科学性，从而避免有些地方政府及某领导违反法定程序，随意干预和变更规划。因此选项A错误。

2011-027. 构成人口机械增长的因素是( )。
A. 人口结构   B. 人口死亡
C. 人口出生   D. 人口迁移

【答案】D

【解析】机械增长是指由于人口迁移所形成的变化量，因此选项D符合题意。

2011-028. 根据《城市规划编制办法》，不属于城市总体规划纲要编制内容的是( )。
A. 提出市域空间管制原则
B. 确定市域各城镇建设标准
C. 安排建设用地、农业用地、生态用地和其他用地
D. 提出建立综合防灾体系的原则和建设方针

【答案】C

【解析】城市总体规划纲要编制内容包括：①提出市域城乡统筹发展战略；②确定生态环境、土地和水资源、能源、自然和历史文化遗产保护等方面的综合目标和保护要求，提出空间管制原则；③预测市域总人口及城镇化水平，确定各城镇人口规模、职能分工、空间布局方案和建设标准；④原则确定市域交通发展策略；⑤提出城市规划区范围；⑥分

析城市职能、提出城市性质和发展目标；⑦提出禁建区、限建区、适建区范围；⑧预测城市人口规模；⑨研究中心城区空间增长边界，提出建设用地规模和建设用地范围；⑩提出交通发展战略及主要对外交通设施布局原则，提出重大基础设施和公共服务设施的发展目标，提出建立综合防灾体系的原则和建设方针。因此选项 C 符合题意。

2011-029. 下列可以不划入规划区的是( )。

　　A. 城市生态控制区　　　　　　　　B. 基本农田保护区
　　C. 区域重大基础设施廊道　　　　　D. 水源保护区

【答案】B

【解析】《城乡规划法》所称规划区，是指城市、镇和村庄的建成区，以及因城乡建设和发展需要，必须实行规划控制的区域。应划定城乡规划区，充分考虑对水源地、生态控制区廊道、区域重大基础设施廊道等城乡发展保障条件的保护要求，充分考虑城乡规划主管部门依法实施城乡规划的必要性与可行性，综合确定规划区范围。因此选项 B 符合题意。

2011-030. 下列关于城市总体布局的表述，不准确的是( )。

　　A. 小城市规模小，应尽可能采用集中式的总体布局
　　B. 大城市规模大，应尽可能采用组团式的总体布局
　　C. 集中式的总体布局可以节约用地，减少城市蔓延发展的压力
　　D. 组团式总体布局的城市应在组团内做到居住与工作的基本平衡

【答案】C

【解析】集中式的总体布局可以节约用地，但城市用地大面积集中布置，不利于城市道路交通组织，进一步发展会出现"摊大饼"现象，使城市总体布局陷入混乱。因此选项 C 符合题意。

2011-031. 关于城市用地布局的表述，不准确的是( )。

　　A. 仓储用地宜布置在地势较高、地形有一定坡度的地区
　　B. 港口的杂货作业区一般应设在离城市较远、具有深水的岸线段
　　C. 具有生产技术协作关系的企业应尽可能布置在同一工业区内
　　D. 不宜把有大量人流的公共服务设施布置在交通量大的交叉口附近

【答案】B

【解析】港口选址与规划应合理进行岸线分配与作业区布置。岸线分配应遵循"深水深用、浅水浅用、避免干扰、各得其所"的原则。水深 10m 的岸线可停万吨级船舶，应充分用作港口泊位；接近城市生活区的位置应留出一定长度的岸线为城市生活休憩使用。一个综合性城市的港口通常按客运、煤、粮、木材、石油、件杂货、集装箱以及水陆联运等作业要求布置成若干个作业区。因此选项 B 不准确。

2011-032. 关于城市布局的表述，不准确的是( )。

　　A. 静风频率高的地区不宜布置排放有害废气的工业
　　B. 铁路编组站应安排在城市郊区，并避免被大型货场、工厂区包围
　　C. 城市道路布局时，道路走向应尽量平行于夏季主导风向

D. 各类大型设施应统一集聚配置,以发挥联动效应

【答案】D

【解析】在静风频率高的地区,空气流通不良会使污染物无法扩散而加重,不宜布置排放有害废气的工业,选项A正确。铁路编组站要避免与城市的相互干扰,同时考虑职工的生活,宜布置在城市郊区,并避免被大型货场、工厂区包围,选项B正确。城市道路布局时,道路走向应尽量平行于夏季主导风向,选项C正确。某些专业设施统一聚集配置,可以发挥联动效应,如文化馆、戏剧院等公共设施安排在一个地区。D选项为各类大型设施统一聚集配置,而有些设施是需要分级分层配置的,要区别对待,因此选项D错误。

2011-033. 城市用地建设条件评价中不包括( )。
A. 地质灾害
B. 城市用地布局结构
C. 交通系统的协调性
D. 人口结构及人口分布的密度

【答案】A

【解析】城市用地建设条件评价与城市用地自然条件相对应,城市用地建设条件评价更强调"人为因素"造成的影响,根据此特征可进行判断。因此选项A符合题意。

2011-034. 下列表述中,不准确的是( )。
A. 在城市中心附近安排居住功能,可以防止夜晚的"空城化"
B. 设置步行商业街区,有利于减少小汽车的使用
C. 在一些大城市或都会地区,通过建立城市副中心,可以分解市级中心的部分职能
D. 在城市中心安排文化设施,可以增强城市中心的吸引力

【答案】B

【解析】设置商业步行街时,如果步行街有良好的公共交通枢纽,可能会减少小汽车使用,但是当步行街公共交通不完善,从某种程度上将会增加小汽车的使用,需要在步行街的周边设置截留式停车设施。因此选项B不准确。

2011-035. 关于城市用地工程适宜性评定的表述,错误的是( )。
A. 对平原河网地区的城市必须重点评价水质条件
B. 对山区和丘陵地区的城市必须重点评价地形、地貌
C. 对地震区的城市,必须重点评价地质构造
D. 对矿区附近的城市,必须重点评价地下矿

【答案】A

【解析】平原河网地区的城市必须重点分析水文和地基承载力的情况。因此选项A错误。

2011-036. 普通仓储用地布局应考虑的因素不包括( )。
A. 坡度有利于排水
B. 地下水位低
C. 远离主要城市居住区
D. 便捷的交通运输条件

【答案】C

【解析】普通仓储用地布局应考虑的因素包括:①满足仓储用地的一般技术要求,地

势较高,地形平坦,有一定坡度,利于排水;②有利于交通运输;③有利于建设,有利于经营使用;④节约用地,有发展余地;⑤沿河、湖、海布置仓库时,必须留出岸线;⑥保护环境。因此选项C符合题意。

2011-037. 影响工业用地规模预测的主要因素不包括(   )。
　　A. 城市主导产业的变化　　　　　　B. 各主要工业门类的产值
　　C. 劳动生产率的提高　　　　　　　D. 现状工业用地的布局
　　【答案】D
　　【解析】工业用地规模的计算可能要复杂一些,一般从两个角度出发进行预测。一个是按照各主要工业门类的产值预测和该门类工业的单位产值所需用地规模来推算;另一个是按照各主要工业门类的职工数与该门类工业人均用地面积来计算。其中,城市主导产业的变化、劳动生产率的提高、工业工艺的改变等因素均会对工业用地的规模产生较大的影响。因此选项D符合题意。

2011-038. 关于商业用地布局的表述,不准确的是(   )。
　　A. 商业用地应选择高地价区域布局
　　B. 为居民日常生活服务的商业用地应结合一定规模的居住用地进行布局
　　C. 商业用地应布置在通达性好的地点
　　D. 商业用地应远离有污染的工业用地
　　【答案】A
　　【解析】商业用地布局要合理配置,按照与居民生活的便利程度、结合道路与交通规划综合考虑。因此选项A不准确。

2011-039. 下列表述中,错误的是(   )。
　　A. 道路功能应与毗邻用地性质相协调
　　B. 道路系统应完整通畅
　　C. 各级道路要有相同密度和不同的面积率
　　D. 城市道路系统应与对外交通系统有方便的联系
　　【答案】C
　　【解析】各级道路的密度和面积率显然是不相同的。因此选项C错误。

2011-040. 关于城市综合交通规划中交通调查的表述,不准确的是(   )。
　　A. 居民出行调查通常采用抽样调查
　　B. 车辆出行调查通常采用抽样调查
　　C. 吸引点调查通常采用抽样调查
　　D. 交通小区是研究分析居民、车辆出行及分布的空间最小单元
　　【答案】C
　　【解析】吸引点调查采用城市道路交通调查,调查方法为对吸引点进行人流、车流的计数以及到达人员出行情况的问卷调查。因此选项C错误。

2011-041. 关于城市综合交通规划的表述,不准确的是(   )。

A. 交通发展需求预测应以现状用地布局为依据
B. 综合交通规划应体现城市综合交通体系发展的总体目标和相关要求
C. 交通网络布局、重大交通基础设施布局应进行多方案比较
D. 编制过程中，应采取多种方式征求相关部门和公众意见

【答案】A

【解析】交通发展需求预测应以规划用地布局为依据，因此选项A错误。

2011-042. 在城市综合交通规划中，不属于交通发展战略研究任务的是（　　）。

A. 优化选择交通发展模式
B. 确定交通发展与市域城镇布局、城市土地使用的关系
C. 提出城市用地功能组织和规划布局原则和要求
D. 提出交通发展政策和策略

【答案】B

【解析】城市交通发展战略研究的任务有：
确定城市综合交通发展目标，确定城市交通发展模式，制定城市交通发展战略和城市交通政策，预测城市交通发展、交通结构和各项指标，提出实施规划的重要技术经济政策和管理政策。
选项B说法中交通发展与市域城镇布局的关系要充分尊重相关行业和省域城镇体系规划的安排，不属于城市综合交通中交通发展战略研究的任务，符合题意。

2011-043. 关于城市道路横断面选择与组合的表述，不准确的是（　　）。

A. 交通性主干路宜布置为分向通行的二块板横断面
B. 机、非分行的三块板横断面常用于城市生活性主干路
C. 次干路宜布置为一块板横断面
D. 支路宜布置为一块板横断面

【答案】A

【解析】交通性主干道，应采用解决对向交通干扰的两块板或者采用机动车快车道和机、非混行慢车道组合的四块板，选项A错误。机、非分行的三块板，良好地解决了机动车有一定速度和非机动车比较多的矛盾，较适合生活型主干道，选项B正确。次干路可布置为一块板横断面，支路宜布置为一块板横断面，选项C、D正确。

2011-044. 关于公路客运站的布局原则，错误的是（　　）。

A. 公路客运站一般布置在城市中心区边缘附近
B. 公路客运站的布置一般应远离铁路客运站
C. 公路客运站布置一般应与城市公共交通换乘枢纽相结合
D. 公路客运站应尽量与对外公路干线有便捷的联系

【答案】B

【解析】公路客运站一般布置在城市中心区边缘附近或靠近铁路客运站、水运客运站附近，并与城市公共交通枢纽及城市对外公路干线有方便的联系。因此选项B错误。

2011-045. 下列缓解城市中心区停车矛盾的措施中，错误的是（　　）。

A. 设置独立的地下停车库
B. 结合公共交通枢纽设置停车设施
C. 在城市中心布置自行车停车设施
D. 在商业中心附近的步行街或广场上设置机动车停车场

【答案】D

【解析】为了缓解城市中心地段的停车矛盾，对城市中心地段内的机动车交通管制是必要的，可在城市中心地段交通限制区边缘设置截流性的停车设施，并可以结合公共交通换乘枢纽，形成包括小汽车停车功能在内的小汽车与中心地段内部交通工具的换乘设施，这样，车辆在中心区边缘可以截留，改换乘公共交通。选项A、B、C均为有效措施。在商业中心附近的步行街或广场停车会降低公共空间品质，是错误的做法，因此选项D错误。

2011-046. 关于交通枢纽在城市中的布局原则的表述，错误的是(　　)。
A. 对外交通枢纽的布置主要取决于城市对外交通设施在城市的布局
B. 城市公共交通换乘枢纽一般应结合大型人流集散点布置
C. 客运交通枢纽不能过多地冲击和影响城市交通性主干路的通畅
D. 货运交通枢纽应结合城市公共交通换乘枢纽布置

【答案】D

【解析】货运交通枢纽的布局应与产业布局、主要交通设施（港口、铁路、公路等）、城市土地使用等密切结合，尽量靠近发生、吸引源，以实现物流组织的最优化，减少城市道路的交通量。因此选项D错误。

2011-047. 下列不属于申报历史文化名城必要条件的是(　　)。
A. 历史上曾经作为政治、经济、文化、交通中心或军事要地
B. 保留着传统格局和历史风貌
C. 历史建筑集中成片
D. 在申报的历史文化名城范围内有两个以上的历史文化街区

【答案】A

【解析】具备下列条件的城市、镇、村庄，可以申报历史文化名城、名镇、名村：①保存文物特别丰富；②历史建筑集中成片；③保留着传统格局和历史风貌；④历史上曾经作为政治、经济、文化、交通中心或者军事要地，或者发生过重要历史事件，或者其传统产业、历史上建设的重大工程对本地区的发展产生过重要影响，或者能够集中反映本地区建筑的文化特色。因此选项A符合题意。

2011-048. 关于历史文化名城保护规划内容的表述，不准确的是(　　)。
A. 应包括城市格局及传统风貌与延续
B. 应保护与历史文化密切相关的自然地貌、水系、风景名胜、古树名木
C. 应划定历史地段（历史文化街区）、历史建筑（群）、文物古迹和地下文物埋藏区的保护界线
D. 应合理调整历史城区的职能，控制人口容量，限制市政设施的建设

【答案】D

【解析】历史文化名城保护规划应合理调整历史城区的职能，控制人口容量，疏解城区交通，改善市政设施，以及提出规划的分期实施及管理的建议。因此选项D错误。

2011-049. 下列不属于划定历史文化街区原则的是(　　)。

A. 有比较完整的历史风貌
B. 构成历史风貌的历史建筑和历史环境要素基本上是历史存留的原物
C. 历史文化街区占地面积不小于1公顷
D. 街区内文物古迹和历史建筑的总建筑面积不少于保护区内建筑总量的60%

【答案】D

【解析】划定历史文化街区原则包括：①有比较完整的历史风貌；②构成历史风貌的历史建筑和历史环境要素基本上是历史存留的原物；③历史文化街区占地面积不小于$1hm^2$；④历史文化街区内文物古迹和历史建筑的占地面积宜达到保护区内建筑总用地的60%以上。因此选项D符合题意。

2011-050. 关于城市绿地系统规划与实施的表述，不准确的是(　　)。

A. 城市绿地系统规划的编制主体是城市规划行政主管部门，但需会同园林主管部门共同编制，并纳入城市总体规划
B. 城市绿化行政主管部门主管本行政区域内城市规划区的城市绿化工作
C. 城市规划区内的风景林地属于城市绿地系统的重要组成内容，但不属于城市建设用地
D. 城市公共绿地和居住区绿地的建设，应当以植物造景为主

【答案】C

【解析】城市绿地系统规划是城市总体规划的专项规划，城市绿地系统规划的编制主体是城市规划行政主管部门，但需会同园林主管部门共同编制，并纳入城市总体规划。城市规划区内的风景林地属于城市绿地系统的重要组成内容，属于绿地G1，属于城市建设用地。因此选项C错误。

2011-051. 根据《城市水系规划规范》（GB 50513—2009）关于水域控制线划定的相关规定，下列表述中错误的是(　　)。

A. 有堤防的水体，宜以堤顶不临水一侧边线为基准划定
B. 无堤防的水体，宜按防洪、排涝设计标准所对应的洪（高）水位划定
C. 对水位变化较大而形成较宽涨落带的水体，可按多年平均洪（高）水位划定
D. 规划的新建水体，其水域控制线应按规划的水域范围线划定

【答案】A

【解析】《城市水系规划规范》（GB 50513—2009）第4.2.2条规定：①有堤防的水体，宜以堤顶临水一侧边线为基准划定。②无堤防的水体，宜按防洪、排涝设计标准所对应的洪（高）水位划定。③对水位变化较大而形成较宽涨落带的水体，可按多年平均洪（高）水位划定。④规划的新建水体，其水域控制线应按规划的水域范围线划定。因此选项A符合题意。

2011-052. 关于城市能源规划主要内容的表述，不准确的是( )。
   A. 预测城市能源需求
   B. 平衡能源供需，优化能源结构
   C. 落实能源供应保障措施及空间布局规划
   D. 落实节能技术政策，统筹城乡碳源、碳汇平衡

【答案】D

【解析】城市能源规划主要内容包括：①确定能源规划的基本原则和目标；②预测城市能源需求；③平衡能源供需（包括能源总量和能源品种），并进一步优化能源结构；④落实能源供应保障措施及空间布局规划；⑤落实节能技术措施和节能工作；⑥制定能源保障措施。因此选项D符合题意。

2011-053. 下列不属于城市人防工程专项规划主要内容的是( )。
   A. 城市总体防护
   B. 人防工程建设规划
   C. 防止次生灾害规划
   D. 人防工程建设与城市地下空间开发利用相结合

【答案】C

【解析】城市人防工程专项规划主要内容包括：①城市总体防护；②人防工程建设规划；③人防工程建设与城市地下空间开发利用相结合规划。因此选项C不属于市人防工程专项规划主要内容，符合题意。

2011-054. 按环境要素划分，城市环境保护规划不包括( )。
   A. 大气环境保护规划　　　　B. 水环境保护规划
   C. 噪声污染控制规划　　　　D. 土壤污染控制规划

【答案】D

【解析】城市环境保护规划包括：①大气环境保护规划；②水环境保护规划；③噪声污染控制规划；④固体废弃物污染控制规划。因此选项D符合题意。

2011-055. 城市环境容量的制约条件不包括( )。
   A. 城市自然条件　　　　　　B. 城市社会条件
   C. 经济技术条件　　　　　　D. 历史文化条件

【答案】B

【解析】城市环境容量的制约条件包括：①城市自然条件；②城市现状条件；③经济技术条件；④历史文化条件。因此选项B符合题意。

2011-056. 关于详细规划阶段竖向规划不同方法的表述，不准确的是( )。
   A. 一般的设计方法有高程箭头法、纵横断面法、设计等高线法、方格网法
   B. 高程箭头法的规划设计工作量小，图纸制作较快，易于修改和变动，但此法仅适于地形变化比较简单的情况
   C. 设计等高线法多用于地形变化不太复杂的丘陵地区的规划，能较完整地将任何一

块规划的用地或一条道路与原来的自然地貌作比较并反映填挖方情况，易于调整

D. 纵横断面法应先根据需要的精度在规划平面图上绘出方格网

【答案】A

【解析】详细规划阶段的竖向规划的方法，一般有设计等高线法、高程箭头法、纵横断面法，因此选项A错误。

2011-057. 关于城市用地选择的表述，不准确的是( )。

A. 城市中心区用地应选择地质及防洪排涝条件较好且相对平坦和完整的用地，自然坡度应小于15%

B. 居住用地应选择向阳、通风条件好的用地，自然坡度宜小于30%

C. 工业、仓储用地宜选择便于交通组织和生产工艺流程组织的用地，自然坡度应小于10%

D. 填方较大的区域宜作为城市开敞空间用地

【答案】C

【解析】城市用地选择及用地布局应充分考虑竖向规划的要求，并应符合下列规定：①城市中心区用地应选择地质及防洪排涝条件较好且相对平坦和完整的用地，自然坡度应小于15%（选项A正确）；②居住用地应选择向阳、通风条件好的用地，自然坡度宜小于30%（选项B正确）；③工业、仓储用地宜选择便于交通组织和生产工艺流程组织的用地，自然坡度应小于15%（选项C错误）。根据《城乡建设用地竖向规划规范》（CJJ 83—2016）中要求，超过8米的高填方区宜优先用作绿地、广场、运动场等开敞空间，选项D正确。

2011-058. 城市总体规划阶段的地下空间规划的主要内容不包括( )。

A. 城市地下空间资源的评估

B. 开发利用的指导思想与发展战略

C. 城市地下空间开发利用的分层规划，开发利用的需求

D. 对地下空间的综合开发建设模式、运营管理提出建议

【答案】D

【解析】城市地下空间总体规划的主要内容包括：①城市地下空间开发利用的现状评价；②城市地下空间资源的评估；③城市地下空间开发利用的指导思想与发展战略；④城市地下空间开发利用的需求；⑤城市地下空间开发利用的总体布局；⑥地下空间开发利用的分层规划；⑦地下空间开发利用的各专项设施规划；⑧地下空间规划的实施；⑨地下空间近期建设规划。因此选项D符合题意。

2011-059. 住房建设规划的内容不包括( )。

A. 重点落实保障性住房用地

B. 确定各类住房供应比例

C. 提出住房价格控制目标

D. 提出流动人口住房解决方案

【答案】C

【解析】住房建设规划是我国新提出的一项专题规划，住房建设规划内容侧重于各类住房建设量的计划安排，重点落实保障性住房用地，确定各类住房的供应比例及提出对中、下收入人群的住房解决方案。因此选项 C 不是住房建设规划的内容，符合题意。

2011-060. 城市规划编制办法中，不属于近期建设规划内容的是( )。
A. 确定空间发展时序，提出规划实施步骤
B. 确定近期交通发展策略
C. 确定近期居住用地安排和布局
D. 确定历史文化名城、历史文化街区的保护措施
【答案】A
【解析】近期建设规划内容包括：①确定近期人口和建设用地规模，确定近期建设用地范围和布局；②确定近期交通发展策略，确定主要对外交通设施和主要道路交通设施布局；③确定各项基础设施、公共服务和公益设施的建设规模和选址；④确定近期居住用地安排和布局；⑤确定历史文化名城、历史文化街区、风景名胜区等的保护措施，城市河湖水系、绿化、环境等保护、整治和建设措施；⑥确定控制和引导城市近期发展的原则和措施；⑦城市人民政府可以根据本地区的实际，决定增加近期建设规划中的指导性内容。选项 A 不属于近期建设规划内容，符合题意。

2011-061. 关于控制性详细规划的表述，准确的是( )。
A. 控制性详细规划中确定的各项强制性指标不得更改
B. 控制性详细规划中确定的用地性质不得兼容其他功能
C. 控制性详细规划的编制可以根据需要划分为若干规划控制单元
D. 控制性详细规划中可以划定禁建区、限建区和适建区
【答案】C
【解析】控制性详细规划中指标分为规定性和引导性指标，规划指标的修改需要按照相应程序，选项 A 错误；应该以一种用地性质为主，用地性质可以兼容其他功能，选项 B 错误；禁建区、限建区和适建区是总体规划的内容，选项 D 错误。因此选项 C 符合题意。

2011-062. 在控制性详细规划中，为保证环境质量，应按下限值控制的指标是( )。
A. 绿地率　　　　　　　　　B. 容积率
C. 建筑密度　　　　　　　　D. 地面停车位数量
【答案】A
【解析】绿地率应按下限控制，保证最低环境质量要求。因此选项 A 符合题意。

2011-063. 下列不能作为建筑高度控制直接依据的是( )。
A. 无线电通讯的走廊通道要求
B. 文物保护单位以及历史街区等的风貌保护要求
C. 城市设计中的天际轮廓线控制、视线走廊等方面的控制要求
D. 建筑防火及工程管线布置空间的控制要求
【答案】D

【解析】建筑防火及工程管线布置空间是建筑间距的依据，因此选项D符合题意。

2011-064. 修建性详细规划中一般不需要标注数据的是（　　）。
　　A. 建筑物的最小间距　　　　　　　B. 建筑物后退红线距离
　　C. 首层室内地坪的高程　　　　　　D. 地下车库入口坡道的坡度
【答案】D
【解析】修建性详细规划包括的内容：①地形和地物测量坐标网、坐标值；场地施工坐标网、坐标值；场地四周测量坐标和施工坐标。②建筑物、构筑物的位置，其中主要建筑物、构筑物的坐标、名称、层数、室内设计标高。③拆废旧建筑的范围边界，相邻建筑物的名称和层数。④道路、铁路和排水沟的主要坐标。⑤绿化及景观设施布置。⑥风玫瑰及指北针。⑦主要技术经济指标和工程量表。同时要说明尺寸单位、比例、测绘单位日期、高程系统名称、场地施工坐标网与测量坐标网的关系、补充图例及其他必要的说明。因此选项D符合题意。

2011-065. 修建性详细规划中总平面图的比例尺一般为（　　）。
　　A. 1∶50　　　　　　　　　　　　　B. 1∶500
　　C. 1∶5000　　　　　　　　　　　　D. 1∶50000
【答案】B
【解析】修建性详细规划中总平面图的比例尺一般为1∶500～1∶2000，因此选项B符合题意。

2011-066. 城市修建性详细规划编制的直接依据是（　　）。
　　A. 城市总体规划　　　　　　　　　B. 项目所在地区的控制性详细规划
　　C. 本项目的概念性规划设计成果　　D. 本项目的建筑设计方案
【答案】B
【解析】修建性详细规划的任务是依据已批准的控制性详细规划及城乡规划主管部门提出的规划条件进行建筑布置，控制性详细规划是修建性详细规划的直接依据。因此选项B符合题意。

2011-067. 下列表述中，不准确的是（　　）。
　　A. 随着城镇化的进程，部分村庄将消失
　　B. 重大区域性基础设施建设将使一些村庄迁并
　　C. 可以根据城乡规划预测确定村庄的撤并
　　D. 商业性开发是村庄改变的动因之一
【答案】C
【解析】依据城乡规划，对村庄迁并做出预测，但城乡规划无法对村庄的撤并做出安排确定。因此选项C不准确。

2011-068. 下列表述中，准确的是（　　）。
　　A. 城镇以外地区都是乡村　　　　　B. 城镇建成区内没有村庄
　　C. 乡政府驻地兼有城镇和村庄特征　D. 村域内都是村庄集体土地

【答案】C

【解析】乡政府驻地一般是乡域内的中心村或集镇，兼有城镇和村庄的特征，因此选项C准确。

2011-069. 村庄规划区范围是在( )中划定。

　　A. 城市总体规划　　　　　　　　B. 镇总体规划
　　C. 乡规划　　　　　　　　　　　D. 村庄规划

【答案】D

【解析】《城乡规划法》所称规划区，是指城市、镇和村庄的建成区以及因城乡建设和发展需要，必须实行规划控制的区域。规划区的具体范围由有关人民政府在组织编制的城市总体规划、镇总体规划、乡规划和村庄规划中，根据城乡经济社会发展水平和统筹城乡发展的需要划定。因此选项D符合题意。

2011-070. 村庄规划内容不包括( )。

　　A. 村庄的城镇化战略
　　B. 住宅的用地布局、建设要求
　　C. 农村生产、生活服务设施的用地布局、建设要求
　　D. 耕地等自然资源和历史文化遗产保护、防灾减灾等的具体安排

【答案】A

【解析】村庄规划的内容包括：规划区范围，住宅、道路、供水、排水、供电、垃圾收集、畜禽养殖场所等农村生产、生活服务设施、公益事业等各项建设的用地布局、建设要求，以及对耕地等自然资源和历史文化遗产保护、防灾减灾等的具体安排。因此选项A符合题意。

2011-071. 村庄是( )。

　　A. 农村居民生活和生产的聚居点　　B. 农村居民商品交换聚集地
　　C. 城乡农副产品集散地　　　　　　D. 村政府驻地

【答案】A

【解析】村庄指农村村民居住和从事各种生产活动的聚居点，因此选项A符合题意。

2011-072. 名镇名村保护规划的成果中，不包括( )。

　　A. 村镇历史文化价值概述、保护原则和保护工作重点
　　B. 整体层次上保护历史文化名村、名镇的措施
　　C. 各级文物保护单位的保护范围、建设控制地带以及各类历史文化街区的范围界线，保护和整治的措施要求
　　D. 分析现状保护状况，论证规划意图

【答案】D

【解析】名镇名村保护规划的成果包括：村镇历史文化价值概述；保护原则和保护工作重点；整体层次上保护历史文化名村、名镇的措施，包括功能的改善、用地布局的选择或调整、空间形态和视廊的保护、村镇周围自然历史环境的保护等；各级文物保护单位的保护范围、建设控制地带以及各类历史文化街区的范围界线，保护和整治的措施要求；对

重要历史文化遗存修整、利用和展示的规划意见，重点保护、整治地区的详细规划意向方案；规划实施管理措施等。因此选项 D 符合题意。

2011-073. 下列表述中，正确的是(　　)。

A. 邻里单位是市场经济的居住模式
B. 居住小区是计划经济的居住模式
C. 若干居住街坊可以构成居住小区
D. 邻里单位是在居住小区理论的影响下产生的

【答案】C

【解析】居住小区与邻里单位的内涵基本相同，都是伴随着解决城市问题而发展的，都被当作城市的基本单元，所强调的规划原则在西方国家也一直在实行，只是不同经济体制、不同国情下的建设方式、空间形态等有所不同，选项 A、B 说法不准确。居住小区是在邻里单位理论的影响下产生的，选项 D 说法不正确。居住区按照街坊、小区等模式统一规划、统一建设，若干街坊可以构成居住小区，因此选项 C 正确。

2011-074. 下列表述中，错误的是(　　)。

A. 居住区的住宅用地比重比小区的高
B. 居住区的公建用地比重比小区的高
C. 居住区的公共绿地比重比小区的高
D. 居住区的道路用地比重比小区的高

【答案】A

【解析】居住区住宅用地比重为 50%~60%，居住小区住宅用地比重为 55%~65%，因此选项 A 符合题意。

2011-075. 下列表述中，正确的是(　　)。

A. 居住区绿地率计算中应包括配套公建的绿地
B. 居住区绿地率计算中不包括居住区级道路绿化
C. 居住区绿地率是公共绿地面积与用地面积的比值
D. 居住区绿地率是宅旁绿地面积与住宅用地面积的比值

【答案】A

【解析】《城市居住区规划设计规范》（GB 50180—93）【注：该规范已于 2018 年 12 月 1 日废止】第 7.0.1 条规定，居住区内绿地应包括公共绿地、宅旁绿地、配套公建所属绿地和道路绿地，选项 A 正确，选项 B 错误。此外，还包括满足当地植树绿化覆土要求、方便居民出入的地下或半地下建筑的屋顶绿化，因此，居住区绿地率应是居住区内绿地面积与用地面积的比值，选项 C、D 错误。

2011-076. 在风景名胜区规划中，不属于游人容量统计常用口径的是(　　)。

A. 一次性游人容量　　　　　　B. 日游人容量
C. 月游人容量　　　　　　　　D. 年游人容量

【答案】C

【解析】游客容量一般由一次性游人容量、日游人容量、年游人容量三个层次表示。

因此选项 C 符合题意。

2011-077. 下列关于城市设计的观点，正确的是( )。
   A. 城市总体规划编制中应当使用城市设计的方法
   B. 由政府组织委托的城市设计项目具有法律效力
   C. 我国的城市设计和城市规划是两个相对独立的管理系统
   D. 城市设计与城市规划是两门独立发展起来的学科
   【答案】A
   【解析】工业革命以前，城市规划和城市设计基本上是一回事，并附属于建筑学；从法律意义上来说，城市设计只具有建议性和指导性作用。因此选项 A 正确。

2011-078. 埃利尔·沙里宁最先把( )纳入城市设计考虑的范畴。
   A. 景观学   B. 建筑学
   C. 社会学   D. 文化现象学
   【答案】C
   【解析】埃利尔·沙里宁强调全面的社会调查，以便按照调查的结果来发展城市的物质组织，因此选项 C 符合题意。

2011-079. 不属于城市总体规划实施行为的是( )。
   A. 编制控制性详细规划
   B. 对旧城区改造项目提供奖励
   C. 规定保障性住房的申请条件
   D. 对规划开发区内的建设项目进行规划管理
   【答案】C
   【解析】规定保障性住房的申请条件不属于城市总体规划实施行为，因此选项 C 符合题意。

2011-080. 关于政府部门建设的公益性项目规划管理的表述，不准确的是( )。
   A. 在建设项目报送有关部门批准前，应向城乡规划主管部门申请核发建设项目选址意见书
   B. 在签订国有土地使用权出让合同后，向城乡规划主管部门申领建设用地规划许可证
   C. 申请办理建设工程规划许可证，应向城乡管理提出使用土地的有关证明文件
   D. 项目施工结束后，未经城乡规划主管部门核实符合规划条件，不得组织竣工验收
   【答案】B
   【解析】城市、镇规划区内以划拨方式提供国有土地使用权的建设项目，经有关部门批准、核准、备案后，建设单位应当向城市、县人民政府城乡规划主管部门提出建设用地规划许可申请，由城市、县人民政府城乡规划主管部门依据控制性详细规划核定建设用地的位置、面积、允许建设的范围，核发建设用地规划许可证。建设单位在取得建设用地规划许可证后，方可向县级以上地方人民政府土地主管部门申请用地，经县级以上人民政府审批后，由土地主管部门划拨土地。因此选项 B 错误。

二、多选题（每题五个选项，每题正确答案不少于两个选项，多选或漏选不得分）

2011-081. 单中心城市向多中心城市演化的主要动因包括(   )。
A. 城市规模的扩大与城市人口的增加
B. 城市发展方向与布局结构的改变
C. 城市行政中心的迁移
D. 城市现代服务业的发展与分工的细化
E. 城市轨道系统的形成

【答案】ABE

【解析】随着单中心城市的发展，城市用地和人口规模的增加，需要城市提供新的用地发展方向，城市发展方向与结构布局会发生变化，而新的方向和布局结构可能会产生新的中心。城市发展到一定阶段，在交通易达的（如轨道交通系统交会点）节点也会形成城市新的中心。因此选项A、B、E符合题意。

2011-082. 霍华德"田园城市"理论中不包括(   )。
A. 城市土地归国家所有
B. 城市外围保留永久性绿地
C. 城市中心规划为中心公园
D. 城市土地开发的增值效应归政府所有
E. 城市林荫大道两侧建设居住区

【答案】AD

【解析】城市土地归集体所有，城市开发获得增值仍能归集体所有；城市中央是一个公园；城市之间是农业用地，包括耕地、牧场、果园、森林作为永久性保留的绿地；在林荫道两侧均为居住用地。因此选项A、D符合题意。

2011-083. 城市规划的作用包括(   )。
A. 减少或克服土地使用的外部不经济性
B. 抑制商品房价的过快增长
C. 配置公共设施和基础设施等公共物品
D. 提高人居环境质量
E. 提高城市中心商业的经济效益

【答案】ACD

【解析】城市规划的作用有：①宏观经济条件的调控手段；②保障社会公共利益；③协调社会利益，维护平衡；④改善人居环境。因此选项A、C、D符合题意。

2011-084. 关于城市控制性详细规划制定程序的表述，正确的有(   )。
A. 由城市城乡规划主管部门组织编制
B. 城市城乡规划主管部门将规划草案公告不得少于20日
C. 由城市城乡规划主管部门将规划成果报城市人民政府审批
D. 城市城乡规划主管部门应及时公布批准的城市控制性详细规划
E. 城市城乡规划主管部门应将批准的控制性详细规划报城市人大代表大会常务委员

会和上一级人民政府备案

【答案】ACDE

【解析】组织编制机关将规划草案予以公告，并采取论证会、听证会或者其他方式征求专家和公众的意见。公告的时间不得少于30日，选项B错误。因此选项A、C、D、E符合题意。

2011-085. 城市总体规划中的城市住房调查涉及的内容包括（　　）。

A. 城市现状居住水平　　　　B. 中低收入家庭住房状况
C. 居民住房意愿　　　　　　D. 当地住房政策
E. 居民受教育程度

【答案】ABCD

【解析】城市住房及居住环境调查包括了解城市现状居住水平，中低收入家庭住房状况，居民住房意愿，居住环境，当地住房政策。因此选项A、B、C、D符合题意。

2011-086. 下列（　　）不宜单独作为城市人口规模预测方法，但可以用来校核。

A. 综合平衡法　　　　　　　B. 环境容量法
C. 比例分配法　　　　　　　D. 类比法
E. 职工带眷系数法

【答案】BCD

【解析】城市总体规划采用的城市人口规模预测方法主要有综合平衡法、时间序列法、相关分析法（间接推算法）、区位法和职工带眷系数法。某些人口规模预测方法不宜单独作为预测城市人口规模的方法，但可以作为校核方法使用，例如环境容量法（门槛约束法）、比例分配法、类比法。因此选项B、C、D符合题意。

2011-087. 城市总体规划中的城市规模主要包括（　　）。

A. 用地规模　　　　　　　　B. 人口规模
C. 资源规模　　　　　　　　D. 经济规模
E. 环境容量

【答案】AB

【解析】城市总体规划中的城市规模是以城市人口和城市用地总量所表述的城市大小，城市规模对城市用地及布局形态有重要影响。因此选项A、B符合题意。

2011-088. 与人口规模关系不大的用地类型包括（　　）。

A. 对外交通用地　　　　　　B. 教育科研用地
C. 仓储用地　　　　　　　　D. 军事用地
E. 绿地

【答案】BCD

【解析】教育科研用地、仓储用地、军事用地主要依据城市性质进行规模的推算，与人口规模关系不大。而绿地和对外交通用地均涉及人均指标的限制，关系紧密。因此选项B、C、D符合题意。

2011-089. 关于城市公共中心的表述，正确的有（　　）。
   A. 在选址与用地规模上，要顺应城市发展方向和布局形态
   B. 特大城市的副中心主要起着地区服务的作用
   C. 公共中心应有良好的公共交通可达性
   D. 专业性公共中心功能应避免混合，以提高运营效能
   E. 公共中心的选址应有利于展示城市特征与风貌

【答案】ACDE

【解析】城市公共中心因城市的职能与规模不同，有相应的设施内容与布置方式。特大城市的副中心可以分解市级中心的部分职能，主副中心相辅相成，共同完善市中心的整体功能；公共中心可以相类而聚，也可分别设立；选址与用地规模上，要顺应城市发展方向和布局形态，并为进一步发展留有余地。因此选项A、C、D、E符合题意。

2011-090. 城市综合交通规划中，公共交通系统规划的主要内容包括（　　）。
   A. 确定城市轨道交通的线位设计
   B. 确定城市公共交通的系统结构
   C. 确定城市公共汽车网络，提出公共汽车线位控制原则及控制要求
   D. 确定公共汽（电）车停车场、保养场规划布局和用地控制规模标准
   E. 确定公共交通专用道设置原则和技术要求，规划公共交通专用道网络布局方案

【答案】BCE

【解析】公共交通系统规划的主要内容包括：①城市公共交通发展背景分析；②城市公共交通发展现状分析；③城市公共交通发展战略；④城市公共交通发展需求预测；⑤城市公共交通线网规划；⑥城市公共交通枢纽、场站布局；⑦城市公共交通运营组织；⑧城市公共交通支持系统建设；⑨规划实施安排。因此选项B、C、E符合题意。

2011-091. 在历史文化名镇保护范围内，经批准允许的活动有（　　）。
   A. 修建储存腐蚀性物品的仓库
   B. 改变园林绿地、河湖水系等自然状态
   C. 在核心保护区范围内进行影视摄制
   D. 对历史建筑进行外部修缮装饰
   E. 在历史建筑上刻划、涂污

【答案】BCD

【解析】在历史文化名城、名镇、名村保护范围内进行下列活动，应当保护其传统格局、历史风貌和历史建筑；制定保护方案，经城市、县人民政府城乡规划主管部门会同同级文物主管部门批准，并依照有关法律、法规的规定办理相关手续：①改变园林绿地、河湖水系等自然状态；②在核心保护区范围内进行影视摄制，举办大型群众性活动；③其他影响传统格局、历史风貌或者历史建筑的活动。因此选项B、C、D符合题意。

2011-092. 根据《城市绿地分类标准》（CJJ/T 85—2002），城市绿地系统规划的主要绿地控制指标有（　　）。
   A. 人均公园绿地面积（m^2/人）　　　　B. 人均生产绿地面积（m^2/人）

C. 城市绿地率（%）　　　　　　　　D. 城市公共绿地比例（%）
E. 城市绿化覆盖率（%）

【答案】ACE

【解析】城市绿地指标是反映城市绿化建设质量和数量的量化方式，在《城市绿地分类标准》(CJJ/T 85—2002)中主要控制人均公园绿地面积、人均绿地面积、城市绿地率、城市绿化覆盖率。因此选项A、C、E符合题意。

2011-093. 关于城市燃气管网布置的原则，正确的有( )。
A. 燃气管不能在地下穿过房间
B. 燃气管应尽可能形成环状管网
C. 燃气管不得布置在道路两侧
D. 燃气管和自来水管不得放在同一地沟内
E. 燃气管穿过河流时不得穿越河底埋设

【答案】ABD

【解析】城市燃气管网布置的原则包括：①应结合城市总体规划和有关专业规划进行；②官网规划布线应按城市规划布局进行，贯彻远近结合、以近期为主的原则；③应尽量靠近用户，以保证用最短的线路长度，达到同样的供水效果；④应减少穿、跨越河流、水域、铁路等工程，以减少投资；⑤为确保供气可靠，一般各级官网应沿路布置；⑥燃气管网应避免与高压电缆平行敷设，因感应电场对管道会造成严重腐蚀。因此选项A、B、D符合题意。

2011-094. 城市地质灾害易发区划可分为( )。
A. 多发性地质灾害易发区　　　　B. 突变性地质灾害易发区
C. 缓变性地质灾害易发区　　　　D. 地质灾害易发影响区
E. 地质灾害非易发区

【答案】BCE

【解析】地质灾害易发区可分为突发性地质灾害易发区、缓变性地质灾害易发区和地质灾害非易发区。因此选项B、C、E符合题意。

2011-095. 下列城市总体规划的成果内容，应与省域城镇体系规划衔接的有( )。
A. 城市社会经济发展目标　　　　B. 城市性质
C. 城市规模　　　　　　　　　　D. 中心城区布局
E. 重大基础设施布局

【答案】ABCE

【解析】省域城镇体系规划为城市总体规划的上位规划，城市总体规划确定的内容均应与其衔接，上述各项中，省域城镇体系规划中不确定中心城区布局。因此选项A、B、C、E符合题意。

2011-096. 应编制控制性详细规划的有( )。
A. 城市　　　　　　　　　　　　B. 镇
C. 乡　　　　　　　　　　　　　D. 村庄

31

E. 风景名胜区内的重点建设地段

【答案】ABE

【解析】应编制控制性详细规划的有城市、镇、风景名胜区内重点建设地段。而乡、村庄均只编制乡规划和村庄规划。因此选项A、B、E符合题意。

2011-097. 下列表述中准确的有(　　)。

A. 在编制城市总体规划时应同步编制规划区内的乡、镇总体规划
B. 在编制城市总体规划时可同期编制与中心城区关系密切的镇总体规划
C. 城市规划区内的镇建设用地指标与中心城区建设用地指标一致
D. 城市规划区内的乡和村庄生活服务设施与公益事业由中心城区提供
E. 中心城区的市政公用设施规划也要考虑相邻镇、乡、村的需要

【答案】BE

【解析】《城市规划编制办法》第八条规定，国务院建设主管部门组织编制的全国城镇体系规划和省、自治区人民政府组织编制的省域城镇体系规划，应当作为城市总体规划编制的依据。城市总体规划不必与规划区内的乡、镇总体规划同步编制，选项A错误。城市规划区内的镇建设用地指标应当与城市总体规划的建设用地指标一致，选项C错误。乡和村庄建设规划应当包括住宅、乡村企业、乡村公共设施、公益事业等各项建设的用地布局、用地规划，选项D错误。因此选项B、E符合题意。

2011-098. 编制村庄规划时，编制单位可直接获取村庄人口资料的单位通常包括(　　)。

A. 当地政府人事部门　　　　B. 乡镇派出所
C. 村委会　　　　　　　　　D. 规划局或建设局
E. 当地的人口和计生部门

【答案】BC

【解析】编制村庄规划时，编制单位可直接获取村庄人口资料的单位有乡镇派出所和村委会。因此选项B、C符合题意。

2011-099. 历史文化名城名镇名村保护规划的主要内容包括(　　)。

A. 保护原则、保护内容和保护范围
B. 保护措施、开发强度和建设控制要求
C. 传统格局和历史风貌保护要求
D. 历史文化街区、名镇、名村的核心保护范围和建设控制地带
E. 保护规划近期实施方案

【答案】ABCD

【解析】《历史文化名城名镇名村保护条例》第十四条规定，保护规划应当包括下列内容：①保护原则、保护内容和保护范围；②保护措施、开发强度和建设控制要求；③传统格局和历史风貌保护要求；④历史文化街区、名镇、名村的核心保护范围和建设控制地带；⑤保护规划分期实施方案。历史文化名镇、名村应当整体保护，保持传统格局、历史风貌和空间尺度。因此选项A、B、C、D符合题意。

2011-100. 下列对住宅日照分析的表述中，正确的有(　　)。

A. 日照计算间隔越大，计算精度越低
B. 减小日照计算范围可以保证公平性
C. 大寒日有效日照时间带是 9：00～15：00
D. 住宅落地窗的日照计算起点为地面高度
E. 被遮挡建筑的日照时间与遮挡建筑的宽度及高度有关

【答案】AE

【解析】减少日照计算范围，会造成被遮挡建筑计算不准确，无法保证公平性，选项 B 错误；大寒日有效日照时间带为 8：00～16：00，选项 C 错误；住宅的日照标准计算起点从室内地坪高度 0.9 米算起，选项 D 错误。因此选项 A、E 符合题意。

第二节 2012 年真题

一、单选题（每题四个选项，其中一个选项为正确答案）

2012-001. 中国的市制实行的是哪种行政区划建制模式？（　　）
A. 广域型 　　　　　　　　　B. 集聚型
C. 市带县型　　　　　　　　 D. 城乡混合型

【答案】A

【解析】中国市制实行的是城区型与地域型相结合的行政区划建制模式，一般称为广域型市制。因此选项 A 正确。

2012-002. 农业社会城市的主要职能是（　　）。
A. 经济中心　　　　　　　　 B. 政治、军事或者宗教中心
C. 手工业和商业中心　　　　 D. 技术革新中心

【答案】B

【解析】农业社会生产力低下，城市的数量、规模及职能决定于农业的发展，农业社会的城市没有起到经济中心的作用，城市内手工业和商业不占主导地位，而主要是政治、军事或宗教中心。因此选项 B 符合题意。

2012-003. 下列关于中心城市与所在区域关系的表述，错误的是（　　）。
A. 区域是城市发展的基础
B. 中心城市是区域发展的核心
C. 区域一体化制约中心城市的聚集作用
D. 大都市区是区域与城市共同构成的空间单元类型

【答案】C

【解析】区域是城市发展的基础，城市是区域发展的核心，选项 A、B 正确；在全球竞争时代，区域的角色与作用正在发生巨大的变化，当今与全球一体化相伴而生的一个重要趋势就是区域一体化，很多城市为了在全球竞争体系中获得更大、更强的发展，而在一定的区域内通过各种方式联合起来，一些中心城市与其所在的区域共同构成了参与全球竞争的基本空间单元（如大都市区、都市圈等）。因此选项 C 错误。

2012-004. 下列关于霍华德田园城市理论的表述，正确的是（   ）。
   A. 田园城市倡导低密度的城市建设
   B. 田园城市中每户都有花园
   C. 田园城市中联系各城市的铁路从城市中心通过
   D. 中心城市与各田园城市组成一个城市群
   【答案】C
   【解析】田园城市实质上就是城市和乡村的结合体，每个田园城市的城区用地占总用地的1/6，若干个田园城市围绕着中心城市呈圈状布置，借助于快速的交通工具（铁路）只需要几分钟就可以往来于田园城市与中心城市或田园城市之间。因此选项C符合题意。

2012-005. 勒·柯布西埃于1922年提出了"明天城市"的设想，下列表述中错误的是（   ）。
   A. 城市中心区的摩天大楼群中，除安排商业、办公和公共服务外，还可居住将近40万人
   B. 城市中心区域的交通干路由地下、地面和高架快速路三层组成
   C. 在城市外围的花园住宅区中可居住200万人
   D. 城市最外围是由铁路相连接的工业区
   【答案】D
   【解析】"明天城市"中提出300万人口的城市规划方案，即中央为中心区，除了必要的各种机关、商业和公共设施、文化和生活服务设施外，有将近40万人居住在24栋60层高的摩天大楼中，高楼周围有大片的绿地，建筑仅占5%。在其外围是环形居住带，有60万居民住在多层的板式住宅内。最外围的是可容纳200万居民的花园住宅。中心区有三层干道——地下走重型车、地面用于市内交通、高架道路用于快速交通。因此选项D错误。

2012-006. 影响城市用地发展方向选择的主要因素一般不包括（   ）。
   A. 与城市中心的距离   B. 城市主导风向
   C. 交通的便捷程度   D. 与周边用地的竞争与依赖关系
   【答案】B
   【解析】城市主导风向不是影响城市用地发展方向选择的主要因素，因此选项B符合题意。

2012-007. 下列关于"公交引导开发"（TOD）模式的表述，错误的是（   ）。
   A. 围绕公共交通站点布置公共设施和公共活动中心
   B. 公共交通站点周边应当进行较高密度的开发
   C. 公共交通站点周边应加强步行友好的环境设计
   D. 该模式主要应用于城市新区的建设
   【答案】D
   【解析】根据"公交引导开发"模式的提出背景可知，选项D符合题意。1980年以后，针对美国郊区建设中存在的城市蔓延和对私人小汽车交通的极度依赖所带来的低效率

和浪费问题，新都市主义提出，应当对城市空间组织的原则进行调整，强调要减少机动车的使用量，鼓励使用公共交通，居住区的公共设施和公共活动中心等围绕着公共交通的站点进行布局，使交通设施和公共设施能够相互促进、相辅相成，并据此提出了"公交引导开发"（TOD）模式。

2012-008. 下列关于邻里单位理论的表述，错误的是（　　）。

A. 邻里单位的规模应满足一所小学的服务人口规模

B. 邻里单位的道路设计应避免外部汽车的穿越

C. 为邻里单位内居民服务的商业设施应布置在邻里的中心

D. 邻里单位中应有满足居民使用需要的小型公园等开放空间

【答案】C

【解析】邻里单位周边为城市道路所包围，城市交通不穿越邻里单位内部。邻里单位内部道路系统应限制外部车辆穿越，一般应采用尽端式通路，以保持内部的安全和安静，选项B正确。从小学的合理规模为基础控制邻里单位的人口规模，选项A正确。邻里单位的中心是小学，与其他服务设施一起布置在中心广场或绿地中，选项C错误、选项D正确。

2012-009. 集中体现伍子胥"相土尝水，象天法地"古代生态筑城理念的城市是（　　）。

A. 周王城　　　　　　　　　B. 长安城

C. 阖闾城　　　　　　　　　D. 建业城

【答案】C

【解析】吴国国都遵循了伍子胥提出的"相土尝水，象天法地"的思想，伍子胥主持建造的阖闾城，充分考虑了江南水乡的特点，水网密布，排水通畅，展示了水乡城市规划的高超技巧。因此选项C符合题意。

2012-010. 21世纪以来，为保障法定规划的有效实施，避免城乡建设用地使用失控，我国开始实施（　　）。

A. 新型工业化与城镇化战略

B. 城乡统筹规划

C. 城乡规划监督管理制度

D. 建设用地使用权招标、拍卖、挂牌出让制度

【答案】C

【解析】进入新世纪后，国务院发出《国务院关于加强城乡规划监督管理的通知》，提出要进一步强化城乡规划对城乡建设的引导和调控作用，健全城乡规划建设的监督管理制度，促进城乡建设健康有序发展，因此选项C符合题意。

2012-011. 下列关于经济全球化的城市效应表述，不准确的是（　　）。

A. "全球城市"对世界经济的主导作用愈加明显

B. 跨国公司投资直接促进了发展中国家城市的发展

C. 城市的传统工业面临着全面转型的压力

D. 即使是非常小的城市，也可以在全球网络中与其他地区的城市发生密切关联

【答案】C

【解析】全球城市主要是指那些担当着管理/控制全球经济活动职能的城市,这些城市位于全球城市体系的最高层级,经济全球化导致这些全球性和区域性的经济中心城市,全球和区域经济的主导作用越来越显著,选项A说法准确。制造业资本的跨国投资促进了发展中国家的城市迅速发展,同时也越来越成为跨国公司制造/装配基地,选项B说法准确。以常规流水线为代表的制造/装配职能自1960年代后在整体上不断向第三世界转移,而非常规流水线生产的非标准产品等以及传统工业特别是手工业有在城市中心区和市区继续发展的趋势,选项C说法不准确。经济全球化改变了城市之间、城市与周边区域之间的关系,城市与周边地区和周边城市之间的联系在减弱,即使是一个很小的城市,也可以在全球城市网络中建立与其他城市和地区的跨地区甚至跨国联系,不再需要依赖附近的大城市而对外发生作用,选项D说法准确。

2012-012. 城乡规划不是（　　）的重要依据。

A. 安排城乡建设空间布局　　B. 统筹城乡经济发展
C. 合理利用自然资源　　D. 维护社会公正与公平

【答案】B

【解析】《〈中华人民共和国城乡规划法〉解说》从城乡规划社会作用的角度对城乡规划作了如下定义：城乡规划是各级政府统筹安排城乡发展建设空间布局,保护生态和自然环境,合理利用自然资源,维护社会公正与公平的重要依据,具有重要公共政策的属性,因此选项B符合题意。

2012-013. 下列关于城市规划师角色的表述,错误的是（　　）。

A. 政府部门的规划师担当行政管理、专业技术管理和仲裁三个基本职责
B. 规划编制部门的规划师主要角色是专业技术人员和专家
C. 研究与咨询机构的规划师可能成为某些社会利益的代言人
D. 私人部门的规划师是特定利益的代言人

【答案】A

【解析】政府部门中的城市规划师担当着两方面的职责。一方面是作为政府公务员所担当的行政管理职责,是国家和政府的法律法规和方针政策的执行者；另一方面担当了城市规划领域的专业技术管理职责,是城市规划领域和运用城市规划对各类建设行为进行管理的管理者。因此选项A符合题意。

2012-014. 下列关于城乡规划行政主管部门在实施规划管理中与本级政府的其他部门关系的表述,错误的是（　　）。

A. 决策之前需要与相关部门进行协商　　B. 工作相互协同
C. 统筹部门利益关系　　D. 共同作为一个整体执行有关决策

【答案】C

【解析】城乡规划行政主管部门与本级政府的其他部门一起,共同代表着本级政府的立场,执行共同的政策,发挥着某一领域的管理职能；它们之间的相互作用关系应当是相互协同的,在决策之前进行信息互通和协商,并在决策之后共同执行,从而成为一个整

体发挥作用。选项C表述错误。

2012-015. 下列关于城乡规划编制体系的表述，正确的是（　　）。

A. 城镇体系规划包括全国、省域和市域三个层次
B. 国务院负责审批的总体规划包括直辖市和省会城市、自治区首府城市三种类型
C. 村庄规划由村委会组织编制，报乡政府审批
D. 城市、镇修建性详细规划可以结合建设项目由建设单位组织编制

【答案】D

【解析】城镇体系规划主要包括全国城镇体系规划、省域城镇体系规划。此外，根据实际需要和特定情况，还可编制跨行政区域的城镇体系规划，选项A错误。全国城镇体系规划由国务院城乡规划主管部门会同国务院有关部门组织编制，报国务院审批。省域城镇体系规划由省、自治区人民政府组织编制，报国务院审批，选项B错误。乡、镇人民政府组织编制村庄规划，报上一级人民政府审批，选项C错误。城市和镇可以由城市、县人民政府城乡规划主管部门和镇人民政府组织编制重要地段的修建性详细规划，其他的修建性详细规划可以结合建设项目的开展由建设单位组织编制，选项D正确。

2012-016. 城镇体系具有层次性的特征是指（　　）。

A. 城镇之间的社会经济联系是有层次的
B. 城镇的职能分工是有层次的
C. 区域基础设施的等级和规模是有层次的
D. 中心城市的辐射范围是有层次的

【答案】B

【解析】《城市规划基本术语标准》（GB/T 50280—98）中对城镇体系规划的定义是：一定地域范围内，以区域生产力合理布局和城镇职能分工为依据，确定不同人口规模等级和职能分工的城镇的分布和发展规划，因此选项B符合题意。

2012-017. 城镇体系规划的必要图纸一般不包括（　　）。

A. 城镇体系规划图　　　　　　　　B. 旅游设施规划图
C. 区域基础设施规划图　　　　　　D. 重点地区城镇发展规划示意图

【答案】B

【解析】城镇体系规划的主要图纸包括：城镇现状建设和发展条件综合评价图；城镇体系规划图；区域社会及工程基础设施配置图；重点地区城镇发展规划示意图。选项B符合题意。

2012-018. 下列表述中，正确的是（　　）。

A. 城镇体系规划体现各级政府事权
B. 城镇体系规划应划分城市（镇）经济区
C. 城镇体系规划需要单独编制并报批
D. 城镇体系规划的对象只涉及城镇

【答案】A

【解析】城镇体系规划是一个综合的多目标规划，涉及社会经济各个部门、不同空间

层次乃至不同的专业领域，按行政等级和管辖范围，可以分为全国城镇体系规划、省域（或自治区域）城镇体系规划、市域（包括直辖市以及其他市级行政单元）城镇体系规划等，一级政府、一级规划、一级事权，城镇体系规划按照行政等级编制相应等级城镇体系规划，体现各级政府事权，选项A正确。城镇体系规划侧重明确各城镇在区域城镇体系中的地位和分工协作关系，确定其城镇的性质、类型、级别和发展方向，并不划分城市（镇）经济区，选项B错误。全国城镇体系规划、省域（或自治区域）城镇体系规划需要单独编制并报批，市域城镇体系规划作为城市总体规划的一部分，可不单独编制并报批，选项C错误。城镇体系规划的对象除了城镇之外，还需考虑区域基础设施支撑系统、区域开发管制区域等，选项D错误。

2012-019. 下列关于城市总体规划的作用和任务的表述，错误的是（　　）。
　　A. 城市总体规划是参与城市综合性战略部署的工作平台
　　B. 城市总体规划应该以各种上层次法定规划为依据
　　C. 各类行业发展规划都要依据城市总体规划
　　D. 中心城区规划要确定保障性住房的用地布局和标准
【答案】D
【解析】各类涉及城乡发展和建设的行业发展规划，都应符合城市总体规划的要求，由于具有全局性和综合性，我国的城市总体规划不仅是专业技术，同时更重要的是引导和调控城市建设，保护和管理城市空间资源的重要依据和手段，因此也是城市规划参与城市综合性战略部署的工作平台。编制城市总体规划，应当以全国城镇体系规划、省域城镇体系规划以及其他上层次法定规划为依据。而中心城区规划的主要内容是确定住房建设标准和居住用地布局。因此选项D错误。

2012-020. 下列不属于评价城市社会状况指标的是（　　）。
　　A. 人口预期寿命　　　　　　　　B. 万人拥有医生数量
　　C. 人均公共绿地面积　　　　　　D. 城市犯罪率
【答案】C
【解析】人均公共绿地面积是反映城市绿化建设质量和数量的量化方式，不属于评价城市社会状况指标，选项C符合题意。

2012-021. 两个城市的第一、二、三次产业结构分别为：A城市 15∶35∶50，B城市为 15∶45∶40。下列表述正确的是（　　）。
　　A. A城市的产业结构要比B城市更高级
　　B. B城市的产业结构要比A城市更高级
　　C. A城市与B城市在产业结构上有同构性
　　D. A城市与B城市在产业结构上无法比较
【答案】D
【解析】从两个城市产业结构比值来看，A城市第三产业占比高，B城市第二产业占比高，第三产业占比略低于第二产业。无法从产业结构比值数值来判断产业结构是否高级，选项A、B错误。第三产业分生活性服务业和生产性服务业，其中生产性服务业附加值高且可推动第二产业往高精尖方向发展,但从数值无法判断 A 城市第三产业门类具体情况,例如以旅游业为主导的城市,工业制造业发展水平不高,发展轻工业制造,会呈现 A 城市产业结构比值状态;同时 B 城市虽然第三产业比值略低,但是第二产业占比高,有可能会出现生产性服务业与制造业相辅相成、相互促进发展的产业结构,呈现更加良性循环的可能性,因此选项 C 错误,选项 D 符合题意。

2012-022. 下列哪些是确定城市性质最主要的依据?（   ）
    A. 城市在区域中的地位和作用　　B. 城市的优势条件和制约因素
    C. 城市产业性质　　　　　　　　D. 城市经济社会发展前景
【答案】A
【解析】城市性质的确定可以从两个方面认识。一是从城市在国民经济中所承担的职能方面去认识,就是指一个城市在国家或地区的经济、政治、社会、文化中的地位和作用。二是城镇体系规划规定了区域内城镇的合理分布、城镇的职能分工和相应规模,城镇体系规划是确定城市性质的主要依据。因此选项 A 符合题意。

2012-023. 人口机械增长是由(   )所导致的。
    A. 人口构成差异　　　　　　　　B. 人口死亡因素
    C. 人口出生因素　　　　　　　　D. 人口迁移因素
【答案】D
【解析】机械增长是指由于人口迁移形成的变化量,即一定时期内,迁入城市的人口与迁出城市的人口的净差值,因此选项 D 符合题意。

2012-024. 下列哪项与城市人口规模预测直接有关?（   ）
    A. 城市的社会经济发展　　　　　B. 人口的年龄构成
    C. 人口的性别构成　　　　　　　D. 老龄人口比重
【答案】A
【解析】城市人口规模预测是按照一定的规律对城市未来一段时间内人口发展动态所作出的判断。其基本思路是:在正常的城市化过程中,城市社会经济的发展,尤其是产业的发展对劳动力产生需求（或者认为是可以提供就业岗位）,从而导致城市人口的增长。因此,整个社会的城市化进程、城市社会经济的发展以及由此而产生的城市就业岗位是造成城市人口增减的根本原因。因此选项 A 符合题意。

2012-025. 城市总体规划纲要应(   )。
    A. 作为总体规划成果审批的依据
    B. 确定市域综合交通体系规划,引导城市空间布局
    C. 确定各项建设用地的空间布局
    D. 研究中心城区空间增长边界
【答案】A
【解析】编制城市总体规划应先编制总体规划纲要,作为指导总体规划的依据。城市总体规划纲要的任务是研究总体规划中的重大问题,提出解决方案并进行论证。经过审查的纲要也是总体规划成果审批的依据。选项 A 符合题意。

2012-026. 市域城镇体系规划内容不包括( )。
   A. 规定城市规划区
   B. 制定中心城市与相邻行政区域在空间发展布局方面的协调策略
   C. 提出空间管制原则与措施
   D. 明确重点城镇的建设用地控制范围
   【答案】B
   【解析】根据《城市规划编制办法》的规定，市域城镇体系规划应当包括下列内容：①提出市域城乡统筹的发展战略；②确定生态环境、土地和水资源、能源、自然和历史文化遗产等方面的保护与利用的综合目标和要求，提出空间管制原则和措施；③预测市域总人口及城镇化水平，确定各城镇人口规模、职能分工、空间布局和建设标准；④提出重点城镇的发展定位、用地规模和建设用地控制范围；⑤确定市域交通发展策略，确定市域交通、通信、能源、供水、排水、防洪、垃圾处理等重大基础设施、重要社会服务设施布局；⑥在城市行政管辖范围内，根据城市建设、发展和资源管理的需要划定城市规划区；⑦提出实施规划的措施和有关建议。因此选项B符合题意。

2012-027. 下列关于市域城镇空间组合基本类型的表述，正确的是( )。
   A. 均衡式的市域城镇空间，其中心城区与其地域镇分布比较均衡，首位度相对低
   B. 单中心集核式的市域城镇空间，其他城镇是中心城区的卫星城镇
   C. 轴带式的市域城镇空间，市域内城镇沿一条发展轴带状连绵布局
   D. 分片组群式的市域城镇空间，中心城区的辐射能力比较薄弱
   【答案】A
   【解析】市域城镇空间组合基本类型有：①均衡式：市域范围内中心城区与其他城镇的分布较为均衡，没有呈现明显的聚集，选项A正确。②单中心集核式：中心城区集聚了市域范围内大量的资源，首位度高，其他城镇的分布呈现围绕中心城区、依赖中心城区的态势，中心城区往往是市域的政治、经济、文化中心，但是其他城镇不一定全部都为中心城区的派生产物，承担起中心城区某一功能的疏解，因此选项B中其他城镇是中心城区的卫星城镇说法不准确。③分片组团式：市域范围内城镇由于地形、经济、社会、文化等因素的影响，若干个城镇聚集成组团，呈现分片布局形态，这种分片布局形态并不影响中心城区集聚市域内主要的资源，影响中心城区的辐射能力，选项D说法不准确。④轴带式：由于中心城区沿某种地理要素扩散，呈"串珠"状发展形态，选项C中连绵布局说法不准确。

2012-028. 下列关于规划区的表达，错误的是( )。
   A. 在城市、镇、乡、村的规划过程中，应首先划定规划区
   B. 规划区划定的主体是人民政府
   C. 水源地、区域重大基础设施廊道等应划入规划区
   D. 城市的规划区应包括有密切联系的镇、乡、村
   【答案】C
   【解析】《城乡规划法》第二条规定，规划区是指城市、镇和村庄的建成区以及因城乡建设和发展需要，必须实行规划控制的区域。规划区的具体范围由有关人民政府在组织编

制的城市总体规划、镇总体规划、乡规划和村庄规划中，根据城乡经济社会发展水平和统筹城乡发展的需要划定。选项A、B正确。

划定城乡规划区，要坚持因地制宜、实事求是、城乡统筹和区域协调发展的原则，根据城乡发展的需要与可能，深入研究城镇化和城镇空间拓展的历史规律，科学预测城镇未来空间拓展的方向和目标，充分考虑城市与周边镇、乡、村统筹发展的要求，充分考虑对水源地、生态控制区廊道、区域重大基础设施廊道等城乡发展保障条件的保护要求，充分考虑城乡规划主管部门依法实施城乡规划的必要性与可行性，综合确定规划区范围。选项D正确。

规划区不是应划尽划，要考虑城乡发展的需要与可能，同时考虑市域范围内各职能部门管理权限划分，规划区是城乡规划、建设、管理与有关部门职能分工的重要依据之一。水源地、区域重大基础设施廊道如果远离中心城区，盲目划入规划区后造成规划区范围过大，超出城乡规划主管部门管理权限，这时规划区划定就不具备实施管理的意义了。选项C错误。

2012-029. 下列关于放射型城市形态的表述，错误的是（　　）。
　　A. 放射型城市形态主要受山地的影响而形成
　　B. 放射轴之间的大型绿地，有利于保持城市环境质量
　　C. 增强放射轴之间的交通联系，有可能出现轴带之间的连绵
　　D. 放射型城市发展到一定规模，会形成多中心城市
【答案】A
【解析】放射型形态的城市多是位于地形较平坦，而对外交通便利的平原地区。选项A错误。

2012-030. 下列关于城市形态的表述，正确的是（　　）。
　　A. 集中型城市形态是多中心城市　　B. 带型城市形态是多中心城市
　　C. 组团型城市形态是多中心城市　　D. 散点型城市形态是多中心城市
【答案】C
【解析】组团型城市建成区是由两个以上相对独立的主体团块和若干个基本团块组成，这是受较大河流或其他地形等自然环境条件的影响，城市用地被分隔成几个有一定规模的分区团块，有各自的中心和道路系统。因此选项C正确。

2012-031. 下列关于小城市污水处理厂规划布局的表述，不正确的是（　　）。
　　A. 应选择在地势较低处　　B. 应远离城市中心区
　　C. 应有良好的电力条件　　D. 应位于河流的下游
【答案】B
【解析】污水处理厂的布置应该考虑到废水的收集及再生水的利用，所以污水处理厂不能远离城市中心区，同时污水管网为重力流，长距离输送污水难以解决高差问题，沿途大量设置污水提升泵站将造成投资成本高。因此选项B符合题意。

2012-032. 在城市体育设施的规划布局中，应充分考虑人流疏散问题，一般来说，大型体育馆出入口必须与下列哪个等级的城市道路相连？（　　）

A. 城市快速路 B. 城市主干路
C. 城市次干路 D. 城市支路

【答案】C

【解析】大型体育设施附件路网必须环通，且需要邻近主干路或城市快速路布局，以保证较大的疏散能力，避免局部交通堵塞。考虑赛时人流疏散问题，减少大型体育场馆对周围局域交通网络造成不利影响，体育场馆的进出通道应避免直接连接到主干路，以减少其对相邻道路交通的干扰，因此选项C最为恰当。

2012-033. 下列关于居住用地布局原则的表述，不准确的是（　　）。
A. 应尽量接近就业中心 B. 应有良好的公共交通服务
C. 应靠近大型公共设施布局 D. 应在环境条件好的区域布局

【答案】C

【解析】城市公共设施因性质与服务地域和对象不同，往往会有全市性、地区性以及居住区、小区分层级的集聚设置，全市性、地区性公共服务设施往往位于城市中心或区中心，租金地价高，也是大型商业服务业集聚的区域，居住用地可适度布局，但不是居住用地布局的原则。因此选项C符合题意。

2012-034. 某城市的风玫瑰如图所示，其规划工业用地应尽可能在城市的（　　）布局。
A. 东侧或西侧 B. 南侧或北侧
C. 东南侧或西北侧 D. 东北侧或西南侧

题图2012-034

【答案】D

【解析】风玫瑰是根据城市多年风向观测记录汇总所绘制的风向频率图和平均风速图，所以规划工业用地应尽可能布局在城市的东北侧或西南侧布局。图中所示风的吹向（即风的来向）是指从外面吹向地区中心的方向。因此选项D符合题意。

2012-035. 下列表述中不准确的是（　　）。
A. 各种类型的专业市场应集中布置，以发挥联动效应
B. 工业用地应与对外交通设施相结合，以利运输
C. 公交线路应避开居住区，以减少噪声干扰
D. 公共停车场应均匀分布，以保证服务均衡

【答案】A

【解析】同类专业市场设施应统一集聚配置，以发挥联运效应。各类专业市场设施在城市中适当分散地布局在恰当位置，过分集中布置，会造成局部货运交通拥堵，不利于交通运输，且对工业区、居住区的布局不利，因此选项A不准确。

2012-036. 某城市规划人口35万，其新规划的铁路客运站应布置在（　　）。
A. 城市中心区 B. 城区边缘
C. 远离中心城区 D. 中心城区边缘

【答案】B

【解析】中、小城市客运站可以布置在城区边缘，大城市可能有多个客运站，应深入

城市中心区边缘布置。因此选项B符合题意。

2012-037. 下列表述中不准确的是( )。
   A. 在商务中心区内安排居住功能，可以防止夜晚的"空城"化
   B. 设置步行商业街区，有利于减少小汽车的使用
   C. 城市中心的功能分解有可能引发城市副中心的形成
   D. 在城市中心安排文化设施，可以增强公共中心的吸引力

【答案】B

【解析】在中心地区规模较大时，应结合区位条件安排部分居住用地，以免在夜晚出现中心"空城"现象，选项A正确。如果商业步行街有良好的公共交通枢纽，可能会减少小汽车的使用，但是当步行街公共交通不完善，从某种程度上来看将会增加小汽车的使用，故需要在步行街的周边设置截留式停车设施，选项B错误。在一些大城市或都会地区，通过建立城市副中心，可以分解市级中心的部分职能，主、副中心相辅相成，共同完善市中心的整体功能，选项C正确。在城市中心安排文化设施，可以增强公共中心的吸引力，如电影院、影剧院、图书馆、展览馆等，选项D正确。

2012-038. 下列关于城市道路系统与城市用地关系的表述，错误的是( )。
   A. 城市由小城市发展到大城市、特大城市，城市的道路系统也会随之发生根本性的变化
   B. 单中心集中式布局的小城市，城市道路宽度较窄、密度较高，较适用于步行和非机动化交通
   C. 单中心集中式布局的大城市，一般不会出现出行距离过长、交通过于集中的现象，生产生活较为方便
   D. 呈组合型城市布局的特大城市，城市道路一般会发展成混合型路网，会出现对城市交通性干路网、快速网的需求

【答案】C

【解析】城市发展到大城市，如果仍然按照单中心集中式的布局，必然出现出行距离过长、交通过于集中、交通拥挤阻塞，导致生产生活不便、城市效率低下等一系列的大城市通病，因此选项C错误。

2012-039. 下列关于城市用地市局形态与道路网络形式关系的表述，错误的是( )。
   A. 规模较大的组团式用地布局的城市中，不能简单地套用方格路网
   B. 沿河谷呈带状组团式布局的城市，往往不需要布置联系各组团的交通性干路
   C. 中心城市对周围的城镇具有辐射作用，其交通联系也呈中心放射形态
   D. 公共交通干线的形态应与城市用地形态相协调

【答案】B

【解析】沿河谷、山谷或交通走廊呈带状组团布局的城市，往往需要布置联系各组团的交通性干路和有城市发展轴性质的道路，与各组团路网一起形成链式路网结构。因此选项B错误。

2012-040. 下列关于大城市用地布局与城市道路网功能关系的表述，错误的是( )。

A. 快速路网主要为城市组团间的中、长距离交通服务，宜布置在城市组团间
B. 城市主干路网主要为城市组团内和组团间的中、长距离交通服务，是疏通城市及与快速路相连接的主要通道
C. 城市次干路网是城市组团内的路网，主要为组团内的中、短距离服务，与城市主干路网一起构成城市道路的基本骨架
D. 城市支路是城市地段内根据用地细部安排产生的交通需求而划定的道路，在城市组团内应形成完整的网络

【答案】D

【解析】支路在局部地段可能成网，而在城市组团和整个城区中不可能成网，选项D表述错误。

2012-041. 下列关于城市综合交通规划的表述，不准确的是(　　)。
A. 城市综合交通规划应从城市层面进行研究
B. 城市综合交通规划应把城市交通和城市对外交通结合起来综合研究
C. 城市综合交通规划应协调城市道路交通系统与城市用地布局的关系
D. 城市综合交通规划应确定合理的城市交通结构，促进城市交通系统的协调发展

【答案】A

【解析】城市综合交通涵盖了存在于城市中及与城市有关的各种交通形式，包括城市对外交通和城市交通两大部分。城市综合交通规划就是将城市对外交通和城市内的各类交通与城市的发展和用地布局结合起来进行系统性综合研究的规划，是城市总体规划中与城市土地使用规划密切结合的一项重要的工作内容。为配合城市交通的整治和重要交通问题的解决而单独编制的城市综合交通规划，也应密切与用地布局规划相结合。城市综合交通规划要从"区域"和"城市"两个层面进行研究，并分别对市域的"城市对外交通"和中心城区的"城市交通"进行规划，并在两个层次的研究和规划中处理好对外交通和城市交通的衔接关系。因此选项A不准确。

2012-042. 下列关于城市交通调查与分析的表述，错误的是(　　)。
A. 城市交通调查的目的是摸清城市道路交通状况，城市交通的产生、分布和运行规律等
B. 通过对城市道路交通调查，可以分析交通量在道路上的空间分布和时间分布
C. 居民出行调查对象是户籍人口和暂住人口
D. 居民出行调查一般采用抽样调查的方法进行

【答案】C

【解析】居民出行调查的对象包括年满6岁以上的城市居民、暂住人口和流动人口。选项C错误。

2012-043. 关于城市道路横断面选择与组合的表述，不准确的(　　)。
A. 交通性主干路宜布置为分向通行的二块板横断面
B. 机、非分行的三块板横断面常用于城市生活性主干路
C. 次干路宜布置为一块板横断面

D. 支路宜布置为一块板横断面

【答案】A

【解析】交通性主干路，应采用解决对向交通干扰的两块板或者采用机动车快车道和机、非混行慢车道组合的四块板，选项A错误。机、非分行的三块板，良好地解决了机动车有一定速度和非机动车比较多的矛盾，较适合生活型主干道，选项B正确。次干路可布置为一块板横断面，支路宜布置为一块板横断面，选项C、D正确。

2012-044. 下列关于对外交通规划的表述，不准确的是（　　）。

A. 城市对外交通线路和设施的布局直接影响城市的发展方向、城市布局和城市干路的走向
B. 航空港的选址要满足保证飞机起降安全的自然和气象条件，要有良好的工程地质和水文条件
C. 铁路在城市的布局中，线路的走向起着主导作用，站场位置是根据线路走向的需要而确定的
D. 公路规划应结合城镇体系布局综合确定线路走向

【答案】C

【解析】城市对外交通线路和设施的布局直接影响城市的发展方向、城市布局、城市干路的走向、城市环境以及城市的景观，选项A正确。航空港的选址要满足保证飞机起降安全的自然地理和气象条件，要有良好的工程地质和水文条件，选项B正确。在城市铁路布局中，站场位置起着主导作用，线路的走向是根据站场与站场、站场与服务地区的联系需要而确定的，选项C不准确。公路是城市与其他城市及市域内乡镇联系的道路，规划时应结合城镇体系总体布局和区域规划合理地选定公路线路的走向及其站场的位置，选项D正确。

2012-045. 下列关于城市道路网络规划的表述，错误的是（　　）。

A. 方格网式道路系统适用于平坦的城市，不利于对角线方向的交通，非直线系数较小
B. 环形放射式道路系统有利于市中心与外围城市或郊区的联系，但容易把外围的交通迅速引入市中心
C. 自由式道路系统通常是道路结合自然地形不规则状布置而形成，没有一定的格式，非直线系数较大
D. 混合式道路系统一般是由同一个城市同时存在的不同类型的道路网组合而成

【答案】A

【解析】方格网式，又称棋盘式，是最常见的道路网类型，适用于地形平坦的城市。用方格网道路划分的街坊形状整齐，有利于建筑的布置。平行方向有多条道路，交通分散，灵活性大，但对角线方向的交通联系不便，非直线系数大。因此选项A错误。

2012-046. 下列哪项不是历史文化遗产保护的原则？（　　）

A. 保护历史真实载体的原则　　　　B. 保护历史环境的原则
C. 合理利用、永续利用的原则　　　D. 修缮、保留与复建相结合的原则

【答案】D

【解析】历史文化名城保护规划的原则：①保护历史真实载体的原则；②保护历史环境的原则；③合理利用、永续利用的原则。因此选项D符合题意。

2012-047. 历史文化名城是（　　）。

A. 联合国教科文组织确定并公布的具有重大历史文化价值的城市

B. 由国务院核定并公布的保存文物特别丰富并且具有重大历史价值或者革命纪念意义的城市

C. 由历史文化街区、文物古迹和历史建筑共同组成的

D. 由城市总体规划根据城市经济社会发展目标所确定的

【答案】B

【解析】对于"保存文物特别丰富并且具有重大历史价值或者革命纪念意义的城市"，由国务院核定公布为"历史文化名城"。因此选项B符合题意。

2012-048. 历史文化名城保护规划应建立（　　）。

A. 历史文化名城、历史文化街区与文物保护单位三个层次的保护体系

B. 历史文化名城、风景名胜区、历史文化街区与文物保护单位四个层次的保护体系

C. 历史文化街区、文物保护单位、历史建筑三个层次的保护体系

D. 历史文化名城、历史文化街区、文物保护单位、历史建筑四个层次的保护体系

【答案】A

【解析】历史文化名城保护规划应建立历史文化名城、历史文化街区与文物保护单位三个层次的保护体系。因此选项A符合题意。

2012-049. 对历史文化街区的历史建筑可以（　　）。

A. 仅保存外表，改变总结构、布局、设施、功能

B. 在空间尺度、建筑色彩符合历史风貌的前提下新建

C. 对所有建筑构件进行拆解、分类与编号后异地重建

D. 维修性拆除后，在原地恢复其历史最佳时期的风貌

【答案】A

【解析】根据《历史文化名城保护规划规范》（GB 50357—2005）【注：该规范已于2019年4月1日废止】第4.3.3条：历史文化街区内所有的建（构）筑物和历史环境要素应按表4.3.3的规定选定相应的保护和整治方式，历史建筑的保护与整治方式为维修改善。第4.3.4条：历史文化街区内的历史建筑不得拆除。因此选项A符合题意。

2012-050. 不属于总体规划阶段给水工程规划主要内容的是（　　）。

A. 确定用水量标准，预测城市总用水量

B. 提出对用水水质、水压的要求

C. 确定给水系统的形式、水厂供水能力和厂址

D. 布置输配水干管、输水管网和供水重要设施，估算干管管径

【答案】B

【解析】城市总体规划阶段给水工程规划主要内容有：①确定用水量标准，预测城市

总用水量；②平衡供需水量，选择水源，确定取水方式和位置；③确定给水系统的形式、水厂供水能力和厂址，选择处理工艺；④布置输配水干管、输水管网和供水重要设施，估算干管管径。因此选项 B 符合题意。

2012-051. 下列关于城市水系规划的表述，错误的是( )。
    A. 城市水系规划的对象为城市规划区内构成城市水系的各类地表水体及其岸线和滨水地带
    B. 城市水系规划期限宜与城市总体规划期限一致，对水系安全和永续利用等重要内容还应与城市远景规划期限一致
    C. 城市岸线包括生态性岸线、生活性岸线和生产性岸线
    D. 滨水建筑控制线是指滨水绿化控制线以外滨水建筑区域界限，是保证滨水城市环境景观的共享性与异质性的控制区域

【答案】B
【解析】根据《城市水系规划规范》，城市水系规划的对象主要为城市规划区内构成城市水系的各类地表水及其岸线和滨水地带，选项 A 正确。城市水系规划期限宜与城市总体规划期限一致，对水系安全和永续利用等重要内容还应有长远谋划，选项 B 错误。水系岸线按功能分类可分为生态性岸线、生产性岸线和生活性岸线，选项 C 正确。滨水建筑控制线是指滨水绿化控制线以外滨水建筑区域界限，是保证滨水城市环境景观的共享性与异质性的控制区域，选项 D 正确。

2012-052. 根据《城市水系规划规范》（GB 50513—2009）关于水域控制线划定的相关规定，下列表述中错误的是( )。
    A. 有堤防的水体，宜以堤顶不临水一侧边线为基准划定
    B. 无堤防的水体，宜按防洪、排涝设计标准所对应的（高）水位划定
    C. 对水位变化较大而形成较宽涨落带的水体，可按多年平均洪（高）水位划定
    D. 规划的新建水体，其水域控制线应按规划的水域范围划定

【答案】A
【解析】《城市水系规划规范》（GB 50513—2009）规定：①有堤防的水体，宜以堤顶临水侧边线为基准划定；②无堤防的水体，宜按防洪、排涝设计标准所对应的洪（高）水位划定；③对水位变化较大而形成较宽涨落带的水体，可按多年平均洪（高）水位划定；④规划的新建水体，其水域控制线应按规划的水域范围线划定。因此选项 A 错误。

2012-053. 不属于城市总体规划阶段防灾减灾规划主要内容的是( )。
    A. 确定城市消防、防洪、人防、抗震等设防标准
    B. 布局城市消防、防洪、人防等设施
    C. 制定防灾预案与对策
    D. 组织城市防灾生命线系统

【答案】C
【解析】城市总体规划阶段防灾减灾规划的主要内容：①确定城市消防、防洪、人防、抗震等设防标准；②布局城市消防、防洪、人防等设施；③制定防灾对策与措施；④组织

城市防灾生命线系统。因此选项 C 符合题意。

2012-054. 不属于城市抗震防灾规划内容的是( )。
A. 抗震设防标准和防御目标
B. 城市用地抗震适宜性划分
C. 避震疏散场所及疏散通道的建设与改造
D. 地质灾害防灾减灾措施

【答案】D

【解析】地质灾害防灾减灾措施属于城市地质灾害规划的内容，因此选项 D 符合题意。

2012-055. 下列表述错误的是( )。
A. 环境保护的基本任务主要是生态环境保护和环境污染综合防治
B. 生态环境保护与建设目标应当作为城市总体规划的强制性内容
C. 城市环境保护规划是城市规划的重要组成部分，一般不作为专业环境规划主要组成内容
D. 城市环境保护规划可依环境要素划分为大气环境保护规划、水环境保护规划、固体废物污染控制规划、噪声污染控制规划

【答案】C

【解析】城市环境规划既是城市规划的重要组成部分，又是环境规划的主要组成内容。因此选项 C 错误。

2012-056. 城市详细规划阶段竖向规划的方法一般不包括( )。
A. 设计等高线法
B. 高程箭头法
C. 纵横断面法
D. 方格网法

【答案】D

【解析】详细规划阶段的竖向规划的方法，一般有设计等高线法、高程箭头法、纵横断面法，因此选项 D 符合题意。

2012-057. 下列关于城市地下空间表述，错误的是( )。
A. 城市地下空间，是指城市中地表以下，为了满足人类社会生产、生活、交通、环保、能源、安全、防灾减灾等需求而进行开发、建设与利用的空间
B. 地下空间资源包括三方面的含义：依附于土地而存在的资源蕴藏；依据一定的技术经济条件可合理开发利用的资源总量；一定的社会发展时期内有效开发利用的地下空间总量
C. 城市公共地下空间是指用于城市公共活动的地下空间
D. 下沉式广场不属于城市公共地下空间

【答案】D

【解析】城市公共地下空间，指用于城市公共活动的地下空间，一般包括下沉式广场、地下商业服务设施中的公共部分、轨道交通车站，以及城市公共的地下空间和开发地块中规划规定的公共活动性地下空间等，是城市公共活动系统的重要组成部分。因此选项 D 错误。

2012-058. 城市总体规划强制性内容必须明确(　　)。
A. 落实上级政府规划管理的引导性要求　　B. 城市各类用地的具体布局
C. 各级各类学校的布局　　D. 大型社会停车场布局
【答案】B
【解析】城市总体规划强制性内容包括：城市基础设施和公共服务设施用地、城市主干路的走向、城市轨道交通的线路走向、大型停车场布局；取水口及其保护区范围、给水和排水主管网的布局；电厂与大型变电站位置、燃气储气罐站位置、垃圾和污水处理设施位置；文化、教育、卫生、体育和社会福利等主要公共服务设施的布局。因此选项B正确。

2012-059. 近期建设规划的基本任务不包括(　　)。
A. 明确近期内实施城市总体规划的发展重点和建设时序
B. 确定城市近期发展方向、规模和空间布局
C. 确定自然遗产与历史文化遗产的位置、范围和保护要求
D. 城镇生态环境建设安排
【答案】C
【解析】城市近期建设规划的基本任务是：根据城市总体规划、土地利用总体规划和年度计划、国民经济和社会发展规划以及城镇的资源条件、自然环境、历史情况、现状特点，明确城镇建设的时序、发展方向和空间布局，自然资源、生态环境与历史文化遗产的保护目标，提出城镇近期内重要基础设施、公共服务设施的建设时序和选址，廉租住房和经济适用住房的布局和用地，城镇生态环境建设安排等。因此选项C符合题意。

2012-060. 目前近期建设规划中为落实保障性住房建设任务和要求，需要(　　)。
A. 设立保障性住房为建设主体的新区
B. 确保保障性住房用地的分期供给规模
C. 发展保障性住房周边的轨道交通
D. 明确每个年度的房价调控目标
【答案】B
【解析】在近期建设规划中，只有确保保障性住房用地的供给规模和时间，才能够落实保障性住房建设任务和要求。因此选项B符合题意。

2012-061. 下列关于控制性详细规划编制内容的表述，错误的是(　　)。
A. 明确规划范围内不同性质用地的界限，确定各类用地内适建、不适建或者有条件允许建设的建筑类型
B. 确定各地块建筑高度、建筑密度、容积率、绿地率等指标
C. 确定交通出入口方位、停车泊位等要求
D. 根据规划建设容量，合理布局城市系统的重大关键性市政基础设施
【答案】D
【解析】控制性详细规划编制内容包括：①确定规划范围内不同性质用地的界线，确定各类用地内适建、不适建或者有条件允许建设的建筑类型，选项A正确。②确定各地

块建筑高度、建筑密度、容积率、绿地率等控制指标；确定公共设施配套要求、交通出入口方位、停车泊位、建筑后退红线距离等要求，选项 B 正确。③提出各地块的建筑体量、体型、色彩等城市设计指导原则。④根据交通需求分析，确定地块出入口位置、停车泊位、公共交通场站用地范围和站点位置、步行交通以及其他交通设施。规定各级道路的红线、断面、交叉口形式及渠化措施、控制点坐标和标高，选项 C 正确。⑤根据规划建设容量，确定市政工程管线位置、管径和工程设施的用地界线，进行管线综合。确定地下空间开发利用具体要求。⑥制定相应的土地使用与建筑管理规定。因此选项 D 符合题意。

2012-062. 控制性详细规划的控制方式不包括(　　)。

A. 指标量化　　　　　　　　B. 条文规定

C. 城市设计　　　　　　　　D. 图则标定

【答案】C

【解析】控制性详细规划的控制方式包括指标量化、条文规定、图则标定、城市设计引导、规定性与指导性。选项 C 不属于其内容，因此选项 C 符合题意。

2012-063. 控制性详细规划的强制性内容不包括(　　)。

A. 土地用途　　　　　　　　B. 出入口位置

C. 公共服务配套设施服务　　D. 绿地率

【答案】B

【解析】《城市规划编制办法》第四十二条明确规定，控制性详细规划确定的规划地段地块的土地用途、容积率、建筑高度、建筑密度、绿化率、公共绿地面积、规划地段基础设施和公共服务设施配套建设的规定等应当作为强制性内容。因此选项 B 符合题意。

2012-064. 修建性详细规划的任务不包括(　　)。

A. 落实控制性详细规划的要求及规划主管部门提出的规划条件

B. 对规划范围内的土地使用设定用途和容量控制

C. 对所在地块的建设提出具体的安排和设计

D. 指导建筑设计和各项工程施工设计

【答案】B

【解析】修建性详细规划的任务是依据已批准的控制性详细规划及城乡规划主管部门提出的规划条件，对所在地块的建设提出具体的安排和设计，用以指导建筑设计和各项工程施工设计。因此选项 B 符合题意。

2012-065. 下列关于修建性详细规划的表述，错误的是(　　)。

A. 需要对用地的建设条件进行分析

B. 需要对建筑室外空间和环境进行设计

C. 需要设计建筑首层平面图

D. 需要进行项目的投资效益分析和综合技术经济论证

【答案】C

【解析】为落实《城市规划编制办法》对修建性详细规划编制的内容要求，在实际工作中，一般包含的具体内容为：用地建设条件分析、建筑布局与规划设计、室外空间与环境设计、道路交通规划、场地竖向设计、建筑日照影响分析、投资效益分析和综合技术经济论证、市政工程管线规划设计和管线综合。选项C不属于修建性详细规划编制的内容要求，因此选项C符合题意。

2012-066. 我国城郊村庄的空间自组织演进难以产生下列哪种形式？（　　）

A. 城中村　　　　　　　　　　B. 外来人口聚居地
C. 开发区　　　　　　　　　　D. 物流园

【答案】A

【解析】城中村是在城市中心区形成的村落，而不是城郊村庄的空间自组织演进形成的，因此选项A符合题意。

2012-067. 下列表述不准确的是（　　）。

A. 城乡之间存在政策差异　　　B. 城市规划与乡村规划的基本原理不同
C. 城市与乡村的规划标准不同　D. 城市与乡村的空间特征不同

【答案】B

【解析】城市规划与乡村规划的基本原理是相同的，选项B错误。

2012-068. 下列不属于村庄规划范畴的是（　　）。

A. 环境整治　　　　　　　　　B. 农村居民点布局
C. 基本公共服务设施配置　　　D. 土地流转

【答案】D

【解析】村庄规划要依据经过法定程序批准的镇总体规划或乡总体规划，对村庄的各项建设做出具体的安排。其编制内容如下：①安排村域范围内的农业生产用地布局及其配套服务的各项设施；②确定村庄居住、公共设施、道路、工程设施等用地布局；③确定村庄内的给水、排水、供电等工程设施及其管线走向、敷设方式；④确定垃圾分类及转运方式，明确垃圾收集点、公厕等环境卫生设施的分布、规模；⑤确定防灾减灾、防疫设施分布和规模；⑥对村口、主要水体、特色建筑、街景、道路以及其他重点地区的景观提出规划设计；⑦对村庄分期建设时序进行安排，提出三至五年内近期建设项目的具体安排，并对近期建设的工程量、总造价、投资效益等进行估算和分析；⑧提出保障规划实施的措施和建议。因此选项D符合题意。

2012-069. 在历史文化名镇、名村保护范围内严格禁止的活动是（　　）。

A. 在核心保护范围内进行影视拍摄
B. 整体作为旅游景点对外开放
C. 占用保护规划确定保留的河湖水系
D. 新建、扩建必要的基础设施和公共设施

【答案】C

【解析】历史文化名镇名村的批准条件规定原貌基本保存完好，或已按原貌整修恢复，或骨架尚存，可以整体修复原貌。选项C的行为破坏了保护范围的完整性，应该禁止。因此选项C符合题意。

2012-070. 不属于历史文化名村保护规划必要内容的是（　　）。

　　A. 开发强度和建设控制要求　　　　B. 传统格局与历史风貌保护要求
　　C. 核心保护范围和建设控制地带　　D. 非物质文化遗产的保护措施

【答案】D

【解析】《历史文化名城名镇名村保护条例》第十四条规定，保护规划应当包括下列内容：①保护原则、保护内容和保护范围；②保护措施、开发强度和建设控制要求；③传统格局和历史风貌保护要求；④历史文化街区、名镇、名村的核心保护范围和建设控制地带；⑤保护规划分期实施方案。因此选项D符合题意。

2012-071. 邻里单位理论提出人口规模建议值的主要原因是（　　）。

　　A. 为了降低居住密度，保证良好的居住环境
　　B. 为了适应城市管理的要求
　　C. 为了保证良好的居民交往
　　D. 为了适应配套设施规模

【答案】D

【解析】邻里单位理论是以小学的合理规模为基础控制邻里单位的人口规模，使小学生不必穿过城市道路，一般邻里单位的规模是5000人左右。邻里单位的中心是小学，与其他服务设施一起布置在中心广场或绿地中。因此选项D符合题意。

2012-072. 在下列影响居住小区用地范围的因素中，最重要的是（　　）。

　　A. 开发地块的大小　　　　　　　　B. 城市干路网的布局
　　C. 物业管理的最佳规模　　　　　　D. 街道办事处的管辖范围

【答案】B

【解析】依据《城市居住区规划设计规范》（GB 50180—93）【注：该规范已于2018年12月1日废止】，居住小区是居住区规模等级划分的第二个结构层次，即不被城市道路所分割，界限明确、地段完整，且具有道路交通系统和基本公共服务设施的居住区域。因此选项B符合题意。

2012-073. 下列关于居住区配套设施的表述，错误的是（　　）。

　　A. 中学不属于居住小区的配套设施
　　B. 依据千人指标配建相应设施
　　C. 居住小区的配套设施都需要考虑合理的服务半径
　　D. 城市中心区域公共设施较多，但不能代替居住开发项目的相应配套设施

【答案】D

【解析】依据《城市居住区规划设计规范》（GB 50180—93）【注：该规范已于2018年12月1日废止】条文说明第6.0.2条，当城市周边有设施可以使用时，配建的项目和面积可酌情减少。因此选项D符合题意。

2012-074. 下列属于居住区防灾措施的是（　　）。

　　A. 机动车道最大纵坡为5%

B. 尽端道路的长度不宜大于120米
C. 居住小区内主要道路至少应有两个出入口
D. 建筑山墙之间的宽度最小为14米

【答案】C

【解析】依据《城市居住区规划设计规范》（GB 50180—93）【注：该规范已于2018年12月1日废止】，根据居住区道路规划的基本要求可知，在地震烈度不低于六度的地区，应考虑防灾救灾要求。①主要附属道路至少应有两个车行出入口连接城市道路，其路面宽度不应小于4.0m；其他附属道路的路面宽度不宜小于2.5m；②人行出口间距不宜超过200m；③最小纵坡不应小于0.3%，最大纵坡应符合规定；机动车与非机动车混行的道路，其纵坡宜按照或分段按照非机动车道要求进行设计。因此选项C符合题意。

2012-075. 下列关于住宅日照分析的表述，正确的是（　　）。

A. 板式多层住宅的日照主要取决于太阳方位角
B. 塔式高层住宅的日照主要取决于太阳高度角
C. 围合布局的多层住宅，方位为南偏东（西）时，间距可折减计算
D. 平行布局的多层住宅，方位为南偏东（西）时，间距可折减计算

【答案】D

【解析】平行布置时，南北向的南偏东（西）15度至45度（含45度）范围的平行布置住宅，其建筑间距可按原规定进行方位间距折减，折减系数为0.9。因此选项D正确。

2012-076. 国家级重点风景名胜区总体规划由（　　）审批。

A. 国务院
B. 国家风景名胜区主管部门
C. 风景名胜区所在地省级人民政府
D. 风景名胜区所在地省级风景名胜区主管部门

【答案】A

【解析】经审查通过的国家级风景名胜区总体规划，由省、自治区、直辖市人民政府报国务院审批。因此选项A符合题意。

2012-077. 在风景名胜区规划中，不属于游人容量统计常用口径的是（　　）。

A. 一次性游人容量　　　　　　B. 日游人容量
C. 月游人容量　　　　　　　　D. 年游人容量

【答案】C

【解析】游客容量一般由一次性游客容量、日游客容量、年游客容量三个层次表示。因此选项C符合题意。

2012-078. 下列关于城市设计的表述，错误的是（　　）。

A. 城市设计具有悠久历史，现代城市设计的概念是从西方文艺复兴时期开始的
B. 城市设计强调建筑与空间的视觉质量
C. 城市设计与人、空间和行为的社会特征密切相关
D. 为人创造场所逐渐成为城市设计的主流观念

【答案】A

【解析】城市设计有着悠久的历史传统，但是现代城市设计的概念是从西方城市美化运动起源的，选项A错误。

2012-079. 下列关于城乡规划实施手段的表述，不准确的是( )。

A. 规划手段是指政府运用规划编制和实施的行政权力，通过各类规划的编制来推进城市规划的实施

B. 政策手段是指政府根据城市规划的目标和内容，从规划实施的角度制定相关政策来引导城市发展

C. 财政手段是指政府运用公共财政的手段，调节、影响城市建设的需求和进程，保证城市规划目标的实现

D. 管理手段是指政府根据城市规划，按照规划文本的内容来管理城市发展

【答案】D

【解析】政府根据法律授权通过对开发项目的规划管理，保证城市规划所确立的目标、原则和具体内容在城市开发和建设行为中得到贯彻。这种管理实质上是通过对具体建设项目的开发建设进行控制来达到规划实施的目的。因此选项D不准确。

2012-080. 下列关于城乡规划实施的表述，错误的是( )。

A. 城乡规划实施的组织和管理是各级人民政府及社会公众的重要责任

B. 城乡规划实施的组织，必须建立以规划审批来推进规划实施的机制

C. 城乡建设项目的规划管理包括建设用地管理、建设工程管理以及建设项目实施的监督检查

D. 城乡规划实施的监督检查指的是行政监督、媒体监督和社会监督

【答案】D

【解析】城市规划实施监督是对城市规划的整个实施过程的监督检查，在规划实施的监督检查中，主要包括以下几个方面：行政监督检查、立法机构的监督检查和社会监督。因此选项D错误。

二、多选题（每题五个选项，每题正确答案不少于两个选项，多选或漏选不得分）

2012-081. 城镇化的阶段包括( )。

A. 集聚城镇化阶段　　　　　　　B. 郊区化阶段
C. 逆城市化阶段　　　　　　　　D. 再城市化阶段
E. 新城市化阶段

【答案】ABCD

【解析】城镇化进程一般可以分为四个基本阶段：集聚城镇化阶段、郊区化阶段、逆城镇化阶段、再城镇化阶段。因此选项A、B、C、D符合题意。

2012-082. 下列关于欧洲古代城市格局的表述中，正确的是( )。

A. 古雅典城区是严格的方格网布局，卫城的布局是不规整的

B. 古罗马城以广场、公共浴池、宫殿为中心，形成轴线放射的整体布局结构

C. 古罗马时期建设的营寨城，大多为方形或长方形，中间为十字形街道
D. 中世纪城市发展缓慢，形成了狭小、不规则的道路网
E. 文艺复兴时期的城市建设了一系列具有古典风格、构图严谨的广场和街道

【答案】CDE

【解析】古希腊城邦国家城市以方格网为骨架，以城市广场为中心的希波丹姆模式，体现了民主和平等的城邦精神，选项A不准确。古罗马时期大量地建造公共浴池、斗兽场和宫殿等供奴隶主享乐的设施，广场、铜像、凯旋门和纪功柱成为城市空间的核心焦点，古罗马城是这一时期城市建设特征的集中体现，但未形成轴线放射的整体布局结构，选项B错误。营寨城有一定的规划模式，平面基本上都呈方形或长方形，中间十字形街道，通向东、南、西、北四个城门；中世纪城市因公共活动的需要而形成，城市发展的速度较为缓慢，从而形成了围绕着公共广场组织各类城市设施的城市格局，选项C正确。狭小、不规则的道路网结构，构成了中世纪欧洲城市的独特魅力，选项D正确。文艺复兴时期，在人文主义思想的影响下，建设了一系列风格古典和构图严谨的广场、街道及世俗的公共建筑，选项E正确。

2012-083. 下列哪些内容有助于实现我国城市的可持续发展？（　　）

A. 提高公共交通在出行方式中的比重
B. 维护地表水的存量和地表土的品质
C. 建设低密度居住区，形成良好的人居环境
D. 优先使用闲置、弃置土地，减少城市扩张的压力
E. 为低收入人群提供更多的发展机会

【答案】ABDE

【解析】选项C容易造成土地的浪费，建筑容积率低。因此选项A、B、D、E符合题意。

2012-084. 制定城乡规划应当坚持的包括（　　）。

A. 依法规划　　　　　　　　B. 政府组织
C. 专家决策　　　　　　　　D. 节约集约利用资源
E. 扶助弱势群体

【答案】ABDE

【解析】制定城乡规划的基本原则包括：①制定城乡规划必须遵守并符合《城乡规划法》及相关法律法规，在规划的指导思想、内容及具体程序上，真正做到依法制定规划。②制定城乡规划必须严格执行国家政策，应当以科学发展观为指导，以构建社会主义和谐社会为基本目标，坚持五个统筹，坚持中国特色的城镇化道路，坚持节约和集约利用资源，保护生态环境，保护人文资源，尊重历史文化，坚持因地制宜确定城市发展目标与战略，促进城市全面协调可持续发展。③制定城乡规划应当遵循城乡统筹、合理布局、节约土地、集约发展和先规划后建设的原则，改善生态环境，促进资源、能源节约和综合利用，保护耕地等自然资源和历史文化遗产，保持地方特色、民族特色和传统风貌，防止污染和其他公害，并符合区域人口发展、国防建设、防灾减灾和公共卫生、公共安全的需要。④制定城乡规划应当考虑人民群众需要，改善人居环境，方便群众生活，充分关注中

低收入人群，扶助弱势群体，维护社会稳定和公共安全。⑤制定城乡规划应当坚持政府组织、专家领衔、部门合作、公众参与、科学决策的原则。因此选项A、B、D、E符合题意。

2012-085. 下列关于控制性详细规划制定的基本程序的表述，正确的是（ ）。

A. 已有控规的修改，编制单位应该征求规划地段内利害相关人的意见
B. 控规修改如果涉及强制性内容，应该先修改总体规划
C. 控规草案公告时间不少于30日
D. 县政府驻地以外的镇的控规由上一级政府规划行政主管部门审批
E. 控规修改必须经原审批机关同意

【答案】ABCE

【解析】城市控制性详细规划报本级人民政府，县人民政府所在地镇的控制性详细规划报县人民政府，其他镇的控制性详细规划报上一级人民政府审批，选项D错误。选项A、B、C、E符合题意。

2012-086. 根据《城市规划编制办法》，下列属于市域城镇体系规划纲要的内容是（ ）。

A. 确定各城镇人口规模、职能分工、空间布局方案
B. 确定重点城镇的用地规模和用地控制范围
C. 原则确定市域交通发展策略
D. 提出市域城乡统筹发展战略
E. 划定城市规划区

【答案】ACD

【解析】城市总体规划纲要的主要内容：①提出市域城乡统筹发展战略；②确定生态环境、土地和水资源、能源、自然和历史文化遗产保护等方面的综合目标和保护要求，提出空间管制原则；③预测市域总人口及城镇化水平，确定各城镇人口规模、职能分工、空间布局方案和建设标准；④原则确定市域交通发展策略；⑤提出城市规划区范围；⑥分析城市职能、提出城市性质和发展目标；⑦提出禁建区、限建区、适建区范围；⑧预测城市人口规模；⑨研究中心城区空间增长边界，提出建设用地规模和建设用地范围；⑩提出交通发展战略及主要对外交通设施布局原则；⑪提出重大基础设施和公共服务设施的发展目标；⑫提出建立综合防灾体系的原则和建设方针。因此选项A、C、D符合题意。

2012-087. 为了编制省域城镇体系规划，在进行区域调查时需收集的资料包括（ ）。

A. 区域内的矿产资源条件
B. 区域内的基础设施状况
C. 区域内各城市、镇、乡、村的基本情况
D. 区域内的风向、风速等风象资料
E. 区域内的人口流动情况

【答案】ABCE

【解析】根据《省域城镇体系规划编制审批办法》（2010）第二十四条可知，综合评价土地资源、水资源、能源、生态环境承载能力等城镇发展支撑条件和制约因素，提出城镇

化进程中重要资源、能源合理利用与保护、生态环境保护和防灾减灾的要求,选项A正确。按照城乡区域全面协调可持续发展的要求,综合考虑经济社会发展与人口资源环境条件,提出优化城乡空间格局的规划要求,包括省域城乡空间布局、城乡居民点体系和优化农村居民点布局的要求;提出省域综合交通和重大市政基础设施、公共设施布局的建议;提出需要从省域层面重点协调、引导的地区,以及需要与相邻省(自治区、直辖市)共同协调解决的重大基础设施布局等相关问题,选项B正确。按照保护资源、生态环境和优化省域城乡空间布局的综合要求,研究提出适宜建设区、限制建设区、禁止建设区的划定原则和划定依据,明确限制建设区、禁止建设区的基本类型,选项C正确。综合分析经济社会发展目标和产业发展趋势、城乡人流动和人口分布趋势、省域内城镇化和城镇发展的区域差异等影响本省、自治区城镇发展的主要因素,提出城镇化的目标、任务及要求。选项E正确。

2012-088. 下列关于信息化时代城市的表述中,正确的是( )。
A. 城市中心与边缘的聚集效应差别加大
B. 城乡边界变得模糊
C. 多中心特征更加明显
D. 位于郊区的居住社区功能变得更加纯粹
E. 大城市的圈层结构更加明显

【答案】BC

【解析】信息社会城市空间结构形态的演变发展趋势为:①大分散小集中。分散的结果就是城市规模扩大,市中心区的聚集效应降低,城市边缘区与中心区的聚集效应差别缩小,城市密度梯度的变化曲线日趋平缓,城乡界限变得模糊。城市空间结构的分散将导致城市的区域整体化,即城市景观向区域的蔓延扩展。与分散对应,集中也是一个趋势。②从圈层走向网络。城市形态呈现圈层式自内向外扩展。网络的"同时"效应使不同地段的空间区位差异缩小,城市各功能单位的距离约束变弱,空间出现网络化的特征。网络化的趋势使城市空间形散而神不散,城市结构正是在网络的作用下,以前所未有的紧密程度联系着。分散化与网络化的另一个影响是城市用地从相对独立走向兼容。③新型集聚体出现。目前在世界发达地区的城市,位于郊区的社区不仅是传统的居住中心,而且还是商业中心、就业中心,具备了居住、就业、交通、游憩等功能,可以被看作多功能社区的端倪。因此选项B、C符合题意。

2012-089. 下列关于用地归属的表达,符合《城市用地分类与规划建设用地标准》(GB 50137—2011)的是( )。
A. 货运公司车队的站场属于物流仓储用地
B. 电动汽车充电站属于商业服务设施用地
C. 公路收费站属于道路与交通设施用地
D. 外国驻华领事馆属于特殊用地
E. 业余体校属于公共管理与公共服务设施用地

【答案】ABE

【解析】根据《城市用地分类与规划建设用地标准》(GB 50137—2011)可知,物流仓储用地是指物资储备、中转、配送、批发、交易等的用地，包括大型批发市场以及货运公司车队的站场（不包括加工）等用地，选项 A 正确。商业服务设施用地是指各类商业、商务、娱乐康体等设施用地，不包括居住用地中的服务设施用地以及公共管理与服务用地内的事业单位用地。零售加油、加气、充电站归为 B41，属于商业服务设施用地，选项 B 正确。交通设施用地是指城市道路、交通设施等用地。"外事用地"原在特殊用地中，考虑到其对城市公共设施以及公用设施的需求，因此将其纳入"公共管理与公共服务用地"，指外国驻华使馆、领事馆及其生活设施等用地，选项 D 错误。公共管理与公共服务用地是指行政、文化、教育、体育、卫生等机构和设施的用地，不包括居住用地中的服务设施用地，其中体育场馆用地是指室内外体育运动用地，包括体育场馆、游泳场馆、各类球场及其附属的业余体校等用地。选项 E 正确。

2012-090. 下列关于城市停车设施规划的表述，正确的是( )。

A. 城市出入口停车设施一般是为外来过境货运机动车服务的
B. 交通枢纽性停车设施一般是为疏解交通枢纽的客流，完成客运转换服务的
C. 生活居住区停车设施一般按照人车分流的原则布置在小区边缘或在地下建设
D. 城市商业步行区的停车设施一般应布置在商业中心的外围
E. 一般可在快速路上、主干路和次干路两侧布置停车带，方便对两侧用地的停车服务

【答案】ABD

【解析】城市出入口停车设施即外来机动车公共停车场，是为外来或过境货运机动车服务的停车设施，选项 A 正确。交通枢纽性停车设施主要是在城市对外客运交通枢纽和城市客运交通换乘枢纽所需配备的停车设施，是为疏散交通枢纽的客流、完成客运转换而服务的，选项 B 正确。生活居住区停车设施主要为自行车停放设施，规划中可以预留集中式公用地下机动车停车库的位置，也可以考虑近期在住宅楼附近设置与车行道路相连的地面停车区，将来按照人车分流的要求在小区出入口附近或地下建设停车设施，选项 C 不准确。城市各级商业、文化娱乐中心附近的公共停车设施是根据城市商业、文化娱乐设施的布局安排规模适宜的以停放中、小型客车为主的社会公用停车设施，一般布置在商业、文娱中心的外围，选项 D 正确。为避免沿街任意停车造成的交通混乱现象，方便服务性道路对两侧用地的停车服务，可在次干路和支路的必要位置设置临时路边停车带，要保证不对道路交通产生过多的影响，选项 E 错误。

2012-091. 下列关于城市公共交通规划的表达，正确的是( )。

A. 城市公共交通系统模式要与城市用地布局模式相匹配，适应并能促进城市和用地布局的发展
B. 城市公交普通线路应与城市用地密切联系，应布置在城市服务性道路上
C. 城市快速公交线应尽可能与城市用地分离，与城市组团形成"藤与瓜"的关系
D. 城市公共交通系统的形式应根据不同的城市规模、布局和居民出行特征确定
E. 城市公共交通系统规划要提出出租汽车发展策略和出租汽车驻站规划布局原则

【答案】ABD

【解析】公共交通系统模式要与城市用地布局模式相匹配，适应并能促进城市和城市

用地布局的发展，选项 A 正确；公交普通线路要体现为乘客服务的方便性，同服务性道路一样要与城市用地密切联系，应布置在城市服务性道路上，选项 B 正确；快速公交线路应尽可能将各城市中心和对外客运枢纽串接起来，与城市组团布局形成"串糖葫芦"的关系，选项 C 错误；公共交通线路系统的形式要根据不同城市的规模、布局和居民出行特征进行选定，选项 D 正确。出租汽车发展策略和出租汽车驻站规划布局不属于城市公共交通系统规划范畴，选项 E 错误。

2012-092. 在历史文化名城保护规划中应划定保护界限的有（　　）。

　　A. 历史城区　　　　　　　　　B. 历史地段
　　C. 历史建筑群　　　　　　　　D. 文物古迹
　　E. 地下文物埋藏区

【答案】BCDE

【解析】根据《历史文化名城保护规划规范》（GB 50357—2005）【注：该规范已于2019年4月1日废止】可知，历史文化名城保护规划应划定历史地段（历史文化街区）、历史建筑（群）、文物古迹和地下文物埋藏区的保护界线，并提出相应的规划控制和建设的要求。因此选项 B、C、D、E 符合题意。

2012-093. 历史文化名城可根据其特征进行分类，包括的类型有（　　）。

　　A. 古都型　　　　　　　　　　B. 风景名胜型
　　C. 殖民特色型　　　　　　　　D. 传统风貌恢复型
　　E. 地方及民族特色型

【答案】ABE

【解析】历史文化名城可根据其特征进行分类，包括的类型有古都型、传统风貌型、风景名胜型、地方及民族特色型、近现代史迹型、特殊职能型、一般史迹型。因此选项 A、B、E 符合题意。

2012-094. 下列哪些项属于城市水资源规划的内容？（　　）

　　A. 合理预测城乡生产、生活需水量　　B. 划分河道流域范围
　　C. 分析城市水资源承载能力　　　　　D. 制定雨水及再生水利用目标
　　E. 布置配水干管

【答案】ACD

【解析】城市水资源规划的主要内容：①水资源开发与利用现状分析：区域、城市的多年平均降水量、年均降水总量，地表水资源量、地下水资源量和水资源总量。②供用水现状分析：从地表水、地下水、外调水量、再生水等几个方面分析供水现状及趋势，从生活用水、工业用水、农业用水及生态环境用水等几方面分析用水现状、用水效率水平及趋势。③供需水量预测及平衡分析：根据本地地表水、地下水、再生水及外调水等现状情况及发展趋势，预测规划可供水资源，提出水资源承载能力；根据城市经济社会发展规划，集合城市总体规划方案，预测城市需水量，进行水资源供需平衡分析。④水资源保障战略：根据城市经济社会发展目标和城市总体规划目标，结合水资源承载能力，按照节流、开源、水源保护并重的规划原则，提出城市水资源规划目标，制定水资源保护、节约用

水、雨洪及再生水利用、开辟新水源、水资源合理配置及水资源应急管理等战略保障措施。因此选项A、C、D符合题意。

2012-095. 城市能源规划的主要内容包括( )。
A. 预测城市能源需求
B. 提出节能技术措施
C. 协调城市供电、燃气、供热规划
D. 合理确定变电站数量
E. 确定燃气设施布局

【答案】AB

【解析】城市能源规划的主要内容包括：①确定能源规划的基本原则和目标；②预测城市能源需求；③平衡能源供需（包括能源总量和能源品种），并进一步优化能源结构；④落实能源供应保障措施及空间布局规划；⑤落实节能技术措施和节能工作；⑥制订能源保障措施。因此选项A、B符合题意。

2012-096. 下列关于控制性详细规划的表述，正确的是( )。
A. 通过数据控制落实规划意图
B. 具有多元化的编制主体
C. 横向综合性的规划控制汇总
D. 刚性与弹性相结合的控制方式
E. 通过形象的方式表达空间与环境

【答案】ACD

【解析】控制性详细规划的基本特征为：①通过数据控制落实规划意图；②具有法律效应和立法空间；③横向综合性的规划控制汇总；④刚性与弹性相结合的控制方式。因此选项A、C、D符合题意。

2012-097. 下列关于镇的表述，不准确的是( )。
A. 集镇是镇的商业中心
B. 镇是一种聚落形式
C. 镇是连接城乡的纽带和桥梁
D. 镇域内的居民点通常由镇区和村庄组成
E. 大城市外围的镇是该城市的卫星城

【答案】ADE

【解析】城乡之间还存在着亦乡亦城的中间层面：镇。一般来讲，把人口规模较大的聚落称为城市，把人口数量较少、与农村还保持着直接联系的聚落称为镇，镇属于城市聚落，有其自身的镇区，同时也包括所辖的集镇和乡村区域。镇是城乡的中间地带，是城乡的桥梁和纽带，具有为农村服务的功能，也是农村地区城镇化的前沿。因此选项A、D、E说法不准确。

2012-098. 20世纪50年代我国城市居住区采用过周边式布局模式，之后不再采用的主要原因是( )。
A. 不符合居住小区的规模要求
B. 容积率过低
C. 日照通风条件不好
D. 造价偏高
E. 难以适应地形变化

【答案】CE

【解析】周边式布局由于过于形式化，存在日照通风死角及不利于利用地形等问题，在之后的居住区规划中没有继续采用。周边式布局内部空间安静、领域性强，容易形成较好的街景，属于住宅四面围合的布局形式，但同时也存在局部的视线干扰及东西向住宅的日照条件不佳等问题。因此选项 C、E 符合题意。

2012-099. 下列哪些项目不得在风景名胜区内建设？（　　）

A. 公路　　　　　　　　　B. 陵墓
C. 缆车　　　　　　　　　D. 宾馆
E. 煤矿

【答案】DE

【解析】在核心景区，严禁建设楼堂馆所和与资源保护无关的各种工程，严格控制与资源保护和风景游览无关的建筑物建设。在一般景区，也要禁止建设破坏景观、污染环境的设施以加强对区内开发利用活动的管理。因此选项 D、E 符合题意。

2012-100. 下列关于城市设计的表述，正确的是（　　）。

A. 西谛在《城市建设艺术》一书中提出了现代城市空间组织的艺术原则
B. 凯文·林奇在《城市意象》一书中，提出关于城市意象的构成要素是地标、节点、路径、边界和地区
C. 亚历山大在《城市并非树形》一书中，描述了城市空间质量与城市活动之间的密切关系
D. 福尔茨在《场所精神》一书中，提出了行为与建成环境之间的内在联系，指出场所是由自然环境和人造环境相结合的有意义的整体
E. 简·雅各布斯在《美国大城市的死与生》一书中，关注街道、步行道、公园的社会功能

【答案】ABDE

【解析】威廉·H. 怀特在1970年代对纽约的小型城市广场、公园与其他户外空间的使用情况进行了长达三年的观察和研究，在他的著作《小城市空间的社会生活》中，描述了城市空间质量与城市活动之间的密切关系。事实证明，物质环境的一些小小改观，往往能显著地改善城市空间的使用状况。因此选项 C 错误，选项 A、B、D、E 符合题意。

第三节　2013年真题

一、单选题（每题四个选项，其中一个选项为正确答案）

2013-001. 以下关于城市发展演化的表述，错误的是（　　）。

A. 农业社会后期，市民社会在中外城市中显现雏形，为后来的城市快速发展奠定了基础
B. 18世纪后期开始的工业革命开启了世界性城镇化浪潮
C. 进入后工业社会，城市的制造业地位逐步下降
D. 后工业社会的城市建设思想走向生态觉醒

【答案】A

【解析】农业社会的后期，以欧洲城市为代表孕育了一些资本主义萌芽，文艺复兴和启蒙运动的出现，使得西方市民社会显现雏形，为日后技术革新中的城市快速发展奠定了思想领域的基础，选项A不准确。

2013-002. 城市空间环境演进的基本规律不包括（　　）。

　　A. 从封闭的城市空间向开放的城市空间发展

　　B. 从平面延展向立体利用发展

　　C. 从生活性城市空间向生产性城市空间转化

　　D. 从均质城市空间向多样城市空间转化

【答案】C

【解析】城市空间环境演进的基本规律包括：①从封闭的单中心到开放的多中心空间环境；②从平面空间环境到立体空间环境；③从生产性空间环境到生活性空间环境；④从分离的均质城市空间到连续的多样城市空间。选项C错误。

2013-003. 下列表述，错误的是（　　）。

　　A. 城市人口密集，因此社会问题集中发生在城市里

　　B. 不同的经济发展阶段产生不同的社会问题

　　C. 城市规划理论和实践的发展在关注经济问题之后，开始逐步关注城市社会问题

　　D. 健康的社会环境有助于城市各项社会资源的效益最大化

【答案】C

【解析】城市的最显著特征是人口密集，因此，社会问题集中地发生在城市里，选项A正确；城市社会问题是经济发展到一定阶段的产物，不同的经济发展阶段产生不同的社会问题；不同的社会制度下，社会问题的表现形式也不相同，所以城市社会问题复杂多样，问题的严重程度强弱不等，选项B正确。因此，社会和空间之间存在着辩证统一的交互作用和相互依存的关系。正是基于这样的前提，城市规划理论与实践的发展始终离不开对社会问题的关注，选项C不准确。健康的社会环境作为城市发展理性的选择，旨在促进更加宽广的公平环境、诚信环境和管理环境，不仅能使资源得到公平合理的分配和利用，而且能使城市的各项社会资源的效益最大化，推动城市文明的继续和发展，选项D正确。

2013-004. 下列关于古希腊时期城市布局的表述，错误的是（　　）。

　　A. 雅典城的布局完整地体现了希波丹姆布局模式

　　B. 米利都城是以城市广场为中心、以方格网道路为骨架的布局模式

　　C. 广场或市场周边建设有一系列的公共建筑，是城市生活的核心

　　D. 雅典卫城具有非常典型的不规则布局的特征

【答案】A

【解析】古希腊希波丹姆城市布局模式在米利都城得到了最为完整的体现，选项A错误；在古希腊时期，城市布局上出现了以方格网的道路系统为骨架、以城市广场为中心的希波丹姆模式，选项B正确；广场是市民集聚的空间，围绕着广场建设有一系列的公共

建筑，成为城市生活的核心，选项C正确；在其他一些城市中，局部性地出现了这样的格局，如雅典，具有非常典型的不规则布局的特征，选项D正确。

2013-005. 下列哪项不是霍华德田园城市的内容？（　　）
   A. 每个田园城市的规模控制在3.2万人，超过此规模就需要建设另一个新的城市
   B. 每个田园城市的城区用地占总用地的六分之一
   C. 田园城市城区的最外围设有工厂、仓库等用地
   D. 田园城市应当是低密度的，保证每家每户有花园
【答案】D
【解析】根据霍华德的设想，田园城市包括城市和乡村两个部分。田园城市的居民生活于此，工作于此，在田园城市的边缘地区设有工厂企业。城市的规模必须加以限制，每个田园城市的人口限制在3.2万人，超过了这一规模，就需要建设另一个新的城市。田园城市实质上就是城市和乡村的结合体，每一个田园城市的城区用地占总用地的1/6。选项D不是田园城市的内容，故选D。

2013-006. 下列关于英国第三代新城建设的表述，错误的是（　　）。
   A. 新城通常是一定区域范围内的中心
   B. 新城应当使就业与居住相对平衡
   C. 新城应当承担中心城市的某项职能
   D. 新城通常是按照规划在乡村地区开始建设起来的
【答案】C
【解析】新城的概念更强调了城市的相对独立性。它基本上是一定区域范围内的中心城市，为其周围的地区服务，并且与中心城市发生相互作用，成为城镇体系中的一个组成部分，对涌入大城市的人口起到一定的截流作用。选项C错误。

2013-007. 下列关于功能分区的表述，错误的是（　　）。
   A. 功能分区最早是依据城市基本活动对城市用地进行分区组织
   B. 功能分区最早是由《雅典宪章》提出并予以确定的
   C. 功能分区对解决工业城市中的工业和居住混杂、卫生等问题具有现实意义
   D. 《马丘比丘宪章》对城市布局中的功能分区绝对化倾向进行了批判
【答案】B
【解析】戈涅在"工业城市"中提出的功能分区思想，直接孕育了《雅典宪章》所提出的功能分区原则，这一原则对于解决当时城市中工业居住混杂而带来的种种弊病具有重要的积极意义，选项B错误。

2013-008. 下列关于城市布局理论的表述，不准确的是（　　）。
   A. 柯布西埃现代城市规划方案提出应结合高层建筑建立地下、地面和高架路三层交通网络
   B. 邻里单位理论提出居住邻里应以城市交通干路为边界
   C. 级差地租理论认为，在完全竞争的市场经济中，城市土地必须按照最有利的用途进行分配

D. "公交引导开发"（TOD）模式提出新城建设应围绕着公共交通站点建设中心商务区

【答案】D

【解析】"公交引导开发"（TOD）模式强调减少机动车的使用量，鼓励使用公共交通，居住区的公共设施和公共活动中心等围绕着公共交通的站点进行布局，选项D不准确。

2013-009. 在20世纪上半叶的中国，为疏解城市的拥挤，最早出现"卫星城"方案的是(　　)。

A. 孙中山的《建国方略》　　B. 民国政府的《都市计划法》
C. 南京的《首都计划》　　　D. 《大上海都市计划总图》

【答案】D

【解析】上海自1946年开始编制《大上海都市计划总图》，由于中国为反法西斯同盟国，西方帝国主义在战后归还了占领的租界地区，因此城市作为一个整体可以进行全面、系统的规划。在规划中，运用了国际流行的"卫星城市""邻里单位""有机疏散"以及道路分级等规划理论和思想。选项D符合题意。

2013-010. 中国古代筑城中的"形胜"思想，准确的意思是(　　)。

A. 等级分明的布局结构　　　B. "象天法地"的神秘主义
C. 中轴对称的皇权思想与自然的结合　　D. 早期的城市功能分区

【答案】C

【解析】"形胜"是金陵城规划的主导思想，是对《周礼》城市形制理念的重要发展，突出了与自然结合的思想。礼制的核心思想就是社会等级和宗法关系，《周礼》记载的城市形制就是礼制思想的体现，选项C正确。

2013-011. "两型社会"是指(　　)。

A. 新型工业化与新型城镇化社会　　B. 新型城市与新型乡村
C. 资源节约型与环境友好型社会　　D. 城乡统筹型与城乡和谐型社会

【答案】C

【解析】两型社会指的是"资源节约型、环境友好型社会"，选项C正确。资源节约型社会是指整个社会经济建立在节约资源的基础上，建设节约型社会的核心是节约资源，即在生产、流通、消费等各领域各环节，通过采取技术和管理等综合措施，厉行节约，不断提高资源利用效率，尽可能地减少以资源消耗和环境污染为代价满足人们日益增长的物质文化需求的发展模式。环境友好型社会是一种人与自然和谐共生的社会形态，其核心内涵是人类的生产和消费活动与自然生态系统协调可持续发展。

2013-012. 下列哪个选项无法提高城市发展的可持续性？(　　)

A. 缩短上下班通勤和日常生活出行的距离
B. 维护地表水的存量和地表土的品质
C. 不断提高土地建设开发强度
D. 高效能的建筑物形态和布局

【答案】C

【解析】《可持续发展的规划对策》中强调缩短通勤和日常生活的出行距离，提高公共交通在出行方式中的比重，提高日常生活用品和服务的地方自给程度，采取以公共交通为主导的紧凑发展形态；提高生物多样化程度，显著增加城乡地区的生物量，维护地表水的存量和地表土的品质；显著减少化石燃料的消耗，更多地采用可再生的能源，改进材料的绝缘性能，建筑物的形式和布局应有助于提高能效。不断提高土地建设开发强度无法提高城市发展的可持续性，因此选项C符合题意。

2013-013. 下列表述错误的是(　　)。
　　A. 城市规划是各级政府保护生态和自然环境的重要依据
　　B. 城市规划是在城市发展过程中发挥重要作用的政治制度
　　C. 动员全体市民实施规划是城市规划民主性的重要体现
　　D. 协调经济效率和社会公正之间的关系是城市规划政策性的重要体现

【答案】B

【解析】选项A反映了现代城市规划的综合性，选项C反映了现代城市规划的民主性，选项D反映了现代城市规划的政策性。现代城市规划的实践性主要表现为城市规划是一项社会实践，是在城市发展的过程中发挥作用的社会制度。因此选项B错误。

2013-014. 下列关于我国城乡规划法律法规体系的表述，正确的是(　　)。
　　A. 《北京市城乡规划条例》是城乡规划的地方规章，由北京市人大制定
　　B. 《中华人民共和国行政许可法》是城乡规划管理必须遵守的重要法律
　　C. 《城市综合交通体系规划编制导则》是城乡规划领域重要的技术标准
　　D. 城乡规划的标准规范实际效力相当于技术领域的法律，但其中的非强制性条文不作为政府对其执行情况实施监督的依据

【答案】A

【解析】《中华人民共和国行政许可法》是为了规范行政许可的设定和实施，保护公民、法人和其他组织的权益，维护公共利益和社会秩序，保障和监督行政机关有效实施行政管理，根据宪法规定制定的法律，选项B错误。《城市综合交通体系规划编制导则》是为了指导各城市做好城市综合交通体系规划编制工作，选项C错误。标准规范的实际效力相当于技术领域的法规，标准规范中的强制性条文是政府对其执行情况实施监督的依据，选项D错误。

2013-015. 下列关于我国城乡规划编制体系的表述，正确的是(　　)。
　　A. 我国城乡规划编制体系由区域规划、城市规划、镇规划和乡村规划构成
　　B. 县人民政府所在地镇的控制性详细规划由县政府规划主管部门组织编制，由县人大常委会审核后报上级政府备案
　　C. 市辖区所属镇的总体规划由镇人民政府组织编制，由市政府审批
　　D. 村庄规划由村委会组织编制，由镇政府审批

【答案】C

【解析】我国城乡规划编制体系由以下内容构成，即城镇体系规划、城市规划、镇

规划、乡规划和村庄规划。县人民政府所在地镇的总体规划由县人民政府组织编制，报上一级人民政府审批；其他镇的总体规划由镇人民政府组织编制，报上一级人民政府审批，乡、镇人民政府组织编制乡规划、村庄规划，报上一级人民政府。选项C正确。

2013-016. 按照《城市规划编制办法》，编制城市规划应当坚持的原则包括(　　)。

A. 政府领导的原则　　　　　　　B. 专家领衔的原则
C. 部门配合的原则　　　　　　　D. 先规划后发展的原则

【答案】B

【解析】按照《城市规划编制办法》编制城市规划应当坚持政府组织、专家领衔、部门合作、公众参与、科学决策的原则。选项B正确。

2013-017. 下列关于制定控制性详细规划基本程序的表述，正确的是(　　)。

A. 对已有控制性详细规划进行修改时，规划编制单位应对修改的必要性进行论证并征求原审批机关的意见
B. 组织编制机关对控制性详细规划草案的公告时间不得少于30日
C. 控制性详细规划的修改如果涉及城市总体规划有关内容修改的，必须先修改总体规划
D. 组织编制机关应当及时公布依法批准的控制性详细规划，并报本级政府备案

【答案】B

【解析】制定控制性详细规划基本程序：①城市人民政府城乡规划主管部门和县人民政府城乡规划主管部门、镇人民政府根据城市和镇的总体规划，组织控制性详细规划的编制，确定规划编制的内容和要求等。如需对已有的控制性详细规划进行修改的，组织编制机关应当对修改的必要性进行论证，征求规划地段内利害关系人的意见，并向原审批机关提出专题报告，经原审批机关同意后，方可编制修改方案。如修改的内容涉及城市总体规划、镇总体规划的强制性内容，应当先修改总体规划。选项A、C错误。②组织编制机关委托具有相应资质等级的单位承担具体编制工作。③在城市、镇控制性详细规划的编制中，应当采取公示、征询等方式，充分听取规划涉及的单位、公众的意见。对有关意见采纳结果应当公布。④组织编制机关将规划草案予以公告，并采取论证会、听证会或其他方式征求专家和公众的意见。公告的时间不得少于30日，选项B正确。⑤规划方案的修改完善。⑥规划方案报请审批。城市控制性详细规划报本级人民政府、县人民政府所在地镇的控制性详细规划报县人民政府、其他镇的控制性详细规划报上一级人民政府审批。⑦组织编制机关及时公布经依法批准的城市和镇控制性详细规划，同时报本级人民代表大会常务委员会和上一级政府备案。选项D错误。选项B符合题意。

2013-018. 下列关于城镇体系和城镇体系规划的表述，准确的是(　　)。

A. 城镇体系是对一定区域内的城镇群体的总称
B. 城镇体系规划的目的是构建完整的城镇体系
C. 城镇体系规划是一种区域性规划
D. 城镇体系中只有一个中心城市

【答案】C

【解析】城镇体系指在一个相对完整的区域中,由一系列不同职能分工、不同等级规模、空间分布有序的城镇所组成的联系密切、相互依存的城镇群体,选项A不准确,选项D不正确;城镇体系规划是在一定地域范围内,妥善处理各城镇之间、单个或数个城镇与城镇群体之间以及群体与外部环境之间关系,以达到地域经济、社会、环境效益最佳的发展,选项B不准确,选项C正确。

2013-019. 有关省域城镇体系规划的表述,正确的是(　　)。

A. 应制定全省(自治区)经济社会发展目标
B. 应制定全省(自治区)城镇化和城镇发展战略
C. 由省(自治区)住房和城乡建设厅组织编制
D. 由省(自治区)人民政府审批

【答案】B

【解析】省域城镇体系规划的核心内容之一是制定全省(自治区)城镇化和城镇发展战略,包括确定城镇化方针和目标,确定城镇发展与布局战略,因此选项B正确。

2013-020. 下列表述正确的是(　　)。

A. 主体功能区规划应以城市总体规划为指导
B. 城市总体规划应以城镇体系规划为指导
C. 区域国土规划应以城镇体系规划为指导
D. 城市总体规划应以土地利用总体规划为指导

【答案】B

【解析】城镇体系规划是城市总体规划的一个重要基础,城市总体规划的编制要以全国城镇体系规划、省域城镇体系规划等为依据,因此选项B正确。

2013-021. 不属于省域城镇体系规划内容的是(　　)。

A. 城镇规模控制　　　　　　　　B. 区域重大基础设施布局
C. 划定省域内必须控制开发的区域　D. 历史文化名城保护规划

【答案】D

【解析】省域城镇体系规划的核心内容包括:①制订(自治区)城镇化和城镇发展战略;②确定区域城镇发展用地规模的控制目标;③协调和部署影响省域城镇化与城市发展的全局性和整体性事项;④确定乡村地区非农产业布局和居民点建设的原则;⑤确定区域开发管制区划。选项D不是省域城镇体系规划的主要内容,符合题意。

2013-022. 下列关于城市总体规划主要任务与内容的表述,准确的是(　　)。

A. 城市总体规划一般分为市域城镇体系规划、中心城区规划、近期建设地区规划三个层次
B. 城市总体规划应当以全国和省域城镇体系规划以及其他上层次各类规划为依据
C. 市域城镇体系规划要划定中心城区规划建设用地范围
D. 中心城区规划需要明确地下空间开发利用的原则和建设方针

【答案】D

【解析】城市总体规划一般分为市域城镇体系规划和中心城区规划两个层次，选项A错误。编制城市总体规划，应当以全国城镇体系规划、省域城镇体系规划以及其他上层次法定规划为依据，选项B错误。中心城区规划要划定中心城区规划建设用地范围，提出地下空间开发利用的原则和建设方针，选项C错误。选项D正确。

2013-023. 在城市规划调查中，社会环境的调查不包括（　　）。
A. 人口的年龄结构、自然变动、迁移变动和社会变动情况调查
B. 家庭规模、家庭生活方式、家庭行为模式及社区组织情况调查
C. 城市住房及居住环境调查
D. 政府部门、其他公共部门及各类企事业单位的基本情况调查
【答案】C
【解析】社会环境的调查主要包括两方面：首先是人口方面，主要涉及人口的年龄结构、自然变动、迁移变动和社会变动；其次是社会组织和社会结构方面，主要涉及构成城市社会各类群体及它们之间的相互关系，包括家庭规模、家庭生活方式、家庭行为模式及社区组织等；最后还有政府部门、其他公共部门及各类企事业单位的基本情况。选项C不属于社会环境，符合题意。

2013-024. 下列关于城市职能和城市性质的表述，错误的是（　　）。
A. 城市职能可以分为基本职能和非基本职能
B. 城市基本职能是城市发展的主导促进因素
C. 城市非基本职能是指城市为城市以外地区服务的职能
D. 城市性质关注的是城市最主要的职能，是对主要职能的高度概括
【答案】C
【解析】按照城市职能在城市生活中的作用，可划分为基本职能和非基本职能，基本职能是指城市为城市以外地区服务的职能，非基本职能是城市为城市自身居民服务的职能，其中基本职能是城市发展的主导促进因素。城市性质关注的是城市最主要的职能，是对主要职能的高度概括。选项C错误。

2013-025. 下列表述中，错误的是（　　）。
A. 城市人口包括城市建成区范围内的实际居住人口
B. 城市人口的统计范围不论现状和规划，都应与规划区范围相对应
C. 城市人口规模预测时，环境容量预测法不适合作单独预测方式
D. 育龄妇女的年龄、人口数量、生育率、初育率等的分析，是预测人口自然增长的重要依据
【答案】B
【解析】城市人口的统计范围应与地域范围一致，即现状城市人口与现状建成区、规划城市人口与规划建成区要相对应，因此选项B错误。

2013-026. 下列关于城市环境容量的表述，错误的是（　　）。
A. 自然条件是城市环境容量的最基本要素
B. 城市人口容量具有有限性、可变性、极不稳定性三个特性

C. 城市大气环境容量是指满足大气环境目标值下某区域允许排放的污染物总量
D. 城市水环境容量与水体的自净能力和水质标准有密切的关系

【答案】B

【解析】城市人口容量具有三个特性：有限性、可变性和稳定性，因此选项B错误。

2013-027. 下列关于市域城乡空间的表述，正确的是（ ）。

    A. 市域城乡空间可以划分为建设空间、农业开敞空间、区域重大基础设施空间和生态敏感空间四大类

    B. 按照生态敏感性分析对市域空间进行生态适宜性分区，可以分为鼓励开发区、控制开发区、禁止开发区、基本农田保护区四类

    C. 市域城镇空间由中心城区及周边其他城镇组成，主要的组合类型有：均衡式、单中心集核式、分片组团式、轴带式等

    D. 独立布局的区域性基础设施用地与城乡居民生活具有密切联系，应该纳入城乡人均建设用地进行平衡

【答案】C

【解析】市域城乡空间一般可以划分为建设空间、农业开敞空间和生态敏感空间三大类。选项A错误。立足于生态敏感性分析和未来区域开发态势的判断，通常对市域城乡空间进行生态适宜性分区，分别采取不同的空间管制策略。一般来说，分为以下三类：鼓励开发区、控制开发区、禁止开发区。选项B错误。独立布局的区域性基础设施用地，指独立于一般城镇建成区的区域性水、电、气、电信等设施所占用的土地，一般与城乡居民生活无直接关系，因此规划中应单独列出，不宜作为城镇或乡村人均建设用地进行平衡。选项D错误。选项C正确。

2013-028. 下列关于市域城镇发展布局规划的表述，准确的是（ ）。

    A. 经济发达地区可以规划为中心城区、外围新城、中心镇、新型农村社区的城市型居民点体系

    B. 市域城乡聚落体系可以分为中心城市、县城、镇区（乡集镇）、中心村四级体系

    C. 市域城镇发展布局规划的主要内容包括确定市域各类城乡居民点产业发展方向

    D. 市域交通和基础设施体系要优先满足本市域发展的需要，不能分担周边城市的发展要求，否则不利于促进城市之间的有机分工

【答案】B

【解析】市域城镇发展布局规划中可将市域城镇聚落体系分为中心城市—县城—镇区、乡集镇—中心村四级体系。对一些经济发达的地区，从节约资源和城乡统筹的要求出发，结合行政区划调整，实行中心城区—中心镇—新型农村社区的城市型居民点体系。选项A错误。市域城镇发展布局规划的主要内容包括以下几个方面：市域城镇聚落体系的确定与相应发展策略、市域城镇空间规模与建设标准、重点城镇的建设规模与用地控制、市域交通与基础设施协调布局、相邻城镇协调发展的要求、划定城市规划区。选项C错误。交通和基础设施的布局一方面要满足市域内城镇发展的基本要求，另一方面又需要引导市域城镇在空间上的合理布局。市域城镇发展布局规划应对市域交通与基础设施的布局进行协调，按照可持续发展原则，优化市域城镇的发展条件。选项D错误，选项B正确。

2013-029. 下列关于城市规划区的表述，错误的是(　　)。

　　A. 规划区的划定应符合城乡规划行政管理的需要
　　B. 规划区的范围大小应体现城市规模控制的要求
　　C. 规划区范围应包括有密切联系的镇、乡、村
　　D. 水源地、生态廊道、区域重大基础设施廊道等应划入规划区

【答案】D

【解析】划定城乡规划区，应充分考虑对水源地、生态控制区廊道、区域重大基础设施廊道等城乡发展保障条件的保护要求，充分考虑城乡规划主管部门依法实施城乡规划的必要性与可行性，综合确定规划区范围。选项D只是划定规划区应考虑的因素，并不一定要划入规划区，符合题意。

2013-030. 下列关于信息化对城市形态影响的表述，错误的是(　　)。

　　A. 城市空间结构出现分散趋势　　B. 城乡边界变得模糊
　　C. 不同地段的区位差异缩小　　　D. 新型社区功能更加单纯

【答案】D

【解析】信息化浪潮下的城市空间结构形态将从集聚走向分散，但分散之中又有集中，呈现大分散与小集中的局面。分散的结果就是城市规模扩大，市中心区的集聚效应降低，城市边缘区与中心区的聚集效应差别缩小，城市密度梯度的变化曲线日趋平缓，城乡界限变得模糊。城市结构的网络化重构也将出现多功能新社区，网络化城市的多功能社区与传统社区不同，它除了居住功能外，还可以是远程教育、远程医疗、远程娱乐、网上购物等功能机构的复合。因此选项D错误。

2013-031. 在城市用地工程适宜性评定中，下列用地不属于二类用地的是(　　)。

　　A. 地形坡度15%
　　B. 地下水位低于建筑物的基础埋藏深度
　　C. 洪水轻度淹没区
　　D. 有轻微的活动性冲沟、滑坡等不良地质现象

【答案】B

【解析】地下水位低于建筑物的基础埋藏深度属于一类用地，选项B符合题意。

2013-032. 不宜与文化馆毗邻布置的设施是(　　)。

　　A. 科技馆　　　　　　　　　　B. 广播电视中心
　　C. 档案馆　　　　　　　　　　D. 小学

【答案】D

【解析】《文化馆建筑设计规范》(JGJ/T 41—2014)第3.2.6条，当文化馆基地距医院、学校、幼儿园、住宅等建筑较近时，室外活动场地及建筑内噪声较大的功能用房应布置在医院、学校、幼儿园、住宅等建筑的远端，并应采取防干扰措施。小学不宜毗邻文化馆设置，因此选项D符合题意。

2013-033. 下列关于城市布局的表述中，错误的是(　　)。

A. 在静风频率高的地区不宜布置排放有害废气的工业
B. 铁路编组站应安排在城市郊区,并避免被大型货场、工厂区包围
C. 城市道路布局时,道路走向应尽量平行于夏季主导风向
D. 各类专业市场设施应统一集聚配置,以发挥联运效应

【答案】D

【解析】同类专业市场设施统一集聚配置,以发挥联运效应。各类专业市场设施在城市中适当分散地布局在恰当位置,过分集中布置,会造成局部货运交通拥堵,不利于交通运输,且对工业区、居住区的布局不利。选项D不准确。

2013-034. 大城市的蔬菜批发市场应该( )。

A. 集中布置在城市中心区边缘　　B. 统一安排在城市的下风向
C. 结合产地布置在远郊区县　　　D. 设于城区边缘的城市出入口附近

【答案】D

【解析】蔬菜仓库应设于城市市区边缘通向四郊的干路入口,不宜过分集中,以免运输线太长,损耗太大,依托于蔬菜仓库设立的蔬菜批发市场应设于城区边缘的城市出入口附近。因此选项D正确。

2013-035. 下列关于停车场的表述,错误的是( )。

A. 大型建筑物和为其服务的停车场,可对面布置于城市干路的两侧
B. 人流、车流量大的公共活动广场宜按分区就近原则,适当分散安排停车场
C. 商业步行街可适当集中安排停车场
D. 外来机动车公共停车场应设置在城市的外环路和城市出入口道路附近

【答案】D

【解析】城市出入口停车设施,即外来机动车公共停车场,是为外来或过境货运机动车服务的停车设施。这类停车设施应设在城市外围的城市主要出入干路附近,选项D错误。

2013-036. 某城市规划人口35万,其新规划的铁路客运站应布置在( )。

A. 城市中心区　　　　　　　　B. 城区边缘
C. 远离中心城区　　　　　　　D. 中心城区边缘

【答案】B

【解析】中、小城市客运站可以布置在城区边缘,大城市可能有多个客运站,应深入城市中心区边缘布置,选项B正确。

2013-037. 当配水系统中需设置加压泵站时,其位置宜靠近( )。

A. 地势较低处　　　　　　　　B. 用水集中地区
C. 净水厂　　　　　　　　　　D. 水源地

【答案】B

【解析】根据《城市给水工程规划规范》(GB 50282—98)【注:该规范已于2017年4月1日废止】第9.0.5条,当配水系统中需设置加压泵站时,其位置宜靠近用水集中地区。选项B正确。

2013-038. 下列环境卫生设施中,应设置在规划城市建设用地范围边缘的是( )。

　　A. 生活垃圾卫生填埋场　　　　B. 生活垃圾堆肥厂
　　C. 粪便处理厂　　　　　　　　D. 大型垃圾转运站

【答案】C

【解析】根据《城市环境卫生设施规划规范》(GB 50337—2003)【注:该规范已于2019年4月1日废止】第4.4.2条,粪便处理厂应设置在城市规划建成区边缘并靠近规划城市污水处理厂,其周边应设置宽度不小于10m的绿化隔离带,并与住宅、公共设施保持不小于50m的间距。选项C符合题意。

2013-039. 下列关于城市道路与城市用地关系的表述,错误的是( )。

　　A. 旧城用地布局较为紧凑,道路密而狭窄,适于非机动的交通模式
　　B. 城市发展轴可以结合传统的混合性主要道路安排
　　C. 不同类型城市的干路网与城市用地布局的形式密切相关、密切配合
　　D. 城市用地规模和用地布局的变化,不会根本性地改变城市道路系统的形式和结构

【答案】D

【解析】不同规模和不同类型的城市用地布局有不同的交通分布和通行要求,就会有不同的道路网络类型和模式,就会有不同的路网密度要求和交通组织方式。所以,不同的城市可能有不同的道路网络类型;同一城市的不同城区或地段,由于用地布局的不同,也会有不同的道路网类型。因此选项D错误。

2013-040. 下列关于城市道路性质的表述,错误的是( )。

　　A. 快速路为快速机动车专用路网,可连接高速公路
　　B. 交通性主干路为全市性路网,是疏通城市交通的主要通道
　　C. 次干路为全市性或组团内路网,与主干路一起构成城市的基本骨架
　　D. 支路为地段内根据用地安排而划定的道路,在局部地段可以成网

【答案】C

【解析】城市次干路网为城市组团内的路网(组团内成网),与主干路一起构成城市的基本骨架。选项C错误。

2013-041. 下列关于城市综合交通规划的表述,错误的是( )。

　　A. 城市综合交通规划可以脱离土地使用规划单独进行编制
　　B. 城市综合交通规划内容包括城市对外交通和城市交通的衔接关系
　　C. 城市综合交通规划需要处理好对外交通与城市交通的衔接关系
　　D. 城市综合交通规划需要协调城市中各种交通方式之间的关系

【答案】A

【解析】城市交通系统规划是与城市用地布局密切相关的一项重要的规划工作。鉴于城市交通的综合性、城市交通与城市对外交通的密切关系,通常把二者结合起来进行综合研究和综合规划。选项A错误。

2013-042. 下列关于城市综合交通调查的表述,错误的是( )。

A. 交通出行调查可以得到现状城市交通的流动特性
B. 居民出行调查可以得到居民出行生成与土地使用特征之间的关系
C. 城市道路交通调查包括对机动车、非机动车、行人的流量、流向的调查
D. 查核线的选取应避开对交通起障碍作用的天然地形或人工障碍

【答案】D

【解析】查核线的选取原则：尽可能利用天然或人工屏障，如铁路线、河流等；分割区域和城市土地利用布局有一定的协调性；具备基本观测条件，便于观测人员采集数据。选项D错误。

2013-043. 下列不属于城市交通发展战略研究内容的是（　　）。
A. 提出城市交通总体发展方向和目标
B. 提出城市交通发展政策和措施
C. 提出城市交通各子系统功能组织及布局原则
D. 提出城市交通资源分配利用原则和策略

【答案】C

【解析】城市综合交通发展战略研究的基本内容包括：城市交通发展分析、城市交通发展战略分析、城市交通政策制定。选项C不属于城市交通发展战略研究内容，符合题意。

2013-044. 下列关于城市对外交通规划的表述，错误的是（　　）。
A. 在城市铁路布局中，线路走向起主导作用
B. 铁路客运站是对外交通与城市交通的衔接点之一
C. 大城市、特大城市通常设置多个公路长途客运站
D. 大城市、特大城市公路长途客运站通常设在城市中心区边缘

【答案】A

【解析】在城市铁路布局中，站场位置起着主导作用，线路的走向是根据站场与站场、站场与服务地区的联系需要而确定的，因此选项A错误。

2013-045. 下列不属于城市道路系统规划主要内容的是（　　）。
A. 提出城市各级道路红线宽度和标准横断面形式
B. 确定主要交叉口、广场的用地控制要求
C. 确定城市防灾减灾、应急救援、大型装备运输的道路网络方案
D. 提出交通需求管理的对策

【答案】D

【解析】城市道路系统规划主要内容包括：交叉口间距、道路网密度、道路红线宽度、道路横断面类型、城市道路横断面选择与组合。选项D不属于城市道路系统规划主要内容，符合题意。

2013-046. 下列哪项不是历史文化遗产保护的原则？（　　）
A. 保护历史真实载体的原则
B. 保护历史环境的原则
C. 合理利用、永续利用的原则
D. 修缮、保留与复建相结合的原则

【答案】D

【解析】历史文化名城保护规划的原则：①保护历史真实载体的原则；②保护历史环境的原则；③合理利用、永续利用的原则。选项D不是历史文化遗产保护的原则，符合题意。

2013-047. 历史文化名镇名村保护规划的近期规划措施不包括(　　)。

A. 抢救已处于濒危状态的所有建筑物、构筑物和环境要素

B. 对已经或可能对历史文化名镇名村保护造成威胁的各种自然、人为因素提出规划治理措施

C. 提出改善基础设施和生产、生活环境的近期建设项目

D. 提出近期投资估算

【答案】A

【解析】根据《历史文化名城名镇名村保护规划编制要求》第四十五条，历史文化名镇名村保护规划的近期规划措施，应当包括以下内容：①抢救已处于濒危状态的文物保护单位、历史建筑、重要历史环境要素；②对已经或可能对历史文化名镇名村保护造成威胁的各种自然、人为因素提出规划治理措施；③提出改善基础设施和生产、生活环境的近期建设项目；④提出近期投资估算。选项A不属于历史文化名镇名村保护规划的近期规划措施，符合题意。

2013-048. 在历史文化名城保护规划中不需要划定保护界线(　　)。

A. 历史城区　　　　　　　　B. 历史地段

C. 历史建筑群　　　　　　　D. 文物古迹

【答案】A

【解析】根据《历史文化名城保护规划规范》（GB 50357—2005）【注：该规范已于2019年4月1日废止】第4.2.1条规定，历史文化街区保护界线的划定应按下列要求进行定位：文物古迹或历史建筑的现状用地边界；在街道、广场、河流等处视线所及范围内的建筑物用地边界或外观界面；构成历史风貌的自然景观边界。选项A符合题意。

2013-049. 某历史文化名城目前难以找到一处值得保护的历史文化街区，正确的做法是(　　)。

A. 整体恢复历史城区的传统风貌

B. 恢复1~2个历史全盛时期最具代表性的街区

C. 恢复1~2个代表不同历史时期风貌的街区

D. 保护现在文物古迹周围的环境

【答案】D

【解析】少数历史文化名城，目前已难以找到一处值得保护的历史文化街区。对它们来讲，重要的不是去再造一条仿古街道，而是要全力保护好文物古迹周围的环境，否则和其他一般城市就没什么区别。选项D正确。

2013-050. 城市中心城区的建设用地范围内用于园林生产的苗圃，其用地性质列入下列哪一类？(　　)

A. 公园绿地（G1）   B. 生产绿地（G2）
C. 农林用地（E2）   D. 科研用地（A35）

【答案】B

【解析】依据《城市绿地分类标准》（CJJ/T 85—2002）【注：该规范已于2018年6月1日废止】，生产绿地（G2）主要是指为城市绿化提供苗木、花草、种子的苗圃、花园、草圃等生产园地。它是城市绿化材料的重要来源，对城市植物多样性保护有积极的作用。选项B符合题意。

2013-051. 下列属于城市总体规划的强制性内容的是（　　）。
   A. 城市绿地系统的发展目标
   B. 城市各类绿地的具体布局
   C. 城市绿地主要指标
   D. 河湖岸线的使用原则

【答案】B

【解析】城市总体规划中对城市绿地系统规划的强制性要求是要明确各类绿地的具体布局，因此选项B正确。

2013-052. 根据《城市水系规划规范》，下列表述中错误的是（　　）。
   A. 城市水体按功能类别分为水源地、生态水域、行洪通道、航运通道、雨洪调蓄水体、渔业养殖水体、景观游憩水体等
   B. 城市水体按形态特征分为江河、湖泊、沟渠和湿地等
   C. 城市水系岸线按功能分为生态性岸线、生活性岸线和生产性岸线等
   D. 城市水系的保护应包括水域保护、水生态保护、水质保护和滨水空间控制等

【答案】B

【解析】根据《城市水系规划规范》（GB 50513—2009），水体按形态特征分为江河、湖泊和沟渠三大类。湖泊包括湖、水库、湿地、塘堰，沟渠包括溪、沟、渠。因此选项B错误。

2013-053. "确定排水体制"属于下列哪一项规划阶段的内容？（　　）
   A. 城市总体规划   B. 城市分区规划
   C. 控制性详细规划   D. 修建性详细规划

【答案】A

【解析】由城市总体规划强制性内容可知，确定排水体制属于城市总体规划阶段的内容，选项A正确。

2013-054. 下列关于再生水利用规划的表述，不准确的是（　　）。
   A. 城市再生水主要用于生态用水、市政杂用水和工业用水
   B. 按照城市排水体制确定再生水厂的布局
   C. 城市再生水利用规划需满足用户对水质、水量、水压等的要求
   D. 城市详细规划阶段，需计算输配水管渠管径、校核配水管网水量及水压

【答案】B

【解析】根据城市水资源供应紧缺状况，结合城市污水处理厂规模、布局，在满足不同用水水质标准条件下考虑将城市污水处理再生后用于生态用水、市政用水、工业用水等，确定城市再生水厂等设施的规模、布局；布置再生水设施和各级再生水管网系统，满足用户对水质、水量、水压等要求。选项B不准确。

2013-055. 下列关于城市抗震防灾规划相关内容的表述，不准确的是（　　）。

A. 抗震设防区，是指地震基本烈度7度及7度以上地区
B. 城市抗震防灾规划的基本方针是"预防为主，防、抗、避、救相结合"
C. 避震疏散场所是用作地震时受灾人员疏散的场地和建筑，划分为紧急避震疏散场所、固定避震疏散场所、中心避震疏散场所等类型
D. 地震次生灾害主要包括水灾、火灾、爆炸、放射性辐射、有毒物质扩散或者蔓延等

【答案】A

【解析】抗震设防区是指地震基本烈度6度及6度以上的地区，选项A错误。

2013-056. 下列不属于城市详细规划阶段城市综合防灾减灾规划主要内容的是（　　）。

A. 确定各种消防设施的布局及消防通道、间距等
B. 确定防洪堤标高、排涝泵站位置等
C. 组织防灾生命线系统
D. 确定疏散通道、疏散场地布局

【答案】C

【解析】城市详细规划阶段城市综合防灾减灾规划的主要内容：确定规划范围内各种消防设施的布局及消防通道、间距等；确定规划范围内地下防空建筑的规模、数量、配套内容、抗力等级、位置布局，以及平战结合的用途；确定规划范围内的防洪堤标高、排涝泵站位置等；确定规划范围内疏散通道、疏散场地布局。选项C符合题意。

2013-057. 下列关于城市环境保护规划的表述，不准确的是（　　）。

A. 环境保护的基本任务主要是生态环境保护和环境污染综合防治
B. 城市环境保护规划包括大气环境保护规划、水环境保护规划和噪声污染控制规划
C. 大气环境保护规划总体上包括大气环境质量规划和大气污染控制规划
D. 水环境保护规划总体上包括饮用水源保护规划和水污染控制规划

【答案】B

【解析】城市环境保护规划可分为大气环境保护规划、水环境保护规划、固体废物污染控制规划、噪声污染控制规划。故选项B错误。

2013-058. 根据《城市地下空间开发利用管理规定》，城市地下空间规划的主要内容不包括（　　）。

A. 地下空间现状及发展预测
B. 地下空间开发战略
C. 开发层次、内容、期限、规模与布局
D. 地下空间开发实施措施与近期建设规划

【答案】D

【解析】根据《城市地下空间开发利用管理规定》第六条，城市地下空间规划的主要内容包括：地下空间现状及发展预测，地下空间开发战略，开发层次、内容、期限、规模与布局，地下空间开发实施步骤，以及地下工程的具体位置、出入口位置、不同地段的高程、各设施之间的相互关系，与地面建筑的关系，及其配套工程的综合布置方案、经济技术指标等。选项D符合题意。

2013-059. 下列关于城市总体规划主要图纸内容要求的表述，错误的是（　　）。

A. 市域城镇体系规划图需要标明行政区划
B. 市域空间管制图需要标明市域功能空间区划
C. 居住用地规划图需要标明居住人口容量
D. 综合交通规划图需要标明各级道路走向、红线宽度等

【答案】D

【解析】综合交通规划图：标明主次干路走向、红线宽度、道路横断面、重要交叉口形式；重要广场、停车场、公交停车场的位置和范围；铁路线路及站场、公路及货场、机场、港口、长途汽车站等对外交通设施的位置和用地范围。综合交通规划图不需要标明各级道路走向、红线宽度等，因此选项D符合题意。

2013-060. 近期建设规划的内容不包括（　　）。

A. 确定近期建设用地范围和布局
B. 确定近期主要对外交通设施和主要道路交通设施布局
C. 确定近期主要基础设施的位置、控制范围和工程干管的线路位置
D. 确定近期居住用地安排和布局

【答案】C

【解析】城市近期建设规划的基本内容：①确定近期人口和建设用地规模，确定近期建设用地范围和布局；②确定近期交通发展策略，确定主要对外交通设施和主要道路交通设施布局；③确定各项基础设施、公共服务和公益设施的建设规模和选址；④确定近期居住用地安排和布局；⑤确定历史文化名城、历史文化街区、风景名胜区等的保护措施，城市河湖水系、绿化、环境等保护、整治和建设措施；⑥确定控制和引导城市近期发展的原则和措施。城市人民政府可以根据本地区的实际，决定增加近期建设规划中的指导性内容。选项C符合题意。

2013-061. 下列关于近期建设规划的表述，错误的是（　　）。

A. 近期建设规划是城市总体规划的有机组成部分
B. 编制近期建设规划，一般以城市总体规划所确定的建设项目为依据
C. 编制近期建设规划，需要反映计划与市场变化的动态衔接和合理弹性，提高计划的可实施性
D. 年度实施计划是近期建设规划顺利开展的重要途径

【答案】D

【解析】对总体规划及上一轮近期建设规划实施情况进行全面客观的检讨与评价是至

关重要的。一方面，应对总体规划实施绩效进行评价，特别是找出实施中存在的问题；另一方面，寻找这些问题的原因，为后续的工作打好基础。具体的内容包括：对政府决策的作用、实施绩效及评价、规划实施中偏差出现的原因、在下一个近期规划中需要改进和加强的方面等。选项 D 符合题意。

2013-062. "十二五"近期建设规划中，下列属于落实保障性住房建设任务主要内容的是( )。

A. 保障性住房的分期供给规模
B. 保障性住房的轮候与分配机制
C. 保障性住房的税收调控手段
D. 保障性住房的价格调控手段

【答案】A

【解析】切实落实"十二五"保障性住房建设任务和要求，要将保障性住房的建设目标纳入近期建设规划，确保保障性住房用地的分期供给规模、区位布局和相关资金投入，不断改善中低收入家庭的居住条件。选项 A 符合题意。

2013-063. 下列关于控制性详细规划编制的表述，不准确的是( )。

A. 控制性详细规划的编制需要公众参与
B. 控制性详细规划的编制需要公平、效率并重
C. 控制性详细规划的编制需要动态维护，保证其实施的有效性
D. 控制性详细规划编制必须在城市规划区建设用地范围内实现"全覆盖"

【答案】D

【解析】控制性详细规划的基本特点之一是"地域性"，规划的内容和深度应适应规划地段的特点（不同城市和城市不同地段的规划内容、控制要求和深度不同），保证规划地段及其周围地段的整体协调性。选项 D 表述不准确。

2013-064. 县人民政府所在地镇的控制性详细规划，由( )。

A. 县人民政府组织编制
B. 市人民政府编制
C. 报县级人民代表大会常务委员会备案
D. 县人民政府依法将规划草案予以公告

【答案】C

【解析】县人民政府所在地镇的控制性详细规划，由县人民政府城乡规划主管部门组织编制，选项 A、B 错误；经县人民政府批准后，报本级人民代表大会常务委员会和上一级人民政府备案，选项 C 正确；组织编制机关将规划草案予以公告，选项 D 错误。因此选项 C 符合题意。

2013-065. 下列关于控制性详细规划的表述，错误的是( )。

A. 我国控制性详细规划借鉴了美国区划的经验
B. 编制控制性详细规划应含有城市设计的内容
C. 控制性详细规划的成果要求在向表现多元、格式多变、制图多样和数据多种的方

向发展

D. 控制性详细规划是规划实施管理的依据

【答案】C

【解析】控制性详细规划借鉴了国外的区划技术，通过一系列指标、图表、图则等表达方式将城市总体规划的宏观、平面、定性的内容具体为微观、立体、定量的内容。该内容是一种由设计控制和开发建设指导，为具体的设计与实施提供深化、细化的个性空间，而非取代具体的个性设计内容。因此选项C错误。

2013-066. 修建性详细规划中建设条件分析不包括(　　)。

A. 分析区域人口分布，对市民生活习惯及行为意愿等进行调研
B. 分析场地的区位和功能、交通条件、设施配套情况
C. 分析场地的高度、坡度、坡向
D. 分析自然环境要素、人文要素和景观要素

【答案】A

【解析】用地建设条件分析包括城市发展研究、区位条件分析、地形条件分析、地貌分析以及场地现状建筑情况分析。选项B属于区位条件分析，选项C属于地形条件分析，选项D属于地貌分析。选项A符合题意。

2013-067. 根据《城市规划编制办法》，下列关于修建性详细规划的表述，错误的是(　　)。

A. 修建性详细规划需要进行管线综合
B. 修建性详细规划需要对建筑室外空间和环境进行设计
C. 修建性详细规划需要确定建筑设计方案
D. 修建性详细规划需要进行项目的投资效益分析和综合技术经济论证

【答案】C

【解析】根据《城市规划编制办法》第四十三条的规定，修建性详细规划编制应该包括以下内容：①建设条件分析及综合技术经济论证；②建筑、道路和绿地等的空间布局和景观规划设计，布置总平面图；③对住宅、医院、学校和托幼等建筑进行日照分析；④根据交通影响分析，提出交通组织方案和设计；⑤市政工程管线规划设计和管线综合；⑥竖向规划设计；⑦估算工程量、拆迁量和总造价，分析投资效益；⑧绿地系统规划设计；⑨主要经济技术指标。建筑设计方案不属于修建性详细规划编制内容，因此选项C错误。

2013-068. 下列表述正确的是(　　)。

A. 镇区人口规模应以城市空间发展战略规划为依据
B. 镇区人口规模应以县域城镇体系规划为依据
C. 镇域城镇化水平应与国家城镇化率目标一致
D. 镇区人口占镇域人口的比例应不低于该地区城镇化水平

【答案】B

【解析】根据《镇规划标准》（GB 50188—2007）第3.2.2条，镇区人口规模应以县域城镇体系规划预测的数量为依据，结合镇区具体情况进行核定；村庄人口规模应在镇域

镇村体系规划中进行预测。选项 B 正确。

2013-069. 根据《镇规划标准》，计算镇区人均建设用地指标的人口数应为（　　）。

A. 镇区常住人口　　　　　　　　　B. 镇区户籍人口
C. 镇区非农人口　　　　　　　　　D. 镇域所有城镇建设用地内居住的人口

【答案】A

【解析】根据《镇规划标准》（GB 50188—2007）第 5.1.3 条，人均建设用地指标应为规划范围内的建设用地面积除以常住人口数量的平均数值。人口统计应与用地统计的范围相一致。选项 A 正确。

2013-070. 县人民政府所在地镇的总体规划由（　　）组织编制。

A. 县人民政府　　　　　　　　　　B. 镇人民政府
C. 县和镇人民政府共同　　　　　　D. 县城乡规划行政主管部门

【答案】A

【解析】县人民政府所在地镇的总体规划由县人民政府组织编制，报上一级人民政府审批；其他镇的总体规划由镇人民政府组织编制，报上一级人民政府审批。选项 A 符合题意。

2013-071. 历史文化名镇名村的保护范围包括（　　）。

A. 核心保护范围和建设控制地带
B. 核心保护范围和风貌协调区
C. 核心风貌区和环境协调区
D. 核心风貌区和建设控制地带

【答案】A

【解析】历史文化名镇名村的保护范围包括历史文化街区、名镇、名村的核心保护范围和建设控制地带。选项 A 符合题意。

2013-072. 下列关于邻里单位理论的表述，错误的是（　　）。

A. 周边式布局的街坊是典型的邻里单位
B. 以小学的合理规模确定邻里单位的人口规模
C. 邻里单位应避免外部车辆穿行
D. 邻里单位要求配套相应的服务设施

【答案】A

【解析】邻里单位的六条原则为：①邻里单位周边为城市道路所包围，城市道路不穿越邻里单位内部；②邻里单位内部道路系统应限制外来车辆穿越，一般应采用尽端式道路，以保持内部的安全和安静；③以小学的合理规划为基础控制邻里单位的人口规模，使小学生不必穿过城市道路；④一般邻里单位的规模是 5000 人左右，规模小的邻里单位为 3000~4000 人；⑤邻里单位的中心是小学，与其他服务设施一起布置在中心广场或绿地中心；⑥邻里单位占地约 160 英亩（约合 65 公顷）。选项 A 符合题意。

2013-073. 下列关于居住小区的表述，正确的是（　　）。

A. 居住小区规模主要用人口规模来表达
B. 因地块大小不同，而分为居住区、小区、组团
C. 居住小区是封闭管理的居住地块
D. 以一个居委会的管辖范围来划定居住小区

【答案】A

【解析】依据《城市居住区规划设计规范》(GB 50180—93)【注：该规范已于2018年12月1日废止】，居住区按居住户数或人口规模可分为居住区、小区、组团三级。居住区规划的目的是按照居住区理论和原则，以人为核心，建设安全、卫生、舒适、方便、优美的居住环境。居住区是具有内在联系和内部用地平衡关系的、有层次特征的城市基本居住单元。选项A符合题意。

2013-074. 下列关于住宅布局的表述，错误的是(　　)。
A. 多层住宅的建筑密度通常高于高层住宅
B. 周边式布局的住宅采光面较大，日照效果更好
C. 冬季获得日照、夏季遮阳是我国大部分地区住宅布局需要考虑的重要因素
D. 在山地居住区中适合采用点式布局

【答案】B

【解析】周边式是住宅四面围合的布局形式，其特点是内部空间安静、领域感强，并且容易形成较好的街景，但也存在东西向住宅的日照条件不佳和局部的视线干扰等问题。因此选项B错误。

2013-075. 关于居住区道路规划的表述，错误的是(　　)。
A. 居住小区应在不同方向设置至少两个出入口
B. 出入口与城市道路交叉口距离应大于70m
C. 组团级道路红线宽度应满足管线敷设要求
D. 道路边缘与建筑应保持一定距离以保证行人安全

【答案】C

【解析】依据《城市居住区规划设计规范》(GB 50180—93)【注：该规范已于2018年12月1日废止】，道路宽度应满足人流、车流的交通以及管线敷设的要求。一般居住区道路红线宽度不宜小于20m；小区路面宽6~9m，建筑控制线之间的宽度，需敷设供热管线的不宜小于14m，无供热管线的不宜小于10m；组团路路面宽3~5m，建筑控制线之间的宽度，需敷设供热管线的不宜小于10m，无供热管线的不宜小于8m；宅间小路路面宽不宜小于2.5m。当人流较大时，可设置自行车道和人行道，自行车道单车道1.5m，两车道2.5m，人行道最小宽度1.5m。选项C不准确。

2013-076. 下列关于居住小区绿地规划的表述，错误的是(　　)。
A. 公共绿地不包括满足覆土要求的地下建筑屋顶绿地
B. 小区级公共绿地最小宽度为8m
C. 组团级公共绿地绿化面积不宜小于70%
D. 公共绿地应集中成片

【答案】A

【解析】依据《城市居住区规划设计规范》（GB 50180—93）【注：该规范已于2018年12月1日废止】，居住区绿地面积指居住用地内公共绿地、宅旁绿地、公共服务设施所属绿地和道路绿地（即道路红线内的绿地）等各种形式绿地的总称，包括满足当地植树绿化覆土要求、方便居民出入的地下或半地下建筑的屋顶绿地，不包括其他屋顶、晒台的绿地及垂直绿化。选项A错误。

2013-077. 下列关于风景名胜区总体规划的表述，正确的是（   ）。

A. 在国家级风景名胜区总体规划编制前，可以编制规划纲要
B. 国家级重点风景名胜区总体规划由国家风景名胜区主管部门审批
C. 风景名胜区总体规划是做好风景区保护、建设、利用和管理工作的直接依据
D. 风景名胜区总体规划不必对风景名胜区内不同保护要求的土地利用方式、建筑风格、体量、规模等作出明确要求

【答案】A

【解析】在国家级风景名胜区总体规划编制前，一般首先编制规划纲要。选项A正确。国家级风景名胜区总体规划编制完成后，应征得发展和改革、国土、水利、环保、林业、旅游、文物、宗教等省级有关部门以及专家和公众的意见，作为进一步修改完善的依据。修改完善后，报省、自治区、直辖市人民政府审查。选项B错误。经批准的详细规划是做好风景名胜区保护、建设、利用和管理工作的直接依据。选项C错误。风景名胜区是一个资源与环境十分脆弱的地域，因此，必须对风景名胜区内开发利用强度分别作出强制性规定，对不同保护要求地域内的土地利用方式、建筑风格、体量、规模等方面内容作出明确要求，确保开发利用在风景名胜资源与环境生态承载能力所允许的限度内进行，防止过度开发利用。选项D错误。

2013-078. 下列关于城市设计的表述，错误的是（   ）。

A. 工业革命以前，城市设计基本上依附于城市规划
B. 城市设计正在逐渐形成独立的研究领域
C. 城市设计常用于表达城市开发意向和辅助规划设计研究
D. 我国的规划体系中，城市设计主要作为一种技术方法存在

【答案】A

【解析】工业革命以前，城市规划和城市设计基本上是一回事，并附属于建筑学。选项A错误。

2013-079. 下列关于城乡规划实施手段的表述中，正确的是（   ）。

A. 规划手段，政府根据城市规划的目标和内容，从规划实施的角度制定相关政策来引导城市发展
B. 政策手段，政府运用规划编制和实施的行政权力，通过各类规划来推进城市规划的实施
C. 财政手段，政府运用公共财政的手段，调节、影响城市建设的需求和进程
D. 管理手段，政府根据城乡规划，按照规划文本的内容来管理城市发展

【答案】C

【解析】规划手段，政府运用规划编制和实施的行政权力，通过各类规划的编制来推进城乡规划的实施；政策手段，政府根据城市规划的目标和内容，从规划实施的角度制定相关政策来引导城市的发展；财政手段，政府运用公共财政的手段，调节、影响甚至改变城市建设的需求和进程，保证城市规划目标的实现；管理手段，政府根据法律授权通过对开发项目的规划管理，保证城市规划所确立的目标、原则和具体内容在城市开发和建设行为中得到贯彻。选项C正确。

2013-080. 下列关于城乡规划实施的表述，错误的是（　　）。

A. 城乡规划实施的组织和管理是各级人民政府及社会公众的重要责任
B. 城乡规划实施的组织，必须建立以规划审批来推进规划实施的机制
C. 城乡建设项目的规划管理包括建设用地管理、建设工程管理以及建设项目实施的监督检查
D. 城乡规划实施的监督检查指的是行政监督、媒体监督和社会监督

【答案】D

【解析】城市规划实施监督是对城市规划的整个实施过程的监督检查，在规划实施的监督检查中，主要包括以下几个方面：行政监督检查、立法机构的监督检查和社会监督，因此选项D错误。

二、多选题（每题五个选项，每题正确答案不少于两个选项，多选或漏选不得分）

2013-081. 下列关于大都市区城市功能地域概念的表述，正确的有（　　）。

A. 加拿大采用"国情调查大都市区"概念
B. 日本采用"大都市统计区"概念
C. 澳大利亚采用"国情调查扩展城市区"概念
D. 英国采用"大都市圈统计区"概念
E. 瑞典采用"劳动—市场区"概念

【答案】ACE

【解析】随着美国大都市区概念的普遍使用，西方其他国家也纷纷建立自己的城市功能地域概念，包括加拿大的"国情调查大都市区"，英国的"标准大都市劳动区"和"大都市经济劳动区"，澳大利亚的"国情调查扩展城市区"，瑞典的"劳动—市场区"以及日本的都市圈等，选项A、C、E表述正确。

2013-082. 针对经过中世纪历史发展进入文艺复兴时期的欧洲城市，下列表述中正确的（　　）。

A. 城市大部分地区是狭小、不规则的道路网结构
B. 围绕一些大教堂建设有古典风格和构图严谨的广场
C. 建筑师提出的理想城市大多是不规则形的
D. 中世纪城市经过了全面有序的改造
E. 市政厅、行业会所成为城市活动的重要场所

【答案】BD

【解析】文艺复兴时期许多中世纪城市,已经不能适应新的生产及生活发展变化的要求,城市进行了局部地区的改建。这些改建主要是在人文主义思想的影响下,建设了一系列具有古典风格和构图严谨的广场和街道,以及一些世俗的公共建筑,选项B、D正确。

2013-083. 下列有关全球化背景下城市发展的表述,正确的有(　　)。
 A. 全球资本的区位选择明显地影响甚至决定了城市内部的空间布局
 B. 不同区域城市间的相互作用与相互依存程度更为加强
 C. 以城市滨水区、历史地段等为代表的独特性资源的复兴,成为提升城市竞争力的重要举措
 D. 制造业城市出现了较大规模的衰退
 E. 生产者服务业所具有的集聚性在不断分解,出现了较强的分散化分布趋势

【答案】BC

【解析】在经济全球化的背景下,世界经济格局的变化、全球市场的变动等都会影响到国家经济和城市经济的变化,在这样的情况下,城市建设和发展的重点、内容及其要求等都会随之发生变化,城市规划所确定的发展路径和具体行动步骤等都将经受考验,比如,城市的产业类型及其空间分布、特定产业与其他产业之间的关联等。而房地产市场所存在的周期性特征,比如大规模的投资或投资紧缩等,都会影响具体的开发内容、数量,同时也会影响各项内容的空间分布,而政府对房地产市场的调节也同样需要应对具体的情况,从而影响城市规划的实施安排,因此选项B、C正确。

2013-084. 城市市政公用设施规划包括(　　)。
 A. 城市排水工程规划　　　　B. 城市环卫设施规划
 C. 城市燃气工程规划　　　　D. 城市通信工程规划
 E. 城市环境保护规划

【答案】ABCD

【解析】城市市政设施规划的主要内容包括:城市水资源规划、城市给水工程规划、城市再生水利用规划、城市排水工程规划、城市河湖水系规划、城市能源规划、城市电力工程规划、城市燃气工程规划、城市供热工程规划、城市通信工程规划、城市环境卫生设施规划。选项E属于其他专项规划,因此选项A、B、C、D符合题意。

2013-085. 下列哪些是城市总体规划实施评估应考虑的内容?(　　)
 A. 城市人口与建设用地规模情况
 B. 综合交通规划目标落实情况
 C. 自然与历史文化遗产保护情况
 D. 政府在规划实施中的作用
 E. 城市发展方向与布局的落实情况

【答案】ABCE

【解析】评估中要系统地回顾上版城市总体规划的编制背景和技术内容,研究城市发展的阶段特征,把握好城市发展的自身规律,全面总结现行城市总体规划各项内容的执行情况,包括城市的发展方向和空间布局、人口与建设用地规模、综合交通、绿地、生态环

境保护、自然与历史文化遗产保护、重要基础设施和公共服务设施等规划目标的落实情况以及强制性内容的执行情况。选项A、B、C、E符合题意。

2013-086. 下列关于城市总体规划中城市建设用地规模的表述，正确的有（　　）。
A. 规划人均城市建设用地标准为100m²/人
B. 用地规模与城市性质、自然条件等有关
C. 规划人均城市建设用地需要低于现状水平
D. 规划用地规模是推算规划人口规模的主要依据
E. 规划人口规模是推算规划用地规模的主要依据

【答案】BE

【解析】影响不同类型城市用地规模的因素是不同的，即不同用途的城市用地在不同城市中变化的规律和变化的幅度是不同的。在国家大的土地政策、经济水平以及居住模式一定的前提下，采用通过统计得出的数据（如居住区的人口密度或人均居住用地面积等），结合人口规模的预测，很容易计算出城市在未来某一时点所需居住用地的总体规模。选项B、E正确。

2013-087. 下列关于城市总体规划纲要主要任务与内容的表述，准确的有（　　）。
A. 经过审查的总体规划纲要是总体规划审批的重要依据
B. 总体规划纲要必须提出市域城乡空间总体布局方案
C. 总体规划纲要必须确定市域交通发展策略
D. 总体规划纲要必须提出主要对外交通设施布局方案
E. 总体规划纲要必须提出建立综合防灾体系的原则和建设方针

【答案】ACE

【解析】城市总体规划纲要需提出市域城乡统筹发展战略，非必须提出市域城乡空间总体布局方案，选项B错误。城市总体规划纲要原则确定市域交通发展策略，非必须提出主要对外交通设施布局方案，选项D错误。选项A、C、E正确。

2013-088. 影响城市空间发展方向选择的因素包括（　　）。
A. 地质条件　　　　　　　　B. 人口规模
C. 高速公路建设情况　　　　D. 城中村分布情况
E. 基本农田保护情况

【答案】ACDE

【解析】影响城市发展方向的因素较多，大致包括以下因素：①自然条件（地形地貌、河流水系、地质条件等）；②人工环境（高速公路、铁路高压输电线等、区域产业布局、区域中各城市间相对位置关系）；③城市建设现状与城市形态结构（现状城区与新区的关系）；④规划及政策性因素（农田保护政策、有关文物保护的规划或政策）；⑤其他因素（土地产权问题、农民土地征用补偿问题、城市建设中的城中村问题）。选项A、C、D、E符合题意。

2013-089. 下列关于城市设施布局与城市风向关系的表述中，不准确的有（　　）。
A. 污水处理厂应布置在城市主导风向的下风向

B. 城市火电厂应布置在城市主导风向的下风向

C. 天然气门站应布置在城市主导风向的下风向

D. 生活垃圾卫生填埋场应布置在城市主导风向的下风向

E. 消防站应布置在城市主导风向的下风向

【答案】ADE

【解析】污水处理厂应布置在城市夏季主导风向的下风向，选项A错误；生活垃圾卫生填埋场应布置在城市夏季主导风向的下风向，选项D错误；消防站应布置在常年主导风向的上风或侧风处，选项E错误。

2013-090. 下列缓解城市中心区交通拥挤和停车矛盾的措施中，正确的有（　　）。

A. 设置独立的地下停车库

B. 结合公共交通枢纽设置停车设施

C. 利用城市中心区的小街巷划定自行车停车位

D. 在商业中心附近的道路上设置路边停车带

E. 在城市中心区边缘设置截留性停车设施

【答案】ABCE

【解析】商业中心附近的道路上设置路边停车带不能缓解城市中心区交通拥挤和停车矛盾，选项A、B、C、E符合题意。

2013-091. 下列关于城市公共交通规划的表述中，正确的有（　　）。

A. 规划应在客流预测的基础上，使公共交通的客运能力满足高峰客流需要

B. 快速公交线路应尽可能将城市中心和对外客运枢纽串接起来

C. 普通公交线路要体现为乘客服务的方便性，应布置在城市服务性道路上

D. "复合式公交走廊"是一种混合交通模式，有利于提高公共交通的服务水平

E. 公交线网的规划布局应使客流量尽可能集中到几条骨干线路上

【答案】ABC

【解析】城市公共交通规划的目标是：根据城市发展规模、用地布局和道路网规划，在客流预测的基础上，确定公共交通的系统结构，配置公共交通的车辆、线路网、换乘枢纽和站场设施等，使公共交通的客运能力满足城市高峰客流的需求，选项A正确。快速公交线路应尽可能将各城市中心和对外客运枢纽串接起来，与城市组团布局形成"串糖葫芦"的关系，选项B正确。公交普通线路要体现为乘客服务的方便性，同服务性道路一样要与城市用地密切联系，应布置在城市服务性道路上，选项C正确。"复合式公交走廊"的模式是一种混合交通的模式，把过多的公交线路集中在一条路上布置，将大大降低公交线网密度，导致乘客到公交站点距离的加长，乘用公交不方便，降低公交的服务性和吸引力，不利于公共交通的发展，选项D错误。过多公交线路与其他机动车辆的混行在客观上也将造成道路上交通过于复杂、车辆运行混乱，加剧城市交通的拥堵，选项E错误。

2013-092. 下列不属于历史文化名城保护规划保护体系层次的有（　　）。

A. 历史文化名城　　　　　　　　B. 历史城区

C. 历史文化街区　　　　　　　　D. 文物保护单位

E. 历史建筑

【答案】BE

【解析】历史文化名城保护规划应建立历史文化名城、历史文化街区、文物保护单位三个层次的保护体系,因此选项B、E符合题意。

2013-093. 编制历史文化名城保护规划,评估的主要内容有( )。

A. 传统格局和历史风貌

B. 文物保护单位和近年来恢复建设的传统风格建筑

C. 历史环境要素

D. 传统文化及非物质文化遗产

E. 基础设施、公共安全设施和公共服务设施现状

【答案】ACDE

【解析】根据《历史文化名城名镇名村保护规划编制要求》第十二条,评估主要包括以下内容:历史沿革;文物保护单位、历史建筑、其他文物古迹和传统风貌建筑等的详细信息;传统格局和历史风貌;具有传统风貌的街区、镇、村;历史环境要素;传统文化及非物质文化遗产;基础设施、公共安全设施和公共服务设施现状;保护工作现状。因此选项A、C、D、E符合题意。

2013-094. 环境保护的基本目的包括( )。

A. 保护和改善生活环境与生态环境
B. 防治污染和其他公害
C. 保障人体健康
D. 防御与减轻灾害影响
E. 促进社会主义现代化的发展

【答案】ABCE

【解析】《环境保护法》(1989年)【注:该法已有2015年修订版】第一条,为保护和改善生活环境与生态环境,防治污染和其他公害,保障人体健康,促进社会主义现代化建设的发展,制定本法。因此选项A、B、C、E符合题意。

2013-095. 《城市用地竖向规划规范》将规划地面形式分为( )。

A. 平坡式
B. 折线式
C. 台阶式
D. 自由式
E. 混合式

【答案】ACE

【解析】根据城市用地的性质、功能,结合自然地形,规划地面形式可分为平坡式、台阶式和混合式。选项A、C、E符合题意。

2013-096. 控制性详细规划的控制体系包括( )。

A. 土地使用控制
B. 建筑建造控制
C. 市政设施配套
D. 交通活动控制
E. 开发成本控制

【答案】ABCD

【解析】控制性详细规划的核心内容就是控制指标体系的确定,包括控制内容和控制

方法两个层面。根据规划编制办法、规划管理需要和现行的规划控制实践，控制指标体系由土地使用、建筑建造、配套设施控制、行为活动、其他控制要求等五方面的内容构成，开发成本控制不属于控制性详细规划的控制体系。选项A、B、C、D符合题意。

2013-097. 下列表述中，正确的有( )。

　　A. 乡与镇一般为同级行政单元
　　B. 集镇是乡的经济、文化和生活服务中心
　　C. 集镇一般是乡人民政府所在地
　　D. 集镇通常是一种城镇型聚落
　　E. 乡是集镇的行政管辖区

【答案】ABC

【解析】镇和乡一般是同级行政单元，选项A正确。在我国，除了建制市以外的城市聚落都称之为镇。其中具有一定人口规模，人口和劳动力结构、产业结构达到一定要求，基础设施达到一定水平，并被省（自治区、直辖市）人民政府批准设置的镇为建制镇其余为集镇，而集镇不是一级行政单元。《村庄和集镇规划建设管理条例》（1993年）中第三条规定，本条例所称集镇，是指乡、民族乡人民政府所在地和经县级人民政府确认由集市发展而成的作为农村一定区域经济、文化和生活服务中心的非建制镇，选项B正确。传统意义上的乡是属于农村范畴的，乡政府驻地一般是乡域内的中心村或集镇，通常情况下没有城镇型聚落，选项C正确，选项D错误。乡行政管辖范围与集镇范围并不等同，选项E错误。选项A、B、C符合题意。

2013-098. 下列关于居住区配套设施的表述，正确的有( )。

　　A. 如容量允许，可以利用项目以外的现有设施，无需重复建设
　　B. 配套设施的面积规模达标的前提下，功能应根据市场需求设置
　　C. 高层小区用地较小，一般可按照组团级进行配套
　　D. 当项目规模介于小区和组团之间时，可以适当增配组团级配套设施
　　E. 可根据区位条件，适当调整居住区配套公建的项目和面积

【答案】DE

【解析】根据《城市居住区规划设计规范》（GB 50180—93）【注：该规范已于2018年12月1日废止】中，居住区配套设施必须达到一定的配置标准，且其功能有一定要求，选项A、B错误。公建的配置与户数有关，与用地规模无关，选项C错误。因此选项D、E符合题意。

2013-099. 下列关于风景名胜区的表述，正确的有( )。

　　A. 风景名胜区应当具有独特的自然风貌或历史特色的景观
　　B. 风景名胜区应当具有观赏、文化或者科学价值
　　C. 特大型风景名胜区指用地规模400km² 以上
　　D. 风景名胜区应当具备游览和进行科学文化活动的多重功能
　　E. 1982年以来，国务院已先后审定公布了五批国家级风景名胜区名单

【答案】ABD

【解析】风景名胜区应当具有区别于其他区域的能够反映独特的自然风貌或具有独特的历史文化特色的比较集中的景观;风景名胜区应当具有观赏、文化或者科学价值,是这些价值和功能的综合体;风景名胜区应当具备游览和进行科学文化活动的多重功能,选项A、B、D正确。按用地规模分类:可分为小型风景区(20km² 以下)、中型风景区(21~100km²)、大型风景区(101~500km²)、特大型风景区(500km² 以上),选项C错误。1982年以来,国务院已先后审定公布了六批国家级风景名胜区名单,选项E错误。

2013-100. 下列表述中,正确的是(　　)。

A. 简·雅各布斯在《美国大城市的死与生》中研究怎样的建筑和环境设计能够更好地支持社会交往和公共生活,提升户外空间规划设计的有效途径

B. 西谛在《城市建筑艺术》一书中提出了现代城市空间组织的艺术原则

C. 凯文·林奇在《城市意象》一书中提出了关于城市意象的构成要素是地标、节点、路径、边界和地区

D. 第十小组尊重城市的有机生长,出版了《模式语言》一书,其设计思想的基本出发点是对人的关怀和对社会的关注

E. 埃德蒙·N. 培根在《小城市空间的社会生活》中,描述了城市空间质量与城市活动之间的密切关系,证明物质环境的一些小改观,往往能显著地改善城市空间的使用情况

【答案】 BC

【解析】扬·盖尔在《交往与空间》中研究怎样的建筑和环境设计能够更好地支持社会交往和公共生活,提升户外空间规划设计的有效途径,选项A错误;《模式语言》是克里斯多弗·亚历山大于1977年出版的,从城镇、邻里、住宅、花园和房间等多种尺度描述了253个模式,通过模式的组合,使用者可以创造出很多变化,模式的意义在于为设计师提供一种有用的行为与空间之间的关系序列,体现了空间的社会用途,选项D错误;《小城市空间的社会生活》作者为威廉·H. 怀特,选项E错误。因此选项B、C符合题意。

第四节　2014年真题

一、单选题(每题四个选项,其中一个选项为正确答案)

2014-001. 不属于全球或区域性经济中心城市基本特征的是(　　)。

A. 作为跨国公司总部或区域总部的集中地

B. 具有完善的城市服务功能

C. 是知识创新的基地和市场

D. 具有雄厚的制造业基础

【答案】 D

【解析】所谓"全球城市"或"世界城市"主要是指那些担当着管理/控制全球经济活动职能的城市,这些城市位于全球城市体系的最高层级。这些城市都具有以下基本特征:① 作为跨国公司的总部集中地,是全球或区域经济的管理/控制中心;②都是金融中心,

对全球资本的运行具有强大的影响力；③具有高度发达的生产性服务业，以满足跨国公司的商务需求；④生产性服务业是知识密集型产业，因此，这些城市是知识创新的基地和市场；⑤是信息、通信和交通设施的枢纽，以满足各种"资源流"在全球或区域网络中的时空配置，为经济中心提供强有力的技术支撑。因此选项 D 符合题意。

2014-002. 在快速城镇化阶段，影响城市发展的关键因素是（　　）。
  A. 城市用地的快速扩展　　　　　　B. 人口向城市的有序集中
  C. 产业化进程　　　　　　　　　　D. 城市的基础设施建设
【答案】C
【解析】工业化是城镇化的根本动力，选项 C 符合题意。

2014-003. 在国家统计局的指标体系中，（　　）属于第三产业。
  A. 采掘业　　　　　　　　　　　　B. 物流业
  C. 建筑安装业　　　　　　　　　　D. 农产品加工业
【答案】B
【解析】根据《国民经济行业分类》（GB/T 4754—2011）的规定，采掘业、建筑安装业和农产品加工业均属于第二产业。中国第三产业包括流通和服务两大部门。物流业属于流通行业，因此选项 B 正确。

2014-004. 在"核心—边缘"理论中，核心与边缘的关系是指（　　）。
  A. 城市与乡村的关系
  B. 城市与区域的关系
  C. 具有创新变革能力的核心区与周围区域的关系
  D. 中心城市与非中心城市的关系
【答案】B
【解析】城市始终都不是也不能脱离区域而孤立发展，城市是引领区域发展的核心，因而城市与区域相互关系和发展演进的规律是研究城市发展的重要基础，比如生长极理论、"核心—边缘"理论、中心地理论等。选项 B 正确。

2014-005. 城市与区域的良性关系取决于（　　）。
  A. 城市规模的大小　　　　　　　　B. 城市与区域的二元状态
  C. 城市与区域的功能互补　　　　　D. 城市在区域中的地位
【答案】C
【解析】城市并非一种孤立存在的空间形态，它与其所在的区域存在相互联系、相互促进、相互制约的辩证关系，用一句话概括城市与区域的关系：城市是区域增长、发展的核心，区域是城市存在与支撑其发展的基础；区域发展产生了城市，城市又在发展中反作用于区域。因此选项 C 正确。

2014-006. 与城市群、城市带的形成直接相关的因素是（　　）。
  A. 区域内城市的密度　　　　　　　B. 中心城市的高首位度
  C. 区域的城乡结构　　　　　　　　D. 区域内资源利用的状态

【答案】A

【解析】城市群是城市发展到成熟阶段的最高空间组织形式，是在地域上集中分布的若干城市和特大城市集聚而成的庞大的、多核心、多层次城市集团，是大都市区的联合体。因此，城市群、城市带形成的直接因素应当为区域内城市的密度。选项A正确。

2014-007. （　　）不是欧洲绝对君权时期的城市建设特征。
A. 轴线放射的街道　　　　　　　B. 宏伟壮观的宫殿花园
C. 规整对称的公共广场　　　　　D. 有机组合的城市形态

【答案】D

【解析】在古典主义思潮的影响下，轴线放射的街道（如香榭丽舍大道）、宏伟壮观的宫殿花园（如凡尔赛宫）和公共广场（如协和广场）成为欧洲绝对君权时期城市建设的典范。选项D不是当时的城市建设特征，选项D符合题意。

2014-008. 关于点轴理论与发展极理论，表述更准确的是（　　）。
A. 点轴理论与发展极理论是指导空间规划的核心理论
B. 点轴理论强调空间沿着交通线以及枢纽性交通站集中发展
C. 发展极通过极化与扩散机制实现区域的平衡增长
D. 发展极理论的核心是主张中心城市与区域的不均衡发展和增长

【答案】A

【解析】发展极理论是经济学理论，点轴理论模型是我国著名经济地理学家陆大道院士提出的经济发展理论，基于经济发展与空间组织关系的理论研究，是指导空间规划的理论。选项A表述准确。点轴模式是从增长极模式发展起来的一种区域开发模式。由于生产要素交换需要交通线路以及动力供应线、水源供应线等相互连接起来形成轴线，点轴开发可以理解为从发达区域大大小小的经济中心（点）沿交通线路向不发达区域纵深地发展推移。选项B不正确。发展极理论是以区域经济发展不平衡为出发点，发展极有两种效应：极化效应和扩散效应。极化效应直接产生于聚集经济效益，极化效益扩大了发展极与其他区域的差异，扩散效应的结果是大范围内区域经济的发展，选项C平衡发展说法错误，先经历不平衡，再过渡到区域整体发展水平提升。发展极理论从区域经济发展不平衡出发，希望实现大范围内区域经济的整体发展，选项D核心主张不平衡说法错误。选项A符合题意。

2014-009. 关于我国古代城市的表述，不准确的是（　　）。
A. 唐长安城宫城的外围被皇城环绕
B. 商都殷城以宫廷区为中心，其外围是若干居住聚落
C. 曹魏邺城的北半部为贵族专用，只有南半部才有一般居住区
D. 我国古代城市的城墙是按防御要求修建的

【答案】A

【解析】长安城采用中轴线对称的布局，整个城市布局严整，分区明确，充分体现了以宫城为中心，"官民不相参"和便于管制的指导思想。城市干道系统有明确分工，设集中的东西两市。长安城采用规整的方格路网，东、南、西三面各有三处城门，通城门的道

路为主干道，其中最宽的是宫城前的横街和作为中轴线的朱雀大街。选项A不准确。

2014-010. 下列城市中，在近代发展中受铁路影响最小的是（　　）。

　　A. 蚌埠　　　　　　　　　　B. 九江
　　C. 石家庄　　　　　　　　　D. 郑州

【答案】B

【解析】现代城市往往是现代交通运输的重要枢纽，如上海、郑州、石家庄、徐州、株洲等。蚌埠地处安徽省东北部、淮河中游，京沪铁路和淮南铁路交会点，同时也是京沪高铁、京福高铁、哈武高铁的交会点，是全国重要的综合交通枢纽，有皖北中心城市，淮畔明珠之称。只有九江受铁路影响较小，选项B符合题意。

2014-011. 最早比较完整地体现了功能分区思想的是（　　）。

　　A. 柯布西埃的"明天的城市"　　B.《马丘比丘宪章》
　　C. 戈涅的"工业城市"　　　　　C. 马塔的"带形城市"

【答案】C

【解析】戈涅在"工业城市"中提出了功能分区思想，直接孕育了《雅典宪章》所提出的功能分区原则，这原则对于解决当时城市中工业、居住混杂而带来的种种弊病具有重要的积极意义。选项C正确。

2014-012. 下列工作中，难以体现城市规划政策性的是（　　）。

　　A. 确定相邻建筑的间距
　　B. 确定居住小区的空间形态
　　C. 确定居住区各类公共服务设施的配置规模和标准
　　D. 确定地块开发的容积率和绿地率

【答案】B

【解析】城市规划政策性体现在其对市场开发行为具有"引导性"和"约束性"，选项A、C、D内容均体现控制性详细规划或相关规范标准对市场开发行为的约束性，体现城市规划的政策性。选项B中居住小区的空间形态主要是开发主体结合限制条件、地块地形地貌、自身销售定位、产品定位等多方面因素综合确定的，因此难以体现城市规划政策性，故选项B符合题意。

2014-013. 下列内容中，不属于城市规划调控手段的是（　　）。

　　A. 通过土地使用的安排，保证不同土地使用之间的均衡
　　B. 通过规划许可限定开发类型
　　C. 通过土地供应控制开发总量
　　D. 通过公共物品的提供推动地区开发建设

【答案】A

【解析】城市建设和发展需要干预，城市规划作为政府实现调控的手段包括通过对城市土地和空间使用配置的调控，其中包括公共部门对各类开发进行的管制，城市规划对城市建设进行管理的实质是对开发权的控制，这种管理可以根据市场的发展演变及其需求，对不同类型的开发建设施行管理和控制。开发权的控制是城市规划宏观调控作用发挥的重

要方面。土地使用安排需要根据市场演变及需求对不同土地供应进行调节,不需要保证不同土地之间的均衡。选项A符合题意。

2014-014. 下列表述中,错误的是( )。
    A. 城乡规划编制的成果是城乡规划实施的依据
    B. 各级政府的城乡规划主管部门之间的关系构成了城乡规划体系的一部分
    C. 城乡规划的组织实施由地方各级人民政府承担
    D. 村庄规划区内使用原有宅基地进行村民住宅建设的规划管理办法由各省制定
    【答案】C
    【解析】城市规划实施的组织与管理,主要是由政府来承担,但这并不意味着城市规划都是由政府部门来实施的,大量的建设性活动是由城市中各类组织、机构、团体甚至个人来开展的,选项C表述错误。

2014-015. 关于制定镇总体规划的表述中,不准确的是( )。
    A. 由镇人民政府组织编制,报上级人民政府审批
    B. 由镇人民政府组织编制的在报上一级人民政府审批前,应当先经镇人民代表大会审议
    C. 规划报送审批前,组织编制机关应当依法将草案公告30日以上
    D. 镇总体规划批准前,审批机关应当组织专家和有关部门进行审查
    【答案】A
    【解析】县人民政府所在地镇的总体规划由县人民政府组织编制,报上一级人民政府审批;其他镇的总体规划由镇人民政府组织编制,报上一级人民政府审批。选项A不准确。

2014-016. 关于城镇体系规划和镇村体系规划的表述中,错误的是( )。
    A. 国务院城乡规划主管部门会同国务院有关部门组织编制全国城镇体系规划
    B. 省、自治区城乡规划主管部门会同省、自治区有关部门组织编制省域城镇体系规划
    C. 市域城镇体系规划纲要需预测市域总人口及城镇化水平
    D. 镇域镇村体系规划应确定中心村和基层村,提出村庄的建设调整设想
    【答案】B
    【解析】省域城镇体系由省、自治区人民政府组织编制,报国务院审批。选项B错误。

2014-017. 关于省域城镇体系规划主要内容的表述,不准确的是( )。
    A. 制定全省、自治区城镇化目标和战略
    B. 分析评价现行省域城镇体系规划实施情况
    C. 提出限制建设区、禁止建设区的管制要求和实现空间管制的措施
    D. 制定省域综合交通、环境保护、水资源利用、旅游、历史文化遗产保护等专项规划
    【答案】D
    【解析】选项D是全国城镇体系规划的主要内容,选项D不准确。

2014-018. 根据《城市规划编制办法》，在城市总体规划纲要编制阶段，不属于市域城镇体系规划纲要内容的是(　　)。

  A. 提出市域城乡统筹发展战略
  B. 确定各城镇人口规模、职能分工
  C. 原则确定市域交通发展战略
  D. 确定重点城镇的用地规模和用地控制范围

【答案】D

【解析】根据《城市规划编制办法》第二十九条规定，市域城镇体系规划纲要内容包括：提出市域城乡统筹发展战略；确定生态环境、土地和水资源、能源、自然和历史文化遗产等方面的保护与利用的综合目标要求，提出空间管制原则和措施；预测市域总人口及城镇化水平，确定各城镇人口规模、职能分工、空间分布和建设标准；原则确定市域交通发展策略。选项D不属于市域城镇体系规划纲要内容，符合题意。

2014-019. 关于城市总体规划主要作用的表述，不准确的是(　　)。

  A. 带动市域经济发展　　　　　　B. 指导城市有序发展
  C. 调控城市空间资源　　　　　　D. 保障公共安全和公共利益

【答案】D

【解析】城市总体规划涉及城市的政治、经济、文化和社会生活等各个领域，在指导城市有序发展、提高建设和管理水平等方面发挥着重要的先导和统筹作用，选项A、B正确。城市总体规划已经成为指导与调控城市发展建设的重要手段，具有公共政策属性，选项C正确，选项D不准确。

2014-020. 在城市总体规划的历史环境调查中，不属于社会环境方面内容的是(　　)。

  A. 独特的节庆习俗　　　　　　　B. 国家级文物保护单位
  C. 地方戏　　　　　　　　　　　D. 少数民族聚居区

【答案】B

【解析】历史环境调查社会环境方面，是城市中的社会生活和精神生活的结晶，体现了当地经济发展水平和当地居民的习俗、文化素养、社会道德和生活情趣等。国家级文物保护单位属于物质方面内容，因此选项B符合题意。

2014-021. 关于城市总体规划现状调查的表述，不准确的是(　　)。

  A. 调查研究是对城市从感性认识上升到理性认识的必要过程
  B. 自然环境的调查内容包括市域范围的野生动物种类与活动规律
  C. 调查内容包括了解城市现状水资源利用、能源供应状况
  D. 上位规划和相关规划的调查，一般包括省域城镇体系规划和相关的国土规划、区域规划、国民经济与社会发展规划等

【答案】B

【解析】自然环境的调查内容包括市域范围内野生动物的种类和分布，选项B不准确。

2014-022. 下列数据类型中,不属于城市环境质量监测数据的是( )。

A. 大气监测数据

B. 水质监测数据

C. 噪声监测数据

D. 主要工业污染源的污染物排放监测数据

【答案】D

【解析】与城市规划相关的城市环境资料主要来自两个方面:①有关城市环境质量的监测数据,包括大气、水质、噪声等方面,主要反映现状中的城市环境质量水平;②工矿企业等主要污染源的污染物排放监测数据。主要工业污染源的污染物排放监测数据不属于城市环境质量监测数据,选项 D 符合题意。

2014-023. 下列表述中,不准确的是( )。

A. 城市的特色与风貌主要体现在社会环境和物质环境两方面

B. 城市历史文化环境的调查包括对城市形成和发展过程的调查

C. 城市经济、社会和政治状况演变是城市发展重要的决定因素之一

D. 城市历史文化环境中有形物质形态的调查主要针对文物保护单位进行

【答案】D

【解析】城市的特色与风貌体现在两个方面:①社会环境方面,是城市中的社会生活和精神生活的结晶,体现了当地经济发展水平和当地居民的习俗、文化素养、社会道德和生活情趣等;②物质环境方面,表现在历史文化遗产、建筑形式与组合、建筑群体布局、城市轮廓线、城市设施、绿化景观以及市场、商品、艺术和土特产等方面,选项 A 正确。历史文化环境的调查首先要通过对城市形成和发展过程的调查,把握城市发展动力以及城市形态的演变原因,选项 B 正确。城市的经济、社会和政治状况的发展演变是城市发展最重要的决定因素,选项 C 正确。选项 D 不准确。

2014-024. 我国不少城市是在采掘矿产资源基础上形成的工业城市。下列表述不准确的是( )。

A. 大庆是石油工业城市　　　　　B. 鞍山是钢铁工业城市

C. 景德镇是陶瓷工业城市　　　　D. 唐山是有色金属工业城市

【答案】D

【解析】我国在采掘矿产资源的基础上形成的矿业城市有大同、鹤岗、鸡西、淮北、阜新等煤炭工业城市;大庆、任丘、濮阳、克拉玛依、玉门等石油工业城市;鞍山、本溪、包头、攀枝花、马鞍山等钢铁工业城市;个旧、金昌、白银、东川、铜陵等有色金属工业城市;景德镇陶瓷工业城市。因此选项 D 不准确。

2014-025. 城市总体规划区域环境调查的主要目的是( )。

A. 分析城市在区域中的地位与作用

B. 揭示区域环境质量的状况

C. 分析区域环境要素对城市的影响

D. 揭示城市对周围地区的影响范围

【答案】D

【解析】区域环境在不同的城市规划阶段可以指不同的地域。在城市总体规划阶段，指城市与周边发生相互作用的其他城市和广大的农村腹地所共同组成的地域范围，即揭示城市对周围地区的影响范围，选项D正确。

2014-026. 根据《城市规划编制办法》，不属于城市总体规划纲要主要内容的是（　　）。

A. 提出城市规划区范围　　　　　　　B. 研究中心城区空间增长边界
C. 提出绿地系统的发展目标　　　　　D. 提出主要对外交通设施布局原则

【答案】C

【解析】根据《城市规划编制办法》第二十九条，总体规划纲要应当包括下列内容：（一）市域城镇体系规划纲要，内容包括提出市域城乡统筹发展战略；确定生态环境、土地和水资源、能源、自然和历史文化遗产保护等方面的综合目标和保护要求，提出空间管制原则；预测市域总人口及城镇化水平，确定各城镇人口规模、职能分工、空间布局方案和建设标准；原则确定市域交通发展策略。（二）提出城市规划区范围。（三）分析城市职能、提出城市性质和发展目标。（四）提出禁建区、限建区、适建区范围。（五）预测城市人口规模。（六）研究中心城区空间增长边界，提出建设用地规模和建设用地范围；（七）提出交通发展战略及主要对外交通设施布局原则。（八）提出重大基础设施和公共服务设施的发展目标。（九）提出建立综合防灾体系的原则和建设方针。因此，选项C不属于其内容，符合题意。

2014-027. 根据《城市规划编制办法》，不属于市域城镇体系规划内容的是（　　）。

A. 分析确定城市性质、职能和发展目标　　B. 预测市域总人口及城镇化水平
C. 确定市域交通发展策略　　　　　　　　D. 划定城市规划区

【答案】A

【解析】根据《城市规划编制办法》的规定，市域城镇体系规划应当包括下列内容：①提出市域城乡统筹的发展战略；②确定生态环境、土地和水资源、能源、自然和历史文化遗产等方面的保护与利用的综合目标要求，提出空间管制原则和措施；③预测市域总人口及城镇化水平，确定各城镇人口规模、职能分工、空间分布和建设标准（选项B正确）；④提出重点城镇的发展定位、用地规模和建设用地控制范围；⑤确定市域交通发展策略（选项C正确）；⑥在城市行政管辖范围内，根据城市建设、发展和资源管理的需要划定城市规划区（选项D正确）；⑦提出实施规划的措施和有关建议。选项A不属于市域城镇体系规划内容，符合题意。

2014-028. 下列关于规划区的表述，错误的是（　　）。

A. 城市规划区应根据经济社会发展水平划定
B. 划定城市规划区时应考虑统筹城乡发展的需要
C. 划定城市规划区时应考虑机场的影响
D. 某城市的水源地必须划入该城市的规划区

【答案】D

【解析】划定城乡规划区，充分考虑对水源地、生态控制区廊道、区域重大基础设施

廊道等城乡发展保障条件的保护要求，充分考虑城乡规划主管部门依法实施城乡规划的必要性与可行性，综合确定规划区范围。水源地只是划定规划区应考虑的因素，并不一定要划入规划区，选项 D 错误。

2014-029. 关于城市用地布局的表述，不准确的是（　　）。
  A. 仓储用地宜布置在地势较高、地形有一定坡度的地区
  B. 港口的杂货作业区一般应设在离城市较远、具有深水的岸线段
  C. 具有生产技术协作关系的企业应尽可能布置在同一工业区内
  D. 不宜把有大量人流的公共服务设施布置在交通量大的交叉口附近
【答案】B
【解析】杂货作业区一般应设在离城市较近、具有深水和中等水的岸线段，方便于杂货船舶停靠以及与相关业务部门联系，因此选项 B 表述不准确。

2014-030. 关于组团式城市总体布局的表述，不准确的是（　　）。
  A. 组团与组团之间应有两条及以上的城市干路相连
  B. 组团与组团之间应有河流、山体等自然地形分隔
  C. 每个组团内应有相应数量的就业岗位
  D. 每个组团内的道路网应尽量自成系统
【答案】B
【解析】各组团要根据各自的用地布局布置各自的道路系统，各组团间的隔离绿地中布置疏通性的快速路，而交通性主干路和生活性主干路则把相邻城市组团和组团内的道路网联系在一起。简单地用一个方格路网套在组团布局的城市中是不恰当的，因此选项 A、D 准确。组团之间大多被河流、山川等自然地形、矿藏资源或对外交通系统分隔，一般都有便捷的交通联系，组团之间不一定必然有河流、山体等自然地形分隔，选项 B 不准确。对于相对分散的、多中心组团式布局，各个组团功能相对独立，减少跨区工作和生活出行，每个组团应有相应数量的就业岗位，选项 C 准确。因此选项 B 符合题意。

2014-031. 下列表述中，不准确的是（　　）。
  A. 大城市的市级中心和各区级中心之间应有便捷的交通联系
  B. 大城市商业中心应充分利用城市的主干路形成商业大街
  C. 大城市中心地区应配置适当的停车设施
  D. 大城市中心地区应配置完善的公共交通
【答案】B
【解析】大城市主干道承担着城市组团间和组团内主要交通服务，有交通集散功能，大城市不能利用主干路形成商业大街，商业功能对主干路交通集散有干扰。因此选项 B 不准确。

2014-032. 关于城市道路横断面选择与组合的表述，不准确的（　　）。
  A. 交通性主干路宜布置为分向通行的二块板横断面
  B. 机、非分行的三块板横断面常用于城市生活性主干路
  C. 次干路宜布置为一块板横断面

D. 支路宜布置为一块板横断面

【答案】A

【解析】交通性主干道，应采用解决对向交通干扰的两块板或者采用机动车快车道和机、非混行慢车道组合的四块板，选项A错误。机、非分行的三块板，可良好地解决机动车有一定速度和非机动车比较多的矛盾，较适合生活型主干道，选项B正确。次干路可布置为一块板横断面，支路宜布置为一块板横断面，选项C、D正确。

2014-033. 根据《城市水系规划规范》（GB 50513—2009）关于水域控制线划定的相关规定，下列表述中错误的是（ ）。

　　A. 有堤防的水体，宜以堤顶不临水一侧边线为基准划定

　　B. 无堤防的水体，宜按防洪、排涝设计标准所对应的（高）水位划定

　　C. 对水位变化较大而形成较宽涨落带的水体，可按多年平均洪（高）水位划定

　　D. 规划的新建水体，其水域控制线应按规划的水域范围划定

【答案】A

【解析】根据《城市水系规划规范》（GB 50513—2009）规定：①有堤防的水体，宜以堤顶临水侧边线为基准划定；②无堤防的水体，宜按防洪、排涝设计标准所对应的洪（高）水位划定；③对水位变化较大而形成较宽涨落带的水体，可按多年平均洪（高）水位划定；④规划的新建水体，其水域控制线应按规划的水域范围线划定。选项A错误。

2014-034. 在郊区布置单一大型居住区，最易产生的问题是（ ）。

　　A. 居住区配套设施不足，居民使用不方便

　　B. 增大居民上下班出行距离，高峰时易形成钟摆式交通

　　C. 缺少城市公共绿地，影响居住生态质量

　　D. 市政设施配套规模大，工程建设成本高

【答案】B

【解析】钟摆式交通即上班早高峰时某个方向交通量所占比例特别大，下班晚高峰时相反方向交通量所占比例特别大，选项B符合题意。

2014-035. 关于城市中心的表述，不准确的是（ ）。

　　A. 在全市性公共中心的规划中，首先应集中安排好各类商务办公设施

　　B. 以商业设施为主体的公共中心应尽量建设商业步行街、区

　　C. 因公共设施的性能与服务对象不同，城市公共中心应按等级布置

　　D. 在一些大城市，可以通过建设副中心来完善城市中心的整体功能

【答案】A

【解析】城市公共中心是居民进行政治、经济、文化等社会活动比较集中的地方。为了发挥城市中心的职能和满足市民公共活动的需要，在中心往往还配置有广场、绿地及交通设施等，形成一个公共设施相对集中而组合有序的地区或地段。选项A中首先应集中安排好各类商务办公设施的说法不准确。

2014-036. 在盆地地区的城市布置工业用地时，应重点考虑（ ）的影响。

　　A. 静风频率　　　　　　　　　　B. 最小风频风向

C. 温度 D. 太阳辐射

【答案】A

【解析】在城市总体布局中，除了考虑城市盛行风向的影响外，特别注意当地静风频率的高低。在一些位于盆地或峡谷的城市，静风频率往往很高，因此选项A符合题意。

2014-037. 分散式城市布局的优点是（　　）。

A. 城市土地使用效率较高　　B. 有利于生态廊道的形成
C. 易于统一配置建设基础设施　　D. 出行成本较低

【答案】B

【解析】分散式布局的优点：①布局灵活，城市用地发展和城市容量具有弹性，容易处理好近期与远期的关系；②接近自然，环境优美；③各城市物质要素的布局关系井然有序，疏密有致。选项B符合题意。

2014-038. （　　）不属于城市综合交通规划的目的。

A. 合理确定城市交通结构　　B. 有效控制交通拥挤程度
C. 有效提高城市交通的可达性　　D. 拓宽道路并提高通行能力

【答案】D

【解析】城市综合交通规划的目标包括：①提高城市的经济效率；②确定城市合理的交通结构（选项A正确）；③在充分保护有价值的地段（如历史遗迹）、解决居民搬迁和财政允许的前提下，尽快建成相对完善的城市交通设施；④提高交通可达性，拓展城市的发展空间，保证新开发的地区都能获得有效的公共交通服务（选项C正确）；⑤在满足各种交通方式合理运行速度的前提下，把城市道路上的交通拥挤控制在一定的范围内（选项B正确）；⑥实施有效的财政补贴、社会支持和科学的、多元化经营，尽可能使运输价格水平适应市民的承受能力。选项D不属于城市综合交通规划的目的，符合题意。

2014-039. 关于城市综合交通规划的表述，不准确的是（　　）。

A. 规划应紧密结合城市主要交通问题和发展需求进行编制
B. 规划应与城市空间结构和功能布局相协调
C. 城市综合交通体系构成应按照城市近期规模加以确定
D. 规划应科学配置交通资源

【答案】C

【解析】城市综合交通规划要从"区域"和"城市"两个层面进行研究，分别对市域的"城市对外交通"和中心城区的"城市交通"进行规划，并在两个层次的研究和规划中处理好对外交通和城市交通的衔接关系。选项C不准确。

2014-040. 下列属于居民出行调查对象的是（　　）。

A. 所有的暂住人口　　B. 6岁以上流动人口
C. 所有的城市居民　　D. 学龄前儿童

【答案】B

【解析】居民出行调查的主要对象应为年满6岁以上的城市居民、暂住人口和流动人口，选项B符合题意。

2014-041. 关于铁路客运站规划原则与要求的表述，不准确的是(　　)。

    A. 应当和城市公共交通系统紧密结合

    B. 特大城市可设置多个铁路客运站

    C. 特大城市的铁路客运站应当深入城市中心区边缘

    D. 中、小城市的铁路客运站应当深入城市中心区

【答案】D

【解析】客运站的位置既要方便旅客，又要提高铁路运输效能，并应与城市的布局有机结合。客运站的服务对象是旅客，为方便旅客，位置要适当。中小城市客运站可以布置在城区边缘，大城市可能有多个客运站，应深入城市中心区边缘布置。选项 D 不准确。

2014-042. 道路设计车速大于(　　)km/h，必须设置中央分隔带。

    A. 40　　　　　　　　　　　　　　B. 50

    C. 60　　　　　　　　　　　　　　D. 70

【答案】B

【解析】当道路设计车速 $v>50$km/h 时，必须设置中央分隔带，选项 B 正确。

2014-043. 关于城市快速路的表述，正确的是(　　)。

    A. 主要为城市组团间的长距离服务　　B. 应当优先设置常规公交线路

    C. 两侧可以设置大量商业设施　　　　D. 尽可能穿过城市中心区

【答案】A

【解析】快速路是大城市、特大城市交通运输的主要动脉，也是城市与高速公路的联系通道。快速路是联系城市各组团，为中、长距离快速机动车交通服务的专用道路，属于全市性的机动交通主干线。因此选项 A 正确。

2014-044. 关于四块板道路横断面的表述，正确的是(　　)。

    A. 增强了路口通行能力

    B. 能解决对向机动车的相互干扰

    C. 适合在高峰时间调节车道使用宽度

    D. 适合机动车流量大，但自行车流量小的道路

【答案】B

【解析】四块板横断面就是在三块板的基础上，增加中央分隔带，解决对向机动车相互干扰的问题。四块板道路的占地和投资都很大，交叉口通行能力较低。选项 B 正确。

2014-045. 关于公路规划的表述，错误的是(　　)。

    A. 国道等主要过境公路应以切线或环线绕城而过

    B. 经过小城镇的公路，应当尽量直接穿过小城镇

    C. 大城市、特大城市可布置多个公路客运站

    D. 中小城市可布置一个公路客运站

【答案】B

【解析】公路在市域内的布置规划中要注意的问题有：①要有利于城市与市域内各乡、

镇之间的联系，适应城镇体系发展的规划要求；②干线公路要与城市道路网有合理的联系；③要逐步改变公路直接穿过小城镇的状况，并注意防止新的沿公路进行建设的现象发生。选项B错误。

2014-046. (　　)不是申报历史文化名城的条件。
A. 历史建筑集中成片
B. 在所申报的历史文化名城保护范围内有两个以上的历史文化街区
C. 历史上曾经作为政治、经济、文化、交通中心或者军事要地
D. 保存有大量的省级以上文物保护单位

【答案】D
【解析】《历史文化名城名镇名村保护条例》第七条明确了历史文化名城、名镇、名村的申报条件是：①保存文物特别丰富；②历史建筑集中成片（选项A正确）；③保留着传统格局和历史风貌；④历史上曾经作为政治、经济、文化、交通中心或者军事要地，或者发生过重要历史事件，或者其传统产业、历史上建设的重大工程对本地区的发展产生过重要影响，或者能够集中反映本地区建筑的文化特色、民族特色（选项C正确）；⑤申报历史文化名城的，在所申报的历史文化名城保护范围内还应当有两个以上的历史文化街区（选项B正确）。选项D符合题意。

2014-047. 关于历史文化名城保护规划的表述，错误的是(　　)。
A. 历史文化名城应当整体保护，保持传统格局、历史风貌和空间尺度
B. 历史文化名城保护不得改变与其相互依存的自然景观和环境
C. 在历史文化名城内禁止建设生产、储存易燃易爆物品的工厂、仓库等
D. 在历史文化名城保护范围内不得进行公共设施的新建、扩建活动

【答案】D
【解析】在历史文化名城保护范围内可以进行公共设施的新建、扩建活动，但应以保护历史文化名城为前提，选项D错误。

2014-048. 关于历史文化遗产保护的表述，不准确的是(　　)。
A. 物质文化遗产包括不可移动文物、可移动文物以及历史文化名城（街区、村镇）
B. 物质文化遗产保护要贯彻"保护为主、抢救第一、合理利用、传承发展"的方针
C. 实施保护工程必须确保文物的真实性，坚决禁止借保护文物之名行造假古董之实
D. 应把保护优秀的乡土建筑等文化遗产作为城镇化发展战略的重要内容，把历史文化名城（街区、村镇）保护纳入城乡规划

【答案】D
【解析】《文物保护法》第十四条规定，历史文化名城和历史文化街区、村镇所在地的县级以上地方人民政府应当组织编制专门的历史文化名城和历史文化街区、村镇保护规划，并纳入城市总体规划。选项D不准确。

2014-049. 关于历史文化名城保护规划的表述，错误的是(　　)。
A. 历史城区中不应新建污水处理厂
B. 历史城区中不宜设置取水构筑物

C. 历史城区中不宜设置大型市政基础设施

D. 历史城区应划定保护区和建设控制区，并根据实际需要划定环境协调区

【答案】D

【解析】根据《历史文化名城保护规划规范》（GB 50357—2005）【注：该规范已于2019年4月1日废止】第3.5.2条规定，历史城区内不宜设置大型市政基础设施，市政管线宜采取地下敷设方式（选项C正确）。市政管线和设施的设置应符合下列要求：①历史城区内不应新建水厂、污水处理厂、枢纽变电站，不宜设置取水构筑物（选项A、B正确）；②排水体制在与城市排水系统相衔接的基础上，可采用分流制或截流式合流制；③历史城区内不得保留污水处理厂、固体废弃物处理厂；④历史城区内不宜保留枢纽变电站，变电站、开闭所、配电所应采用户内型；⑤历史城区内不应保留或新设置燃气、输气、输油管线和贮气、贮油设施，不宜设置高压燃气管线和配气站；中低压燃气调压设施宜采用箱式等小体量调压装置。选项A、B、C正确，选项D错误。

2014-050. 在风景名胜区规划中，不属于游人容量统计常用口径的是（　　）。

A. 一次性游人容量
B. 日游人容量
C. 月游人容量
D. 年游人容量

【答案】C

【解析】游客容量一般由一次性游客容量、日游客容量、年游客容量三个层次表示。选项C符合题意。

2014-051. （　　）不属于城市河湖水系规划的基本内容。

A. 确定城市河湖水系水环境质量标准
B. 预测规划期内河湖可供水资源总量
C. 提出河道两侧绿化带宽度
D. 确定城市防洪标准

【答案】B

【解析】城市河湖水系总体（分区）规划的主要内容：①确定城市防洪标准和河道治理标准（选项D正确）；②结合城市功能布局确定河湖水系布局和功能定位，确定城市河湖水系水环境质量标准（选项A正确）；③划分河道流域范围，估算河道洪水量，确定河道规划蓝线和两侧绿化隔离带宽度（选项C正确）；④确定湿地保护范围；⑤落实景观河道补水水源，布置河道污水截流设施。选项B符合题意。

2014-052. 不属于城市污水处理厂选址基本要求的是（　　）。

A. 接近用水量最大的区域
B. 设在地势较低处便于城市污水收集
C. 不宜接近居住区
D. 有良好的电力供应

【答案】A

【解析】根据《城市排水工程规划规范》（GB 50318—2000）【注：该规范已于2017年7月1日废止】第7.3.1条规定，城市污水处理厂位置的选择宜符合下列要求：①在城

市水系的下游并应符合供水水源防护要求；②在城市夏季最小频率风向的上风侧；③与城市规划居住区、公共设施保持一定的卫生防护距离（选项C正确）；④靠近污水、污泥的排放和利用地段（选项B正确）；⑤应有方便的交通、运输和水电条件（选项D正确）。排水系统采用重力流输送，污水经过排水系统汇集后送往污水处理厂处理，不存在用水量大、需要保障水头压力的问题，污水处理厂不需要接近用水量最大区域。选项A符合题意。

2014-053. 关于城市防洪标准的表述，不准确的是（　　）。
　　A. 确定防洪标准是防洪规划的首要问题
　　B. 应根据城市的重要性确定防洪标准
　　C. 城市防洪标高应高于河道流域规划的总要求
　　D. 防洪堤顶标高应考虑江河水面的浪高
【答案】C
【解析】城市防洪标准应高于全流域防洪的一般标准；市区的防洪标准应高于郊区的标准。城市防洪标准：①重要城镇、工业中心大城市应按100年一遇洪水位定标准，20年一遇洪水特大值校核。一般城镇，按20～50年一遇洪水频率考虑。②防洪标高服从河道流域规划总要求。③防洪堤顶标高考虑河水面的浪高。④推算山洪流量、流速，水位是筑堤依据。因此选项C不准确。

2014-054. 关于固体废弃物与防治规划指标的对应关系，正确的是（　　）。
　　A. 工业固体废弃物—安全处置率　　　　B. 生活垃圾—资源化利用率
　　C. 危险废物—无害化处理率　　　　　　D. 废旧电子电器—综合利用率
【答案】B
【解析】固体废物污染物防治规划指标主要包括：①工业固体废物，处置率、综合利用率。选项A错误，工业固定废弃物对应指标中不包括安全处置率。②生活垃圾，城镇生活垃圾分类收集率、无害化处理率、资源化利用率。选项B正确，生活垃圾对应规划指标中包含资源利用率。③危险废物，安全处置率。选项C错误，危险废物对应指标中不含无害化处理率。④废旧电子电器，收集率、资源化利用率。选项D错误，废旧电子电器对应指标中不含综合利用率。

2014-055. 关于城市竖向规划的表述，不准确的是（　　）。
　　A. 竖向规划的重点是进行地形改造和土地平整
　　B. 铁路和城市干路交叉点的控制标高应在总体规划阶段确定
　　C. 详细规划阶段可采用高程箭头法、纵横断面法或设计等高线法
　　D. 大型集会广场应有平缓的坡度
【答案】A
【解析】竖向规划首先要配合利用地形，而不应把改造地形、土地平整看作主要方式。因此选项A不准确。

2014-056. 不属于液化气储配站选址要求的是（　　）。
　　A. 位于全年主导风向的上风向　　　　B. 选择地势开阔的地带

C. 避开地基沉陷的地带　　　　　　　D. 避开城市居民区

【答案】A

【解析】液化气储配站一般指液化石油气储配站，其布局应满足液化气所具有的易燃、易爆、有毒的特性，布置时应考虑生产流程、生产特点和火灾爆炸危险性，结合周边地形、风向等条件，以减少危险、有害因素的交叉影响。应布置在全年或夏季主导风向的上风侧或全年最小风频风向的下风侧。选项A符合题意。

2014-057. 城市总体规划文本是对各项规划目标和内容提出的(　　)。

A. 详细说明　　　　　　　　　　　B. 具体解释
C. 规定性要求　　　　　　　　　　D. 法律依据

【答案】C

【解析】规划文本是表述规划意图、目标和对规划有关内容提出的规定性要求。选项C符合题意。

2014-058. 关于近期建设规划的表述，正确的是(　　)。

A. 城市增长稳定后不需要继续编制近期建设规划
B. 近期建设规划应与土地利用总体规划相协调
C. 近期内出现计划外重大建设项目，应在下轮近期建设规划中落实
D. 近期建设规划应发挥其调控作用，使城市在总体规划期限内均匀增长

【答案】B

【解析】城市近期建设规划是城市总体规划的分阶段实施安排和行动计划，是落实城市总体规划的重要步骤，只有通过近期建设规划，才有可能实事求是地安排具体的建设时序和重要的建设项目，保证城市总体规划的有效落实。城市近期建设规划应与土地利用总体规划相协调。选项B正确。

2014-059. 近期建设规划现状用地规模的统计，应采用(　　)。

A. 该城市总体规划的基准年用地数据
B. 近期建设规划期限起始年的前一年用地数据
C. 上一个近期规划的规划建设用地数据
D. 上一个近期规划实施期间城市新增建设用地数据

【答案】B

【解析】《近期建设规划工作暂行办法》规定：近期建设规划现状用地规模的统计，应采用近期建设规划期限起始年的前一年用地数据。因此选项B符合题意。

2014-060. 下列工作中，不属于住房建设规划任务的是(　　)。

A. 确定住房供应总量
B. 确定住房供应类型及比例
C. 确定保障性房供应对象
D. 确定保障性住房的空间分布

【答案】C

【解析】住房建设规划内容侧重于各类住房建设量的计划安排，包括总量计划（规划

期内各类住房的建设总套数和总建筑面积）、结构计划（90m² 和 70%的控制标准，廉租房、经济适用房、公共租赁房、普通商品房的建筑面积）、时序计划（规划期内每年的住房供应总量、每年各类住房的供应面积）。因此选项 C 符合题意。

2014-061. 在实际的城市建设中，不可能出现的情况是（　　）。
  A. 建筑密度＋绿地率＝1　　　　　B. 建筑密度＋绿地率＜1
  C. 建筑密度×建筑平均层数＝1　　D. 建筑密度×建筑平均层数＜1
【答案】A
【解析】建设用地分为建筑用地、道路用地及绿化广场用地等，建筑密度是指地块内所有建筑基底面积与地块用地面积的百分比；绿地率是指地块内各类绿地面积总和与地块用地面积的百分比；建筑密度加绿地率永远是小于 1 的，因此选项 A 错误，符合题意。

2014-062. 某城市总体规划中确定了一个燃气储气罐站的位置，在控制性详细规划的编制中予以落实并获得批准，但是在实施中需要对其进行调整，下列做法中正确的是（　　）。
  A. 调整到附近的地块中，保证其各项控制指标不变即可
  B. 根据需要进行调整，但是必须进行专题论证
  C. 根据需要进行调整，但是必须进行专题论证，并征求相关利害人意见
  D. 修改城市总体规划后，再对控制性详细规划进行调整
【答案】D
【解析】《城市规划强制性内容暂行规定》第十条、第十一条规定，调整城市总体规划强制性内容的，城市人民政府必须组织论证，就调整的必要性向原规划审批机关提出专题报告，经审查批准后方可进行调整。调整详细规划强制性内容的，城乡规划行政主管部门必须就调整的必要性组织论证，其中直接涉及公众权益的，应当进行公示。调整后的详细规划必须依法重新审批后方可执行。选项 D 正确。

2014-063. 控制性详细规划的成果可以不包括（　　）。
  A. 位置图　　　　　　　　　　　B. 用地现状图
  C. 建筑总平面图　　　　　　　　D. 工程管线规划图
【答案】C
【解析】控制性详细规划成果包括规划文本、图件和附件。图件由图纸和图则两部分组成，规划说明、基础资料和研究报告收入附件。其中图纸包括：位置图、现状图、用地规划图、道路交通规划图、绿地景观规划图、各项工程管线规划图和其他相关规划图纸。建筑总平面图不属于控制性详细规划的成果，选项 C 符合题意。

2014-064. 不属于控制性详细规划编制内容的是（　　）。
  A. 划定禁建区、限建区、适建区
  B. 规定各级道路的红线、断面、交叉口形式及渠化措施、控制点坐标和标高
  C. 确定地下空间开发利用具体要求
  D. 提出各地块的建筑体量、体型、色彩等城市设计指导原则
【答案】A
【解析】划定禁建区、限建区、适建区属于城市总体规划编制内容，选项 A 符合

题意。

2014-065. 在修建性详细规划中，对建筑、道路和绿地等进行空间布局和景观规划设计的主要目的是（   ）。

  A. 对所在地块的建设提出具体的安排和设计，指导建筑设计和各项工程施工设计

  B. 校核控制性详细规划中的各项指标是否合理

  C. 确定合理的建筑设计方案，指导各项室外工程施工设计

  D. 制作效果图与模型，有利于招商引资

【答案】A

【解析】根据《城市规划编制办法》的要求，修建性详细规划的任务是依据已批准的控制性详细规划及城乡规划主管部门提出的规划条件，对所在地块的建设提出具体的安排和设计，用以指导建筑设计和各项工程施工设计，选项A正确。

2014-066. 编制某居住小区的修建性详细规划，其容积率控制指标为3.5，为妥善处理其较大的容积率和住宅日照要求的关系，正确的技术方法应为（   ）。

  A. 根据间距系数确定建筑间距

  B. 通过日照分析合理布局

  C. 局部提高控制性详细规划确定的建筑高度

  D. 提高控制性详细规划确定的建筑密度

【答案】B

【解析】建筑日照影响分析是对场地内的住宅、医院、学校和托幼等建筑进行日照分析，以满足国家标准和地方标准要求；对周边受修建性详细规划建筑物日照影响的住宅、医院、学校和托幼等建筑进行日照分析，满足国家标准和地方标准要求。容积率指项目用地范围内总建筑面积与项目总用地面积的比值。通过日照分析合理布局来处理其较大的容积率和住宅日照要求的关系。选项B符合题意。

2014-067. 修建性详细规划采用的图纸比例一般不包括（   ）。

  A. 1∶250   B. 1∶500

  C. 1∶1000   D. 1∶2000

【答案】A

【解析】修建性详细规划图纸所采用的比例一般为1∶500～1∶2000。选项A符合题意。

2014-068. 关于"城镇"和"乡村"概念的表述，准确的是（   ）。

  A. 非农业人口工作和生活的地域即为"城镇"，农业人口工作和生活的地域即为"乡村"

  B. 在国有土地上建设的区域为"城镇"，在集体所有土地上建设的地区和集体所有土地上的非建设区为"乡村"

  C. "城镇"是指我国市镇建制和行政区域的基础区域，包括城区和镇区。"乡村"是指城镇以外的其他区域

  D. 从事第二、三产业的地域即为"城镇"，从事第一产业的地域即为"乡村"

【答案】C

【解析】一般来讲，把人口规模较大的聚落称为城市，把人口数量较少、与农村还保持着直接联系的聚落称为镇。镇在我国是一级行政单元，镇以上是城市，镇以下是乡村。选项C准确。

2014-069. (　　)不能作为村庄规划的上位规划。

　　A. 镇域规划　　　　　　　　　　B. 乡域规划
　　C. 村域规划　　　　　　　　　　D. 县域总体规划

【答案】C

【解析】上位规划体现了上级政府的发展战略和发展要求。按照一级政府、一级事权的政府层级管理体制，上位规划代表了上一级政府对空间资源配置和管理的要求。本题中，只有C项不是村庄规划的上位规划，符合题意。

2014-070. 关于乡规划的表述，不准确的是(　　)。

　　A. 乡驻地规划主要针对其现有和将转为国有土地的部分
　　B. 乡规划区在乡规划中划定
　　C. 可按《镇规划标准》执行
　　D. 不是所有乡都必须编制乡规划

【答案】A

【解析】乡驻地规划确定各类用地布局，提出道路网络建设与控制要求，并非针对其现有和将转为国有土地的部分，选项A不准确。

2014-071. (　　)不是申报国家历史文化名镇、名村必须具备的条件。

　　A. 历史传统建筑原貌基本保存完好
　　B. 存有清末以前或有重大影响的历史传统建筑群
　　C. 历史传统建筑集中成片
　　D. 历史传统建筑总面积在5000m²以上（镇）或2500m²以上（村）。

【答案】C

【解析】《中国历史文化名镇（村）评选办法》规定条件如下：①历史价值和风貌特色：建筑遗产、文物古迹比较集中，能较完整地反映某一历史时期的传统风貌和地方特色、民族风情，具有较高的历史、文化、艺术和科学价值，辖区内存有清末以前或有重大影响的历史传统建筑群；②原状保存程度：原貌基本保存完好，或已按原貌整修恢复，或骨架尚存，可以整体修复原貌；③具有一定规模：镇现存历史传统建筑总面积5000m²以上，或村现存历史传统建筑总面积2500m²以上。选项C不是申报国家历史文化名镇、名村必须具备的条件，符合题意。

2014-072. 历史文化名镇名村保护规划文本一般不包括(　　)。

　　A. 城镇历史文化价值概述
　　B. 各级文物保护单位范围
　　C. 重点整治地区的城市设计意图
　　D. 重要历史文化遗存修整的规划意见

【答案】C

【解析】历史文化名镇（名村）保护规划文本一般包括以下内容：村镇历史文化价值概述；保护原则和保护工作重点；整体层次上保护历史文化名村、名镇的措施，包括功能的改善、用地布局的选择或调整、空间形态和视廊的保护、村镇周围自然历史环境的保护等；各级文物保护单位的保护范围、建设控制地带以及各类历史文化街区的范围界线、保护和整治的措施要求；对重要历史文化遗存修葺、利用和展示的规划意见；重点保护、整治地区的详细规划意向方案；规划实施管理措施等。选项C不属于其内容，符合题意。

2014-073. 计算居住区的绿地率时，其绿地面积是指(　　)。

A. 居住区内所有绿化面积之和
B. 符合标准的各级公共绿地面积之和
C. 符合标准的各类绿地面积之和
D. 满足 1/3 面积在标准建筑日照阴影之外条件的绿地面积之和

【答案】C

【解析】依据《城市居住区规划设计规范》（GB 50180—93）【注：该规范已于2018年12月1日废止】居住区绿地面积指居住用地内公共绿地、宅旁绿地、公共服务设施所属绿地和道路绿地（即道路红线内的绿地）等各种形式绿地的总称，包括满足当地植树绿化覆土要求、方便居民出入的地下或半地下建筑的屋顶绿地，不包括其他屋顶、晒台的绿地及垂直绿化。选项C正确。

2014-074. 居住区规划用地平衡表的作用不包括(　　)。

A. 与现状用地做比较分析　　B. 检验用地分配的经济合理性
C. 作为审批规划方案的依据　　D. 分析居住区空间形态的合理性

【答案】D

【解析】居住区规划用地平衡表的作用包括：①对土地使用现状进行分析，作为调整用地和制定规划的依据之一；②进行方案比较，检验设计方案用地分配的经济性和合理性；③审批居住区规划设计方案的依据之一。选项D符合题意。

2014-075. 关于居住区公共服务设施规划要求的表述中，不准确的是(　　)。

A. 居住区配套公建的设置水平应与居住人口规模相适应
B. 居住区配套公建应与住宅同步规划、同步建设、同时交付
C. 可根据区位条件，适当调整居住区配套公建的项目和面积
D. 配套公建应按照市场效益最大化的原则进行配置

【答案】D

【解析】依据《城市居住区规划设计规范》（GB 50180—93）【注：该规范已于2018年12月1日废止】居住区公共服务设施，是指居住区内除住宅建筑之外的其他建筑，主要是为居住生活配套的服务型建筑，是居住生活的重要物质基础，涉及居民生活服务质量和方便程度。居住区配套公建的基本要求是：配建水平必须与居住人口规模相对应，并应与住宅同步规划、同步建设和同时交付。选项D不准确。

2014-076. 经过审批后用于规划管理的风景名胜区规划包括(　　)。

A. 风景旅游体系规划和风景区总体规划
B. 风景区总体规划、风景区详细规划和景点规划
C. 风景区总体规划和风景区详细规划
D. 风景区详细规划和景点规划

【答案】C

【解析】风景名胜区规划分为总体规划和详细规划，因此选项C正确。

2014-077. (　　)不是城市设计现状调查或分析的方法。
A. 简·雅各布斯的"街道眼"　　　B. 戈登·库仑的"景观序列"
C. 凯文·林奇的"认知地图"　　　D. 詹巴蒂斯塔·诺利的"图底理论"

【答案】A

【解析】简·雅各布斯的"街道眼"，是从传统街道的自我防卫机制得到的概念，认为可以通过社区的尺度来加强邻里的安全，不是城市现状调查或分析的方法。选项A符合题意。

2014-078. 关于城市设计的表述，正确的是(　　)。
A. 城市总体规划编制中应当运用城市设计的方法
B. 由政府组织编制的城市设计项目具有法律效力
C. 我国的城市设计和城市规划是两个相对独立的管理系统
D. 城市设计与城市规划是两个独立发展起来的学科

【答案】A

【解析】城市规划在法律体系中占据一定地位，一经批准就具有法定性，而城市设计在体制上大多是依附于城市规划而存在的，选项B、C错误；现代城市规划在发展的初期包含了城市设计的内容，选项D错误。选项A符合题意。

2014-079. 关于城乡规划实施的表述，不准确的是(　　)。
A. 城市发展和建设中的所有建设行为都应该称为城市规划实施的行为
B. 政府通过控制性详细规划来引导城市建设活动，从而保证总体规划的实施
C. 近期建设规划是城市总体规划的组成部分，不属于城市规划实施的手段
D. 私人部门的建设活动是出于自身利益而进行的，但只要符合城市规划的要求，也同样是城市规划实施行为

【答案】C

【解析】政府行为的规划手段包括：政府运用规划编制和实施的行政权力，通过各类规划的编制来推进城乡规划的实施。如政府根据城市规划和经济社会发展规划，制定其他相关计划，如近期建设规划、土地出让计划、各项市政公用设施的实施计划等，使城乡规划所确定的目标和基本的布局得以具体落实。所以近期建设规划属于城市规划实施的手段。选项C不准确。

2014-080. 关于公共性设施的表述，错误的是(　　)。
A. 公共性设施是指社会公众所共享的设施
B. 公共性设施都是由政府部门进行开发的

C. 公共性设施的开发可引导和带动商业性的开发
D. 公共性设施未经规划主管部门核实是否符合规划条件，不得组织竣工验收

【答案】B

【解析】一般来说，公共性设施主要是由政府或政府公共部门进行开发的，同时私人部门业可以进行一些公益性的和公共设施项目的投资与开发，因此选项B表述错误。

二、多选题（每题五个选项，每题正确答案不少于两个选项，多选或漏选不得分）

2014-081. 关于经济全球化对城市发展影响的表述，正确的有（　　）。
A. 全球性和区域性的经济中心城市正在逐步形成
B. 城市的发展更加受到国际资本的影响
C. 城市之间水平性的地域分工体系成为主导
D. 城市之间的相互竞争将不断加剧
E. 中小城市与周边大城市的联系有可能会削弱

【答案】ABDE

【解析】城市与城市之间构成了垂直性的地域分工体系：管理控制层面集聚的城市占据了主导性地位，而制造/装配层面集聚的城市处于从属性地位，选项C错误。

2014-082. 城市可持续发展战略的实施措施有（　　）。
A. 在城市发展中，坚决限制城市用地的进一步扩展
B. 保护城市的文脉和自然生态环境
C. 优先使用城市中的弃置地
D. 鼓励建设低密度的居住区
E. 提高公众参与的程度

【答案】BCE

【解析】限制城市用地的进一步扩展，将会阻碍当代人的需求，选项A错误；城市可持续发展应鼓励紧凑的开发，而不是鼓励建设低密度的居住区，选项D错误。因此选项B、C、E符合题意。

2014-083. 下列表述中，正确的有（　　）。
A. 规模经济理论认为，随着城市规模的扩大，产品和服务的供给成本就会上升
B. 经济基础理论认为，基本经济部类是城市发展的动力
C. 增长极核理论认为，区域经济发展首先集中在一些条件比较优越的城市
D. 集聚经济理论认为，城市不同产业之间的互补关系使城市的集聚效应得以发挥
E. 梯度发展理论认为，产业的梯度扩散将产生累进效应

【答案】BCD

【解析】规模经济理论是指在一特定时期内，企业产品绝对量增加时，其单位成本下降，即扩大经营规模可以降低平均成本，从而提高利润水平，选项A错误；梯度发展理论是基于缪尔达尔、赫希曼等人的"二元经济结构"理论，区域经济发展已形成了经济发达区和落后区（即核心区与边缘区），经济发展水平出现了差异，形成了经济梯度，试图利用发达地区的优势，借助其扩散效应，为缩小地区差异而提出的一种发展模式，选项E

错误。因此选项 B、C、D 符合题意。

2014-084. 下列规划类型中，属于法律规定的有( )。
   A. 省域城镇体系规划
   B. 乡域村庄体系规划
   C. 镇修建性详细规划
   D. 村庄规划
   E. 村庄修建性详细规划

【答案】ACD

【解析】城乡规划领域法律为《城乡规划法》，第二条规定中提到，本法所称城乡规划，包括城镇体系规划、城市规划、镇规划、乡规划和村庄规划。城市规划、镇规划分为总体规划和详细规划。详细规划分为控制性详细规划和修建性详细规划。选项C、D属于法律规定的。城镇体系规划主要包括全国城镇体系规划、省域城镇体系规划。此外，根据实际工作的需要和特定情况，还可编制跨行政区域的城镇体系规划，选项A属于法律规定的。乡层级并不要求单独编制乡域存在体系规划，选项B不属于法律规定的。《城乡规划法》第二十一条规定，城市、县人民政府城乡规划主管部门和镇人民政府可以组织编制重要地块的修建性详细规划。修建性详细规划应当符合控制性详细规划。村庄不需要编制修建性详细规划。选项E不属于法律规定。选项A、C、D符合题意。

2014-085. 关于城市建设项目规划管理的表述，正确的有( )。
   A. 以划拨方式取得国有土地使用权的建设项目，规划行政主管部门应依据城市总体规划核定建设用地的位置、面积和允许建设的范围
   B. 在国有土地使用权出让前，规划行政主管部门依据控制性详细规划，提出出让地块的规划条件，作为国有土地使用权出让合同的组成部分
   C. 规划行政主管部门不得在建设用地规划许可证中，擅自改变作为国有土地使用权出让合同组成部分的规划条件
   D. 建设单位申请办理建设工程许可证，应当提交使用土地的有关证明文件、修建性详细规划以及建设工程设计方案等材料
   E. 建设单位申请变更规划条件，变更内容不符合控制性详细规划的，规划行政主管部门不得批准

【答案】BCDE

【解析】规划行政主管部门应依据控制性详细规划核定建设用地的位置、面积、允许建设的范围，选项A表述错误，选项B、C、D、E符合题意。

2014-086. 关于居住区规划的表述中，正确的有( )。
   A. 公共绿地至少应有一个边与相应级别的道路相邻
   B. 公共绿地中，绿化面积（含水面）不宜小于70%
   C. 宽度小于8m、面积小于400m的绿地不计入公共绿地
   D. 机动车与非机动车混行的道路，其纵坡宜符合机动车道的要求
   E. 居住区内尽端式道路的长度不宜大于80m

【答案】ABC

【解析】机动车与非机动车混行的道路，其纵坡宜符合非机动车道的要求，选项D错误；

居住区内尽端式道路的长度不宜大于120m，选项E错误。因此选项A、B、C符合题意。

2014-087. 调查城市用地的自然条件时，经常采用的方法包括( )。

A. 专项座谈　　　　　　　　B. 现场踏勘
C. 问卷调查　　　　　　　　D. 地图判读
E. 文献检索

【答案】ABDE
【解析】自然条件是城市环境容量中最基本的因素，包括地质、地形、水文及水文地质、气候、矿藏、动植物等条件的状况及特征。专项座谈、现场踏勘、地图判读和文献检索属于调查城市用地的自然条件时常采用的方法，因此选项A、B、D、E符合题意。

2014-088. 根据《历史文化名城保护规划规范》，历史文化名城保护规划必须遵循的原则包括( )。

A. 保护历史真实载体　　　　B. 提高土地利用率
C. 合理利用、永续利用　　　D. 保护历史环境
E. 谁投资谁收益

【答案】ACD
【解析】《历史文化名城保护规划规范》（GB 50357—2005）【注：该规范已于2019年4月1日废止】规定保护规划必须遵循保护历史真实载体的原则，保护历史环境的原则，合理利用、永续利用的原则。因此选项A、C、D正确。

2014-089. 关于确定城市公共设施指标的表述，错误的有( )。

A. 体育设施用地指标应根据城市人口规模确定
B. 医疗卫生用地指标应根据有关部门的规定确定
C. 金融设施用地指标应根据城市产业特点确定
D. 商业设施用地指标应根据城市形态确定
E. 文化娱乐用地指标应根据城市风貌确定

【答案】CDE
【解析】确定城市公共设施用地规模，要从城市对公共设施设置的目的、功能要求、分布特点、城市经济条件和现状基础等多方面进行分析研究，综合地加以考虑。①根据人口规模推算。通过对不同类型城市现状公共设施用地规模与城市人口规模的统计比较，可以得出该类用地与人口规模之间关系的函数或者是人均用地规模指标，规划中可以参照指标推算公共设施用地规模。②根据各专业系统和有关部门的规定来确定。如银行、邮局、医疗、商业、公安部门等，由于业务与管理的需要自成系统，并各自规定一套具体的建筑与用地指标。这些指标是从其经营管理的经济与合理性来考虑的。这类公共设施的规模，可以参考专业部门的规定，结合具体情况确定。选项C、D、E中金融设施、商业设施和文化娱乐设施受市场经营环境、城市居民消费习惯、城市产业结构及发展转型等因素影响，难以通过产业特点、城市形态、城市风貌确定指标规模，在规划编制中需要就具体问题分析研究，多种研究方法论证的基础上确定城市用地规划布局中这三类设施用地规模。选项C、D、E错误。

2014-090. 在工业区与居住区之间的防护带中,不宜设置( )。
　　A. 消防车库　　　　　　　　　B. 市政工程构筑物
　　C. 职业病医院　　　　　　　　D. 仓库
　　E. 运动场
　【答案】CE
　【解析】工业区与居住区之间按要求隔开一定距离,称为卫生防护带,这段距离的大小随工业排放污物的性质与数量的不同而变化。在卫生防护带中,一般可以布置一些少数人使用的、停留时间不长的建筑,如消防车库、仓库、停车场、市政工程构筑物等。不得将体育设施、学校、儿童机构和医院等布置在防护带内。选项C、E符合题意。

2014-091. 关于城市空间布局的表述,错误的有( )。
　　A. 大型体育场馆应避开城市主干路,减少对交通的干扰
　　B. 分散布局的专业化公共中心有利于更均衡的公共服务
　　C. 沿公交干线应降低开发强度,避免人流的影响
　　D. 居住用地相对集中布置,有利于提供公共服务
　　E. 公园应布置在城市边缘,以提高城市土地收益
　【答案】ACDE
　【解析】对于大型体育场馆、展览中心等公共设施,由于对城市道路交通系统的依存关系,则应与城市干路相联结,选项A错误。市级换乘枢纽,与城市对外客运交通枢纽(铁路客站、长途客站等)结合布置的公交换乘枢纽,设置在市级城市中心附近,具有与多条市级公交干线换乘的功能,选项C错误。在一些国家或地区经济中心城市中,居住区的位置相对集中,这样市政容易提供便利的公共服务设施,选项D并不严谨。公园绿地与城市的居住、生活密切相关,是城市绿地的重要部分。块状绿地布局是将绿地成块状均匀地分布在城市中,方便居民使用,多应用于旧城改建中,选项E错误。因此选项A、C、D、E符合题意。

2014-092. 城市能源规划应包括( )。
　　A. 预测城市能源需求　　　　　B. 优化能源结构
　　C. 确定变电站数量　　　　　　D. 制定节能对策
　　E. 制定能源保障措施
　【答案】ABE
　【解析】城市能源规划的主要内容包括:①确定能源规划的基本原则和目标;②预测城市能源需求;③平衡能源供需(包括能源总量和能源品种),并进一步优化能源结构;④落实能源供应,保障措施及空间布局规划;⑤落实节能技术措施和节能工作;⑥制定能源保障措施。选项A、B、E符合题意。

2014-093. 城市火电厂选址应该考虑的因素包括( )。
　　A. 接近负荷中心　　　　　　　B. 水源条件
　　C. 毗邻城市干路　　　　　　　D. 地质构造稳定
　　E. 地表有一定的坡度

【答案】ABD

【解析】城市火电厂选址应该考虑的因素包括：①电厂尽量接近负荷中心；②厂址靠近原料产地或有良好的原料运输条件；③厂址接近水源，水源要有充足的水量；④厂址有足够容量的储灰场或灰渣回收利用能力；⑤厂址有足够的出线走廊；⑥厂址与周边其他城市用地要有一定的防护距离；⑦地势高而平坦，工程地质条件良好；⑧有方便的交通运输条件。选项A、B、D符合题意。

2014-094. 关于城市工程管线综合规划的表述，错误的有(　　)。

A. 城市总体规划阶段管线综合规划应确定各种工程管线的干管走向

B. 城市详细规划阶段管线综合规划应确定规划范围内道路横断面下的管线排列位置

C. 热力管不应与电力和通信电缆、煤气管共沟布置

D. 当给水管与雨水管相矛盾时，雨水管应该避让给水管

E. 在管线共同沟里，排水管应始终布置在底部

【答案】DE

【解析】城市工程管线共沟敷设原则：①热力管不应与电力通信电缆和压力管道共沟；②排水管道应布置在沟底。当沟内有腐蚀管道的介质时，排水管道应位于其上面；③腐蚀性介质管道的标高应低于其他管线；④火灾危险性属于甲、乙、丙类的液体、液化石油气、可燃气体、毒性气体和液体以及腐蚀性介质管道，不应共沟敷设，并严禁与消防水管共沟敷设；⑤凡有可能产生相互影响的管线，不应共沟敷设。选项D、E不准确。

2014-095. 关于城市环境保护规划的表述，正确的有(　　)。

A. 环境保护规划的基本任务是保护生态环境和环境污染综合防治

B. 城市环境保护规划是城市规划和环境规划的重要组成部分

C. 按环境要素划分，城市环境保护规划可分为大气环境保护规划、水环境保护规划、土壤污染控制规划和噪声污染控制规划

D. 水环境保护规划主要内容包括饮用水源保护和水污染控制

E. 水污染控制包括主要污染物的浓度控制和总量控制

【答案】ABD

【解析】环境保护的基本任务主要有两方面：一是生态环境保护；二是环境污染综合防治。选项A正确。城市环境保护规划既是城市规划的重要组成部分，又是环境规划的主要组成内容。选项B正确。按环境要素划分，城市环境保护规划可分为大气环境保护规划、水环境保护规划、固体废物污染控制规划、噪声污染控制规划。选项C错误。水环境规划总体上包括饮用水源规划和水污染控规划。选项D正确。水污染控制的主要内容包含：对规划区域内的水环境现状进行调查、分析与评价，了解区域内存在的主要环境问题；根据水环境现状，结合水环境功能区划分的状况，计算水环境容量；确定水环境规划目标；对水污染负荷总量进行合理分配，制定水污染综合防治方案，提出水环境综合管理与防治的方法和措施。选项E错误。选项A、B、D符合题意。

2014-096. 关于城市总体规划强制性内容的表述，正确的有(　　)。

A. 城市性质属于城市总体规划强制性内容

B. 城市总体规划强制性内容必须落实上位规划的强制性要求
C. 城市总体规划中的强制性内容和指导性内容,可以根据实际需要进行必要的互换和取舍
D. 调整城市总体规划强制性内容,必须提出专题报告,报原规划审批机关审查批准
E. 城市总体规划强制性内容可作为规划行政主管部门审查建设项目的参考

【答案】BD

【解析】市总体规划强制性内容包括:城市规划区范围、城市建设用地、城市基础设施和公共服务设施用地、自然与历史文化遗产保护和城市防灾工程。城市性质不属于城市总体规划的强制性内容。规划的强制性内容具有以下几个特点:①规划强制性内容具有法定的强制力,必须严格执行,任何个人和组织都不得违反;②下位规划不得擅自违背和变更上位规划确定的强制性内容;③涉及规划强制性内容的调整,必须按照法定的程序进行。选项B、D符合题意。

2014-097. 在控制性详细规划的各项指标中,不用百分比表示的有( )。

A. 绿地率
B. 容积率
C. 建筑密度
D. 停车位
E. 建筑体量

【答案】BDE

【解析】建筑体量指建筑在空间上的体积;配建停车位是对地块配建停车车位数量的控制,配建停车位的控制一般根据地块的用地性质、建筑容量确定,一般不用百分比表示。容积率是指地块内建筑总面积与用地面积的比值,是衡量土地开发强度的指标,直接用数字表达,不采用百分比。选项B、D、E符合题意。

2014-098. 根据《镇规划标准》,我国的镇村体系包括( )。

A. 小城镇
B. 中心镇
C. 一般镇
D. 中心村
E. 基层村

【答案】BCDE

【解析】综合各地有关镇域镇村体系层次的划分情况,自上而下依次可分为中心镇、一般镇、中心村和基层村等四个层次。选项B、C、D、E符合题意。

2014-099. 关于居住区的表述中,正确的有( )。

A. 居住区按照人口规模可分为居住小区、住宅组团两级
B. 居住区的人口规模一般是 20000~30000 人
C. 居住区一般被城市干路或自然分界线所围合
D. 居住区的规划应做到各项功能相对独立、完整
E. 在居住区内布置其他建筑应满足无污染和不扰民的要求

【答案】CDE

【解析】依据《城市居住区规划设计规范》(GB 50180—93)【注:该规范已于2018年12月1日废止】,居住区按照居住户数或人口规模可分为居住区、小区、组团三级,并

相应提供配套设施，选项 A 错误。居住区人口规模一般为 3 万~5 万人，因此选项 B 错误。选项 C、D、E 符合题意。

2014-100. 下列哪些项目不得在风景名胜区内建设？（　　）

　　A. 公路　　　　　　　　　　　B. 陵墓
　　C. 缆车　　　　　　　　　　　D. 宾馆
　　E. 煤矿

【答案】DE

【解析】根据《风景名胜区条例》第二十七条规定，禁止违反风景名胜区规划，在风景名胜区内设立各类开发区和在核心景区建设宾馆、招待所、培训中心、疗养院以及与风景名胜资源保护无关的其他建筑物，已经建设的，应当按照风景名胜区规划逐步迁出。选项 D、E 符合题意。

第五节　2017年真题

一、单选题（每题四个选项，其中一个选项为正确答案）

2017-001. 下列关于城市形成的表述，正确的是（　　）。

　　A. 城市最早是军事防御和宗教活动的产物
　　B. 城市是由社会剩余物资的交换和争夺而产生的，也是社会分工和产业分工的产物
　　C. 城市是人类第一次社会大分工的产物
　　D. "城市"是在"城"与"市"功能叠加的基础上，以贸易活动为基础职能形成复杂化、多样化的客观实体

【答案】B

【解析】城市最早是政治统治、军事防御和商品交换的产物，选项 A 错误；城市是人类第三次社会大分工的产物，选项 C 错误；城市是在"城"与"市"功能叠加的基础上，以行政和商业活动为基本职能的复杂化、多样化的客观实体，选项 D 不准确；由城市的起源可知，选项 B 正确。

2017-002. 下列关于全球城市区域的表述，准确的是（　　）。

　　A. 全球城市区域由全球城市与具有密切经济联系的二级城市扩展联合而形成
　　B. 全球城市区域是多核心的城市区域
　　C. 全球城市区域内部城市之间相互合作，与外部城市互相竞争
　　D. 全球城市区域目前在发展中国家尚未出现

【答案】B

【解析】全球城市区域是在全球化高度发展的前提下，以经济联系为基础，由全球城市及其腹地内经济实力较为雄厚的二级大中城市扩展联合而形成的一种独特空间现象，选项 A 不准确；全球城市区域是多核心的城市扩展联合的空间结构，并非单一核心的城市区域，选项 B 正确；多个中心之间形成基于专业化的内在联系，各自承担着不同的角色，既相互合作，又相互竞争，在空间上形成了一个极具特色的城市区域，选项 C 错误；全

球城市区域并不限于发达国家的大都市及其区域发展的过程。这种发展趋势是在全球范围内发生的，包括发展中国家，选项D错误。

2017-003. 下列关于1949年以来我国城镇化发展历程的表述，错误的是（　　）。

A. 1949～1957年是我国城镇化的启动阶段
B. 1958～1965年是我国城镇化的倒退阶段
C. 1966～1978年是我国城镇化的停滞阶段
D. 1979年以来是我国城镇化的快速发展阶段

【答案】B
【解析】1958～1965年是我国城镇化的波动发展阶段，选项B错误。

2017-004. 下列关于古罗马时期城市状况的表述，错误的是（　　）。

A. 罗马城市以方格网道路系统为骨架，以城市广场为中心
B. 古罗马城市以广场、凯旋门和纪功柱等作为城市空间的核心和焦点
C. 古罗马城市中散布着大量的公共浴池和斗兽场
D. 罗马帝国时建设的营寨城多为方形或长方形，中间为十字形街道

【答案】A
【解析】古希腊时期，城市布局上出现了以方格网道路系统为骨架，以城市广场为中心的希波丹姆模式，选项A错误；由古典时期古罗马的社会与城市可知，选项B、C、D正确。因此选项A符合题意。

2017-005. 下列关于"有机疏散"理论的表述，正确的是（　　）。

A. 在中心城市外围建设一系列的小镇，将中心城市的人口疏解到这些小镇中
B. 中心城市进行结构性重组，形成若干个小镇，彼此间以绿地进行隔离
C. 中心城市之外的小镇应当强化与中心城市的有机联系，并承担中心城市的某方面功能
D. 整个城市地区应当保持低密度，城市建设用地与农业用地应当有机地组合在一起

【答案】B
【解析】有机疏散就是把大城市拥挤的区域，分解成为若干个集中单元，并把这些单元组织成为"在活动上相互关联的有功能的集中点"。在这样的意义上，构架起了城市有机疏散的最显著特点，便是原先密集的城区，将分裂成一个一个的集镇，它们彼此之间将用保护性的绿化带隔离开来。选项A、C错误，选项B正确。选项D不属于有机疏散理论的内容，有机疏散理论并没有强调城市开发的低密度，同时其理论阐述是基于中心城市内部，并不涉及建设用地与农业用地之间的关系。

2017-006. 下列关于柯布西埃现代城市设想的表述，错误的是（　　）。

A. 现代城市规划应当提供充足的绿地、空间和阳光，建设"垂直的花园城市"
B. 城市的平面应该是严格的几何形构图，矩形和对角线的道路交织在一起
C. 高密度的城市才是有活力的，大多数居民应当居住在高层住宅内
D. 中心区应当至少由三层交通干道组成：地下走重型车，地面用于市内交通，高架道路用于快速交通

【答案】C

【解析】柯布西埃认为，城市必须集中，只有集中的城市才有生命力，由于拥挤而带来的城市问题是完全可以通过技术手段而得到解决的，这种技术手段就是采用大量的高层建筑来提高密度和建立一个高效率的城市交通系统，选项C符合题意。

2017-007. 下列关于城市发展的表述，不准确的是（　　）。
A. 农业劳动生产率的提高有助于推动城市化的发展
B. 城市中心作用强大，有助于带动周围区域社会经济的均衡发展
C. 交通通信技术的发展有助于城市中心效应的发挥
D. 城市群内各城市间的互相合作，有助于提高城市群的竞争能力

【答案】A

【解析】现代城市化发展的最基本动力是工业化。工业化促进了大规模机器生产的发展，以及在生产过程中对比较成本利益、生产专业化和规模经济的追求，使得大量的生产集中在城市之中。在农业生产效率不断提高的条件下，由于城乡之间存在着预期收入的差异，从而导致人口向城市集中，选项A不准确。

2017-008. 下列关于城市空间布局的表述，正确的是（　　）。
A. 城市轨道交通线、地面公交干线应当与城市主干路组合，形成城市交通走廊
B. 城市街区内应当有多种不同功能，保证居民能够就近就业
C. 城市居住地的布局应充分考虑小学的服务范围，避免学生穿越城市主干道
D. 城市中心区土地价格昂贵，应该鼓励各地块进行高强度开发

【答案】C

【解析】现代化城市交通科学化的重要标志是"交通分流"，城市轨道交通线、地面公交干线与城市主干路线路密度不宜过大，选项A错误；城市空间布局应协调城市就业区和商业中心等功能地域的相互关系，而不是机械的强制居民能就近就业，选项B错误；教育等生活服务设施，应减少城市交通穿越，以保证较好的居住环境，选项C正确；城市中心地区地块的高强度开发有可能造成环境质量的下降，人口和交通的拥挤会导致该用地的贬值，进而使其受到城市综合发展收益受损，选项D错误。

2017-009. 中国古代城市的基本形制在（　　）时期就已经形成了雏形。
A. 夏　　　　　　　　　　　　B. 商
C. 周　　　　　　　　　　　　D. 秦

【答案】B

【解析】影响后世数千年的城市基本形制在商代早期建设的河南偃师商城、中期建设的位于今天郑州的商城和位于今天湖北的盘龙城中已显雏形，选项B符合题意。

2017-010. 《国家新型城镇化规划（2014—2020年）》明确了新型城镇化的核心是（　　）。
A. 优先发展中小城市与城镇　　　　B. 人的城镇化
C. 改革户籍制度　　　　　　　　　D. 优化城镇体系

【答案】B

【解析】《国家新型城镇化规划（2014—2020年）》明确，高举中国特色社会主义伟大

旗帜，以邓小平理论、"三个代表"重要思想、科学发展观为指导，紧紧围绕全面提高城镇化质量，加快转变城镇化发展方式，以人的城镇化为核心，有序推进农业转移人口市民化。选项B符合题意。

2017-011. 下列关于城市可持续发展的表述，不准确的是( )。
  A. 提高居民在城市发展决策中的参与程度
  B. 通过车辆限行减少通勤和日常生活的出行
  C. 居住、工作地点和生活环境应免遭环境危害
  D. 以财政转移方式，在城市不同功能地区之间建立财政共享机制
【答案】B
【解析】优先发展公共交通，合理使用私人小汽车和自行车等个体交通工具，创造良好的步行环境，实现客运交通系统多方式的协调发展，选项B不准确。

2017-012. 下列关于城市规划作用的表述，正确的是( )。
  A. 城市规划通过对各类开发进行管制，尽量减少新开发建设给周边地区带来负面影响
  B. 城市规划对城市建设进行管理的实质是对土地产权的控制
  C. 城市规划安排城市各类公共服务设施与公共服务保障体系等"公共物品"
  D. 城市规划通过预先安排的方式，按照预期经济收益最大化原则，协调各种社会需求
【答案】A
【解析】城市规划对城市建设进行管理的实质是对空间开发权的控制，选项B错误。公共设施、公共安全、公共卫生、公共环境以及自然资源、生态环境、历史文化等都可称为"公共物品"；城市规划通过对社会、经济、自然资源等的分析，结合未来发展的安排，从社会需要的角度对各类公共设施等进行安排，并通过土地使用的安排为公共利益的实现提供了基础，通过开发控制保障公共利益不受到损害，选项C错误。城市规划以预先安排的方式、在具体的建设行为发生之前对各种社会需求进行协调，从而保证各群体的利益得到体现，同时也保证社会公共利益的实现，选项D错误。选项A符合题意。

2017-013. 下列关于我国城乡规划法律法规体系的表述，错误的是( )。
  A. 《中华人民共和国城乡规划法》是城乡规划法律法规体系的基本法
  B. 省会城市人大及其常委会可以制定该城市的城乡规划地方法规
  C. 地级市人民政府可以制定本行政区的城乡规划地方法规
  D. 城乡规划标准规范中的强制性条文是政府对规划执行情况实施监督的依据
【答案】C
【解析】城乡规划的行政法规是指由国务院制定的实施国家《城乡规划法》或配套的具有针对性和专题性的规章。城乡规划的地方法规是指由省、自治区、直辖市以及国家规定的具有地方立法权的城市的人大或其常委会所制定的城乡规划条例、国家《城乡规划法》实施条例或办法。选项C错误。

2017-014. 下列关于我国城乡规划实施管理体系的表述，准确的是(　　)。

A. 城乡规划的实施完全是由政府及其部门来承担的
B. 政府及其部门针对重点地区和领域制定各项政策的行为，属于对城市规划的实施组织
C. 城市建设用地的规划管理按照土地所有权属性的不同进行分类整理
D. 省级人民政府可以确定镇人民政府是否有权办理建设工程规划许可证

【答案】B

【解析】在市场经济体制下，城乡规划的实施并不是完全由政府及其部门来承担的。选项A错误。根据《城乡规划法》的有关规定，城市建设用地的规划管理按照土地使用权的获得方式不同可以分为两种情况，其管理的方式有所不同，建设用地规划许可证的含义也不相同。选项C错误。《城乡规划法》第四十条规定，在城市、镇规划区内进行建筑物、构筑物、道路、管线和其他工程建设的，建设单位或者个人应当向城市、县人民政府城乡规划主管部门或者省、自治区、直辖市人民政府确定的镇人民政府申请办理建设工程规划许可证。选项D错误。选项B符合题意。

2017-015. 下列关于城镇体系规划制定程序的表述，错误的是(　　)。

A. 城镇体系规划修编前，必须对现有规划的实施进行评估
B. 规划编制单位采取论证会、听证会或者其他方式征求专家和公众的意见
C. 规划需经过本级人大常委会审议
D. 组织编制机关应当依法将城乡规划草案予以公告

【答案】B

【解析】《城乡规划法》第四十六条规定，省域城镇体系规划、城市总体规划、镇总体规划的组织编制机关，应当组织有关部门和专家定期对规划实施情况进行评估，并采取论证会、听证会或者其他方式征求公众意见。选项A正确。

第十六条规定，省、自治区人民政府组织编制的省域城镇体系规划，城市、县人民政府组织编制的总体规划，在报上一级人民政府审批前，应当先经本级人民代表大会常务委员会审议，常务委员会组成人员的审议意见交由本级人民政府研究处理。选项C正确。

第二十六条规定，城乡规划报送审批前，组织编制机关应当依法将城乡规划草案予以公告，并采取论证会、听证会或其他方式征求专家和公众的意见，公告的时间不得少于30日。因此，选项D正确，选项B中应为组织编制机关，而不是规划编制单位，选项B错误。

2017-016. 下列关于我国城乡规划编制体系的表述，正确的是(　　)。

A. 我国城乡规划编制体系由城镇体系规划、城市规划、镇规划、乡规划和村庄规划构成，并分为总体规划和详细规划
B. 乡的详细规划可以分为控制性详细规划和修建性详细规划
C. 城镇体系规划包括全国和省域两个层面，还可以依据实际需要编制跨行政区域的城镇体系规划
D. 镇的控制性详细规划由其上一级人民政府城乡规划行政主管部门审批

【答案】C

【解析】我国城乡规划编制体系由城镇体系规划、城市规划、镇规划、乡规划和村庄规划构成。城市规划、镇规划划分为总体规划和详细规划。详细规划分为控制性详细规划和修建性详细规划。选项A、B错误。镇的控制性详细规划由镇人民政府组织编制，报上一级人民政府审批。选项D错误。因此选项C符合题意。

2017-017. 下列关于城镇体系概念和演化规律的表述，不准确的是（　　）。

A. 没有中心城市就不可能形成现代意义的城镇体系

B. 区域城镇体系一般经历"点—轴—网"的演化过程

C. 全球化时代的城市职能结构应以城市在经济活动组织中的地位分工为依据

D. 城市连绵区无法形成城镇体系

【答案】D

【解析】工业化后期至后工业化阶段（信息社会），以中心城市扩散，各种类型城市区域（包括城市连绵区、城市群、城市带、城市综合体等）的形成，各类城镇普遍发展，区域趋向于整体性城镇化的高水平均衡分布为特点。城市连绵区、城市地带和城市群内都形成了特定的城镇体系，选项D错误。

2017-018. 下列关于全国城镇体系规划内容的表述，不准确的是（　　）。

A. 确定国家城镇化的总体战略和分期目标

B. 规划全国城镇体系的总体空间格局

C. 构架全国重大基础设施支撑系统

D. 编制跨省界城镇发展协调地区的城镇发展协调规划

【答案】D

【解析】全国城镇体系规划的主要内容是：①明确国家城镇化总体战略与分期目标；②确立国家城镇化的道路与差别化战略；③规划全国城镇体系的总体空间格局；④构架全国重大基础设施支撑系统；⑤特定与重点地区的规划。选项D不在全国城镇体系规划主要内容，符合题意。

2017-019. 下列关于省域城镇体系规划的表述，不准确的是（　　）。

A. 符合全国城镇体系规划

B. 与全国城市发展政策相符，与土地利用总体规划等相关法定规划相符

C. 确定区域城镇发展用地规模的控制目标

D. 确定产业园区的布局

【答案】D

【解析】编制省域城镇体系规划时应遵循的原则中提出，符合全国城镇体系规划，与全国城市发展政策相符，与国土规划、土地利用总体规划等其他相关法定规划相协同，选项A、B正确。省域城镇体系规划的核心内容包括：①制订（自治区）城镇化和城镇发展战略；②确定区域城镇发展用地规模的控制目标；③协调和部署影响省域城镇化与城市发展的全局性和整体性事项；④确定乡村地区非农产业布局和居民点建设的原则；⑤确定区域开发管制区划。选项C是全国城镇体系规划的主要内容。选项D不准确。

2017-020. 下列不属于市域城镇体系规划内容的是( )。

A. 提出与相邻行政区在空间发展布局、重大基础设施等方面协调建议

B. 在城市行政管辖范围内划定城市规划区

C. 确定农村居民点布局

D. 原则确定交通、通信、能源等重大基础设施布局

【答案】C

【解析】市域城镇体系规划的主要内容包括：①提出市域城乡统筹的发展战略；②确定生态环境、土地和水资源、能源、自然和历史文化遗产等方面的保护与利用的综合目标和要求，提出空间管制原则和措施；③预测市域总人口及城镇化水平，确定各城镇人口规模、职能分工、空间布局和建设标准；④提出重点城镇的发展定位、用地规模和建设用地控制范围；⑤确定市域交通发展策略，原则确定市域交通、通信、能源、供水、排水、防洪、垃圾处理等重大基础设施、重要社会服务设施布局；⑥在城市行政管辖范围内，根据城市建设、发展和资源管理的需要划定城市规划区；⑦提出实施规划的措施和有关建议。选项C不是市域城镇体系规划的主要内容，符合题意。

2017-021. 下列属于市域城镇体系规划强制性内容的是( )。

A. 市域城乡统筹的发展战略

B. 市域城镇体系空间布局

C. 区域水利枢纽工程的布局

D. 中心城市与相邻地域的协调发展问题

【答案】C

【解析】城镇体系规划的强制性内容包括：①区域内必须控制开发的区域；②区域内的区域性重大基础设施的布局；③涉及相邻城市、地区的重大基础设施布局。选项C符合市域城镇体系规划强制性内容，符合题意。

2017-022. 下列关于市域城镇体系规划的表述，错误的是( )。

A. 市域城镇聚落体系应分为中心城市—县城—镇区和乡集镇—行政村四级体系

B. 市域城镇体系规划应划定城市规划区

C. 市域城镇体系规划应专门对重点镇的建设规划进行研究

D. 市域城镇体系规划应对市域交通与基础设施的布局进行协调

【答案】A

【解析】市域城镇发展布局规划中可将市域城镇聚落体系分为中心城市—县城—镇区和乡集镇—中心村四级体系。对一些经济发达的地区，从节约资源和城乡统筹的要求出发，结合行政区划调整，实行中心城区—中心镇—新型农村社区的城市型居民点体系。选项A不准确，符合题意。

2017-023. 按照《城市规划编制办法》，下列不属于城市总体规划编制内容的是( )。

A. 原则确定市域重要社会服务设施的布局

B. 确定中心城区满足中低收入人群住房需求的居住用地布局及标准

C. 确定中心城区的交通发展战略

D. 划定中心城区规划控制单元

【答案】D

【解析】根据《城市规划编制办法》关于城市总体规划编制内容的规定，市域城镇体系规划应当包括：确定市域交通发展策略；原则确定市域交通、通信、能源、供水、排水、防洪、垃圾处理等重大基础设施，重要社会服务设施的布局，如危险品生产储存设施的布局。选项 A 正确。中心城区规划应当包括：确定交通发展战略和城市公共交通的总体布局，落实公共优先政策，确定主要对外交通设备和主要道路交通设施布局；研究住房需求，确定住房政策、建设标准和居住用地布局，重点确定经济适用房、普通商品住房等满足中低收入人群住房需求的居住用地布局标准，选项 B、C 正确。选项 D 符合题意。

2017-024. 下列关于城市总体规划实施评估的表述，不准确的是（　　）。

A. 城市总体规划组织编制机关，应安排现有干部和专家不定期对规划实施情况进行评估

B. 地方人民政府应当就规划实施情况同本级人民代表大会及其常务委员会报告

C. 规划实施评估是修改城市总体规划的前置条件

D. 规划实施评估应总结城市的发展方向和空间布局等规划目标落实情况

【答案】A

【解析】《城乡规划法》第四十六条规定，省域城镇体系规划、城市总体规划、镇总体规划的组织编制机关，应当组织有关部门和专家定期对规划实施情况进行评估，并采取论证会、听证会或者其他方式征求公众意见。选项 A 不准确。

2017-025. 下列（　　）不是影响城市空间发展方向的因素。

A. 地形地貌　　　　　　　　　　B. 经济规模
C. 铁路建设情况　　　　　　　　D. 文物分布情况

【答案】B

【解析】影响城市发展方向的因素较多，可大致归纳为以下几种：

（1）自然条件：地形地貌、河流水系、地质条件等土地的自然因素通常是制约城市用地发展的重要因素之一；同时，出于维护生态平衡、保护自然环境目的的各种对开发建设活动的限制也是城市用地发展的制约条件之一。

（2）人工环境：高速公路、铁路、高压输电线等区域基础设施的建设状况以及区域产业布局和区域中各城市间的相对位置关系等因素均有可能成为制约或诱导城市向某一特定方向发展的重要因素。

（3）城市建设现状与城市形态结构：除个别完全新建的城市外，大部分城市均依托已有的城市发展。因此，城市现状的建设水平不可避免地影响到与新区的关系，进而影响到城市整体的形态结构。城市新区是依托旧城区在各个方向上均等发展，还是摆脱旧城区，在某一特定次向上另行建立完整新区，决定了城市用地的发展方向。

（4）规划及政策性因素：城市用地的发展方向也不可避免地受到政策性因素以及其他各种规划的影响。例如，土地部门主导的土地利用总体规划中，必定体现农田保护政策，从而制约城市用地的扩展过多地占用耕地；而文物部门所制定的有关文物保护的规划或政策，则限制城市用地向地下文化遗址或地上文物古迹集中地区的扩展。

(5) 其他因素：除以上因素外，土地产权问题、农民土地征用补偿问题、城市建设中的城中村问题等社会问题也是需要关注和考虑的因素。

因此，选项 B 不属于影响城市发展方向的主要因素。

2017-026. 下列关于城市性质的表述，错误的是(　　)。
　　A. 城市性质是对城市基本职能的表述
　　B. 城市性质是确定城市发展方向的重要依据
　　C. 城市性质采用定性分析与定量分析相结合，以定性分析为主的方法确定
　　D. 城市性质要从城市在国民经济中所承担的职能，及其形成与发展的基本因素中去认识

【答案】A

【解析】城市性质是指城市在一定地区、国家以至更大范围内的政治、经济与社会发展中所处的地位和担负的主要职能，由城市形成与发展的主导因素的特点所决定，由该因素组成的基本部门的主要职能所体现。城市性质关注的是城市最主要的职能，是对主要职能的高度概括。选项 A 错误。

2017-027. 下列关于规划人均城市建设用地面积指标的表述，错误的是(　　)。
　　A. 规划人均城市建设用地面积指标通常控制在 65～115m²/人范围内
　　B. 规划人均城市建设用地指标应根据现状人均城市建设用地面积指标、所在气候区以及规划人口规模综合确定
　　C. 新建城市的规划人均城市建设用地指标宜在 85.1～105m²/人内确定
　　D. 首都的规划建设用地指标应在 95.1～105m²/人内确定

【答案】D

【解析】根据《城市用地分类与规划建设用地标准》(GB 50137—2011) 第 4.2.3 条规定，首都的规划人均城市建设用地面积指标应在 105～115m²/人内确定，选项 D 错误。

2017-028. 下列关于规划区的表述，错误的是(　　)。
　　A. 在城市、镇、乡、村的规划过程中，应首先划定规划区
　　B. 规划区划定的主体是当地人民政府
　　C. 水源地、生态廊道、区域重大基础设施廊道等应划入规划区
　　D. 已划入所属城市规划区的镇，在镇总体规划中不再划定规划区

【答案】C

【解析】划定城乡规划区，充分考虑对水源地、生态控制区廊道、区域重大基础设施廊道等城乡发展保障条件的保护要求，充分考虑城乡规划主管部门依法实施城乡规划的必要性与可行性，综合确定规划区范围。选项 C 只是划定规划区应考虑的因素，并不一定要划入规划区，符合题意。

2017-029. 下列关于城市形态的表述，错误的是(　　)。
　　A. 集中型城市形态一般适合于平原
　　B. 带型城市形态一般适合于沿河地区
　　C. 放射型城市形态一般适合于山区

D. 星状型城市形态一般适合特大型城市

【答案】C

【解析】放射型城市建成区总平面的主题团块有三个以上明确的发展方向，包括指状、星状、花状等类型。这些形态的城市多是位于地形较平坦、对外交通便利的平原地区。选项C错误。

2017-030. 下列关于信息社会城市空间形态演变的表述，不准确的是（　　）。

A. 城乡界限变得模糊
B. 城市各功能的距离约束变弱，空间出现网络化的特征
C. 由于用地出现兼容化的特点，功能集聚体逐渐消失
D. 网络的"同时"效应使不同地段的空间区位差异缩小

【答案】C

【解析】虽然城市用地出现兼容化的特点，但是由于城市外部效应、规模经济仍然存在，为了获取更高的集聚经济，不同阶层、不同收入水平与文化水平的城市居民可能会集聚在某个特定的地理空间，形成各种社区；功能性质类似或联系密切的经济活动，可能会根据它们的相互关系集聚成区。选项C错误。

2017-031. 不宜与文化馆毗邻布置的设施是（　　）。

A. 科技馆　　　　　　　　B. 广播电视中心
C. 档案馆　　　　　　　　D. 小学

【答案】D

【解析】《文化馆建筑设计规范》（JGJ/T 41—2014）中第3.2.6条，当文化馆基地距医院、学校、幼儿园、住宅等建筑较近时，室外活动场地及建筑内噪声较大的功能用房应布置在医院、学校、幼儿园、住宅等建筑的远端，并应采取防干扰措施。因此选项D符合题意。

2017-032. 下列关于水厂厂址选择的表述，不准确的是（　　）。

A. 应有较好的废水排除条件　　　　B. 应设在水源附近
C. 有远期发展的用地条件　　　　　D. 便于设立防护绿带

【答案】B

【解析】《室外给水设计规范》（GB 50013—2006）第8.0.1条规定，水厂厂址的选择，应符合城镇总体规划和相关专项规划，并根据下列要求综合确定：①给水系统布局合理；②不受洪水威胁；③有较好的废水排除条件；④有良好的工程地质条件；⑤有便于远期发展控制用地的条件；⑥有良好的卫生环境，并便于设立防护地带；⑦少拆迁，不占或少占农田；⑧施工、运行和维护方便。注：有沉沙特殊处理要求的水厂宜设在水源附近。常规水源地原水可以通过原水管长距离输送至水厂，因此选项B符合题意。

2017-033. 关于城市布局的表述，不准确的是（　　）。

A. 静风频率高的地区不宜布置排放有害废气的工业
B. 铁路编组站应安排在城市郊区，并避免被大型货场、工厂区包围
C. 城市道路布局时，道路走向应尽量平行于夏季主导风向

D. 各类大型设施应统一集聚配置，以发挥联动效应

【答案】D

【解析】有些设施是需要分级分层配置的，要区别对待，而非各类大型设施统一集聚配置，选项D错误。

2017-034. 下列关于液化石油气储配站规划布局的表述，错误的是(　　)。

　　A. 应选择在所在地区全年最大频率风向的下风侧

　　B. 应远离居住区

　　C. 应远离影剧院、体育场等公共活动场所

　　D. 主产区和辅助区至少应各设置一个对外出入口

【答案】A

【解析】为了减轻工业排放的有害气体对生活区的危害，通常把工业区布置于生活居住区的下风向，但应同时考虑最小风频风向、静风频率、各盛行风向的季节变换及风速关系。如全年只有一个盛行风向，且与此相对的方向风频最小，或最小风频风向与盛行风向转换夹角大于90°，则工业用地应放在最小风频之上风向，居住区位于其下风向；当全年拥有两个方向的盛行风时，应避免使有污染的工业处于任何一个盛行风向的上风方向，工业区及居住区一般可分别布置在盛行风向的两侧。因此选项A错误。

2017-035. 城市固定避震疏散场所一般不包括(　　)。

　　A. 广场　　　　　　　　　　B. 大型人防工程

　　C. 绿化隔离带　　　　　　　D. 高层建筑中的避难层

【答案】D

【解析】《城市抗震防灾规划标准》(GB 50413—2007)规定，固定避震疏散场所：供避震疏散人员较长时间避震和进行集中性救援的场所。通常可选择面积较大、人员容置较多的公园、广场、体育场地/馆、大型人防工程、停车场、空地、绿化隔离带以及抗震能力强的公共设施、防灾据点等。选项D符合题意。

2017-036. 为了改善特大城市人口与产业过于集中布局在中心城区带来的环境恶化状况，最有效的途径是(　　)。

　　A. 产业向城市近郊区转移

　　B. 在市域甚至更大的区域范围布置生产力

　　C. 在中心城区周边建立绿化隔离带

　　D. 城市布局采用组团式结构

【答案】A

【解析】产业转移是优化生产力空间布局、形成合理产业分工体系的有效途径，是推进产业结构调整、加快经济发展方式转变的必然要求。产业向城市近郊区转移是改善特大城市人口与产业过于集中布局在中心城区带来的环境恶化状况的最有效的途径。因此选项A正确。

2017-037. 风向频率是指(　　)。

　　A. 各个风向发生的次数占同时期内不同风向的总次数的百分比

B. 各个风向发生的天数占所有风向发生的总天数的百分比
C. 某个风向发生的次数占同时期内不同风向的总次数的百分比
D. 某个风向发生的天数占所有风向发生的总天数的百分比

【答案】A

【解析】风向频率一般分8个或16个罗盘方位观测，累计某一时期内（一季、一年或多年）各个方位风向的次数，并以各个风向发生的次数占该时期内观测、累计各个不同风向（包括静风）的总次数的百分比来表示，因此选项A正确。

2017-038. 下列关于民用机场选址原则的表述，错误的是(　　)。

A. 一个特大城市可以布置多个机场
B. 高速公路的发展有利于多座城市共用一个机场
C. 机场与城区的距离应尽可能远
D. 机场跑道轴线方向尽量避免穿越城市区

【答案】C

【解析】航空港布局规划：①在城市分布比较密集的区域，应在各城市使用都方便的位置设置若干城市共用的航空港，高速公路的发展有利于多座城市共用一个航空港。②随着航空事业的进一步发展，一个特大城市周围可能布置若干个机场。③从净空限制的角度分析，航空港的选址应尽可能使跑道轴线方向避免穿越市区。城市规划要注意妥善处理航空港与城市的距离。必须努力争取在满足机场选址要求的前提下，尽量缩短航空港与城区距离。选项C错误。

2017-039. 下列关于城市交通系统子系统构成的表述，正确的是(　　)。

A. 城市道路、铁路、公路
B. 自行车、公共汽车、轨道交通
C. 城市道路、城市运输、交通枢纽
D. 城市运输、城市道路、城市交通管理

【答案】D

【解析】城市交通系统包括城市道路系统（交通行为的通道）、城市运输系统（交通行为的运作）和城市交通管理系统（交通行为的控制）三个组成部分。选项D正确。

2017-040. 不属于交通政策范畴的是(　　)。

A. 优先发展公共交通
B. 限制私人小汽车数量盲目膨胀
C. 开辟公共汽车专用道
D. 建立渠化交通体系

【答案】B

【解析】城市交通政策的内容之一是优先发展公共交通，合理使用私人小汽车和自行车等个体交通工具，创造良好的步行环境，实现客运交通系统多方式的协调发展。选项B错误。

2017-041. 下列不属于城市道路系统布局的主要影响因素的是(　　)。

A. 城市交通规划
B. 城市在区域中的位置
C. 城市用地布局结构与形态
C. 城市交通运输系统

【答案】A

【解析】影响城市道路系统布局的主要影响因素主要有三个：城市在区域中的位置（城市外部交通联系和自然地理条件）、城市用地布局结构与形态（城市骨架关系）、城市交通运输系统（市内交通联系）。选项A不属于城市道路系统布局的主要影响因素，符合题意。

2017-042. 下列属于城市道路的功能分类的是(　　)。

　　A. 机动车路　　　　　　　　B. 混合型路
　　C. 自行车路　　　　　　　　D. 交通性路

【答案】D

【解析】城市道路功能分类包括交通性道路和生活性道路，选项D符合题意。

2017-043. 下列关于城市道路系统规划基本要求的表述，不准确的是(　　)。

　　A. 城市道路应成为划分城市各组团的分界线
　　B. 城市道路的功能应当与毗邻道路的用地性质相协调
　　C. 城市道路系统要有适当的道路网密度
　　D. 城市道路系统应当有利于实现交通分流

【答案】B

【解析】满足城市交通运输的要求中，道路的功能必须同毗邻道路的用地的性质相协调，选项B不准确。

2017-044. 下列关于大城市铁路客运站选址的表述，正确的是(　　)。

　　A. 城市中心　　　　　　　　B. 城市中心区边缘
　　C. 市区边缘　　　　　　　　D. 市区高速公路入口处

【答案】B

【解析】中小城市铁路客运站可以布置在城区边缘，但大城市可能有多个铁路客运站，应深入城市中心区边缘布置，选项B正确。

2017-045. 我国历史文化名城申报、批准、规划、保护的直接依据是(　　)。

　　A.《保护世界文化和自然遗产公约》
　　B.《历史文化名城名镇名村保护条例》
　　C.《历史文化名城保护规划规范》
　　D.《北京宪章》

【答案】B

【解析】《历史文化名城名镇名村保护条例》第二条规定，历史文化名城申报、批准、规划、保护，适用本条例。选项B正确。

2017-046. 历史文化名城保护规划的规划期限应(　　)。

　　A. 不设置　　　　　　　　　B. 与城市总体规划的规划期限一致
　　C. 与城市近期规划的规划期限一致　　D. 与旅游规划的规划期限一致

【答案】B

【解析】《历史文化名城名镇名村保护条例》第十五条规定，历史文化名城、名镇保护规划的规划期限应当与城市、镇总体规划的规划期限相一致；历史文化名村保护规划的规划期限应当与村庄规划的规划期限相一致。选项B正确。

2017-047. 下列属于城市紫线的是（　　）。

A. 历史文化街区中文物保护单位的范围界限
B. 历史文化街区的保护范围界限
C. 历史文化街区建设控制地带的界限
D. 历史文化街区环境协调区的界限

【答案】B

【解析】《城市紫线管理办法》第二条规定，本法所称城市紫线，是指国家历史文化名城的历史文化街区和省、自治区、直辖市人民政府公布的历史文化街区的保护范围界线，以及历史文化街区外经县级以上人民政府公布保护的历史建筑的保护范围界线。选项B正确。

2017-048. 下列关于历史文化街区的表述，不准确的是（　　）。

A. 总用地面积一般不小于1hm²
B. 历史建筑和历史环境要素可以是不同时代的
C. 需要保护的文物古迹和历史建筑的建筑用地面积占保护区用地总面积的比例应在70%以上
D. 一个城市可以有多处历史文化街区

【答案】C

【解析】《历史文化名城保护规划规范》（GB 50357—2005）【注：该规范已于2019年4月1日废止】第4.1.1条，历史文化街区应具备以下条件：①有比较完整的历史风貌；②构成历史风貌的历史建筑和历史环境要素基本上是历史存留的原物；③历史文化街区用地面积不小于1hm²；④历史文化街区内文物古迹和历史建筑的用地面积宜达到保护区内建筑总面积的60%以上。选项C错误。

2017-049. 城市绿地系统规划的任务不包括（　　）。

A. 调查与评价城市发展的自然条件
B. 参与研究城市的发展规模和布局结构
C. 研究、协调城市绿地与其他各项建设用地的关系
D. 基于绿色生态职能确定城市禁止建设区范围

【答案】D

【解析】城市绿地系统规划的任务是调查与评价城市发展规模和城市发展的自然条件，参与研究城市的发展规模和布局结构，研究、协调城市绿地与其他各项建设用地的关系，确定和部署城市绿地，处理远期发展与近期建设的关系，指导城市绿地系统的合理发展。选项D不是城市绿地系统规划的任务，符合题意。

2017-050. 下列不属于城乡规划中城市市政公用设施规划内容的是（　　）。

A. 水资源、给水、排水、再生水　　　B. 能源、电力、燃气、供热

C. 通信　　　　　　　　　　　　D. 环卫、环保

【答案】D

【解析】市政公用设施主要指规划区范围内的水资源、给水、排水、再生水、能源、电力、燃气、供热、通信、环卫设施等工程。选项 D 不属于城乡规划中城市市政公用设施规划内容，符合题意。

2017-051. 高压送电网和高压走廊的布局，属于下列(　　)阶段城市电力工程规划的主要任务。

A. 城市总体规划　　　　　　　　B. 城市分区规划
C. 控制性详细规划　　　　　　　D. 修建性详细规划

【答案】A

【解析】由城市电力工程规划的主要任务和内容可知，布局城市高压送电网和高压走廊属于城市总体规划阶段主要任务，选项 A 正确。

2017-052. 下列不属于城市综合防灾减灾规划主要任务的是(　　)。

A. 确定灾害区划
B. 确定城市各项防灾标准
C. 合理确定各项防灾设施的布局
D. 制定防灾设施的统筹建设、综合利用、防护管理等对策与措施

【答案】A

【解析】城市综合防灾减灾规划主要任务是：根据城市自然环境、灾害区划和城市定位，确定城市各项防灾标准，合理确定各项防灾设施的布局、等级、规模；充分考虑防灾设施与城市常用设施的有机结合；制定防灾设施的统筹建设、综合利用、防护管理等对策与措施。选项 A 符合题意。

2017-053. 城市防洪规划一般不包括(　　)。

A. 河道综合治理规划　　　　　　B. 城市景观水体规划
C. 蓄滞洪区规划　　　　　　　　D. 非工程的防洪措施

【答案】B

【解析】《城市防洪规划规范》（GB 51079—2016）附录 A 城市防洪规划编制基本要求中提到，城市防洪体系规划应包括堤防、河道整治工程、蓄滞洪区、防洪（潮）闸、排洪渠等防洪工程措施的功能组织及空间安排，以及对非工程措施的总体要求等内容。选项 B 符合题意。

2017-054. 下列不属于城市环境保护专项规划主要组成内容的是(　　)。

A. 大气环境保护规划　　　　　　B. 水环境保护规划
C. 垃圾废弃物控制规划　　　　　D. 噪声污染控制规划

【答案】C

【解析】按环境要素划分，城市环境保护规划可分为大气环境保护规划、水环境保护规划、固体废物污染控制规划、噪声污染控制规划。选项 C 符合题意。

2017-055. 城市各类固体废物的综合利用与处理、处置的原则不包括( )。

    A. 资源化   B. 减量化

    C. 生态化   D. 无害化

【答案】C

【解析】固体废物污染控制规划是根据环境目标，按照资源化、减量化和无害化的原则确定各类固体废物的综合利用率与处理、处置指标体系并制定最终治理对策。选项C符合题意。

2017-056. 城市用地竖向规划工作的基本内容不包括( )。

    A. 综合解决城市规划用地的各项控制标高问题

    B. 使城市道路的纵坡既能配合地形，又能满足交通上的要求

    C. 结合机场、通信等控制高度要求，制定城市限高规划

    D. 考虑配合地形，注意城市环境的立体空间的美观要求

【答案】C

【解析】城市用地竖向规划工作的基本内容：①结合城市用地选择，分析研究自然地形，充分利用地形，对一些需要采用工程措施后才能用于城市建设地段提出工程措施方案；②综合解决城市规划用地的各项控制标高问题，如防洪堤、排水干管出口、桥梁和道路交叉口等（选项A正确）；③使城市道路的纵坡度既能配合地形又能满足交通上的要求（选项B正确）；④合理组织城市用地的地面排水；⑤经济合理地组织好城市用地的土方工程，考虑填方和挖方的平衡；⑥考虑配合地形，注意城市环境立体空间的美观要求（选项D正确）。因此选项C符合题意。

2017-057. 地下空间资源一般不包括( )。

    A. 依附于土地面存在的资源蕴藏量

    B. 依据一定的技术经济条件可合理开发利用的资源总量

    C. 采用一定工程技术措施进行地形改造后可利用的地下、半地下空间资源

    D. 一定的社会发展时期内有效开发利用的地下空间总量

【答案】C

【解析】地下空间一般包括三方面含义：一是依附于土地而存在的资源蕴藏量；二是依据一定的技术经济条件可合理开发利用的资源总量；三是一定的社会发展时期内有效开发利用的地下空间总量。选项C符合题意。

2017-058. 下列不属于城市总体规划成果图纸内容的是( )。

    A. 市域空间管制   B. 居住小区级绿地布局

    C. 主要城市道路横断面示意   D. 近期主要改建项目的位置和范围

【答案】B

【解析】由城市总体规划主要图纸内容可知，选项B为修建性详细规划成果，不属于其内容，符合题意。

2017-059. 下列关于城市近期建设规划编制的表述，错误的是( )。

A. 编制近期建设规划应对总体规划实施绩效进行全面检讨与评价
B. 编制近期建设规划不仅要调查城市建设现状，还要了解形成现状的条件和原因
C. 编制总体规划实施后的第二个近期建设规划，不需调整城市发展目标，仅需进行局部的微调和细化
D. 要处理好近期建设与长远发展、经济发展与资源环境条件的关系

【答案】C

【解析】编制第二个近期建设规划，必须对城市面临的许多重大问题重新进行思考和分析研究，对五年前确立的城市发展目标和策略进行必要的调整，而不仅仅是局部的微调或细节的深化。选项C错误。

2017-060. 城市规划编制办法中，不属于近期建设规划内容的是（　　）。

A. 确定空间发展时序，提出规划实施步骤
B. 确定近期交通发展策略
C. 确定近期居住用地安排和布局
D. 确定历史文化名城历史文化街区的保护措施

【答案】A

【解析】城市近期建设规划的基本内容：①确定近期人口和建设用地规模，确定近期建设用地范围和布局；②确定近期交通发展策略，确定主要对外交通设施和主要道路交通设施布局（选项B正确）；③确定各项基础设施、公共服务和公益设施的建设规模和选址；④确定近期居住用地安排和布局（选项C正确）；⑤确定历史文化名城、历史文化街区、风景名胜区等的保护措施（选项D正确），城市河湖水系、绿化、环境等保护、整治和建设措施；⑥确定控制和引导城市近期发展的原则和措施。城市人民政府可以根据本地区的实际，决定增加近期建设规划中的指导性内容。选项A符合题意。

2017-061. 下列关于控制性详细规划中地块的表述，错误的是（　　）。

A. 在规划方案的基础上进行用地细分，细分到地块
B. 经过细分后的地块是控制性详细规划具体控制的基本单位
C. 地块划分需要考虑用地现状、产权、开发模式、土地价值级差、行政管辖界限等因素
D. 细分后的用地作为城市开发建设的控制地块，不得再次细分

【答案】D

【解析】在规划方案的基础上进行用地细分，一般细分到地块，成为控制性详细规划实施具体控制的基本单位。地块划分应考虑用地现状、产权划分和土地使用调整意向、专业规划要求（如城市"五线"，红线、绿线、紫线、蓝线、黄线）、开发模式、土地价值区位级差、自然或人为边界、行政管辖界线、用地功能性质、用地产权或使用权边界的区别等。用地细分应根据地块区位条件，综合考虑地方实际开发运作方式，对不同性质与权属的用地提出细分标准，原则上细分后的用地应作为城市开发建设的基本控制地块，不允许无限细分。选项D错误。

2017-062. 下列关于控制性详细规划指标确定的表述，正确的是（　　）。

A. 按照规划编制办法，选取综合指标体系，并根据上位规划分别赋值
B. 综合指标体系必须包括编制办法中规定的强制性内容
C. 指标确定必须采用经济容积率的计算方法进行确定
D. 指标的确定必须采用多种方法相互印证

【答案】B

【解析】控制性详细规划指标确定：按照规划编制办法，选取符合规划要求和规划意图的若干规划控制指标组成综合指标体系，并根据研究分析分别赋值。选项A不准确。综合控制指标体系是控制性详细规划编制的核心内容之一。综合控制指标体系中必须包括编制办法中规定的强制性内容。选项B正确。指标确定一般采用四种方法，即测算法、标准法、类比法和反算法。选项C不准确。指标确定的方法依实际情况决定，也可采用多种方法相互印证，选项D不准确。选项B符合题意。

2017-063. 下列关于控制性详细规划编制的表述，**不准确**的是（　　）。
A. 编制控制性详细规划要以总体规划为依据
B. 编制控制性详细规划要以规划的综合性研究为基础
C. 编制控制性详细规划要以数据控制和图纸控制为手段
D. 编制控制性详细规划要以规划设计与空间形象相结合的方案为形式

【答案】D

【解析】控制性详细规划是以总体规划（或分区规划）为依据，以规划的综合性研究为基础，以数据控制和图纸控制为手段，以规划设计与管理相结合的法规为形式，对城市用地建设和设施建设实施控制性的管理，把规划研究、规划设计与规划管理结合在一起的规划方法，选项D错误。

2017-064. 下列关于控制性详细规划的表述，**正确**的是（　　）。
A. 控制性详细规划为修建性详细规划提供了准确的规划依据
B. 控制性详细规划的基本特点是"地域性"和"数据化管理"
C. 控制性详细规划提出控制性的城市设计和建筑环境的空间设计法定要求
D. 控制性详细规划通过量化指标对所有建设行为严格控制

【答案】A

【解析】控制性详细规划为修建性详细规划和各项专业规划设计提供准确的规划依据，选项A正确。控制性详细规划的基本特点是"地域性"和"法制化管理"，选项B错误。控制性详细规划从城市整体环境设计的要求上，提出意象性的城市设计和建筑环境的空间设计准则和控制要求，也为下一步修建性详细规划提供依据，选项C错误。控制性详细规划是在对用地进行细分的基础上，规定用地的性质、建筑量及有关环境、交通、绿化、空间、建筑形体等的控制要求，通过立法实现对用地建设的规划控制，并为土地有偿使用提供依据，选项D错误。因此选项A符合题意。

2017-065. 下列关于修建性详细规划的表述，**正确**的是（　　）。
A. 修建性详细规划的成果应当包括规划说明书、文本和图纸
B. 修建性详细规划的成果不能直接指导建设项目的方案设计

C. 修建性详细规划中的日照分析是针对住宅进行的
D. 修建性详细规划的成果必须包括效果图

【答案】D

【解析】修建性详细规划成果应当包括规划说明书、图纸，选项A错误。成果的技术深度应该能够指导建设项目的总平面设计、建筑设计和工程施工图设计，满足委托方的规划设计要求和国家现行的相关标准、规范的技术规定，选项B错误。修建性详细规划中的日照分析是对住宅、医院、学校和托幼等建筑进行日照分析情况的说明，选项C错误。基本图纸包括位置图、现状图、场地分析图、规划总平面图、道路交通规划设计图、竖向规划图、效果表达（局部透视图、鸟瞰图、规划模型、多媒体演练等），选项D正确，符合题意。

2017-066. 下列关于修建性详细规划中室外空间和环境设计的表述，错误的是( )。
A. 绿化设计需要通过对乔、灌、草等绿化元素的合理设计，达到改善环境、美化空间景观形象的作用
B. 植物配置要提出植物配置建议并应具有地方特色
C. 室外活动场地平面设计需要规划组织广场空间，包括休息场地、步行道等人流活动空间
D. 夜景及灯光设计需要对照明灯具进行选择

【答案】D

【解析】室外空间和环境设计：①绿地平面设计，根据功能布局、规范要求、空间环境组织及景观设计的需要，确定绿地系统，并规划设计相应规模的绿地；②绿化设计，通过对乔木、灌木、草坪等绿化元素的合理设计，达到改善环境、美化空间景观形象的作用；③植物配置，提出植物配置建议并应具有地方特色；④室外活动场地平面设计，规划组织广场空间，包括休息场地、步行道等人流活动空间，确定建筑小品位置等；⑤城市硬质景观设计，对室外铺地、座椅、路灯等室外家具、室外广告等进行设计；⑥夜景及灯光设计，对夜景色彩、照度进行整体设计。选项D错误。

2017-067. 下列表述中不准确的是( )。
A. 县以上地方人民政府确定应当制定乡规划、村规划的区域
B. 在应当制定乡、村规划的区域外也可以制定和实施乡规划的村庄规划
C. 非农人口很少的乡不需要制定和实施乡规划
D. 历史文化名村应制定村庄规划

【答案】C

【解析】在城乡规划体系中，制定镇规划、乡规划和村规划是不同的组成部分，并自成系统，但绝不是非农人口很少的乡就不需要制定和实施乡规划，选项C不准确。

2017-068. 下列属于村庄规划内容的是( )。
A. 制定村庄发展战略
B. 确定基本农田保护区
C. 村庄的地质灾害评估
D. 村民住宅的布局

【答案】D

【解析】《城乡规划法》第十八条规定，乡规划、村庄规划应当从农村实际出发，尊重村民意愿，体现地方和农村特色。乡规划、村庄规划的内容应当包括：规划区范围，住宅、道路、供水、排水、供电、垃圾收集、畜牧养殖场所等农村生产、生活服务设施、公益事业等各项建设的用地布局、建设要求，以及对耕地等自然资源和历史文化遗产保护、防灾减灾等的具体安排。乡规划还应当包括本行政区域内的村庄发展布局。选项D符合题意。

2017-069. 下列表述正确的是（　　）。
　　A. 村庄规划确定村庄供、排水设施的用地布局
　　B. 乡规划确定乡域农田水利设施用地
　　C. 县（市）城市总体规划确定县城小流域综合治理方案
　　D. 镇规划确定镇区防洪标准
【答案】A
【解析】《城乡规划法》第十八条规定，乡规划、村庄规划应当从农村实际出发，尊重村民意愿，体现地方和农村特色。乡规划、村庄规划的内容应当包括：规划区范围，住宅、道路、供水、排水、供电、垃圾收集、养殖场所等村庄生产、生活服务设施、公益事业等各项建设的用地布局、建设要求，以及对耕地等自然资源和历史文化遗产保护、防灾减灾等具体的安排。选项A正确。

2017-070. 在历史文化名镇中，下列（　　）行为不需要由城市、县人民政府城乡规划行政主管部门会同同级文物主管部门批准。
　　A. 对历史建筑实施原址保护的措施
　　B. 对历史建筑进行外部修缮装饰、添加设施
　　C. 改变历史建筑的结构或者使用性质
　　D. 在核心保护范围内，新建、扩建必要的基础设施和公共服务设施
【答案】D
【解析】《历史文化名城名镇名村保护条例》第三十五条规定，对历史建筑进行外部修缮装饰、添加设施以及改变历史建筑的结构或者使用性质的，应当经城市、县人民政府城乡规划主管部门会同同级文物主管部门批准，并依照有关法律、法规的规定办理相关手续。选项A、B、C不可选。选项D的关键点在"必要"二字。第二十八条规定，在历史文化街区、名镇、名村核心保护范围内，新建、扩建必要的基础设施和公共服务设施的，城市、县人民政府城乡规划主管部门核发建设工程规划许可证、乡村建设规划许可证前，应当征求同级文物主管部门的意见。

2017-071. 当历史文化名镇因保护需要，无法按照标准和规范设置消防设施和消防通道时，应采用的措施是（　　）。
　　A. 由城市、县人民政府公安机关消防机构会同同级城乡规划主管部门制定相应的防火安全保障方案
　　B. 对已经或可能对消防安全造成威胁的历史建筑提出搬迁或改造措施
　　C. 适当拓宽街道，使其宽度和转弯半径满足消防车通行的基本要求

D. 将木结构或砖木结构的建筑逐步更新为耐火等级较高的建筑

【答案】A

【解析】《历史文化名城名镇名村保护条例》第三十一条规定，历史文化街区、名镇、名村核心保护范围内的消防设施、消防通道，应当按照有关消防技术标准和规范设置。确因历史文化街区、名镇、名村的保护需要，无法按照标准和规范设置的，由城市、县人民政府公安机关消防机构会同同级城乡规划主管部门制定相应的防火安全保障方案。因此选项A正确。

2017-072. 下列关于邻里单位理论的表述，错误的是(　　)。

A. 外部交通不穿越邻里单位内部

B. 以小学的合理规模为基础控制邻里单位的人口规模

C. 邻里单位的中心是小学，并与其他机构的服务设施一起布置

D. 邻里单位占地约25公顷

【答案】D

【解析】邻里单位占地约160英亩（约合65公顷），选项D错误。

2017-073. 下列关于居住区规划的表述，错误的是(　　)。

A. 居住区由住宅、道路、绿地和配套公共服务设施等组成

B. 居住区的人口规模为3万~5万人

C. 过小的地块难以满足居住区组织形式的需要

D. 居住区空间布局应结合用地条件和功能的需要

【答案】A

【解析】依据《城市居住区规划设计规范》（GB 50180—93）【注：该规范已于2018年12月1日废止】，居住区包括住宅、道路、配套公共服务设施、公共绿地四个部分。居住区户数为1万~1.6万户，人口为3万~5万人。居住区空间结构是根据居住区组织结构、功能要求、用地条件等因素，规划所确定的住宅、公共服务设施、道路、绿地等相互关系。选项A错误。

2017-074. 在确定住宅间距时，不需要考虑的因素是(　　)。

A. 管线埋设　　　　　　　　B. 防火

C. 人防　　　　　　　　　　D. 视线干扰

【答案】C

【解析】《住宅建筑规范》（GB 50368—2005）第4.1.1条规定，住宅间距应以满足日照要求为基础，综合考虑采光、通风、消防、防灾、管线埋设、视觉卫生等要求确定。

2017-075. 下列关于居住区道路的表述，错误的是(　　)。

A. 居住区级道路一般是城市的次干路或城市支路

B. 在开放的街坊式居住区中，城市支路即是小区级道路

C. 宅间小路要满足消防、救护、搬家、垃圾清运等车辆的通行

D. 在人车分流的小区中，车行道不必到达所有住宅单元

【答案】B

【解析】依据《城市居住区规划设计规范》（GB 50180—93）【注：该规范已于 2018 年 12 月 1 日废止】，小区级道路具有连接小区内外、组织居住组团的功能，也称为小区主路，一般不允许城市交通和公共交通进入。选项 B 错误。

2017-076. 下列关于住宅布局的表述，错误的是（　　）。

A. 我国东部地区城市的住宅日照标准是冬至日 1 小时
B. 室外风环境包括夏季通风、冬季防风
C. 行列式可以保证所有住宅的物理功能，但是空间较呆板
D. 周边式布置领域感强，但存在局部日照不佳和视线干扰等问题

【答案】A

【解析】《城市居住区规划设计规范规定》（GB 50180—93）【注：该规范已于 2018 年 12 月 1 日废止】Ⅱ、Ⅲ气候区中小城市大寒日 3 小时。选项 A 错误。

2017-077. 下列关于风景名胜区规划的表述，错误的是（　　）。

A. 我国已经基本建立起了具有中国特色的国家风景名胜区管理体系
B. 风景名胜区总体规划要对风景名胜资源的保护做出强制性的规定，对资源的合理利用做出引导和控制性规定
C. 国家级风景名胜区总体规划由省、自治区建设主管部门组织编制
D. 省级风景名胜区详细规划由风景名胜区管理机构组织编制

【答案】D

【解析】省级风景名胜区规划编制主体是所在县级人民政府，选项 D 错误。

2017-078. 舒尔茨《场所精神》研究的核心主题是（　　）。

A. 城市不是艺术品，而是生动、复杂的生活本身
B. 行为与建筑环境之间应有的内在联系
C. 批评《雅典宪章》束缚了城市设计的实践
D. 怎样的建筑和环境设计能够更好地支持社会交往和公共生活

【答案】B

【解析】舒尔茨在《场所精神》中提出了行为与建筑环境之间应有的内在联系。场所不仅具有实体空间的形式，而且还有精神上的意义。选项 B 符合题意。

2017-079. 下列关于规划实施的表述，错误的是（　　）。

A. 规划实施包括了城市所有建设性行为
B. 规划实施的作用是保证城市功能和物质设施建设之间的协调
C. 规划实施的组织应当包括促进、鼓励某类项目在某些地区的集中建设
D. 规划实施管理是对各项建设活动实行审批或许可以及监督检查的综合

【答案】D

【解析】城市规划实施的管理主要是指对城市建设项目进行规划管理，即对各项建设活动实行审批或许可、监督检查以及对违法建设行为进行查处等管理工作。选项 D 错误。

2017-080. 下列关于规划实施管理的表述，错误的是（　　）。

A. 对于以划拨方式提供国有土地使用权的建设项目，建设单位在报送有关部门批准或核准前，应当向城乡规划主管部门申请核发选址意见书

B. 以出让方式提供国有土地使用权的建设项目，城乡规划主管部门应当依据控制性详细规划提出规划条件

C. 在乡村规划区内进行建设确需占用农用地的，应当先办理乡村建设规划许可证再办理农用地转用手续

D. 在城市规划区内进行建设的，必须先办理建设用地规划许可证，再办理土地审批手续

【答案】C

【解析】《城乡规划法》第四十一条规定，在乡、村庄规划区内进行乡镇企业、乡村公共设施和公益事业建设以及农村村居住宅建设，不得占用农用地；确需占用农用地的，应当依照《中华人民共和国土地管理法》有关规定办理农用地转用审批手续后，由城市、县人民政府城乡规划主管部门核发乡村建设规划许可证。建设单位或者个人在取得乡村建设规划许可证后，方可办理用地审批手续。选项C错误。

二、多选题（每题五个选项，每题正确答案不少于两个选项，多选或漏选不得分）

2017-081. 下列关于城市形成和发展的表述，正确的是（　　）。

A. 依据考古发现，人类历史上最早的城市大约出现在公元前3000年左右

B. 城市形成和发展的推动力量包括自然条件、经济作用、政治因素、社会结构、技术条件等

C. 资源型城市随着资源枯竭，不可避免地要走向衰退

D. 城市虽然是一个动态的地域空间形式，但是不同历史时期的城市其形成和发展的主要动因基本相同

E. 全球化是现代城市发展的重要动力之一

【答案】ABE

【解析】工业化时期的城市发展很多都是依托丰富或独特的自然资源，走资源开发型、加工型的发展模式，进而带动整个城市及其所在区域的发展；但是当资源存量的减少、枯竭或当地特色资源遭到破坏时，城市大都面临再次定位、转型的选择，否则只能走向衰退，选项C错误；城市是一个动态的地域空间形式，城市形成和发展的主要动因也会随着时间和地点的不同而发生变化，现代城市的发展开始凸显出一些与以往不同的动力机制，选项D错误。选项A、B、E符合题意。

2017-082. 下列有关欧洲古代城市格局的表述，正确的有（　　）。

A. 古希腊时期的米利都城在布局上以方格网的道路系统为骨架，以城市广场为中心

B. 中世纪城市中，教堂往往占据着城市的中心位置，是天际轮廓的主导因素

C. 中世纪城市商业成为主导性的功能，关税厅、行业会所等成为城市活动的重要场所

D. 文艺复兴时期的城市，大部分地区是狭小、不规则的道路网结构

E. 文艺复兴时期的建筑师提出了大量不规则形状的理想城市方案

【答案】AB

【解析】米利都城的城市空间布局特点为"方格网＋中心城市广场"，选项 A 正确。在中世纪，经济和社会生活中心转向农村，手工业和商业十分萧条，城市处于衰落状态，教堂占据了城市的中心位置，选项 B 正确。由于中世纪战争的频繁，城市的设防要求提到较高的地位，也出现了一些以城市防御为出发点的规划模式，选项 C 错误。文艺复兴时期，建设了一系列具有古典风格和构图严谨的广场和街道以及一些世俗的公共建筑，其中具有代表性的有威尼斯的圣马可广场、梵蒂冈的圣彼得大教堂等；文艺复兴时期，出现了一系列有关理想城市格局的讨论，可见文艺复兴时期的城市为构图严谨的几何形状。选项 D、E 错误。

2017-083. 下列关于当代城市的表述，正确的是（　　）。

A. 制造业城市出现衰退，服务业城市快速发展

B. 城市分散化发展趋势明显，服务业城市快速发展

C. 全球城市中的社会分化加剧，贫富差距扩大

D. 电子商务成为全球城市发展的推动力量

E. 不同地理区域的城市间联系加强

【答案】CDE

【解析】后工业社会中城市的性质由生产功能转向服务功能，制造业的地位明显下降，服务业的经济地位逐渐上升，但并不是制造业城市就要衰退，服务业城市就一定快速发展，选项 A 错误；城市空间的扩展表现为中心城市高度集聚，并向外呈非连续性用地扩展，而城市集中的地区，各城市与中心城市的联系加强，整个城市群呈融合趋势，选项 B 错误。选项 C、D、E 符合题意。

2017-084. 下列关于现代城市规划体系的表述，正确的有（　　）。

A. 现代城市规划融社会实践、政府职能、专门技术于一体

B. 城市规划体系包括法律法规体系、行政体系、编制体系

C. 城市规划法律法规体系是城市规划体系的核心

D. 城市规划的行政体系不仅仅限于城市规划行政主管部门之间的关系，而且还涉及其上各级政府以及政府其他部门之间的关系

E. 城市规划的文本体系是城市规划法律法规体系的重要组成部分，是城市规划法律权威性的体现

【答案】ACD

【解析】一个国家的城市规划体系必然有这样三个方面，或者说城市规划体系由三个子系统所组成。即法律法规体系、行政体系以及城市规划自身的工作（运行）体系，选项 B 错误。城市规划的文本体系又称发展规划体系，主要是指各类规划编制成果之间的相互关系，通常包括战略性发展规划和实施性发展规划。城市规划制定的目的就是建立可以在实践中执行的合法的城市规划文件，选项 E 错误。选项 A、C、D 符合题意。

2017-085. 城市总体规划中的城市住房调查涉及的内容包括(　　)。

　　A. 城市现状居住水平　　　　　　B. 中低收入家庭住房状况

　　C. 居民住房意愿　　　　　　　　D. 当地住房政策

　　E. 居民受教育程度

【答案】ABCD

【解析】城市住房及居住环境调查：城市现状居住水平、中低收入家庭住房状况、居民住房意愿、居住环境、当地住房政策，选项A、B、C、D正确。

2017-086. 下列(　　)不宜单独作为城市人口规模预测方法，但可以用来校核。

　　A. 综合平衡法　　　　　　　　　B. 环境容量法

　　C. 比例分配　　　　　　　　　　D. 类比法

　　E. 职工带眷系数法

【答案】BCD

【解析】环境容量法（门槛约束法）、比例分配法、类比法预测人口规模不宜单独作为预测城市人口规模的方法，但可以作为校核方法使用，选项B、C、D符合题意。

2017-087. 按照《城市规划编制办法》的规定，下列关于城市总体规划纲要成果的表述，准确的有(　　)。

　　A. 城市总体规划纲要成果包括纲要文本、说明和基础资料汇编

　　B. 纲要文字说明必须简要说明城市的自然、历史和现状特点

　　C. 纲要阶段必须确定城市各项建设用地指标，为成果制定提供依据

　　D. 区域城镇关系分析是纲要成果的组成部分

　　E. 城市总体规划方案图必须标注各类主要建设用地

【答案】BDE

【解析】城市总体规划纲要成果包括文字说明、图纸和专题研究报告。选项A错误。编制城市总体规划应先编制总体规划纲要，作为指导总体规划编制的重要依据。经过审查的纲要也是总体规划成果审批的依据。城市总体规划纲要的内容有提出禁建区、限建区、适建区范围，研究中心城区空间增长边界，提出建设用地规模和建设用地范围。纲要阶段没有确定各项建设用地指标。选项C错误。选项B、D、E正确。

2017-088. 下列关于信息化时期城市形态变化的表述，错误的有(　　)。

　　A. 在区域层面上看，城市发展更加分散

　　B. 城市中心与边缘的聚集效应差别减小

　　C. 城市各部分之间的联系减弱

　　D. 位于郊区的居住社区功能变得更加纯粹

　　E. 电子商务逐步发展，导致城市中心商务区衰落

【答案】ACDE

【解析】信息化时期城市形态的变化：城市空间结构形态将从集聚走向分散，但分散之中又有集中，呈现大分散与小集中的局面。选项A错误。分散的结果就是城市规模扩大，市中心区的集聚效应降低，城市边缘区与中心区的聚集效应差别减小，城市密度梯度

的变化曲线日趋平缓，城乡界限变得模糊。网络化的趋势使城市空间形散而神不散，城市结构正是在网络的作用下，以前所未有的紧密程度联系着。选项C错误。位于郊区的社区不仅是传统的居住中心，而且还是商业中心、就业中心，具备了居住、就业、交通、游憩等功能，可以被看作多功能社区的端倪。选项D错误。电子商务的发展不会导致城市中心商务的衰落，选项E错误。选项A、C、D、E符合题意。

2017-089. 城市建设用地平衡表的主要作用包括(   )。
A. 评价城市各项建设用地配置的合理水平
B. 衡量城市土地使用的经济性
C. 比较不同城市之间建设用地的情况
D. 规划管理部门审定城市建设用地规模的依据
E. 控制规划人均城市建设用地面积指标

【答案】ABE

【解析】城市建设用地平衡表罗列出各项用地在用地面积、占城市建设用地比例、人均城市建设用地方面的规划与现状的数值，用来分析城市各项用地的数量关系，用数量的概念来说明城市现状与规划方案中各项用地的内在联系，为合理分配城市用地提供必要的依据，选项A、B、E符合题意。

2017-090. 下列(   )是城市道路与公路衔接的原则。
A. 有利于把城市对外交通迅速引出城市
B. 有利于把入城交通方便地引入城市中心
C. 有利于过境交通方便地绕过城市
D. 规划环城公路成为公路与城市道路的衔接路
E. 不同等级的公路与相应等级的城市道路衔接

【答案】AC

【解析】城镇间道路把城市对外联络的交通引出城市，又把大量入城交通引入城市。所以城镇间道路与城市道路网的连接应有利于把城市对外交通迅速引出城市，避免入城交通对城市道路，特别是城市中心地区道路上的交通的过多冲击，还要有利于过境交通方便地绕过城市，而不应该把过境的穿越性交通引入城市和城市中心地区。选项A、C符合题意。

2017-091. 下列关于停车设施布置的表述，正确的有(   )。
A. 城市商业中心的机动车公共停车场一般应布置在商业中心的外围
B. 城市商业中心的机动车公共停车场一般应布置在商业中心的核心
C. 城市主干路上可布置路边临时停车带
D. 城市次干路上可布置路边永久停车带
E. 在城市主要出入口附近应布置停车设施

【答案】AE

【解析】城市各级商业、文化娱乐中心附近的公共停车设施：根据城市商业、文化娱乐设施的布局安排规模适宜的以停放中、小型客车为主的社会公用停车设施，一般这类停车场地应布置在商业、文娱中心的外围，步行距离以不超过100~150m为宜，并应避免对商业中心入口广场、影剧院等建筑正立面景观和空间的遮挡和破坏，选项A正确，选项B错误。道路停车设施：城市总体规划应该明确城市主干路不允许路边临时停车，只能在适当位置设置路外停车场。城市次干路应尽可能设置路外停车场，也可以考虑设置少量的路边临时停车带，但需要设分隔带与车行道分离。选项C、D错误。停车设施的类型中，城市出入口停车设施，即外来机动车公共停车场，是为外来或过境货运机动车服务的停车设施，选项E正确。

2017-092. 历史文化名城保护体系的层次主要包括（　　）。

  A. 历史文化名城　　　　　　　　B. 历史文化街区
  C. 文物保护单位　　　　　　　　D. 历史建筑
  E. 非物质文化遗产

【答案】ABC

【解析】历史文化名城保护规划应建立历史文化名城、历史文化街区、文物保护单位三个层次的保护体系，选项A、B、C正确。

2017-093. 历史文化名城保护规划的编制内容包括（　　）。

  A. 合理调整历史城区的职能
  B. 控制历史城区内的建筑高度
  C. 确定历史城区的保护界限
  D. 保护或延续历史城区原有的道路格局
  E. 保留必要的二、三类工业

【答案】ACD

【解析】《历史文化名城名镇名村保护条例》（2017年修订）第十四条规定，保护规划应当包括下列内容：（一）保护原则、保护内容和保护范围；（二）保护措施、开发强度和建设控制要求；（三）传统格局和历史风貌保护要求；（四）历史文化街区、名镇、名村的核心保护范围和建设控制地带；（五）保护规划分期实施方案。选项A、C、D正确。

2017-094. 城市绿地系统的功能包括（　　）。

  A. 改善空气质量　　　　　　　　B. 改善地形条件
  C. 承载游憩活动　　　　　　　　D. 降低城市能耗
  E. 减少地表径流

【答案】ACDE

【解析】城市绿地系统的功能：①改善小气候；②改善空气质量；③减少地表径流，减缓暴雨积水，涵养水源，蓄水防洪；④减灾功能；⑤改善城市景观；⑥对游憩活动的承载功能；⑦城市节能，降低采暖和制冷的能耗。选项A、C、D、E正确。

2017-095. 城市水资源规划的主要内容包括（　　）。

  A. 水资源开发与利用现状分析　　B. 供用水现状分析
  C. 供需水量预测及平衡分析　　　D. 水资源保障战略
  E. 给水分区平衡

【答案】ABCD

【解析】城市水资源规划的主要内容：①水资源开发与利用现状分析；②供用水现状分析；③供需水量预测及平衡分析；④水资源保障战略。选项A、B、C、D正确。

2017-096. 近期建设规划发挥对城市建设活动的综合协调功能体现在(   )。

A. 将规划成果转化为法定性的政府文件
B. 建立城市建设的项目库并完善规划跟踪机制
C. 项目审批的协调机制
D. 建立规划执行的监督检查机制
E. 组织编制城市建设的年度计划或规划年度报告

【答案】BCE

【解析】要使近期建设规划真正能够发挥对城市建设活动的综合协调功能，必须从以下几个方面努力：①将规划成果转化为指导性和操作性很强的政府文件；②建立城市建设的项目库并完善规划跟踪机制；③建立建设项目审批的协调机制；④建立规划执行的责任追究机制；⑤组织编制城市建设的年度计划或规划年度报告。因此选项B、C、E符合题意。

2017-097. 下列表述中准确的有(   )。

A. 在编制城市总体规划时应同步编制规划区内的乡、镇总体规划
B. 在编制城市总体规划时可同期编制与中心城区关系密切的镇总体规划
C. 城市规划区内的镇建设用地指标与中心城区建设用地指标一致
D. 城市规划区内的乡和村庄生活服务设施和公益事业由中心城区提供
E. 中心城区的市政公用设施规划也要考虑相邻镇、乡、村的需要

【答案】BE

【解析】《城市规划编制办法》第八条规定，国务院建设主管部门组织编制的全国城镇体系规划和省、自治区人民政府组织编制的省域城镇体系规划，应当作为城市总体规划编制的依据。城市总体规划不必与规划区内的乡、镇总体规划同步编制。选项A错误。城市规划区内的镇建设用地指标应当与城市总体规划的建设用地指标一致。选项C错误。乡和村庄建设规划应当包括住宅、乡村企业、乡村公共设施、公益事业等各项建设的用地布局、用地规划。选项D错误。选项B、E符合题意。

2017-098. 下列关于居住区竖向规划的表述，正确的有(   )。

A. 当平原地区道路纵坡大于0.2%时，应采用锯齿形街沟
B. 非机动车道纵坡宜小于2.5%
C. 车道和人行道的横坡应为0.1%~0.2%
D. 草皮土质护坡的坡比值为1:0.5~1:1.0
E. 挡土墙高度超过6m时宜作退台处理

【答案】BE

【解析】当平原地区道路纵坡小于0.2%时，应采用锯齿形街沟，选项A错误。非机动车道纵坡宜小于2.5%，超过时应按规定限制坡长，机动车与非机动车混行道路应按非

机动车道坡度要求控制，选项B正确。车道和人行道的横坡应为1.0%~2.0%，选项C错误。草皮土质护坡的坡比值应小于1:0.5，选项D错误。对用地条件受限制或地质不良地段，可采用挡土墙，挡土墙适宜的经济高度为1.5~3m，一般不超过6m，超过6m时宜作退台处理，选项E正确。

2017-099. 风景名胜区总体规划包括(　　)。
　　A. 风景资源评价
　　B. 生态资源保护措施、重大建设项目布局、开发利用强度
　　C. 风景游览组织、旅游服务设施安排
　　D. 游客容量预测
　　E. 生态保护和植物景观培养
【答案】ABD
【解析】风景名胜区总体规划编制内容包括：①风景资源评价；②生态资源保护措施、重大建设项目布局、开发利用强度；③风景名胜区的功能结构与空间布局；④禁止开发和限制开发的范围；⑤风景名胜区的游客容量，游客容量一般由一次性游客容量、日游客容量、年游客容量三个层次表示，具体测算方法可分别采用：线路法、卡口法、面积法、综合平衡法；⑥有关专项规划。选项A、B、D符合题意。

2017-100. 《新都市主义》倡导的原则包括(　　)。
　　A. 应根据人的活动需求进行功能分区
　　B. 邻里在土地使用与人口构成上的多样性
　　C. 社区应该对步行和机动车交通同样重视
　　D. 城市必须由形态明确和易达的公共场所和社区设施所组成
　　E. 城市场所应当由反映地方历史、气候、生态和建筑传统的建筑设计、景观设计所组成
【答案】BCDE
【解析】1993年新都市主义协会成立后发表了《新都市主义宪章》，倡导在下列原则下，重新建立公共政策和开发实践：①邻里在用途与人口构成上的多样性；②社区应该对步行和机动车交通同样重视；③城市必须由形态明确和易达的公共场所和社区设施所组成；④城市场所应当由反映地方历史、气候、生态和建筑传统的建筑设计、景观设计所组成。选项B、C、D、E符合题意。

第六节　2018年真题

一、单选题（每题四个选项，其中一个选项为正确答案）

2018-001. 下列关于城市概念的表述，准确的是(　　)。
　　A. 城市是人类第一次社会大分工的产物
　　B. 城市的本质特点是分散
　　C. 城市是"城"与"市"叠加的实体

D. 城市最早是政治统治、军事防御和商品交换的产物

【答案】D

【解析】城市是人类第三次社会大分工的产物，选项A错误；城市的本质特点是集聚，选项B错误；城市是在"城"与"市"功能叠加的基础上，以行政和商业活动为基本职能的复杂化、多样化的客观实体，选项C不准确。由城市的起源可知，选项D正确。

2018-002. 下列关于城市发展的表述，错误的是(　　)。

A. 集聚效益是城市发展的根本动力
B. 城市与乡村的划分越来越清晰
C. 城市与周围广大区域规划保持着密切联系
D. 信息技术的发展将改变城市的未来

【答案】B

【解析】在一些人口密集、经济发达的地区，城乡之间已经越来越难进行截然的划分，选项B错误。

2018-003. 下列关于大都市区的表述，错误的是(　　)。

A. 英国最早采用大都市区的概念
B. 大都市区是为了城市统计而划定的地域单元
C. 大都市区是城镇化发展到较高阶段的产物
D. 日本的都市圈与大都市区内涵基本相同

【答案】A

【解析】美国是最早采用大都市区概念的国家，选项A错误。

2018-004. 下列不属于城市空间环境演进基本规律的是(　　)。

A. 从封闭的单中心到开放的多中心空间环境
B. 从平面空间环境到立体空间环境
C. 从生产性空间环境到生活性空间环境
D. 从分离的均质城市空间到整合的单一城市空间

【答案】D

【解析】城市空间环境演进的基本规律是从分离的均质城市空间到连续的多样城市空间，选项D符合题意。

2018-005. 下列关于城镇化进程按时间顺序排列的四个阶段的表述，准确的是(　　)。

A. 城镇集聚化阶段、逆城镇化阶段、郊区化阶段、再城镇化阶段
B. 城镇集聚化阶段、郊区化阶段、再城镇化阶段、逆城镇化阶段
C. 城镇集聚化阶段、郊区化阶段、逆城镇化阶段、再城镇化阶段
D. 城镇集聚化阶段、逆城镇化阶段、再城镇化阶段、郊区化阶段

【答案】C

【解析】依据时间序列，城镇化进程一般可以分为四个基本阶段：城镇集聚化阶段、郊区化阶段、逆城镇化阶段、再城镇化阶段，选项C正确。

2018-006. 下列关于古希腊希波丹姆（Hippodamus）城市布局模式的表述，正确的是（　　）。

A. 该模式在雅典城市布局中得到了最为完整的体现
B. 该模式的城市空间中，一系列公共建筑围绕广场建设，成为城市生活的核心
C. 皇宫是城市空间组织的关键线性节点
D. 城市的道路系统是城市空间组织的关键

【答案】B

【解析】古希腊希波丹姆城市布局模式在米利都城得到了最为完整的体现，选项 A 错误；一系列公共建筑围绕广场建设，广场成为城市生活的核心，选项 B 正确；皇宫不是市民生活的重要场所，也无法成为关键线性节点，选项 C 错误；神庙、市政厅、露天剧院和市场是市民生活的重要场所，也是城市空间组织的关键节点，选项 D 错误。

2018-007. 下列关于绝对君权时期欧洲城市改建的表述，准确的是（　　）。

A. 这一时期欧洲国家的首都均发展成为封建统治与割据的中心大城市
B. 这一时期的城市改建，以伦敦市的改建影响最为巨大
C. 这一时期的城市改建，受到古典主义思潮的影响
D. 这一时期的教堂是城市空间的中心和塑造城市空间的主导因素

【答案】C

【解析】这些国家的首都，均发展成为政治、经济、文化中心型的大城市，选项 A 错误；巴黎的市改建影响最大，选项 B 错误；在古典主义思潮的影响下，轴线放射的街道、宏伟壮观的宫殿花园和公共广场成为该时期城市建设的典范，选项 C 正确，选项 D 错误。

2018-008. 下列关于近代空想社会主义理想和实践的表述，错误的是（　　）。

A. 莫尔（T. More）的"乌托邦"（Utopia）概念除了提出理想社会组织结构改革的设想之外，也描述了他理想中的建筑、社区和城市
B. 欧文提出了"协和村"（Village of New Harmony）的方案，并进行了实践
C. 傅里叶（Char leo Fourier）提出了以"法郎吉"（Phalanges）为单位建设 5000 人左右规模的社区
D. 戈定（J. P. Godin）在法国古斯（Guise）的工厂相邻处按照傅里叶的"法郎吉"设想进行了实践

【答案】C

【解析】"法郎吉"社区规模不是 5000 人左右，而是 1500~2000 人，选项 C 错误。

2018-009. 下列关于法国近代"工业城市"设想的表述，错误的是（　　）。

A. 建筑师戈涅是"工业城市"设想的提出者
B. "工业城市"是一个城市的实际规划方案，位于平原地区的河岸附近，便于交通运输
C. "工业城市"的规模假定为 35000 人
D. "工业城市"中提出了功能分区思想

【答案】B

【解析】"工业城市"是一个假想城市的规划方案，而非实际规划方案。城市的选址是考虑"靠近原料产地或附近有提供能源的某种自然力量，或便于交通运输"，选项 B 错误。

2018-010. 从城市土地使用形态出发的空间组织理论不包括( )。

　　A. 同心圆理论　　　　　　　　B. 功能分区理论
　　C. 扇形理论　　　　　　　　　D. 多核心理论

【答案】B

【解析】从城市土地使用形态出发的空间组织理论包括是三个最为基础的理论：同心圆理论、扇形理论和多核心理论。选项 B 错误。

2018-011. 按照伊萨德的观点，下列关于决定城市土地租金的各类要素的表述，准确的是( )。

　　A. 与城市几何中心的距离　　　B. 顾客到达该地址的可能性
　　C. 距城市公园的远近　　　　　C. 竞争者的类型

【答案】B

【解析】伊萨德认为决定城市土地租金的要素主要有：①与中央商务区（CBD）的距离；②顾客到该址的可达性；③竞争者的数目和他们的位置；④降低其他成本的外部效果。选项 B 正确。

2018-012. 下列关于中国古代城市的表述，错误的是( )。

　　A. 夏代的城市建设已使用陶制的排水管及采用夯打土坯筑台技术等
　　B. 西周洛邑所确定的城市形制已基本具备了此后都城建设的特征
　　C. "象天法地"的理念在咸阳的规划建设中得到了运用
　　D. 汉长安的布局按照《周礼·考工记》的形制形成了贯穿全城的中轴线

【答案】D

【解析】根据汉代国都长安遗址的发掘，表明其布局尚未完全按照《周礼·考工记》的形制进行，没有贯穿全城的对称轴线，宫殿与居民区相互穿插，城市整体的布局并不规则，选项 D 错误。

2018-013. 下列表述中，正确的是( )。

　　A. 《大上海计划》代表着近代中国城市规划的最高成就
　　B. 重庆《陪都十年建设计划》将城区划分为中央政治区、市行政区、工业区、商业区、文教区、住宅区等六大功能区
　　C. 《大上海都市计划》的整个中心区路网采用小方格和放射路相结合的形式，中心建筑群采取中国传统的中轴线对称的手法
　　D. 1929 年南京"首都计划"的部分地区采用美国当时最为流行的方格网加对角线方式，并将古城墙改造为环城大道

【答案】D

【解析】《大上海都市计划》代表着近代中国城市规划的最高成就，选项 A 错误；1929 年南京"首都计划"将城区划分为中央政治区、市行政区、工业区、商业区、文教

区、住宅区等六大功能区，选项 B 错误；《大上海计划》的整个中心区路网采用小方格和放射路相结合的形式，中心建筑群采取中国传统的中轴线对称的手法，选项 C 错误；1929 年南京"首都计划"的部分地区采用美国当时最为流行的方格网加对角线方式，并将古城墙改造为环城大道，选项 D 正确。

2018-014. 下列关于 1956 年《城市规划编制暂行办法》的表述，错误的是（　　）。

　　A. 这是新中国第一部最重要的城市规划法规性文件
　　B. 内容包括设计文件及协议的编订方法
　　C. 包括城市规划基础资料、规划设计阶段、总体规划和控制性详细规划等方面的内容
　　D. 由国家建委颁布

【答案】C

【解析】国家建委颁布的《城市规划编制暂行办法》，是新中国第一部重要的城市规划立法。该办法分 7 章 44 条，包括城市规划基础资料、规划设计阶段、总体规划和详细规划等方面的内容，以及设计文件及协议的编订办法，选项 C 错误。

2018-015. 下列关于企业群的表述，正确的是（　　）。

　　A. 新兴产业之间具有较强的依赖性，因此要比成熟产业更容易形成企业集群
　　B. 邻近大学并具有便利的交通条件，有利于企业集群的形成
　　C. 以非标准化或为顾客制定产品为主的制造业，有比较强的地方联系，容易形成企业集群
　　D. 设立高科技园区是形成企业集群的基本条件

【答案】C

【解析】企业集群是指地方企业集群，是一组在地理上靠近的相互联系的公司和关联机构，它们同处在一个特定的产业领域，由于具有共性和互补性而联系在一起。以非标准化或为顾客制定产品为主的制造业，需要与顾客面对面地信息交流，地方联系相对较强。选项 C 正确。

2018-016. 影响居民社区归属感的因素是（　　）。

　　A. 社区居民收入水平
　　B. 社区内有较多的购物、娱乐设施
　　C. 社区内有较多的教育、医疗设施
　　D. 居民对社区环境的满意度

【答案】D

【解析】影响居民社区归属感的主要原因包括：①居民对社区生活条件的满意程度；②居民的社区认同程度；③居民在社区内的社会关系；④居民在社区内的居住年限；⑤居民对社区活动的参与。选项 D 正确。

2018-017. 下列哪个选项无助于实现人居环境可持续发展的目标？（　　）

　　A. 为所有人提供足够的住房
　　B. 完善供水、排水、废物处理等基础设施

C. 控制地区人口数量和建设区扩张
D. 推广可持续的新能源系统

【答案】C

【解析】控制地区人口数量和建设区扩张未在人居环境可持续发展目标中，因此选项C错误。

2018-018. 下列关于城镇体系概念的表述，不准确的是(　　)。

A. 城镇体系以一个相对完整区域内的城镇群体为研究对象，而不是把一座城市当作一个区域系统来研究
B. 城镇体系是由一定数量的城镇所组成的，这些城镇是通过客观的和非人为的作用而形成的区域分工产物
C. 城镇体系最本质的特点是城镇之间是相互联系的，构成了一个有机整体
D. 城镇体系的核心是中心城市

【答案】B

【解析】小城镇是通过客观的和人为的作用而形成的区域分工产物，选项B错误。

2018-019. "城镇体系"首次提出是出自(　　)。

A. 1915年格迪斯《进化中的城市》
B. 1933年克里斯塔勒《德国南部中心地》
C. 1960年邓肯《大都市与区域》
D. 1970年贝里和霍顿《城镇体系的地理学透视》

【答案】C

【解析】城镇体系概念的正式提出是20世纪60年代。1960年邓肯所著的《大都市与区域》，首次使用了城镇体系这一词，选项C正确。

2018-020. 下列不属于我国城镇体系规划主要基础理论的是(　　)。

A. 核心边缘理论　　　　　　B. 点—轴开发模式
C. 雁行理论　　　　　　　　D. 圈层结构理论

【答案】C

【解析】雁行理论（日语：雁行形态论，英语：the flying-geese model）1935年由日本学者赤松要（Akamatsu）提出。指某一产业，在不同国家伴随着产业转移先后兴盛衰退，以及在其中一国中不同产业先后兴盛衰退的过程。核心边缘理论、点—轴开发模式、圈层结构理论是城镇体系规划的主要理论，研究的是整个城市和城市之间的关系。在城市内部，各类土地使用配置具有一定的模式。为此，许多学者对此进行了研究，提出了许多的理论，其中最为基础的是同心圆理论、扇形理论和多核心理论。扇形理论研究的是城市内部的土地形态理论。从以上分析可知，选项C符合题意。

2018-021. 下列不属于城市总体规划的主要作用的是(　　)。

A. 战略引领作用　　　　　　B. 刚性控制作用
C. 风貌提升作用　　　　　　D. 协同平台作用

【答案】C

【解析】经法定程序批准的城市总体规划文件,是编制城市近期建设规划、详细规划、专项规划和实施城市规划行政管理的法定依据,涉及城乡发展和建设的行业发展规划,都应符合城市总体规划的要求,选项 A、B 正确。由于具有全局性和综合性,我国的城市总体规划不仅是专业技术,同时更重要的是引导和调控城市建设,保护和管理城市空间资源的重要依据和手段,因此也是城市规划参与城市综合性战略部署的工作平台,选项 D 正确。选项 C 不属于城市总体规划主要作用,符合题意。

2018-022. 下列不属于城市总体规划主要任务的是( )。

A. 合理确定城市分阶段发展方向、目标、重点和时序
B. 控制土地批租、出让,正确引导开发行为
C. 综合确定土地、水、能源等各类资源的使用标准和控制指标
D. 合理配置城乡基础设施和公共服务设施

【答案】B

【解析】城市总体规划的主要任务是:①根据城市经济社会发展需求和人口、资源情况及环境承载能力,合理确定城市的性质、规模;②综合确定土地、水、能源等各类资源的使用标准和控制指标,节约和集约利用资源;③确定禁止建设区、限制建设区和适宜建设区,统筹安排城乡各类建设用地;④合理配置城乡各项基础设施和公共服务设施,完善城市功能;⑤贯彻公交优先原则,提升城市综合交通服务水平;⑥健全城市综合防灾体系,保证城市安全;⑦保护自然生态环境和整体景观风貌,突出城市特色;⑧保护历史文化资源,延续城市历史文脉;⑨合理确定分阶段发展方向、目标、重点和时序,促进城市健康、有序发展。选项 B 不属于城市总体规划主要任务,符合题意。

2018-023. 下列关于城乡规划实施评估的表述,错误的是( )。

A. 城市总体规划实施评估的唯一目的就是监督规划的执行情况
B. 省域城镇体系规划、城市总体规划、镇总体规划都应进行实施评估
C. 对城乡规划实施进行评估,是修改城乡规划的前置条件
D. 城市总体规划实施评估应全面总结现行城市总体规划各项内容的执行情况

【答案】A

【解析】在城乡规划实施期间,需要结合当地经济社会发展的情况,定期对规划目标实现的情况进行跟踪评估,及时监督规划的执行情况,及时调整规划实施的保障措施,提高规划实施的严肃性。选项 A 不准确。

2018-024. 下列不是城市总体规划中城市发展目标内容的是( )。

A. 城市性质
B. 用地规模
C. 人口规模
D. 基础设施和公共设施配套水平

【答案】A

【解析】用地规模、人口规模、基础设施和公共设施配套水平均属于城市发展目标,选项 A 城市性质与城市发展目标并列,因此选项 A 符合题意。

2018-025. 下列不属于城市总体规划中人口结构研究关注重点的是( )。
  A. 消费构成   B. 年龄构成
  C. 职业构成   D. 劳动构成
【答案】A
【解析】城市人口的构成在城市总体规划中，需要研究的主要有年龄、性别、家庭、劳动、职业等构成情况，选项A消费结构不属于城市总体规划中人口结构研究关注重点，符合题意。

2018-026. 下列( )不是合理控制超大、特大城市人口和用地规模的举措。
  A. 在城市中心组团内推广"小街区、密路网"的街区制模式
  B. 在城市中心组团外围划定绿化隔离地区
  C. 在城市中心组团之外、合适距离的位置建立新区，疏解非核心功能
  D. 通过城市群内各城镇间的合理分工，实现核心城市的功能和人口疏解
【答案】A
【解析】选项A是《关于进一步加强城市规划建设管理工作的若干意见》提出的重要的内容，不是合理控制超大、特大城市人口和用地规模的举措，符合题意。

2018-027. 下列不属于影响城市发展方向主要因素的是( )。
  A. 地形地貌   B. 高速公路
  C. 城市商业中心   D. 农田保护政策
【答案】C
【解析】影响城市发展方向的因素较多，大致包括以下因素：①自然条件；②人工环境，高速公路、铁路高压输电线等、区域产业布局、区域中各城市间相对位置关系；③城市建设现状与城市形态结构；④规划及政策性因素；⑤其他因素。选项C不属于影响城市发展方向主要因素，符合题意。

2018-028. 下列不属于城市用地条件评价内容的是( )。
  A. 自然条件评价   B. 社会条件评价
  C. 建设条件评价   D. 用地经济性评价
【答案】B
【解析】城市用地的评价包括多方面的内容，主要体现在三个方面，分别是自然条件评价、建设条件评价和用地经济性评价。社会条件评价不属于城市用地条件评价内容，因此选项B符合题意。

2018-029. 下列关于城市建设用地分类的表述，正确的是( )。
  A. 小学用地属于居住用地
  B. 宾馆用地属于公共管理与公共服务用地
  C. 居住小区内的停车场属于道路与交通设施
  D. 革命纪念建筑用地属于文物古迹用地
【答案】D

【解析】根据《城市用地分类与规划建设用地标准》(GB 50137—2011),中小学用地属于公共管理与公共服务用地中的中小学用地,且在《城市居住区规划设计标准》(GB 50180—2018)表 B.0.1 中,中小学为十分钟生活圈居住区应设置的配套设施,应独立占地,用地分类使用中小学用地;宾馆属于商业服务业用地;居住小区内的停车场为居住小区附属停车场,属于居住用地。选项 D 正确。

2018-030. 下列不属于城市总体规划阶段公共设施布局需要研究内容的是( )。

    A. 公共设施的总量

    B. 公共社会的服务半径

    C. 公共设施的投资预算

    D. 公共设施与道路交通设施的统筹安排

【答案】C

【解析】总体规划阶段,在研究确定城市公共设施总量指标和分类分项指标的基础上,进行公共设施用地的总体布局。选项 C 不属于城市总体规划阶段公共设施布局需要研究内容,符合题意。

2018-031. 下列关于城市道路系统与城市用地协调发展关系的表述,错误的是( )。

    A. 水网发达地区的城市可能出现河路融合、不规则的方格网形态路网

    B. 位于交通要道的小城镇,可能出现外围放射路与城内路网衔接的形态

    C. 大城市按照多中心组团式布局,必然出现出行距离过长、交通过于集中的通病

    D. 不同类型的城市干路网是与不同的城市用地布局形式密切相关的

【答案】C

【解析】城市发展到大城市,如果仍然按照单中心集中式的布局,必然出现出行距离过长、交通过于集中、交通拥挤阻塞,导致生产生活不便、城市效率低下等一系列的大城市通病。因此规划一定要引导城市逐渐形成相对分散的、多中心组团式布局,中心组团(可以以原中等城市为主体构成)相对紧凑、相对独立,若干外围组团相对分散的结构。从以上分析可知,选项 C 的描述是单中心集中式布局的特点而不是多中心组团式布局的特点,符合题意。

2018-032. 下列铁路客运站在城市中的布置方式,错误的是( )。

    A. 通过式   B. 尽端式

    C. 混合式   D. 集中式

【答案】D

【解析】铁路客运站在城市的布置方式有:通过式、尽端式和混合式,没有集中式,因此选项 D 符合题意。

2018-033. 下列关于城市交通调查与分析的表述,不正确的是( )。

    A. 居民出行调查对象应包括暂住人口和流动人口

    B. 居民出行调查常采用随机调查方法进行

    C. 货运调查的对象是工业企业、仓库、货运交通枢纽

    D. 货运调查常采用深入单位访问的方法进行

【答案】B

【解析】居民出行OD调查的对象包括年满6岁以上的城市居民、暂住人口和流动人口,一般都采用抽样家庭访问的方法进行调查,为了保证调查质量,建议采用专业调查人员家庭访问法。选项B错误。

2018-034. 下列关于城市综合交通发展战略研究内容的表述,错误的是( )。
 A. 确定城市综合交通体系总体发展方向和目标
 B. 确定各交通子系统发展定位和发展目标
 C. 确定航空港功能、等级规模和规划布局
 D. 确定城市交通方式结构

【答案】C

【解析】确定航空港功能、等级规模和规划布局是城市对外交通规划的内容,选项C错误。

2018-035. 下列关于城市机场选址的表述,正确的是( )。
 A. 跑道轴线方向尽可能避免穿过市区,且与城市主导风向垂直
 B. 跑道轴线方向最好与城市侧面相切,且与城市主导风向垂直
 C. 跑道轴线方向最好与城市侧面相切,且与城市主导风向一致
 D. 跑道轴线方向尽可能穿过市区,且与城市主导风向一致

【答案】C

【解析】航空港的选址应尽可能使跑道轴线方向避免穿过市区,最好位于与城市侧面相切的位置,机场跑道中心与城区边缘的最小距离以5~7km为宜;为方便飞机起飞,跑道应与城市主导风向一致。选项C符合题意。

2018-036. 下列关于城市道路系统的表述,错误的是( )。
 A. 方格网式道路系统适用于地形平坦城市
 B. 方格网式道路系统非直线系数小
 C. 自由式道路系统适用于地形起伏变化较大的城市
 D. 放射形干路容易把外围交通迅速引入市中

【答案】B

【解析】方格网式道路系统非直线系数大,选项B错误。

2018-037. 下列关于缓解城市中心区停车矛盾措施的表述,错误的是( )。
 A. 设置独立的地下停车库
 B. 结合公共交通枢纽设置停车设施
 C. 利用城市中心区的小街巷划定自行车停车
 D. 在商业中心的步行街或广场上设置机动车停车位

【答案】D

【解析】设置独立式停车库增加了停车位,可以减少停车矛盾,选项A正确。结合公共交通枢纽设置停车位可以方便交通方式的周转,可以截流前去中心区的车辆,减少停车矛盾,选项B正确。利用城市中心的小街巷划定自行车停车位,既能增加自行车的出行

量,又能减少非机动车对机动车停车位的侵占,相对增加了机动车位,因此可以缓解城市中心区的停车矛盾,选项C正确。商业中心区的步行街和广场上设置机动车停车位不但没有截流,反而会吸引更多的车辆驶入中心区,无法缓解停车矛盾,选项D错误。

2018-038. 下列关于城市公共交通系统的表述,错误的是(　　)。

A. 减少居民到公交站点的出行距离可以提高公交吸引力
B. 减少公交线网的密度可以提高公交便捷性
C. 公交换乘枢纽是城市公共交通系统的核心设施
D. 公共交通方式的客运能力应与客流需求相适应

【答案】B

【解析】"方便"就是要少走路、少换乘、少等候,城市主要活动中心住地均有车可乘,因此要求其交通要合理布线,提高公交线网覆盖率,缩短行车间隔,选项B错误。

2018-039. 下列不属于历史文化名城、名镇、名村申报条件的是(　　)。

A. 保护文物特别丰富
B. 历史建筑集中成片
C. 城市风貌体现传统特色
D. 历史上建设的重大工程对本地区的发展产生过重要影响

【答案】C

【解析】《历史文化名城名镇名村保护条例》(2017年修订)规定具备下列条件的城市、镇、村庄,可以申报历史文化名城、名镇、名村:①保护文物特别丰富;②历史建筑集中成片;③保留着传统格局和历史风貌;④历史上曾经作为政治、经济、文化、交通中心或者军事要地,或者发生过重要历史事件,或者其他传统产业、历史上建设的重大工程对本地区的发展产生过重要影响,或者能够集中反映本地区建筑的文化特色、民族特色。申报历史文化名城的,在所申报的历史文化名城保护范围内还应当有2个以上的历史文化街区。因此选项C符合题意。

2018-040. 符合历史文化名城条件而没有申报的城市,国务院建设主管部门会同国务院文物主管部门可以向(　　)提出申报建议。

A. 该城市所在地的城市人民政府
B. 该城市所在地的省、自治区人民政府
C. 该城市所在地的建设主管部门
D. 该城市所在地的省、自治区的建设主管部门

【答案】B

【解析】《历史文化名城名镇名村保护条例》(2017年修订)第十条规定,对符合本条例第七条规定的条件而没有申报历史文化名城的城市,国务院建设主管部门会同国务院文物主管部门可以向该城市所在地的省、自治区人民政府提出申报建议;仍不申报的,可以直接向国务院提出确定该城市为历史文化名城的建议。选项B符合题意。

2018-041. 下列关于历史文化名城保护的表述,错误的是(　　)。

A. 对于格局和风貌完整的名城,要进行整体保护

B. 对于格局和风貌犹存的名城，除保护文物古迹、历史文化街区外，要对尚存的古城格局和风貌采取综合保护措施

C. 对于整体格局和风貌不存但是还保存有若干历史文化街区的名城，要用这些局部地段来反映城市文化延续和文化特色，用它来代表古城的传统风貌

D. 对于难以找到一处历史文化街区的少数名城，要结合文物古迹和历史建筑，在周边复建一些古建筑，保持和延续历史地段的完整性和整体风貌

【答案】D

【解析】少数历史文化名城，目前已难以找到一处值得保护的历史文化街区。对它们来讲，重要的不是去再造一条仿古街道，而是要全力保护好文物古迹周围的环境，否则和其他一般城市就没什么区别了。要整治周围环境，拆除违章建筑，把保护文物古迹的历史环境提高到新水平，表现出这些文物建筑的历史功能和当时达到的艺术成就。选项D错误。

2018-042. 下列关于历史文化名城保护规划内容的表述，错误的是（　　）。

A. 必须分析城市的历史、社会、经济背景和现状

B. 应建立历史城区、历史文化街区与文物保护单位是哪个层次的保护体系

C. 提出继承和弘扬传统文化、保护非物质文化遗产的内容和措施

D. 应合理调整历史城区的职能，控制人口容量，疏解城区交通，改善市政设施

【答案】C

【解析】提出继承和弘扬传统文化、保护非物质文化遗产的内容和措施不属于历史文化名城保护规划的内容。这是物质文化遗产和非物质文化遗产的差别。选项C错误。

2018-043. 关于历史文化街区应当具备的条件，下列说法错误的是（　　）。

A. 有比较完整的历史风貌

B. 构成历史风貌的历史建筑和历史环境要素基本是历史存留的原物

C. 历史文化街区用地面积不小于$1hm^2$

D. 历史文化街区内文物古迹和历史建筑的用地面积宜达到保护区内总用地面积的60%以上

【答案】D

【解析】《历史文化名城保护规划规范》【注：该规范已于2019年4月1日废止】第4.1.1条规定，历史文化街区应具备下列条件：①应有比较完整的历史风貌；②构成历史风貌的历史建筑和历史环境要素基本上是历史存留的原物；③历史文化街区核心保护范围面积不应小于$1hm^2$；④历史文化街区核心保护范围内的文物保护单位、历史建筑、传统风貌建筑的总用地面积不应小于核心保护范围内建筑总用地面积的60%。因此选项D错误。

2018-044. 历史文化街区保护相关的内容的表述，错误的是（　　）。

A. 历史文化街区是指保存一定数量和规模的历史建筑、构筑物且传统风貌完整的生活地域

B. 编制城市规划时应当划定历史文化街区、文物古迹和历史建筑的紫线

C. 2002年修改颁布的《文物保护法》中提出了"历史文化街区"的法定概念
D. 单看历史文化街区内的每一栋建筑，其价值尚不足以作为文物加以保护，但它们加在一起形成的整体风貌却能反映出城镇历史风貌的特点

【答案】B

【解析】2003年12月17日建设部颁布的《城市紫线管理办法》规定"在编制城市规划时应当划定保护历史文化街区和历史建筑的紫线"。选项B中的文物古迹不需要划定紫线，选项B不准确。

2018-045. 下列关于历史文化街区保护界限划定要求的表述，错误的是(　　)。

A. 要考虑文物古迹或历史建筑的现状用地边界
B. 要考虑构成历史风貌的自然景观边界
C. 历史文化街区内在街道、广场、河流等处视线所及范围内的建筑物用地边界或外界面可以划入保护界限
D. 历史文化街区的外围必须划定建设控制地带及环境协调区的边界

【答案】D

【解析】《历史文化名城保护规划规范》【注：该规范已于2019年4月1日废止】第3.2.1条规定，历史文化街区应划定保护区和建设控制地带的具体界线，也可根据实际需要划定环境协调区的界线，因此选项D符合题意。

2018-046. 2016年《中共中央国务院关于进一步加强城市规划建设管理工作的若干意见》提出，要用5年左右的时间，完成(　　)划定和历史建筑确定工作。

A. 国家历史文化名城
B. 国家历史文化名城、省级历史文化名城
C. 历史城镇
D. 历史文化街区

【答案】D

【解析】2016年《中共中央国务院关于进一步加强城市规划建设管理工作的若干意见》提出用5年左右时间，完成所有城市历史文化街区划定和历史建筑确定工作。选项D正确。

2018-047. 根据《城市黄线管理办法》，不纳入黄线管理的是(　　)。

A. 取水构筑物　　　　　　　B. 取水点
C. 水厂　　　　　　　　　　D. 加压泵站

【答案】D

【解析】《城市黄线管理办法》第二条第二款规定：取水工程设施（取水点、取水构筑物及一级泵站）和水处理工程设施等城市供水设施纳入黄线管理。因此选项D符合题意。

2018-048. 下列不属于能源规划内容的是(　　)。

A. 石油化工　　　　　　　　B. 电力
C. 煤炭　　　　　　　　　　D. 燃气

【答案】A

【解析】石油化工是产业类型，即通俗说法"油头化尾"，以石油作为原材料，分解合成下游物质材料的产业门类，石油化工不属于城市能源的供能品，因此不属于能源规划的内容，选项 A 符合题意。

2018-049. 下列不属于城市总体规划阶段供热工程规划内容的是(　　)。

  A. 预测城市热负荷　　　　　　　　B. 选择城市热源和供热方式
  C. 确定热源的供热能力、数量和布局　　D. 计算供热管道管径

【答案】D

【解析】计算供热管道管径属于城市分区规划阶段供热工程规划的主要内容，选项 D 符合题意。

2018-050. 下列不属于城市生活垃圾无害化处理方式的是(　　)。

  A. 卫生填埋　　　　　　　　　　　B. 堆肥
  C. 密闭运输　　　　　　　　　　　D. 焚烧

【答案】C

【解析】密闭运输只是运输，不属于处理方式。选项 C 符合题意。

2018-051. 下列与海绵城市相关的表述，不准确的是(　　)。

  A. 通过加强城市规划建设管理，有效控制雨水径流，实现自然积存、自然渗透、自然净化的城市发展方式
  B. 编制供水专项规划时，要将雨水年径流总量控制率作为其刚性控制指标
  C. 全国各城市新区、各类园区、成片开发区要全面落实海绵城市建设要求
  D. 在建设工程施工图审查、施工许可等环节，要将海绵城市相关措施作为重点审查内容

【答案】B

【解析】本题考查的是《国务院办公厅关于推进海绵城市建设的指导意见》国办发〔2015〕75 号。编制城市总体规划、控制性详细规划以及道路、绿地水等相关专项规划时，要将雨水年径流总量控制率作为其刚性控制指标。选项 B 不准确。

2018-052. 下列属于城市总体规划强制性内容的是(　　)。

  A. 用地水量标准　　　　　　　　　B. 城市防洪标准
  C. 环境卫生设施布置标准　　　　　D. 用气量标准

【答案】B

【解析】关于城市基础设施和公共服务设施用地方面的强制性内容包括：城市主干路的走向、城市轨道交通的线路走向、大型停车场布局；取水口及其保护区范围、给水和排水主管网的布局；电厂与大型变电站位置、燃气储气罐站位置、垃圾和污水处理设施位置；文化、教育、卫生、体育和社会福利等主要公共服务设施的布局。选项 A、C、D 均为相对应标准规范中标准参数数值，不是强制性内容。

关于城市防灾减灾方面的强制性内容包括：城市防洪标准、防洪堤走向；城市抗震与消防疏散通道；城市人防设施布局；地质灾害防护；危险品生产储存设施布局等内容。选项 B 正确。

2018-053. 下列不属于地震后易引发的次生灾害是( )。

A. 水灾   B. 火灾
C. 风灾   D. 爆炸

【答案】C

【解析】次生灾害主要包括水灾、火灾、爆炸、溢毒、疫病流行及放射性辐射等。选项C符合题意。

2018-054. 下列不属于城市抗震防灾规划基本目标的是( )。

A. 当遭遇多遇地震时，城市一般功能正常
B. 抗震设防区城市的各项建设必须符合城市抗震防灾规划的要求
C. 当遭受相当于抗震设防烈度的地震时，城市一般功能及生命线工程基本正常，重要工矿企业能正常或者很快恢复生产
D. 当遭遇罕见地震时，城市功能不瘫痪，要害系统和生命线不遭受严重破坏，不发生严重的次生灾害

【答案】B

【解析】依据《城市抗震防灾规划管理规定》(2011年)第八条，城市抗震防灾规划编制应当达到下列基本目标：①当遭受多遇地震时，城市一般功能正常；②当遭受相当于抗震设防烈度的地震时，城市一般功能及生命系统基本正常，重要工矿企业能正常或者很快恢复生产；③当遭受罕遇地震时，城市功能不瘫痪，要害系统和生命线工程不遭受破坏，不发生严重的次生灾害。选项B符合题意。

2018-055. 下列不属于地质灾害的是( )。

A. 地震   B. 泥石流
C. 砂土液化   D. 活动断裂

【答案】A

【解析】城市地质灾害主要有崩塌滑坡、泥石流、矿山采空塌陷、地面沉降、土地沙化、地裂缝、砂土液化及活动断裂等。选项A符合题意。

2018-056. 下列关于城市总体规划文本的表述，错误的是( )。

A. 具有法律性质的文件
B. 需要反映上版城市总体规划的实施评价
C. 应通过编制内容对下位规划的编制提出要求
D. 格式和文字应简洁、准确，利于具体操作

【答案】B

【解析】城市总体规划文本是对规划的各项目标和内容提出规定性要求的文件，采用条文形式。文本格式和文字应规范、准确，利于具体操作。在规划文本中应当明确表述规划的强制性内容。文本附则中需说明文本的法律效力、规划的生效日期、修改的规定以及规划的解释权，选项A、D正确。强制性内容必须落实上级政府规划管理的约束性要求，选项C正确。城市总体规划文本是对规划的各项目标和内容提出规定性要求的文件，不涉及对上版规划的实施评价，选项B错误。

2018-057. 下列不属于城市总体规划的强制性内容的是( )。

A. 市域内水源保护区的地域范围

B. 城市人口规模

C. 城市燃气储气罐站位置

D. 重要地下文物埋藏区的保护范围和界限

【答案】B

【解析】城市总体规划强制性内容包括：城市规划区范围、城市建设用地、城市基础设施和公共服务设施用地、自然与历史文化遗产保护和城市防灾工程。城市人口规模不属于城市总体规划的强制性内容，选项 B 符合题意。

2018-058. 下列关于详细规划的表述，错误的是( )。

A. 法定的详细规划分为控制性详细规划和修建性详细规划

B. 详细规划的规划年限与城市总体规划保持一致

C. 控制性详细规划是 1990 年代初才正式采用的详细规划类型

D. 修建性详细规划属于开发建设蓝图型详细规划

【答案】B

【解析】相对于城市总体规划，详细规划一般没有设定明确的目标年限，选项 B 错误。

2018-059. 下列关于控制性详细规划用地细分的表述，不准确的是( )。

A. 用地细分一般细分到地块，地块是控制性详细规划实施具体控制的基本单位

B. 各类用地细分应采用一致的标准

C. 细分后的地块可进行弹性合并

D. 细分后的地块不允许无限细分

【答案】B

【解析】在规划方案的基础上进行用地细分，一般细分到地块，成为控制性详细规划实施具体控制的基本单位。用地细分应根据地块区位条件，综合考虑地方实际开发运作方式，对不同性质与权属的用地提出细分标准，原则上细分后的用地应作为城市开发建设的基本控制地块，不允许无限细分。用地细分应适应市场经济的需要，适应单元开发和成片建设等形式，可进行弹性合并。选项 B 不准确。

2018-060. 下列关于控制性详细规划建筑后退指标的表述，不准确的是( )。

A. 指建筑控制线与规划地块边界之间的距离

B. 应综合考虑不同道路等级的后退红线要求

C. 日照、防灾、建筑设计规范的相关要求一般为建筑后退的直接依据

D. 与美国区划中的建筑后退（setback）含义一致

【答案】D

【解析】建筑后退指建筑控制线与规划地块边界之间的距离，建筑控制线指建筑主体不应超越的控制线。其内涵应与国家相关建筑规范一致，选项 D 不准确。

2018-061. 下列关于绿地率指标的表述，不准确的是（　　）。

A. 绿化覆盖率大于绿地率

B. 绿地率与建筑密度之和不大于1

C. 绿地率是衡量地块环境质量的重要指标

D. 绿地率是地块内各类绿地面积占地块面积的百分比

【答案】A

【解析】绿化覆盖率大于或等于绿地率，选项A不准确。

2018-062. 修建性详细规划经济技术论证的内容不包括（　　）。

A. 土地成本估算与工程成本估算　　B. 相关税费估算

C. 投资方式与资金峰值　　D. 总造价估算

【答案】C

【解析】投资效益分析和综合技术经济论证包括：土地成本估算、工程成本估算、相关税费估算、总造价估计和综合技术经济论证。从以上分析可知，不涉及投资方式和资金峰值估算，选项C符合题意。

2018-063. 修建性详细规划基本图纸的比例是（　　）。

A. 1∶3000～1∶5000　　B. 1∶2000～1∶3000

C. 1∶500～1∶2000　　D. 1∶100～1∶500

【答案】C

【解析】修建性详细规划基本图纸比例为1∶500～1∶2000，选项C正确。

2018-064. 下列不属于镇规划强制性内容的是（　　）。

A. 确定镇规划区的范围

B. 明确规划区建设用地规模

C. 确定自然与历史文化遗产保护、防灾减灾等内容

D. 预测一、二、三产业的发展前景以及劳动力与人口流动趋势

【答案】D

【解析】镇规划的强制性内容：规划区范围、规划区建设用地规模、基础设施和公共服务设施用地、水源地和水系、基本农田和绿化用地、环境保护、自然与历史文化遗产保护、防灾减灾等。选项D符合题意。

2018-065. 镇规划中用于计算人均建设用地指标的人口口径，正确的是（　　）。

A. 户籍人口　　B. 户籍人口和暂住人口之和

C. 户籍人口和通勤人口之和　　D. 户籍人口和流动人口之和

【答案】B

【解析】镇规划中用于计算人均建设用地指标的人口口径，即现状统计和规划预测的镇区人口。根据《镇规划标准》（GB 50188—2007）中第3.2.3条，镇区人口现状统计和规划预测，应按居住状况和参与社会生活性质进行分类。镇区规划期内的人口分类预测，宜按表3.2.3的规定计算。表格中人口类别包括常住人口、通勤人口和流动人口三类，其

中常住人口分为户籍人口和寄住人口两类。选项A、C、D错误。暂住人口一般指常住户口不在其生活所在地的外来经商办企业、探亲、旅游、从事劳务和生产经营，以此谋取职业，年满16周岁，在暂住地超过三日的人员。因此，选项B符合题意。

2018-066. 下列不能单独用来预测城市总体规划阶段人口规模的是（　　）。
  A. 时间序列法　　　　　　　　　B. 间接推算法
  C. 综合平衡法　　　　　　　　　D. 比例分配法
【答案】D
【解析】间序列法、间接推算法、综合平衡法、区位法可以单独预测城市人口；环境容量法、比例分配法、类比法作为校核的方法，不能单独预测人口规模。选项D符合题意。

2018-067. 下列关于一般镇镇区规划各类用地比例的表述，不准确的是（　　）。
  A. 居住用地比例为28%～38%　　　B. 公共服务设施用地比例为10%～18%
  C. 道路广场用地比例为10%～17%　D. 公共绿地用地比例为6%～10%
【答案】A
【解析】依据《镇规划标准》（GB 50188—2007）第5.3.1条，一般镇镇区规划建设用地比例为：居住用地比为33%～43%；公共服务设施用地比例为10%～18%；道路广场用地比例为10%～17%；公共绿地用地比例为6%～10%。因此选项A符合题意。

2018-068. 下列关于村庄规划用地分类的表述，不正确的是（　　）。
  A. 有小卖部、小超市、农家乐功能的村民住宅用地仍然属于村民住宅用地
  B. 长期闲置不用的宅基地属于村庄其他建设用地
  C. 村庄公共服务设施用地包括兽医站、农机站等农业生产服务设施用地
  D. 田间道路（含机耕道）、林道等农用道路不属于村庄建设用地
【答案】B
【解析】《村庄规划用地分类指南》（2014年）规定：兼具小卖部、小超市、农家乐等功能的村民住宅用地属于村民住宅用地，选项A正确。公共管理、文体、教育、医疗卫生、社会福利、宗教、文物古迹等设施用地以及兽医站、农机站等农业生产服务设施用地，考虑到多数村庄公共服务设施通常集中设置，为了强调其综合性，将其统一归为"村庄公共服务设施用地"，选项C正确。田间道路（含机耕道）、林道等属于非建设用地中的农用道路，选项D正确。长期闲置的宅基地，既然用地功能明确为宅基地，那么就属于村庄建设用地，选项B错误。

2018-069. 佩里提出的"邻里单位"用地规模约为65公顷，主要目的是（　　）。
  A. 为了降低建筑密度，保证良好的居住环境
  B. 为了社区更加多样性
  C. 为了保证上小学不穿越城市道路
  D. 可以形成规模示意的社区
【答案】C
【解析】邻里单位的六条原则：邻里单位周边为城市道路所包围，城市道路不穿越邻里单位内部；邻里单位内部道路系统应限制外来车辆穿越，一般应采用尽端式道路，以保

持内部的安全和安静；以小学的合理规划为基础控制邻里单位的人口规模，使小学生不必穿过城市道路。一般邻里单位的规模是5000人左右，规模小的邻里单位3000~4000人；邻里单位的中心是小学，与其他服务设施一起布置在中心广场或绿地中心；邻里单位占地约160英亩（约合65公顷）。选项C符合题意。

2018-070. 下列表述中正确的是(   )。

A. 居住区内部可以不再划分居住小区

B. 居住区不应被城市干路穿越

C. 居住小区需要较大开发地块

D. 开放社区要求减小小区的规模

【答案】A

【解析】依据《城市居住区规划设计规范》（GB 50180—93）【注：该规范已于2018年12月1日废止】，居住区级道路一般是城市的次干路或城市支路，选项B错误；居住区的规模大于居住小区的规模，居住区需要较大的开发地块，选项C错误；开放型居住区布局一般是用地规模较大的居住区在城市路网规划的条件要求下，形成的有若干居住地块组合的布局形态，选项D错误。因此选项A符合题意。

2018-071. 下列关于居住区公共服务设施的表述正确的是(   )。

A. 邻近的城市公共服务设施不能代替居住区的配套设施

B. 配建公共服务设施属于公益性设施

C. 居住小区规模越大，配套设施的服务半径也越大

D. 停车楼属于配建公共服务设施

【答案】A

【解析】依据《城市居住区规划设计规范》（GB 50180—93）【注：该规范已于2018年12月1日废止】，公共服务设施按投资管理的属性可分为公益性、准公益性和经营性设施三种，选项B错误。居住区级配套公共服务设施半径一般不宜超过500m；小区级配套公共服务设施半径一般不超过300m，选项C错误。停车楼属于城市公共服务设施，选项D错误。因此选项A符合题意。

2018-072. 我国早期小区的周边式布局没有继续采用的主要原因不包括(   )。

A. 存在日照通风死角

B. 受交通噪声影响的沿街住宅数量较多

C. 难以解决停车问题

D. 难以适应地形变化

【答案】C

【解析】依据《城市居住区规划设计规范》（GB 50180—93）【注：该规范已于2018年12月1日废止】，周边式布局由于过于形式化，存在日照通风死角及不利于利用地形等问题，在之后的居住区规划中没有继续采用。周边式布局内部空间安静、领域性强，容易形成较好的街景，属于住宅四面围合的布局形式，但同时也存在局部的视线干扰及东西向住宅的日照条件不佳等问题。周边式布局，沿街的住宅比较多，受到交通噪声影响比较

大。选项C符合题意。

2018-073. 下列关于居住区道路的表述，错误的是(　　)。

A. 居住区级道路可以是城市支路
B. 小区级道路是划分居住区组团的道路
C. 宅间路要满足消防、救护、搬家、垃圾清运等汽车的通行
D. 小区步行路必须满足消防车通行的要求

【答案】B

【解析】当采用人车分流模式时，相应级别的道路还可分为车行路和人行路。居住区道路一般是城市的次干道或城市支路，既有组织居住区交通的作用，也具有城市交通的作用；小区级道路具有连接小区内外、组织居住组团的功能，也称为小区主路，一般不允许城市交通和公共交通进入；组团道路主要用于沟通组团的内外联系，通行组团内部机动车、自行车、行人的交通，也称为小区次路；住宅间小路是进去庭院及住宅的通道，主要通行自行车及行人，但也要满足消防、救护、搬家、垃圾清运等汽车的通行。选项B不准确。

2018-074. 下列关于风景名胜区的表述，不准确的是(　　)。

A. 风景名胜区应当具备游览和科学文化活动的多重功能
B. 《风景名胜区条例》规定，国家对风景名胜区实行科学规划、统一管理、合理利用的工作原则
C. 风景名胜区按照资源的主要特征分为历史圣地类、滨海海岛类、民俗风情类、城市风景类等14个类型
D. 110平方公里的风景名胜区属于大型风景名胜区

【答案】B

【解析】《风景名胜区条例》明确提出了对风景名胜区采取"科学规划、统一管理、严格保护、永续利用"的工作原则，确定了风景名胜区规划是风景名胜区保护、利用和管理的前提和依据。选项B不准确。

2018-075. 下列不属于风景名胜区详细规划编制内容的是(　　)。

A. 环境保护　　　　　　　　　　B. 建设项目控制
C. 土地使用性质与规模　　　　　D. 基础工程建设安排

【答案】A

【解析】风景名胜区详细规划编制应当依据总体规划确定的要求，对详细规划地段的景观与生态资源进行评价与分析，对风景游览组织、旅游服务设施安排、生态保护和植物景观培育、建设项目控制、土地使用性质与规模、基础工程建设安排等做出明确要求与规定，能够直接用于具体操作与项目实施。选项A符合题意。

2018-076. "城市设计"一词首先出现于(　　)。

A. 19世纪中期　　　　　　　　　B. 19世纪末期
C. 20世纪初期　　　　　　　　　D. 20世纪中期

【答案】D

【解析】"城市设计（Urban Design）"一词于20世纪50年代后期出现于北美，选项

D 正确。

2018-077. 根据比尔·希利尔的研究，在城市中步行活动的三元素是(　　)。
　　A. 出发点、目的地、路径上所经历的一系列空间
　　B. 个性、结构、意义
　　C. 通达性、连续性、多样性
　　D. 圆底、场所、链接
【答案】A
【解析】根据比尔·希利尔的研究，在城市中的步行活动具有三个元素：出发点、目的地、路径上所经历的一系列空间。在步行过程中，有些路径可能比其他路径更容易产生交流，城市的空间形态、土地用途、视觉渗透性都会影响到这种交流的可能。一般来说，在城市设计中应该首先考虑到人的运动和场所的联系，联系良好的场所更能够鼓励步行，并且支持有活力的用途。选项 A 符合题意。

2018-078. 根据住房和城乡建设部《城市设计管理办法》，下列表述中不准确的是(　　)。
　　A. 重点地区城市设计应当塑造城市风貌特色，提出建筑高度、体量、风格、色彩等控制要求
　　B. 重点地区城市设计的内容和要求应当纳入控制性详细规划，详细控制要点应纳入修建性详细规划
　　C. 城市、县人民政府城乡规划主管部门负责组织编制本行政区域重点地区的城市设计
　　D. 城市设计重点地区范围以外地区，可依据总体城市设计，单独或者结合控制性详细规划等开展城市设计
【答案】B
【解析】重点地区城市设计的内容和要求应当纳入控制性详细规划，并落实到控制性详细规划的相关指标中。重点地区的控制性详细规划未体现城市设计内容和要求的，应当及时修改完善。故选项 B 不准确。

2018-079. 下列关于城乡规划实施的表述，错误的是(　　)。
　　A. 各级政府根据法律授权负责城乡规划实施的组织和管理
　　B. 政府部门通过对具体建设项目开发建设进行管制才能达到规划实施的目的
　　C. 城乡规划实施包括了城乡发展和建设过程中的公共部门和私人部门的建设性活动
　　D. 政府运用公共财政建设基础设施和公益性设施，直接参与城乡规划的实施
【答案】B
【解析】政府根据法律授权通过对开发项目的规划管理，保证城乡规划所确定的目标、原则和具体内容在城市开发和建设行为中得到贯彻。这种管理实质上是通过对具体建设项目的开发建设进行控制来达到规划实施的目的，但实现规划实施目的手段不局限于管理手段，还有规划手段、政府手段，以及财政手段等。选项 B 错误。

2018-080. 下列哪一项目建设对周边地区的住宅开发具有较强的带动作用？(　　)
　　A. 城市公园　　　　　　　　B. 变电站
　　C. 污水厂　　　　　　　　　D. 政府办公楼

【答案】A

【解析】公共服务设施或市政基础设施布局均具有外部性，变电站、污水厂对住宅开发来说是负外部性，是常见的"邻避设施"。城市公园、政府办公楼对住宅开发是正外部性，其中政府办公楼对商务办公、商业设施、文娱活动设施的开发更具有较强的带动作用，住宅开发对周边环境品质、休闲游憩空间诉求更高，城市公园对住宅开发具有较强的带动作用。选项A正确。

二、多选题（每题五个选项，每题正确答案不少于两个选项，多选或漏选不得分）

2018-081. 下列关于我国城镇化现状特征与发展趋势的表述，准确的有(　　)。

A. 城镇化过程中经历了大起大落阶段以后，已经开始进入了持续、健康的发展阶段
B. 以大中城市为主体的多元城镇化道路将成为我国城镇化战略的主要选择
C. 城镇化发展总体上东部快于西部，南方快于北方
D. 东部沿海地区城镇化进程总体快于中西部内陆地区，但中西部地区将不断加速
E. 城市群、都市圈等将成为城镇化的重要空间单位

【答案】CDE

【解析】城镇化过程中经历了大起大落阶段以后，已经进入持续、加速和健康发展阶段，并非"开始进入"，选项A不准确；以大城市为主体的多元化的城镇化道路将成为我国城镇化战略的主要选择，选项B中的以大中城市为主体不准确；由我国城镇化发展的现状特征和发展趋势可知，选项C、D、E正确。

2018-082. 下列关于多核心理论的表述，正确的有(　　)。

A. 是关于区域城镇化体系分布的理论
B. 通过对美国大部分大城市的研究，提出了影响城市中活动分布的四项原则
C. 城市空间通过相互协调的功能在特定地点的彼此强化等，形成了地域的分化
D. 分化的城市地区形成了各自的核心，构成了整个城市的多中心
E. 城市中有些活动对其他活动容易产生对抗或者消极影响，这些活动应该在空间上彼此分离布置

【答案】BCDE

【解析】多核心理论是从城市土地利用形态出发的空间组织理论，选项A错误；多核心理论（Multiple-nuclei Theory）由哈里斯（C. D. Harris）和乌尔曼（E. L. Ullman）于1945年提出。他们通过对美国大部分大城市的研究，提出了影响城市中活动分布的四项原则：①有些活动要求设施位于城市中为数不多的地区（如中央商务区要求非常方便的可达性，而工厂需要有大量的水资源）；②有些活动受益于位置的互相接近（如工厂与工人住宅区）；③有些活动对其他活动容易产生对抗或有消极影响，这些活动应当避免同时存在（如富裕者优美的居住区被布置在与浓烟滚滚的钢铁厂毗邻）；④有些活动因负担不起理想场所的费用，而不得不布置在不很合适的地方（如仓库被布置在冷清的城市边缘地区）。在这四个因素的相互作用下，再加上历史遗留习惯的影响和局部地区的特征，通过相互协调的功能在特定地点的彼此强化，不相协调的功能在空间上的彼此分离，由此形成了地域的分化，使一定的地区范围内保持了相对的独特性，具有明确的性质，这些分化了

的地区又形成各自的核心，从而构成了整个城市的多中心。因此，城市并非由单一中心而是由多个中心构成。因此选项B、C、D、E正确。

2018-083. 下列关于邻里单位的表述，正确的有( )。

A. 是一个组织家庭生活的社区计划

B. 一个邻里单位的开发应当提供满足一所小学的服务人口所需要的住房

C. 应该避免各类交通的穿越

D. 邻里单位的开发空间应当提供小公园和娱乐空间的系统

E. 邻里单位的地方商业应当布置在其中心位置，便于邻里单位内部使用

【答案】ABD

【解析】邻里单元就是"一个组织家庭生活的社区计划"，因此这个计划不仅要包括住房，而且要包括它们的环境，还要有相应的公共设施，这些设施至少要包括一所小学、零售商店和娱乐设施等。邻里单位由6个原则组成：①规模：一个邻里单位的开发应当提供满足一所小学的服务人口所需要的住房；②边界：邻里单位应当以城市的主要交通干道为边界，这些道路应当足够宽以满足交通通行的需要，避免汽车从居住单位内穿越；③开放空间：应当提供小公园和娱乐空间的系统，它们被计划用来满足特定邻里的需要；④机构用地：学校和其他机构的服务范围应当对应于邻里单位的界限，它们应该适当地围绕着一个中心或公地进行成组布置；⑤地方商业：与服务人口相适应的一个或更多的商业区应当布置在邻里单位的周边，最好是处于道路的交叉处或相邻邻里的商业设施共同组成商业区；⑥内部道路系统：邻里单位应当提供特别的街道系统，每一条道路都要与它可能承载的交通量相适应，整个街道网要设计得便于单位内的运行同时又能阻止过境交通的使用。从以上分析可知，选项A、B、D正确。

2018-084. 下列表述中，正确的有( )。

A. 1980年全国城市规划工作会议后，各城市全面开展了城市规划的编制工作

B. 1982年国务院批准了第一批共24个国家历史文化名城

C. 1984年《城市规划法》是新中国成立以来第一次关于城市规划的法律

D. 1984年为适应全国国土规划纲要编制的需要，城乡建设环境保护部组织编制了全国城镇布局规划纲要

E. 1984年至1988年间，国家城市规划行政主管部门实行国家计委、城乡建设环境保护部双重领导，以城乡建设环境保护部为主的行政体制

【答案】BDE

【解析】1980年全国城市规划工作会议之后，各城市即逐步开展了城市规划的编制工作，选项A不准确；1984年国务院颁发了《城市规划条例》。这是新中国成立以来，城市规划专业领域第一部基本法规，选项C错误。选项B、D、E符合题意。

2018-085. 下列关于全球化下城市发展的表述，正确的有( )。

A. 中小城市的发展依靠地区中心而非与全球网络相联系

B. 不同国家的城市的依存程度更为加强

C. 疏解特大城市人口和产业成为提升城市竞争力的重要措施

D. 制造业城市出现了较大规模的发展

E. 城市间的职能分工受到全球产业地域分工体系的影响

【答案】BCE

【解析】由于各类城市生产的产品和提供的服务是全球性的，都是以国际市场为导向的，其联系的范围极为广泛，但在相当程度上并不以地域性的周边联系为主，即使是一个非常小的城市，也可以在全球城市网络中建立与其他城市和地区的跨地区甚至是跨国的联系，它不再需要依赖于附近的大城市对外发生作用，选项A错误，选项B正确；西欧许多国家在"二战"后就已经明确确立了控制大城市无序增长，以避免造成能源浪费、环境污染、交通拥堵等城市问题，通过独立新城建设疏解大城市人口和产业可以提升城市竞争力，因此选项C正确。

制造业资本的跨国投资促进了发展中国家的城市迅速发展，同时也越来越成为跨国公司制造/装配基地，而且以常规流水线生产工厂为代表的制造/装配职能自1960年代后在整体上不断向第三世界转移，因此在全球化下，承担制造业职能的城市出现了较大规模的发展，选项D正确。

全球整体城市体系结构在改变，由原来的城市与城市之间相对独立的以经济活动的部类为特征的水平结构，改变为紧密联系且相互依赖的以经济活动的层面为特征的垂直结构，城市与城市之间构成的垂直性的地域分工体系受全球经济影响越来越大，选项E正确。选项B、C、E符合题意。

2018-086. 下列表述中，正确的有（　　）。

A. 土地资源、水资源和森林资源是城市赖以生存和发展的三大资源

B. 土地在城乡经济、社会发展与人民生活中的作用主要表现为土地的承载功能、生产功能和生态功能

C. 城市土地使用的环境效益和社会效益，主要与城市用地性质有关，与城市的区位无关

D. 城市水资源开发利用的用途包含城市生产用水、生活用水等

E. 正确评价水资源承载能力是城市规划必须做的基础工作

【答案】BD

【解析】选项A错误，土地资源、水资源和矿产资源影响城市产生和发展的全过程，决定城市的选址、城市性质和规模、城市空间结构及城市特色，是城市赖以生存和发展的三大资源；选项A错误，土地在城乡经济、社会发展与人民生活中的作用主要表现为土地的承载功能、生产功能和生态功能，这三大功能缺一不可，选项B正确；由于我国城市的特殊地位和作用，其水资源开发利用几乎包括了人类水资源开发利用的全部内容，既有城市工业用水、居民消费用水，还有无土栽培的农业用水和绿地用水。可以说城市水资源的水质保证和永续利用，是其本身可持续发展的根本性问题。正确评价水资源供应量是城市规划必须做的基础工作。选项D正确，选项E错误。因此选项B、D符合题意。

2018-087. 按照《城市用地分类与规划建设用地标准》（GB 50137—2011），符合规划人均建设用地指标要求的有（　　）。

A. Ⅱ气候区，现状人均建设用地规划70平方米，规划人口规模55万人，规划人均

建设用地指标93平方米

B. Ⅲ气候区，现状人均建设用地规模106平方米，规划人口规模70万人，规划人均建设用地指标103平方米

C. Ⅳ气候区，现状人均建设用地规模92平方米，规划人口规模45万人，规划人均建设用地指标107平方米

D. Ⅴ气候区，现状人均建设用地规模106平方米，规划人口规模45万人，规划人均建设用地指标105平方米

E. Ⅵ气候区，现状人均建设用地规模120平方米，规划人口规模30万人，规划人均建设用地指标115平方米

【答案】DE

【解析】根据《城市用地分类与规划建设用地标准》（GB 50137—2011）表格4.2.1规划人均城市建设用地面积指标（平方米/人）的内容，其中：

Ⅱ气候区，现状人均建设用地规划70平方米，允许采用的规划人均城市建设用地面积指标为65～95平方米/人，规划人口55万人，允许调整幅度为＋0.1～＋20.0平方米/人，则规划人均建设用地指标可采用指标范围为70.01～90.0平方米/人，选项A中为93平方米，错误。

Ⅲ气候区，现状人均建设用地规模106平方米，允许采用的规划人均城市建设用地面积指标为90.0～110.0平方米/人，规划人口规模70万人，允许调整幅度为－25.0～－5.0平方米/人，则规划人均建设用地指标可采用指标范围为90.0～101.0平方米/人，选项B中为103平方米，错误。

Ⅳ气候区，现状人均建设用地规模92平方米，允许采用的规划人均城市建设用地面积指标为80.0～105.0平方米/人，规划人口规模45万人，允许调整幅度为－10.0～＋15.0平方米/人，则规划人均建设用地指标可采用指标范围为82.0～105.0平方米/人，选项C中为107平方米，错误。

Ⅴ气候区，现状人均建设用地规模106平方米，允许采用的规划人均城市建设用地面积指标为90.0～115.0平方米/人，规划人口规模45万人，允许调整幅度为－20.0～－0.1平方米/人，则规划人均建设用地指标可采用指标范围为90.0～105.9平方米/人，选项D中为105平方米，正确。

Ⅵ气候区，现状人均建设用地规模120平方米，允许采用的规划人均城市建设用地面积指标为115.0平方米/人以下，规划人口规模30万人，允许调整幅度为小于0.0平方米/人，则规划人均建设用地指标可采用指标范围为≤115.0平方米/人，选项E中为115平方米，正确。

因此选项D、E正确。

2018-088. 下列表述中，正确的有（　　）。

A. 城市与周围乡镇地区有密切联系，城乡总体布局应进行城乡统筹安排

B. 城市规划应建立清晰的空间结构，合理划分功能分区

C. 超大、特大城市的旧区应重点通过完善快速路、主干路等道路系统，增加各类停车设施，解决交通拥堵问题

D. 城市应分别在各区设立开发区，满足各区经济发展、社会发展的需要
E. 城市总体规划划定的规划区范围内的用地都可以建设开发区

【答案】ABC

【解析】城市与周围乡镇地区有密切联系，城乡总体布局应进行城乡统筹安排，把密切联系的乡镇划入规划区，选项A正确。城市规划应当明确清晰的空间结构，合理划分功能分区，选项B正确。在超大、特大城市旧区改造过程中，应重点完善快速路、主干路等道路系统，增加停车设施，着重解决交通拥堵的问题，选项C正确。开发区的设立应根据城市经济发展水平，在城市设立，选项D中分别在各区设立是错误的。根据《城乡规划法》，在规划区范围内的非建设用地不得设立各类开发区，选项E错误。因此选项A、B、C符合题意。

2018-089. 下列关于道路系统规划的表述，正确的有（   ）。
A. 城市道路的走向应有利于通风，一般平行于夏季主导风向
B. 城市道路路线转折角较大时，转折点宜放在交叉口上
C. 城市道路应为管线的铺设留有足够的空间
D. 公路兼有为过境和出入城交通功能时，应与城市内部道路功能混合布置
E. 城市干路系统应有利于组织交叉口交通

【答案】ACE

【解析】道路路线转折角大时，转折点宜放在路段上，不宜放在交叉口上，选项B错误；公路兼有过境和出入城市交通功能时，不应与城市内部道路功能混合布置，选项D错误。选项A、C、E符合题意。

2018-090. 下列关于城市公共交通规划的表述，正确的有（   ）。
A. 城市公共交通系统的形式要根据出行特征进行分析确定
B. 城市公共线路规划应首先考虑满足通勤出行的需要
C. 城市公共交通线路的走向应与主要客流流向一致
D. 城市公共交通线网规划应尽可能增加换乘次数
E. 城市公共汽（电）车线网规划应考虑与城市轨道交通线网之间的便捷换乘

【答案】ABCE

【解析】城市公共交通线网规划应尽可能减少换乘次数，选项D错误。选项A、B、C、E符合题意。

2018-091. 下列属于历史文化名城类型的有（   ）。
A. 古都型　　　　　　　　B. 传统风貌型
C. 风景名胜型　　　　　　D. 特殊史迹型
E. 一般史迹型

【答案】ABCE

【解析】根据109座历史文化名城的形成历史、自然和人文地理，以及它们的城市物质要素和功能结构等方面的对比分析，归纳为七大类型，有古都型、传统风貌型、风景名胜型、地方及民族特色型、近现代史迹型、特殊职能型、一般史迹型。因此选项A、B、C、E正确。

2018-092. 下列( )层次的城市规划中,应明确城市基础设施的用地位置,并划定城市黄线。

A. 城镇体系规划　　　　　　B. 城市总体规划
C. 控制性详细规划　　　　　D. 修建性详细规划
E. 历史文化名城保护规划

【答案】BCD

【解析】《城市黄线管理办法》(2011年修正)第七条规定,编制城市总体规划,应当根据规划内容和深度要求,合理布置城市基础设施,确定城市基础设施的用地位置和范围,划定其用地控制界线,选项B正确;第八条规定,控制性详细规划应当依据城市总体规划,落实城市总体规划确定的城市基础设施的用地位置和面积,划定城市基础设施用地界线,规定城市黄线范围内的控制指标和要求,并明确城市黄线的地理坐标,选项C正确;修建性详细规划应当依据控制性详细规划,按不同项目具体落实城市基础设施用地界线,提出城市基础设施用地配置原则或者方案,并标明城市黄线的地理坐标和相应的界址地形图,选项D正确。因此选项B、C、D正确。

2018-093. 下列应划定蓝线的有( )。

A. 湿地　　　　　　　　　　B. 河湖
C. 水源地　　　　　　　　　D. 水渠
E. 水库

【答案】ABDE

【解析】《城市蓝线管理办法》第二条规定:本办法所称城市蓝线,是指城市规划确定的江、河、湖、库、渠和湿地等城市地表水体保护和控制的地域界限。选项A、B、D、E正确。

2018-094. 下列属于可再生能源的有( )。

A. 太阳能　　　　　　　　　B. 天然气
C. 风能　　　　　　　　　　D. 水能
E. 核能

【答案】ACD

【解析】可再生能源是指风能、太阳能、水能、生物质能、地热能、海洋能等非化石能源,选项A、C、D正确。

2018-095. 控制性详细规划编制内容一般包括( )。

A. 土地使用控制　　　　　　B. 城市设计引导
C. 建筑建造控制　　　　　　D. 市政设施配套
E. 造价与投资控制

【答案】ABCD

【解析】根据规划编制办法、规划管理需要和现行的规划控制实践,控制指标体系由土地使用、建筑建造、配套设施控制、行为活动、其他控制要求等五方面的内容组成。其中市政设施配套、城市设计引导属于建筑建造。选项 A、B、C、D 符合题意。

2018-096. 下列关于修建性详细规划的表述，正确的有（　　）。

A. 修建性详细规划属于法定规划

B. 修建性详细规划是一种城市设计类型

C. 修建性详细规划的任务是对所在地块的建设提出具体的安排和设计

D. 修建性详细规划用以指导建筑设计和各项工程施工图设计

E. 修建性详细规划侧重对土地出让的管理和控制

【答案】ACD

【解析】依据《中华人民共和国城乡规划法》（2019年修订），修建性详细规划属于法定规划，选项 A 正确。但是需要注意当前国土空间规划体系建构内容变化，而且依据国务院发文《国务院关于第六批取消和调整行政审批项目的决定》（国发〔2012〕52号），取消重要地块城市修建性详细规划行政审批事项，修建性详细规划当前仅是作为办理建设工程规划许可证的技术关键审查；修建性详细规划按照城市总体规划、分区规划以及控制性详细规划的指导、控制和要求，以城市中准备实施开发建设的待建地区为对象，对其中的各项物质要素进行统一的空间布局，选项 B 错误，选项 C 正确；根据《城市规划编制办法》的要求，修建性详细规划的任务是依据已批准的控制性详细规划及城乡规划主管部门提出的规划条件，对所在地块的建设提出具体的安排和设计，用以指导建筑设计和各项工程施工设计，选项 D 正确。控制性详细规划侧重对土地出让的管理和控制，选项 E 错误。选项 A、C、D 符合题意。

2018-097. "十九大"报告对乡村振兴战略的总要求包括（　　）。

A. 产业兴旺　　　　　　　　B. 生活富裕

C. 村容整洁　　　　　　　　D. 治理有效

E. 生态宜居

【答案】ABDE

【解析】"十九大"报告对乡村振兴战略指出：要坚持农业农村优先发展，按照产业兴旺、生态宜居、乡风文明、治理有效、生活富裕的总要求，建立健全城乡融合发展体制机制和政策体系，加快促进农业农村现代化，选项 A、B、D、E 正确。

2018-098. 历史文化名镇、名村保护条例应当包括的内容有（　　）。

A. 传统格局和历史风貌的保护要求

B. 名镇、名村的发展定位

C. 核心保护区内重要文物保护单位及历史建筑的修缮设计方案

D. 保护措施、开发强度和建设控制要求

E. 保护规划分期实施方案

【答案】ADE

【解析】《历史文化名城名镇名村保护条例》（2017年修订）第十四条规定，保护规划应当包括下列内容：（一）保护原则、保护内容和保护范围；（二）保护措施、开发强度和建设控制要求；（三）传统格局和历史风貌保护要求；（四）历史文化街区、名镇、名村的核心保护范围和建设控制地带；（五）保护规划分期实施方案。因此，选项A、D、E正确。

2018-099. 下列关于居住绿地率计算的表述，正确的有( )。

A. 绿地率是居住区内所有绿地面积与用地面积的比值
B. 居住街坊内集中绿地的规划建设：新区建设不应低于0.50m²/人，旧区改建不应低于0.35m²/人
C. 计算中不包括行道树
D. 满足当地植树绿化覆土要求的屋顶绿地可计入绿地
E. 水面可以计入绿地率

【答案】BDE

【解析】依据《城市居住区规划设计标准》（GB 50180—2018）中规定，绿地率是居住街坊内绿地面积之和与该居住街坊用地面积的比率（%），选项A错误。居住街坊内集中绿地的规划建设，应符合下列规定：新区建设不应低于0.50m²/人，旧区改建不应低于0.35m²/人；宽度不应小于8m，选项B正确。居住街坊内的绿地应结合住宅建筑布局设置集中绿地和宅旁绿地；绿地的计算方式应符合本标准附录A第A.0.2条的规定，即满足当地植树绿化覆土要求的屋顶绿地可计入绿地，绿地面积计算方法应符合所在城市绿地管理的有关规定，选项C错误，选项D正确。有绿地包围的水体应符合所在城市绿地管理有关规定下计算绿地面积，选项E正确。

2018-100. 下列关于城市设计理论与其代表人物的表述，正确的是( )。

A. 简·雅各布斯在《美国大城市的死与生》中研究怎样的建筑和环境设计能够更好地支持社会交往和公共生活，提升户外空间规划设计的有效途径
B. 西谛在《城市建筑艺术》一书中提出了现代城市空间组织的艺术原则
C. 凯文·林奇在《城市意象》一书中提出了关于城市意象的构成要素是地标、节点、路径、边界和地区
D. 第十小组尊重城市的有机生长，出版了《模式语言》一书，其设计思想的基本出发点是对人的关怀和对社会的关注
E. 埃德蒙·N.培根在《小城市空间的社会生活》中，描述了城市空间质量与城市活动之间的密切关系，证明物质环境的一些小改观，往往能显著地改善城市空间的使用情况

【答案】BC

【解析】杨·盖尔在《交往与空间》中研究怎样的建筑和环境设计能够更好地支持社会交往和公共生活，提升户外空间规划设计的有效途径，选项A错误；《模式语言》于1977年出版，克里斯多弗·亚历山大从城镇、邻里、住宅、花园和房间等多种尺度描述了253个空间模式，通过模式的组合，使用者可以创造出很多变化，模式的意义在于为设计师提供一种有用的行为与空间之间的关系序列，体现了空间的社会用途，选项D错误；《小城市空间的社会生活》作者为威廉·H.怀特，选项E错误。选项B、C符合题意。

第七节 2019年真题

一、单选题（每题四个选项，其中一个选项为正确答案）

2019-001. 下列表述正确的是( )。
A. 城市是人类第一次社会大分工的产物
B. 城市的本质特点是集聚
C. 城市是"街"与"市"叠加的实体
D. 城市最早是人口增长的产物

【答案】B

【解析】城市是人类第三次社会大分工的产物，选项A错误；城市是在"城"与"市"功能叠加的基础上，以行政和商业活动为基本职能的复杂化、多样化的客观实体，选项C不准确；城市最早是政治统治、军事防御和商品交换的产物，选项D错误。由城市的多重定义可知，选项B正确。

2019-002. 下列关于城市和乡村的表述，不准确的是( )。
A. 城市和乡村是一个统一体，不存在截然的界限
B. 城乡联系包含物质联系、经济联系、人口移动联系、技术联系等
C. 城乡基本差异主要包括集聚规模、生产效率、职能、物质形态、文化观念等
D. 城乡联系模式的选择，不会因国家和地区的不同而不同

【答案】D

【解析】城乡要素与资源的配置，城乡联系方式的选择是多样的，对于不同城乡联系模式的具体选择，完全取决于不同国家、地区的具体情况和城乡发展的基本战略，选项D错误。

2019-003. 下列关于城市空间环境演进基本规律的表述，正确的是( )。
A. 从多中心到单中心
B. 从平面延展到立体利用
C. 从生产性空间到生态性空间
D. 从分离的均质空间到整合的单一空间

【答案】B

【解析】城市空间环境演进的基本规律包括：从封闭的单中心到开放的多中心空间环境、从平面空间环境到立体空间环境、从生产性空间环境到生活性空间环境、从分离的均质城市空间到连续的多样城市空间。选项B正确。

2019-004. 城镇化进程的基本阶段不包括( )。
A. 城乡一体化阶段   B. 郊区化阶段
C. 逆城镇化阶段   D. 再城镇化阶段

【答案】A

【解析】城镇化进程一般可以分为四个基本阶段：集聚城镇化阶段、郊区化阶段、逆

173

城镇化阶段、再城镇化阶段，选项 A 不在四个基本阶段中，符合题意。

2019-005. 下列不属于我国城镇化典型模式的是（   ）。
   A. 计划经济体制下以国有企业为主导的城镇化模式
   B. 商品短缺时期以民营经济为主导的城镇化模式
   C. 由计划经济向市场经济转轨过程中以分散家庭工业等为主导的城镇化模式
   D. 以外资及混合型经济为主导的城镇化模式
   【答案】B
   【解析】我国城镇化典型模式包括：①计划经济体制下以国有企业为主导的城镇化模式；②商品短缺时期以乡镇集体经济为主导的城镇化模式；③市场经济早期以分散家庭工业为主导的城镇化模式；④以外资及混合型经济为主导的城镇化模式；⑤以大城市带动大郊区发展的成都模式；⑥以宅基地换房集中居住的天津模式。选项 B 符合题意。

2019-006. 下列关于欧洲古典城市典型格局特征的表述，正确的是（   ）。
   A. 古罗马城市空间格局具有炫耀和享乐特征
   B. 古典广场是中世纪城市的典型格局特征
   C. 城市环路是文艺复兴时期城市的典型格局特征
   D. 君主专制时期凯旋门和纪念柱是城市空间的核心与焦点
   【答案】A
   【解析】古罗马时期是西方奴隶制发展的鼎盛时期，广场、铜像、凯旋门和纪念柱成为城市空间的核心和焦点，选项 A 正确；中世纪城市格局的特点是大体量的教堂建筑，选项 B 错误；文艺复兴时期城市的典型格局特征是建设了一系列具有古典风格和构图严谨的广场、街道及一些公共建筑，选项 C 错误；君主专制时期的空间特点是放射状的街道和宫殿花园，凯旋门和纪功柱是古罗马城市建设的特征，选项 D 错误。

2019-007. 下列关于欧洲古典时期城市的表述，正确的是（   ）。
   A. 古希腊城邦国家城市布局上出现了以放射状的道路系统为骨架，以城市广场为中心的希波丹姆（Hippodamus）模式
   B. 希波拉姆模式充分体现了民主和平等的城邦精神和市民民主文化的要求
   C. 雅典城最为完整地体现了希波丹姆模式
   D. 广场群是希波丹姆模式城市中市民集聚的空间和城市生活的核心
   【答案】B
   【解析】古希腊城邦国家城市布局以方格网为骨架，充分体现了民主和平等的城邦精神和市民民主文化的要求，选项 A 错误，选项 B 正确；米利都城是希波丹姆模式的典型代表，围绕广场建设的一系列公共建筑是城市中市民集聚的空间和城市生活的核心，选项 C、D 错误。

2019-008. 下列关于现代城市规划形成基础的表述，错误的是（   ）。
   A. 空想社会主义是现代城市规划形成的思想及出处
   B. 现代城市规划是在解决工业城市问题的基础上形成的
   C. 公司城是现代城市规划形成的行政实践

D. 英国关于城市卫生和工人住房的立法是现代城市规划形成的法律实践

【答案】C

【解析】公司城是现代城市规划形成的实践基础，现代城市规划形成的行政实践是巴黎改造，选项C错误。

2019-009. 下列关于格迪斯学说的表述，错误的是（   ）。
　　A. 人类居住地与特定地点之间存在着一种由地方经济性质所决定的内在联系
　　B. 他在《进化中的城市》中提出把自然地区作为规划研究的基本范围
　　C. 他提出的城市规划过程是"调查—分析—规划"
　　D. 他发扬光大了芒福德（Lewis Mumford）等人的思想，创立了区域规划

【答案】D

【解析】芒福德等学者将格迪斯学说发扬光大，形成了对区域的综合研究和区域规划，选项D错误。

2019-010. 下列关于勒·柯布西埃（Le Corbusier）现代城市设想的表述，错误的是（   ）。
　　A. 他主张通过对大城市的内部改造，以适应社会发展的需要
　　B. 他提出了广场、街道、建筑、小品之间建立宜人关系的基本原则
　　C. 他提出的"明天城市"是一个300万人口规模的城市规划方案
　　D. 他主持撰写的《雅典宪章》集中体现了理性功能主义的城市规划思想

【答案】B

【解析】勒·柯布西埃主张提高市中心的密度，改善交通，全面改造城市地区，形成新的城市概念，提供充足的绿地、空间和阳光，选项B错误。

2019-011. 城市分散发展理论不包括（   ）。
　　A. 卫星城理论　　　　　　　　B. 新城理论
　　C. 大都市带理论　　　　　　　D. 广亩城理论

【答案】C

【解析】城市的分散模式理论包括：卫星城理论、新城理论、有机疏散理论和广亩城理论；大都市带理论是城市集中发展理论。选项C符合题意。

2019-012. 下列表述中，错误的是（   ）。
　　A. 汉长安城内各宫殿之间的一般居住地段为闾里
　　B. 唐长安城每个里坊四周设置坊墙，坊里实行严格管制，坊门朝开夕闭
　　C. 北宋中叶开封城已建立较为完善的街巷制，坊里制逐渐被废除
　　D. 元大都城内有50个坊，恢复了绵延千年的里坊制度

【答案】D

【解析】汉长安宫殿与居民区相互穿插，宫殿之间的一般居住地段称闾里，所以整体的布局并不规则，选项A正确；唐长安城采用规整的方格路网，居住分布采用里坊制，朱雀大街两侧各有54个里坊，每个里坊四周设置坊墙，里坊实行严格管制，坊门朝开夕闭，坊中考虑了城市居民丰富的社会活动和寺庙用地，选项B正确；随着商品经济的发

展，中国城市建设中延绵了千年的里坊制度逐渐被废除，到北宋中叶，开封城中已建立较为完善的街巷制，选项 C 正确；元大都因水系择址新建，城市规划不受旧格局约束，所以其居民区与金中都新旧坊制混合形式不同，全部为开放形式的街巷，按照方位，元朝的元廷将大都街道分为 50 坊，虽能分为 50 个坊管理，但是采用开放的街巷制，而非采用里坊制度，选项 D 错误。

2019-013. 近代工业城市中，完全由民族资本发展起来的是(　　)。
　　A. 唐山　　　　　　　　　　B. 青岛
　　C. 郑州　　　　　　　　　　D. 南通
【答案】D
【解析】在近代的发展过程中，青岛、唐山均在当时受到租界和殖民的影响，郑州是"铁路拉来的城市"，近代受买办、西方经济铁路投资影响较大。南通被称为"中国近代第一城"，由张謇带领近代的南通人开创实业，开办工厂，是完全由民族资本发展起来的，选项 D 正确。

2019-014. 新中国成立以来最早的城市规划法规是(　　)。
　　A.《城市规划法》
　　B.《城市规划条例》
　　C.《城市规划编制审核暂行办法》
　　D.《城市规划编制暂行办法》
【答案】B
【解析】《城市规划条例》是新中国成立以来，城市规划专业领域的第一本法规，选项 B 正确。

2019-015. 影响社区归属感的主要因素是(　　)。
　　A. 社区居民收入差别
　　B. 社区内的购物、娱乐设施配置
　　C. 社区内的教育、医疗设施配置水平
　　D. 居民对社区环境的满意度
【答案】D
【解析】影响居民社区归属感的主要原因包括：①居民对社区生活条件的满意程度；②居民的社区认同程度；③居民在社区内的社会关系；④居民在社区内的居住年限；⑤居民对社区活动的参与。选项 D 正确。

2019-016. 下列关于科学城的表述，正确的是(　　)。
　　A. 科学城依附于中心城市而存在
　　B. 科学城是指由政府设立的，采用优惠政策吸引高科技企业的集中的地区
　　C. 科学城通常是相同行业或生产过程连续的多个企业的集中地区
　　D. 科学城是指与制造业无直接关系的、科学研究机构的集中地区
【答案】A
【解析】科学城是专门设置科学研究和高等教育机构的一种卫星城。建设科学城既可

减轻大城市拥挤程度,也有利于促进科学事业发展,便于利用大城市的社会环境、雄厚的物质技术基础和丰富的情报资料。科学城主要搞研发,再通过制造业转为生产力,科学城内部一般可以设置少量的制造业研发大楼,但科学城一般不与制造业基地有直接联系,因科学城需要具有一定人才和经济支持,因此不是所有的城市都具备建设科学城的能力,本质上科学城还是需要依附于中心城区强大的经济和人才储备而存在,因此选项A正确,选项D错误。产业园区指由政府设立的,采用优惠政策吸引高科技企业集聚的地区,高科技产业城通常是相同行业或生产过程连续的多个企业的集中地区,因此选项B、C错误。

2019-017. 下列( )不利于提高城市的可持续性。
A. 通过大规模的拆旧重建,缓解城市扩张压力
B. 集中建设保障性住房,为所有人提供足够的住房
C. 提高公共交通在出行方式中的比重
D. 强化功能分区
【答案】D
【解析】通过城市中心区的拆除重建,减少城市外围的扩展,节约土地,选项A正确;集中建设保障性住房,有利于不必要的贫民窟蔓延,选项B正确;根据可持续发展的《全球21世纪议程》,提高公共交通在出行中的比重,减少私家车的依赖,有助于节约能源,选项C正确;强化功能分区,从某种程度上增加了人流、物流的成本,增加了对资源的消耗,比如居住区与工业区(就业区)之间严格功能二分区,而不是"精明增长"鼓励的、紧凑的、混合的用途开发,必然增加上下班等途中的成本,选项D错误。

2019-018. 城镇体系最本质的特点是( )。
A. 由一定区域的城镇组成
B. 由一定数量的城镇组成
C. 城镇体系的核心是中心城市
D. 城镇之间存在相互联系
【答案】D
【解析】城镇体系最本质的特点是相互联系,选项D正确。

2019-019. 传统城镇体系规划三结构是指( )。
A. 空间结构、生态结构、职能结构
B. 空间结构、景观结构、等级规模结构
C. 等级规模结构、空间结构、职能结构
D. 等级规模结构、生态结构、职能结构
【答案】C
【解析】传统城镇体系规划"三结构"是指地域空间结构、等级规模结构、职能类型结构,选项C正确。

2019-020. 下列关于市县国土空间总体规划的表述,不正确的是( )。
A. 市县国土空间总体规划是本级政府对上级国土空间规划要求的细化
B. 市县国土空间总体规划是对本级政府区域国土空间开发保护做出的具体安排

C. 市县国土空间总体规划由本级人民政府组织编制，同级人大常委会审议后，由省级人民政府审批

D. 各地可因地制宜，将市县国土空间总体规划与乡镇国土空间规划合并编制

【答案】C

【解析】《中共中央 国务院关于建立国土空间规划体系并监督实施的若干意见》（中发〔2019〕18号文）中指出，市县和乡镇国土空间规划是本级政府对上级国土空间规划要求的细化落实，是对本行政区域开发保护做出的具体安排，侧重实施性。选项A、B正确。需报国务院审批的城市国土空间总体规划，由市政府组织编制，经同级人大常委会审议后，由省级政府报国务院审批；其他市县及乡镇国土空间规划由省政府根据当地实际，明确规划编制审批内容和程序要求。选项C错误。各地可因地制宜，将市县与乡镇国土空间规划合并编制，也可以几个乡镇为单元编制乡镇级国土空间规划。选项D正确。

2019-021. 下列中不属于大城市病的是（　　）。

A. 高房价　　　　　　　　B. 失业率上升
C. 交通拥堵　　　　　　　D. 人口膨胀

【答案】B

【解析】大城市一般都具有高房价、拥挤的交通、过度的人口等城市问题，因大城市产业体系比较完整，在同等经济政策下，就业岗位需求相对比较多，失业率相比较低。因此选项B符合题意。

2019-022. 下列不属于城市规划中人口调查内的是（　　）。

A. 年龄构成　　　　　　　B. 宗教构成
C. 迁移变动　　　　　　　D. 社会变动

【答案】B

【解析】社会环境的调查主要包括两方面：首先是人口方面，主要涉及人口的年龄结构、自然变动、迁移变动和社会变动；其次是社会组织和社会结构方面，主要涉及构成城市社会各类群体及它们之间的相互关系，包括家庭规模、家庭生活方式、家庭行为模式及社区组织等；还有政府部门、其他公共部门及各类企业事业单位的基本情况。城市规划中的人口调查一般不涉及对城市宗教的调查，选项B符合题意。

2019-023. 下列不属于影响城市发展方向因素的是（　　）。

A. 区域高速公路　　　　　B. 基本农田
C. 教育、医疗设施　　　　D. 地形地貌

【答案】C

【解析】影响城市发展方向的因素较多，可大致归纳为以下几种：自然条件、人工环境、城市建设现状与城市形态结构、规划及政策性因素、其他因素。选项C不属于影响城市发展方向主要因素。

2019-024. 第三次全国土地调查数据将作为国土空间规划的基础，作为统一编制空间规划的基础工作，下列不属于第三次全国土地调查数据需要落实完成（　　）。

A. 底图基础　　　　　　　B. 底数数据

C. 空间定位数据 D. 高程数据

【答案】D

【解析】《自然资源部关于全面开展国土空间规划工作的通知》（自然资发〔2019〕87号）中明确，国土空间规划编制统一采用第三次全国国土调查数据作为规划现状底数和底图基础，统一采用2000国家大地坐标系和1985国家高程基准作为空间定位基础，各地要按此要求尽快形成现状底数和底图基础，高程数据只是空间定位数据的一种基础，因此选项D符合题意。

2019-025. 下列不能缓解城市中心区机动车交通拥挤量的是（　　）。

A. 在中心步行街和广场地下建设地下停车场
B. 利用小巷建设自行车停车场
C. 在中心城区外围设置截留式停车场
D. 对中心城区进行限行政策

【答案】A

【解析】在中心区步行街和广场地下建设停车场，可以减少中心区的部分停车难问题，但会吸引更多的机动车进入中心区，不能缓解城市中心区的交通拥堵，选项A符合题意。

2019-026. 下列关于城市性质的说法，不正确的是（　　）。

A. 城市性质体现发展目标　　B. 城市性质体现城市个性
C. 城市性质体现主导产业　　D. 城市性质体现发展方向

【答案】A

【解析】城市性质是指城市在一定地区、国家以至更大范围内的政治、经济与社会发展中所处的地位和担负的主要职能，由城市形成与发展的主导因素的特点所决定，由该因素组成的基本部门的主要职能所体现，并不包含城市发展目标表述内容。选项A不正确。城市性质关注的是城市最主要的职能，是对主要职能的高度概括。城市性质应该体现城市的个性，反映其所在区域的经济、政治、社会、地理、自然等因素的特点，选项B正确。确定城市性质是明确城市产业发展重点确定城市空间形态的前提和基础，选项C正确。城市性质是城市发展方向和布局的重要依据，选项D正确。

2019-027. 下列说法错误的是（　　）。

A. 矿产储备的丰富度决定城市性质
B. 矿产的规模决定城市规模
C. 矿产资源分布决定了城市的形态
D. 矿产资源决定城市主导产业

【答案】A

【解析】矿产资源的开发和加工可促成新城市的产生，当某一地区经勘探发现矿产资源又经国家允许开采，于是采矿业便在此兴起，随着采矿业规模的扩大，相关产业应运而生，从而形成一个完整的城市经济体系，城市由最初的雏形渐渐走向成熟，产生新的城市。矿产资源决定城市的性质和发展方向。矿业城市中，矿产开发和加工业成为城市经济主导产业部门，整个产业结构是以此为核心构筑的，对城市的性质和发展起决定性作用。

与一般城市不同，矿业城市的地域结构和空间形态是由相应资源的开采决定的。因此选项B、C、D正确，矿产储备的丰富程度决定矿产资源多与少的程度，规模数量大小的程度，并不能指明矿产资源具体类别情况，比如是铁矿、煤矿、还是铜矿；而矿产资源的类别是可以决定该城市能够发展的某类采矿业及相关加工制造业，即城市的主导产业门类，反映在城市主要职能可以体现出其矿产资源特性，例如钢铁城市、石油城市等，由此该城市具体矿产种类及其开采、加工制造产业将决定城市性质。所以单就矿产丰富程度与城市性质没有直接关联。选项A错误。

2019-028. 城市用地经济性评价的因素不包括（　　）。

  A. 用地的交通通达性　　　　　　B. 用地的社会服务设施供给
  C. 用地周边的房地产价格　　　　D. 用地的环境质量

【答案】C

【解析】土地经济性与房地产价格是有区别的，房地产价格受到的影响因素非常多，与潜在的土地经济性不一定是正向关系，因此房地产价格不能作为用地经济性评价的因素。比如老城区老房子受房屋质量环境影响房屋价格不高，一旦拆迁后腾挪出来的土地经济性非常高。因此选项C符合题意。

2019-029. 分散式城市布局的优点一般不包括（　　）。

  A. 接近自然、环境优美　　　　　B. 城市布局灵活
  C. 节省建设投资　　　　　　　　D. 城市用地发展和城市容量具有弹性

【答案】C

【解析】分散式布局的优点：①布局灵活，城市用地发展和城市容量具有弹性，容易处理好近期与远期的关系；②接近自然、环境优美；③各城市物质要素的布局关系井然有序，疏密有致。而城市分散布局会增加市政基础设施等的投入，节省建设投资是集中城市布局的优点，选项C符合题意。

2019-030. 下列关于公共设施布局规划的表述，不准确的是（　　）。

  A. 公共设施布局要按照与居民生活的密切程度确定合理的服务半径
  B. 公共设施布局要结合城市道路与交通规划考虑
  C. 公共设施布局要选择在城市或片区的几何中心
  D. 公共设施布局要考虑合理的建设时序，并留有发展余地

【答案】C

【解析】公共设施的布局需要考虑以下的要求：①公共设施项目要合理地配置；②公共设施要按照与居民生活的密切程度确定合理的服务半径；③公共设施的布局要结合城市道路与交通规划考虑；④根据公共设施本身的特点及其对环境的要求进行布置；⑤公共设施布置要考虑城市景观组织的要求；⑥公共设施的布局要考虑合理的建设顺序，并留有余地；⑦公共设施的布局要充分利用城市原有基础。选项C不准确。

2019-031. 下列不属于城市综合交通发展战略研究内容的是（　　）。

  A. 研究城市交通发展模式
  B. 预估城市交通总体发展水平

C. 提出市级公路骨架的发展战略和调整意见
D. 优化配置城市干路网结构

【答案】C

【解析】市域综合交通规划要充分尊重相关行业规划和省域城镇体系规划的安排，市域范围内结合市域经济社会发展和市域城镇体系的发展，进一步调整和完善市域内的对外交通设施，市级公路骨架的发展战略和调整意见属于交通行业规划，不属于城市综合交通规划内容，选项C错误。《城市综合交通体系规划标准》（GB/T 51328—2018）附录B中，关于城市交通发展战略与政策内容包括：根据城市发展目标等，确定交通发展与土地使用的关系；预测城市综合交通体系发展趋势与需求；确定城市综合交通体系发展目标及各种交通方式的作用、发展要求和目标；提出交通发展战略和政策；确定不同发展地区交通资源分配利用的原则；并根据交通发展特征提出个体机动车交通需求管控与提高绿色交通分担率的交通需求管理政策。选项A、B、D属于城市综合交通发展战略研究内容。

2019-032. 下列关于铁路在城市中布局的表述，错误的是（　　）。

A. 铁路客运站布局要考虑旅客中转换乘的便捷
B. 铁路客运站应布局在城市外围，用轨道交通与城市中心区相连
C. 在城市的铁路布局中，场站位置起着主导作用
D. 铁路站场的位置和城市规模、自然地形等因素有关

【答案】B

【解析】铁路客运站应该靠近城市中心区边缘布置，如果布置在城市外缘，即使有城市干路与城市中心相连，也容易造成城市结构过于松散，居民出行不便，选项B不准确。

2019-033. 下列关于城市道路系统规划的表述，错误的是（　　）。

A. 城市的不同区位、不同地段均要采用"小街坊密路网"
B. 不同等级的道路有不同的交叉口间距要求
C. 城市道路系统是组织城市各种功能用地的骨架
D. 城市道路系统应有利于组织城市景观

【答案】A

【解析】城市道路应根据所处的区域考虑道路的密度，一般城市中心区的道路网密度较大，边缘区较小；商业区的道路网密度较大，工业区较小。而居住区则应采取"小街区、密路网"的交通组织方式。选项A错误。

2019-034. 下列关于城市机场布局的表述，错误的是（　　）。

A. 城市密集区域可设置共用的机场
B. 一个超大城市周围，可布置若干个机场
C. 机场选址要满足飞机起降的自然地理和气象条件
D. 机场选址要尽可能是跑道轴线方向与城市主导风向垂直

【答案】D

【解析】机场选址要尽可能使跑道轴线方向与城市主导风向平行，利用风的作用，方便飞机的起降。选项D错误。

2019-035. 下列不属于中国历史文化名城类型的是( )。

  A. 古都型   B. 风景名胜型

  C. 特殊史迹型   D. 一般史迹型

【答案】C

【解析】历史文化名城分为七大类型，有古都型、传统风貌型、风景名胜型、地方及民族特色型、近现代史迹型、特殊职能型、一般史迹型。特殊史迹型不属于中国历史文化名城类型，选项C符合题意。

2019-036. 下列关于城市轨道交通系统与城市用地布局的说法，错误的是( )。

  A. 无环放射式道路不利于中心区活力提升

  B. 有环放射比较适合特大城市后期的发展

  C. 轨道交通线网方案编制的基本方法主要有"枢纽锚固"和"走廊锚固"

  D. 城市轨道交通线网可分为分离式和联合式两种基本类型

【答案】A

【解析】无环放射式轨道交通线网有极大的"向心"交通，有利于城市中心区客流的集散，保持和提升城市中心区的活力，选项A错误。

2019-037. 下列关于城市道路系统的表述，错误的是( )。

  A. 有信号控制的交叉口间距应相等

  B. 环形交叉口一般不适用于城市主干道交叉口

  C. 城市道路交叉口的距离也受城市规模大小的影响

  D. 道路红线内的用地包括车行道、步行道、绿化带、分隔带四部分组成

【答案】A

【解析】城市交叉口的间距主要和道路等级、设计车速、红线宽度有关，与是否有信号控制无关，选项A错误。

2019-038. 下列对城市交通的说法，正确的是( )。

  A. 对城市道路交通的控制分为区域控制、线路控制

  B. 通过建立交通设施保障道路运行服务水平，是一种交通水平提升的方法

  C. 社会车辆禁停是属于线路控制的方法

  D. 设置公交专用车道属于区域控制

【答案】B

【解析】对城市道路交通的控制分为区域控制、路线控制和时间控制三种，选项A错误；通过建立交通设施保障道路运行服务水平，是一种交通水平提升的方法，选项B正确；社会车辆禁停是属于区域控制的方法，选项C错误；设置公交专用车道属于路线控制，选项D错误。

2019-039. 下列说法错误的是( )。

  A. 对已经完全消失的历史文化地段和文物保护，应取恢复重建的方式建设

  B. 历史文化名城保护规划是城市总体规划中的专项规划

C. 历史文化名城保护规划应划定历史地段、历史建筑、文物古迹和地下文物埋藏区的保护界

D. 历史文化名城保护规划应遵循保护历史真实载体的原则，保护历史环境的原则，合理利用、永续利用的原则

【答案】A

【解析】《中华人民共和国文物保护法》（2017年修订）第二十二条，不可移动文物已经全部毁坏的，应当实施遗址保护，不得在原址重建。但是，因特殊情况需要在原址重建的，由省、自治区、直辖市人民政府文物行政部门报省、自治区、直辖市人民政府批准；全国重点文物保护单位需要在原址重建的，由省、自治区、直辖市人民政府报国务院批准。对已经完全消失的历史文化地段和文物保护，重要的不是去仿造重建，而是尽力去保护好历史地段或文物古迹周边的环境，选项A错误。

2019-040. 下列对城市规划的公众参与表述，错误的是（   ）。

A. 公众参与的理论基础是倡导性规划
B. 公众参与有利于城市的可持续发展
C. 公众参与是现代城市规划编制和审批的步骤之一
D. 公众参与者仅仅对城市实施监督

【答案】D

【解析】达维多夫等在20世纪60年代提出的"倡导性规划"的理论，成为城市规划公众参与的理论基础，选项A正确。公众参与能把多元的价值体系带入到城市规划中，可以更好地促进城市规划的可持续发展，选项B正确。现阶段公众参与法律法规的规定，已成为现代城市规划编制和审批的法定步骤，选项C正确。公众参与不仅仅在对城市规划实施的监督中发挥重要作用，在城市规划的编制和审批中也发挥了各种作用，选项D错误。

2019-041. 一个相对封闭、历史长、影响发展因素稳定且人口具有长时间序列统计的城市，在人口预测上，比较适合的方法是（   ）。

A. 综合平衡法　　　　　　B. 时间序列法
C. 相关分析法　　　　　　D. 区位法

【答案】B

【解析】时间序列法是从人口增长与时间变化的关系中找出两者之间的规律，建立数学公式来进行预测。这种方法要求城市人口要有较长的时间序列统计数据，而且人口数据没有大的起伏，适用于相对封闭、历史长、影响发展因素稳定的城市。选项B正确。

2019-042. 下列关于历史文化名城保护规划的表述，不准确的是（   ）。

A. 应划定历史城区和环境协调区的范围
B. 应划定历史文化街区的保护范围界限
C. 文物保护单位保护范围界限应以各级人民政府公布的具体界限为基本依据
D. 历史城区应明确延续历史风貌的要求

【答案】A

【解析】根据《历史文化名城保护规划标准》（GB/T 50357—2018）第 3.2.1 条，历史文化名城保护规划应划定历史城区范围，可根据保护需要划定环境协调区。选项 A 不准确。

2019-043. 历史文化名城保护规划应坚持整体保护的理念，建立（　　）三个层次的保护体系。

  A. 中心城区、历史城区、历史文化街区
  B. 历史文化名城、历史文化街区、文物保护单位
  C. 历史城区、历史文化街区、历史地段
  D. 历史文化名城、历史地段、文化保护单位

【答案】B

【解析】《历史文化名城保护规划标准》（GB/T 50357—2018）第 3.1.3 条，历史文化名城保护规划应坚持整体保护的理念，建立历史文化名城、历史文化街区与文物保护单位三个层次的保护体系。选项 B 正确。

2019-044. 下列关于历史文化名城保护规划的表述，错误的是（　　）。

  A. 历史城区应采取集中化的停车布局方式
  B. 历史城区内不应新设置区域性大型市政基础设施站点
  C. 历史城区内不得保留或设置二、三类工业用地
  D. 历史城区的市政基础设施要充分发挥历史遗留设施的作用

【答案】A

【解析】根据《历史文化名城保护规划标准》（GB/T 50357—2018）第 3.4.4 条，历史城区应控制机动车停车位的供给，完善停车收费和管理制度，采取分散、多样化的停车布局方式。不宜增建大型机动车停车场，选项 A 错误。

2019-045. 下列关于历史文化街区的表述，错误的是（　　）。

  A. 历史文化街区是历史文化名城保护工作的法定保护概念
  B. 历史文化街区保护范围包括核心保护区域与建设控制地带
  C. 历史文化街区概念是由历史文化保护区演变而来
  D. 历史文化街区由市、县人民政府核定公布

【答案】D

【解析】根据《历史文化名城保护规划标准》（GB/T 50357—2018）第 4.2.3 条，历史文化街区内文物保护单位的保护范围和建设控制地带应以各级人民政府公布的具体界线为依据。选项 D 错误。

2019-046. 区域地下水位的大幅下降会引起地质环境不良后果和危害，下列表述中不准确的是（　　）。

  A. 引起地面沉降等地质灾害　　　　B. 造成地下水水质污染
  C. 导致天然自流泉干枯　　　　　　D. 导致河流断流

【答案】D

【解析】选项 A、B、C、D 均属于地下水位大幅下降后引起的不良后果和危害，地下

水若过量开采，会使地下水位大幅度下降，形成"漏斗"，这会使漏斗外围的污染物质流向漏斗中心，使水质变坏。严重的还会造成水资源枯竭和引起地面沉陷，形成一个碟形洼地。如地势较低，会造成周边河流断流和自流泉干涸等地质环境问题。题目问的是地质环境的影响，地质环境主要指的是自地表面下的坚硬壳层，即岩石圈，选项 D 不属于地质环境的不良后果，符合题意。

2019-047. 新建一座处理能力为 15 万 m^3/d 的污水处理厂，其卫生防护距离不宜小于( )。

A. 100m
B. 200m
C. 300m
D. 500m

【答案】C

【解析】根据《城市排水工程规划规范》（GB 50318—2017）中表 4.4.4，污水处理规模≥10 万 m^3/d，卫生防护距离达到 300m，选项 C 正确。

2019-048. 下列关于综合管廊布局的表述，不准确的是( )。

A. 宜布置在城市高强度开发地区
B. 宜布置在不宜开挖路面的路段
C. 宜布置在地下管线较多的道路
D. 宜布置在交通繁忙的过境公路

【答案】D

【解析】综合管廊应布置在：①城市中心区、商业中心、城市地下空间高强度成片集中开发区，重要广场、高铁、机场、港口等重大基础设施所在区域（选项 A 正确）；②交通流量大、地下管线密集的城市主要道路以及景观道路（选项 C 正确）；③配合轨道交通、地下道路、城市地下综合体等建设工程地段和其他不宜开挖路面的路段（选项 B 正确）。因此选项 D 符合题意。

2019-049. 详细规划阶段供热工程规划的主要内容，不包括( )。

A. 分析供热设施现状、特点及存在问题
B. 计算热负荷和年供热量
C. 确定城市供热热源种类、热源发展原则、供热方式和供热分区
D. 确定热网布局、管径

【答案】C

【解析】确定城市供热热源种类、热源发展原则、供热方式和供热分区属于城市总体规划阶段供热工程规划的主要内容，选项 C 符合题意。

2019-050. 下列关于城市微波通道的表述，不准确的是( )。

A. 城市微波通道分为三个等级实施分级保护
B. 特大城市微波通道原则上由通道建设部门自我保护
C. 严格控制进入大城市中心城区的微波通道数量
D. 公用网和专用网微波宜纳入公用通道

【答案】B

【解析】根据《城市通信工程规划规范》（GB/T 50853—2013）第 A.0.1 条，我国城市微波通道宜按三个等级分级保护，特大城市的微波通道原则上由城市规划行政主管部门

和通道建设部门共同切实做好保护微波通道工作。选项B错误。

2019-051. 纳入城市黄线管理的设施不包括( )。

  A. 高压电力线走廊   B. 微波通道
  C. 热力线走廊   D. 城市轨道交通线

【答案】B

【解析】根据《城市黄线管理办法》(2006年)高压电力线走廊、热力线走廊、城市轨道交通线均属于城市黄线管理的设施。微波站属于城市黄线管理设施，而微波通道不属于，选项B符合题意。

2019-052. 下列关于城镇消防站选址的表述，不准确的是( )。

  A. 消防站应设置在主次干路的临街地段
  B. 消防站执勤车辆的主出口与学校、医院等人员密集场所的主要疏散口的距离不应小于50m
  C. 消防站与加油站、加气站的距离不应小于50m
  D. 消防站用地边界距生产贮存危险化学品的危险部位不宜小于50m

【答案】D

【解析】根据《城市消防规划规范》(GB 51080—2015)第4.1.5条，陆上消防站选址应符合下列规定：①消防站应设置在便于消防车辆迅速出动的主、次干路的临街地段；②消防站执勤车辆的主出入口与医院、学校、幼儿园、托儿所、影剧院、商场、体育场馆、展览馆等人员密集场所的主要疏散出口的距离不应小于50m；③消防站辖区内有易燃易爆危险品场所或设施的，消防站应设置在危险品场所或设施的常年主导风向的上风或侧风处，其用地边界距危险品部位不应小于200m。综上所述，选项D符合题意。

2019-053. 下列不属于城市抗震防灾规划强制性内容的是( )。

  A. 规划目标   B. 抗震设防标准
  C. 建设用地评价及要求   D. 抗震防灾措施

【答案】A

【解析】依据《城市抗震防灾规划管理规定》(2011年)第十条，城市抗震防灾规划中的抗震设防标准、建设用地评价与要求、抗震防灾措施应当列为城市总体规划的强制性内容，作为编制城市详细规划的依据。选项A符合题意。

2019-054. 依据国务院发布的《关于实行最严格水资源管理制度的意见》，下列关于"三条红线"的表述，不准确的是( )。

  A. 确立水资源开发利用控制红线 B. 确立用水效率控制红线
  C. 确立水功能区限制纳污红线 D. 确立水源地保护区控制红线

【答案】D

【解析】依据国务院《关于实行最严格水资源管理制度的意见》(三)主要目标，确立水资源开发利用控制红线，到2030年全国用水总量控制在7000亿m^3以内；确立用水效率控制红线，到2030年用水效率达到或接近世界先进水平，万元工业增加值用水量(以2000年不变价计，下同)降低到40m^3以下，农田灌溉水有效利用系数提高到0.6以上；

确立水功能区限制纳污红线，到2030年主要污染物入河湖总量控制在水功能区纳污能力范围之内，水功能区水质达标率提高到95%以上。综上所述，选项D符合题意。

2019-055. 下列关于饮用水水源保护区的表述，不准确的是( )。

A. 饮用水水源保护区分为一级保护区、二级保护区和准保护区

B. 地表水饮用水源保护区包括一定的水域和陆域

C. 地下水饮用水源保护区指地下水饮用水源地的地表区域

D. 备用水源地一般不需要划定水源保护区

【答案】D

【解析】根据《饮用水水源保护区污染防治管理规定》第三条，按照不同的水质标准和防护要求分级划分饮用水水源保护区。饮用水水源保护区一般划分为一级保护区和二级保护区，必要时可增设准保护区。各级保护区应有明确的地理界线。选项A正确。第七条，饮用水地表水源保护区包括一定的水域和陆域，其范围应按照不同水域特点进行水质定量预测并考虑当地具体条件加以确定，保证在规划设计的水文条件和污染负荷下，供应规划水量时，保护区的水质能满足相应的标准。选项B正确。第十三条，饮用水地下水源保护区应根据饮用水水源地所处的地理位置、水文地质条件、供水的数量、开采方式和污染源的分布划定。选项C正确。根据《饮用水水源保护区划分技术规范》（HJ 338—2018代替HJ/T 338—2007）第4.1.2条，饮用水水源地（包括备用的和规划的）都应设置饮用水水源保护区。选项D不准确。

2019-056. 下列关于控制性详细规划编制中用地性质的表述，错误的是( )。

A. 居住用地中不包括小学用地

B. 已作其他用途的文物古迹用地应当按照文物古迹用地归类

C. 企业管理机构用地应划为其他商务用地

D. 教育科研用地包括附属学校的实习工厂

【答案】B

【解析】根据《城市用地分类与规划建设标准》（GB 50137—2011）规定，已作其他用途的文物古迹用地应按其地面实际用途归类，如北京的故宫和颐和园均是国家级重点文物古迹，但故宫用作博物院，颐和园用作公园，因此应分别归到"图书展览用地"（A21）和"公园绿地"（G1）。选项B错误。

2019-057. 下列关于控制性详细规划的表述，不准确的是( )。

A. 控制性详细规划是伴随着城市土地有偿使用制度实施，在全国范围内逐渐展开的

B. 控制性详细规划的发展趋势是结合城市设计进行编制

C. 控制性详细规划是在城乡规划法体系不断完善的过程中产生的

D. 控制性详细规划是借鉴了美国区划的经验逐步形成的具有中国特色的规划类型

【答案】B

【解析】选项B选项中的城市设计是项目类型，不是设计手法，不准确。控制性详细规划是法定规划，其编制内容、审批流程、成果形式等均由相关法律法规规定确定，城市设计是非法定规划，因此控制性详细规划不可以也不可能以城市设计项目类型的方式来编

制控制性详细规划，不可能存在这样的发展趋势。反过来，城市设计可以结合控制性详细规划进行编制，成果内容纳入控制性详细规划，反之则不可以。控制性详细规划是伴随着我国改革开放和市场经济体制的转型，适应土地有偿使用制度和城市开发建设方式的转变，改革原有的详细规划模式，借鉴了美国区划的经验，结合我国的规划实践逐步形成的具有中国特色的规划类型。因此选项A、C、D准确。

2019-058. 下列关于国土空间规划体系中详细规划表述，正确的是( )。
  A. 详细规划的主要内容要纳入相关专项规划
  B. 详细规划要统筹和综合平衡各相关专项领域的空间要求
  C. 详细规划要依据批准的国土空间总体规划进行编制和修改
  D. 详细规划要发挥统领作用

【答案】C

【解析】《中共中央国务院关于建立国土空间规划体系并监督实施的若干意见》（中发〔2019〕18号文）中明确，强化国土空间规划的基础作用，国土空间总体规划要统筹和综合平衡各相关专项领域的空间需求。详细规划要依据批准的国土空间总体规划进行编制和修改。相关专项规划要遵循国土空间总体规划，不得违背总体规划强制性内容，其主要内容要纳入详细规划。因此选项C符合题意。

2019-059. 下列关于详细规划在国土空间规划实施与监管中作用的表述，不准确的是( )。
  A. 详细规划是所有国土空间分区分类实施用途管制的依据
  B. 在城镇开发边界内的建设，实行"详细规划＋规划许可"的管制方式
  C. 在城镇开发边界外的建设，实行"详细规划＋规划许可"和"约束指标＋分区准入"的管制方式
  D. 详细规划的执行情况应纳入自然资源执法督查的内容

【答案】A

【解析】《中共中央国务院关于建立国土空间规划体系并监督实施的若干意见》（中发〔2019〕18号文）中明确，以国土空间规划为依据，对所有空间分区分类实施用途管制（选项A正确）。在城镇开发边界内的建设，实行"详细规划＋规划许可"的管制方式（选项B正确）；在城镇开发边界外的建设，实行"详细规划＋规划许可"和"约束指标＋分区准入"的管制方式（选项C正确）。对以国家公园为主体的自然保护地、重要海域和海岛、重要水源地、文物等实行特殊保护制度。因地制宜制定用途管制制度，为地方管理和创新活动留有空间。上级自然资源主管部门要会同有关部门组织对下级国土空间规划中各类管控边界、约束性指标等管控要求的落实情况进行监督检查，将国土空间规划执行情况纳入自然资源执法督查内容。因此选项A错误，符合题意。

2019-060. 下列关于控制性详细规划的表述，不准确的是( )。
  A. 用地性质以其地块使用的主导设施性质作为归类依据
  B. 用地面积指的是规划地块用地边界内的平面投影面积
  C. 使用强度控制要素包括容积率、建筑形式等

D. 指导性要素包括城市轮廓线等

【答案】C

【解析】使用强度控制包括容积率、建筑密度、人口密度和绿地率，不包括建筑形式，选项C不准确。

2019-061. 下列不属于控制性详细规划规定性指标的是(　　)。

A. 用地性质　　　　　　　　　　B. 需要配置的公共设施
C. 建筑体量要求　　　　　　　　D. 停车泊位

【答案】C

【解析】规定性是在实施规划控制和管理时必须遵守执行的，体现为一定的"刚性"原则，如用地界线、用地性质、建筑密度、建筑限高、容积率、绿地率、配建设施等。建筑体量要求不属于控制性详细规划规定性指标，选项C符合题意。

2019-062. 下列关于控制性详细规划编制的表述，不准确的是(　　)。

A. 应当充分听取政府有关部门的意见，保证有关专项规划的空间落实
B. 应当采取公示的方式征求广大公众的意见
C. 应当充分听取并落实规划所涉及单位的意见
D. 报送审批的材料中应附具公示征求意见的采纳情况及理由

【答案】C

【解析】《城乡规划法》第四十八条，修改控制性详细规划的组织编制机关应当对修改的必要性进行论证，征求规划地段内利害关系人的意见。选项C不准确。

2019-063. 根据《国家乡村振兴战略规划（2018—2022年）》，下列关于乡村振兴的表述，不准确的是(　　)。

A. 产业兴旺是重点　　　　　　　B. 生态宜居是关键
C. 乡风文明是保障　　　　　　　D. 生活温饱是根本

【答案】D

【解析】《国家乡村振兴战略规划（2018—2022）年》明确，产业兴旺是重点，生态宜居是关键，乡风文明是保障，生活富裕是根本。选项D不准确。

2019-064. 根据自然资源部公开印刷的《关于加强村庄规划促进乡村振兴的通知》对村庄规划的表述，错误的是(　　)。

A. 村庄规划是国土空间规划体系中的详细规划
B. 村庄规划是"多规合一"的实用性规划
C. 村庄规划可以一个或几个行政村为单元编制
D. 所有行政村均需编制村庄规划

【答案】D

【解析】村庄规划是法定规划，是国土空间规划体系中乡村地区的详细规划，选项A正确。要整合村土地利用规划、村庄建设规划等乡村规划，实现土地利用规划、城乡规划有机融合，编制"多规合一"的实用性村庄规划，选项B正确。村庄规划范围为村域全部国土空间，可以一个或几个行政村为单元编制，选项C正确。县级以上人民政府根据

当地经济社会发展水平，结合本地实际，确定需要编制村庄规划的区域，因此不是所有的行政村都要编制村庄规划，选项D错误。

2019-065. 中国历史文化名村现存历史传统建筑的最小规模是(　　)。

A. 建筑总面积500m^2　　　　　　B. 建筑总面积1500m^2

C. 建筑总面积2500m^2　　　　　　D. 建筑总面积5000m^2

【答案】C

【解析】依据《中国历史文化名镇（村）评选办法》（三），现状具有一定规模，镇现存历史传统建筑总面积5000m^{2}以上，或村庄现存历史传统建筑总面积2500m^{2}以上。选项C符合题意。

2019-066. 下列关于现代居住区理论的表述，正确的是(　　)。

A. 邻里单位与居民小区在1920~1930年代被大量的用于实践

B. 屈普（Tripp）最早提出了"居住小区"理论

C. "扩大街坊"也称"居住综合体"

D. 佩里（C. A. Perry）提出了"邻里单位"理论

【答案】D

【解析】1929年美国社会学家克莱伦斯·佩里以控制居住区内部车辆交通、保障居民的安全和环境安全为出发点，首先提出了"邻里单位"的理论。选项A错误，选项D正确。在邻里单位被广泛采用的同时，伦敦警察Tripp为解决伦敦交通拥挤问题而提出"划区"的理论，即在城市中开辟城市干路用以疏通交通，并把城市划分为大街坊的做法。在此基础上，苏联提出了扩大街坊的居住区规划原则，与邻里单位十分相似，只是在住宅的布局上更强调周边式布置。选项B错误。居住综合体是指将居住建筑与配套服务设施组成一体的综合大楼或建筑组合体，这种居住综合体早在20世纪40年代末法国建筑师勒·柯布西埃设计的马赛公寓中得到体现。选项C错误。

2019-067. 下列关于条式住宅布局的表述，正确的是(　　)。

A. 南北朝向平行布局的主要优点是室内物理环境较好

B. 周边式布局的采光条件较好

C. 条式住宅不适合山地居住区

D. 平行布局的条式住宅主要利用太阳方位角获得日照

【答案】A

【解析】行列式是板式住宅按一定间距和朝向重复排列，可以保证所有住宅的物理性能，但是空间较呆板，领域感和识别性都较差，选项A正确。周边式是住宅四面围合的布局形式，其特点是内部空间安静、领域感强，并且容易形成较好的街景，但也存在东西向住宅的日照条件不佳和局部的视线干扰等问题，选项B错误。条式住宅可用于山地居住区，选项C错误。平行布局的条式住宅主要利用太阳高度角获得日照，选项D错误。

2019-068. 下列关于居住区配套服务设施布局的表述，正确的是(　　)。

A. 宜分散布局，使服务更加均衡

B. 居住区周边已有的设施，该居住区不得配建

C. 人防设施可用作车库等配套服务设施使用
D. 宜避开公交站点以免人流过于集中

【答案】C

【解析】依据《城市居住区规划设计标准》(GB 50180—2018)第5.0.1条，配套设施应遵循配套建设、方便使用、统筹开放、兼顾发展的原则进行配置，其布局应遵循集中和分散兼顾、独立和混合使用并重的原则，选项A、B、D错误，选项C正确。

2019-069. 关于居住区道路的表述，正确的是(　　)。
A. 居住区内的道路不能承担城市交通功能
B. 居住区道路等级越高越适合采用人车混行模式
C. 人车分流的目的是确保机动车交通不受干扰
D. 人行系统可以不考虑消防车通行要求

【答案】D

【解析】《城市居住区规划设计标准》(GB 50180—2018)中条文说明6.0.1，明确提出居住区道路是城市道路交通系统的组成部分，居住区道路的规划建设应综合考虑城市交通系统特征和交通设施发展水平，满足城市交通通行的需求，融入城市交通网络。选项A错误。居住区路网系统与城市道路交通系统有机衔接，道路断面形式采用城市市政道路标准，居住区道路等级越高越不适合采用人车混行模式。选项B错误。人车分流的目的是确保机动车交通与人行交通互不干扰。选项C错误。居住街坊内附属道路设计应满足消防等车辆通达要求，人行系统可以不考虑消防车通行要求。选项D正确。

2019-070. 居住街坊绿地不包括(　　)。
A. 居住街坊所属道路行道树树冠投影面积
B. 底层住户的自用小院
C. 宽度小于8m的绿地
D. 停车场中的绿地

【答案】C

【解析】依据《城市居住区规划设计标准》(GB 50180—2018)第4.0.7条，居住街坊内集中绿地的规划建设，应符合下列规定：①新区建设不应低于$0.5m^2$/人，旧区改建不应低于$0.35m^2$/人；②宽度不应小于8m；③在标准的建筑日照阴影线范围之外的绿地面积不应少于组团绿地面积的1/3，其中应设置老年人、儿童活动场地。选项C符合题意。

2019-071. 下列关于居住区综合技术指标的表述，正确的是(　　)。
A. 居住总人口是指实际入住人口数
B. 容积率＝住宅建筑及其配套设施地上建筑面积之和/居住区用地面积
C. 容积率＝建筑密度×建筑高度
D. 绿地率＋建筑密度＝100％

【答案】B

【解析】居住区综合技术指标是一个规划的指标汇总，居住人口的计算为户数和每户人数的乘积，并不是实际入住的人口数，选项A错误；容积率为住宅建筑及其配套设施地上建筑面积之和与居住区用地总面积的比值，选项B正确；一般容积率等于建筑密度与平均层数的乘积，选项C错误；绿地率和建筑密度之和应该小于1.0，因为每个居住小区一定会有道路，所以绿地率＋建筑密度<100%，选项D错误。

2019-072.《中国大百科全书》中城市设计的定义，不包括( )。
A. 城市设计是对城市体型环境所进行的设计
B. 城市设计是一系列建筑设计的组合
C. 城市设计的任务是为人们各种活动创造出具有一定空间形式的物质环境
D. 城市设计也称为综合环境设计
【答案】B
【解析】1988年出版的《中国大百科全书》中是这样定义城市设计的："对城市体型环境所进行的设计。一般是指在城市总体规划指导下，为近期开发地段的建设项目而进行的详细规划和具体设计。城市设计的任务是为人们各种活动创造出具有一定空间形式的物质环境，内容包括各种建筑、市政公用设施、园林绿化等方面，必须综合体现社会、经济、城市功能、审美等各方面的要求，因此也称为综合环境设计。"选项B符合题意。

2019-073. 扬·盖尔把公共空间的活动分为三种类型，不包括( )。
A. 必要性活动　　　　　　　　B. 选择性活动
C. 社会性活动　　　　　　　　D. 经济性活动
【答案】D
【解析】扬·盖尔把公共空间中的活动分为三类：必要性活动、可选择性活动、自愿发生的活动，社会性活动属于自愿发生的活动。选项D符合题意。

2019-074. 室外空间可分为积极空间和消极空间，积极的城市空间主要有( )。
A. 封闭空间和开敞空间　　　　B. 序列空间和特色空间
C. 场所空间和围合空间　　　　D. 街道空间和广场空间
【答案】D
【解析】积极的城市空间呈现出不同的大小和形状，但主要有两种类型：街道和广场。一般来说，街道是动态的空间，而广场是静态的空间。选项D符合题意。

2019-075. 城市设计策略通过( )的方式实施。
A. 空间模式和三维意向表达　　B. 研究和指引
C. 控制和引导　　　　　　　　D. 评价与参与
【答案】C
【解析】城市设计策略包括区域、整体或片区的城市设计，以及城市某个系统的城市设计，如色彩、绿化、夜景等，这类设计项目一般尺度比较大，因此没有明确的整体三维方案，主要用局部的设计图纸或文字描述，通过控制和引导的方式实施。选项C符合题意。

2019-076. 下列表述中，错误的是( )。
A. 工业革命以前，城市规划与城市设计没有严格区别

B. 工业革命后，现代城市规划发展的初期包含了城市设计的内容
C. 西方城市美化运动是现代城市设计概念的渊源之一
D. 城市设计是包含了建筑学、城市规划、风景园林的学科

【答案】D

【解析】城市设计在开始之初是附属于建筑学，之后在城市规划中包含了城市设计的内容，现代的城市设计也逐渐发展成一门独立的学科，并不包含建筑学、城市规划、风景园林等学科，选项D错误。

2019-077. 下列选项属于凯文·林奇认为城市意象构成要素的是( )。

A. 天际线　　　　　　　　　　B. 节点
C. 第五立面　　　　　　　　　D. 夜景观

【答案】B

【解析】凯文·林奇城市意象要求城市具有可读性和意象性，其要素包括路径、边缘、地标、节点和地区，选项B正确。

2019-078. 下列关于城市规划实施的表述，错误的是( )。

A. 城市社会经济发展状况，决定规划实施的基本路径与可能性
B. 规划实施需要社会共同遵守与参与，必然涉及法律保障与社会运作机制等内容
C. 社会公众对规划的认知与参与程度，影响其是否愿意遵守与执行规划
D. 下层次规划的编制、实施不会对上层次规划的实施结果产生影响

【答案】D

【解析】城市规划编制的成果是规划实施的基础，而不同层次的规划成果间的关系直接决定了上层次规划是否能够得到有效实施。上层次规划尤其是城市总体规划等，都只有通过下层次规划才有可能得到实施，因此，一方面，这些下层次规划的编制组织、审批及实施，都可以看成是上层次规划的实施过程，另一方面，能否在体制上保证这些下层次规划符合上层次规划，并成为上层次规划实施的重要手段，成为规划实施的重要方面。选项D符合题意。

2019-079. 下列关于城市公共性设施开发的表述，不准确的是( )。

A. 公共性设施开发建设是政府有目的地、积极地实施城市规划的重要内容和手段
B. 公共性设施开发建设是政府运用公共资金，主要满足市政基础设施的使用需求
C. 对于不同公共性设施项目之间的抉择及其配合，城市规划是项目决策的重要依据与基础
D. 各项公共性设施应在城市规划中分步骤纳入相关建设计划，予以实施

【答案】B

【解析】公共性设施是指社会公众所共享的设施，主要包括公共绿地、公立的学校和医院等，也包括城市道路和各项市政基础设施，选项B说法不准确。就城市规划而言，一方面，公共性设施的开发建设是政府有目的地、积极地实施城市规划的重要内容和手段，另一方面，公共性设施的开发建设对私人的商业性开发具有引导作用，通过特定内容的公共性设施的开发建设，也规定了商业性开发的内容和数量，从而保证商业性开发计划

与城市规划所确定的内容相一致，从整体上保证城市规划的实施。城市规划在安排地区性开发时通常已较完整地安排了各项设施，在进行公共性设施建设时，应优先根据已批准的城市规划实施，选项A、C、D正确。选项B符合题意。

2019-080. 下列关于规划实施的表述，错误的是（　　）。
　　A. 优先安排产业项目，逐步配套基础设施
　　B. 旧城区的改建，应合理确定拆迁和建设规模
　　C. 城市地下空间的开发和利用，应充分考虑防灾减灾、人民防空和通信等需要
　　D. 城乡建设和发展，应当依法保护和合理利用自然资源
　　【答案】A
　　【解析】城市的建设和发展，应当优先安排基础设施以及公共服务设施的建设，妥善处理新区开发与旧区改建的关系，统筹兼顾进城务工人员生活和周边农村经济社会发展、村民生产与生活的需要，选项A错误。

二、多选题（每题五个选项，每题正确答案不少于两个选项，多选或漏选不得分）

2019-081. 下列关于城市与区域发展的选项中，正确的有（　　）。
　　A. 城市始终都不能脱离区域孤立发展
　　B. 非基本经济部类是促进城市发展的动力
　　C. 城市是区域增长的核心
　　D. 区域已经成为现代经济发展过程中重要的空间载体
　　E. 影响城市发展的各种区域性因素包括区域发展条件、自然条件与生态承载力等
　　【答案】ACE
　　【解析】基本经济部类是促进城市发展的动力，选项B错误；城市作为经济发展的中心，都有其相应的经济区域作为腹地，而城市已经成为现代经济发展过程中重要的空间载体，选项D错误；由城市发展与区域发展的关系可知，选项A、C正确；在分析影响城市发展中的因素中，首先必须分析影响城市发展的各种区域性因素，包括区域整体的经济社会发展水平、区域自然条件与生态承载力等，选项E正确。选项A、C、E符合题意。

2019-082. 下列关于区位理论的表述，正确的有（　　）。
　　A. 克里斯塔勒（W. Christaller）提出了中心地理论
　　B. 农业区位理论认为农作物的种植区域划分是根据其运输成本以及市场的距离决定的
　　C. 区位是指为某种活动所占据的场所在城市中所处的空间位置
　　D. 韦伯（A. Webber）工业区位论认为影响区位的因素有区域因素和聚集因素
　　E. 廖什（A. Losch）区位理论提出了市场五边形的概念
　　【答案】ABCD
　　【解析】1933年克里斯塔勒提出中心地理论，选项A正确；杜能的农业区理论是区位理论的基础，他认为农作物的种植区域划分根据其运输成本以及市场的距离决定的，选项B正确；区位是指为某种活动所占据的场所在城市中所处的空间位置，选项C正确；韦伯的工业区位理论认为影响区位的因素有区域因素和聚集因素，选项D正确；廖什在区位

理论中，第一个引入了需求作为主要的空间变量，在这种模式下，任何产品的最大销售范围形成最有利的六边形，选项 E 错误。选项 A、B、C、D 符合题意。

2019-083. 下列关于《周礼·考工记》的表述，正确的有(　　)。

A. 书中记述了关于周代王城建设空间布局："匠人营国，方九里，旁三门。国中九经九纬，经涂九轨。左祖右社，前朝后市。市朝一夫。"

B. 书中记述了按照封建等级，不同级别的城市在用地面积、道路宽度、城门数目、城墙高度等方面的级别差异

C. 书中记载了城市的郊、田、林、牧地相互关系的规则

D. 书中所述城市建设的空间布局制度成为此后中国封建社会城市建设的基本制度

E. 对安阳殷墟、曹魏邺城、北宋东京等城市规划布局产生了影响

【答案】ABCD

【解析】《周礼·考工记》记述了关于周代王城建设的空间布局："匠人营国，方九里，旁三门。国中九经九纬，经涂九轨。左祖右社，前朝后市。市朝一夫。"选项 A 正确；书中还记述了按照封建等级、不同级别的城市，如"都""王城"和"诸侯城"在用地面积、道路宽度、城门数目、城墙高度等方面的级别差异，选项 B 正确；同时也记载了城市的郊、田、林、牧地相互关系的规则，选项 C 正确；《周礼·考工记》记述的周代城市建设的空间布局制度成为此后封建社会城市建设的基本制度，对中国数千年的古代城市规划实践活动产生了深远的影响，选项 D 正确；安阳的殷墟建于商代晚期，《周礼·考工记》成书于春秋战国，选项 E 错误。选项 A、B、C、D 符合题意。

2019-084. 下列哪些策略有助于提升城市竞争力？(　　)

A. 在城市郊区和中心城区外围建设"边缘城市"

B. 复兴城市的滨水区和历史地段

C. 建造大型博物馆和文化娱乐设施

D. 推进衰败地区人口向外转移

E. 举办奥运会、博览会等城市大事件

【答案】BCE

【解析】针对这些衰败的城市或地区，制定城市或地区的复兴规划，使这些城市和地区获得重生。在这些复兴规划中，提高城市的竞争能力，就世界各地的规划和建设来看，主要分为三种类型：①城市中央商务区的重塑，如伦敦码头区建设以及美国一些城市中出现的"边缘城市"；②城市更新和滨水地区再开发；③公共空间的完善和文化设施建设。选项 A 中在城市郊区建设"边缘城市"不符合要求；选项 B 属于城市更新和滨水地区再开发；选项 C、E 属于公共空间的完善和文化设施建设；选项 D 是推进衰败地区的更新，而不是把人口向外转移。选项 B、C、E 符合题意。

2019-085. 下列关于《马丘比丘宪章》的表述，正确的有(　　)

A.《马丘比丘宪章》是国际建协在古罗马文化遗址地召开的国际会议上所签署的文件

B.《马丘比丘宪章》的出台标志着《雅典宪章》彻底过时

C.《马丘比丘宪章》认为，人的相互作用与交往是城市存在的基础

D. 《马丘比丘宪章》倡导把城市看作是连续发展与变化过程的结构体系

E. 《马丘比丘宪章》强调城市规划的专业性,反对政治因素的介入

【答案】CD

【解析】《马丘比丘宪章》是在秘鲁的马丘比丘山古文化遗址签署的,选项A错误;《马丘比丘宪章》是对《雅典宪章》在思想层面上进行的修正,选项B错误;宪章提出"城市规划必须建立在各专业设计人员、城市居民以及公众和政治领导人之间的不断的相互协作配合的基础上,鼓励建筑使用者创造性地参与设计与施工",选项C正确,选项E错误;《马丘比丘宪章》强调城市规划的过程性和动态性,选项D正确。选项C、D符合题意。

2019-086. 国土空间规划体系包括(　　)。

A. 规划编制审批体系
B. 规划实施监督体系
C. 规划法规政策体系
D. 规划科研教育体系
E. 规划技术标准体系

【答案】ABCE

【解析】即五级三类四体系中的四体系,依据《中共中央国务院关于建立国土空间规划体系并监督实施的若干意见》二、总体要求的(二)主要目标,到2020年,基本建立国土空间规划体系,逐步建立"多规合一"的规划编制审批体系、实施监督体系、法规政策体系和技术标准体系。选项A、B、C、E符合题意。

2019-087. 编制国土空间规划应(　　)。

A. 体现战略性
B. 提高科学性
C. 加强协调性
D. 强化指引性
E. 注重操作性

【答案】ABCE

【解析】依据《中共中央国务院关于建立国土空间规划体系并监督实施的若干意见》四编制要求中(七)体现战略性、(八)提高科学性、(九)加强协调性、(十)注重操作性,选项A、B、C、E符合题意。

2019-088. 报国务院审批的市级国土空间总体规划审查要点,包括(　　)。

A. 资源环境承载能力和国土空间开发适宜性评价
B. 用水总量指标
C. 中心城区商业服务业设施布局
D. 城市邻避设施布局
E. 城镇开发边界内通风廊道的格局和控制要求

【答案】BDE

【解析】自然资源部《关于全面开展国土空间规划工作的通知》(自然资发〔2019〕87号)作了明确规定,以下要点要作为审查的重点:国土空间开发强度、建设用地规模、生态保护红线控制面积、自然岸线保有率、耕地保有量及永久基本农田保护面积、用水总量和强度控制等指标的分解下达;重大交通枢纽、重要线性工程网络、城市安全与综合防灾体系、地下空间、邻避设施等设施布局;城镇开发边界内城市结构性绿地、水体开敞空间

的控制范围和均衡分布要求，各类历史文化遗存的保护范围和要求，通风廊道的格局和控制要求。选项B、D、E符合题意。

2019-089. 居住用地选择需考虑(　　)。

A. 自然环境条件
B. 与城市对外交通枢纽的距离
C. 用地周边的环境污染影响
D. 房产市场的需求趋向
E. 大面积平坦的土地

【答案】ACDE

【解析】居住用地的选择关系到城市的功能布局、居民的生活质量与环境质量、建设经济与开发效益等多个方面。一般应考虑以下方面要求：①选择自然环境优良的地区；②居住用地的选择应协调与城市就业区和商业中心等功能地域的相互关系，以减少居住—工作、居住—消费的出行距离与时间；③居住用地选择要十分注重用地自身及用地周边的环境污染影响；④居住用地选择应有适宜的规模与用地形状，从而合理地组织居住生活，经济有效地配置公共服务设施等；⑤在城市外围选择居住用地，要考虑与现有城区的功能结构关系；⑥居住区用地选择要结合房产市场的需求趋向，考虑建设的可行性与效益；⑦居住用地选择要注意留有余地。选项A、C、D、E符合题意。

2019-090. 下列关于城市轨道交通线网规划的表述，正确的有(　　)。

A. 线路应沿主客流方向选择，便于乘客直达目的地，减少换乘
B. 线路起终点宜设在市区内大客流断面位置
C. 支线与主线的衔接点宜选在客流断面较大的位置
D. 线路应考虑日客流效益，通勤客流规模
E. 车站布置应与主要客流集散点和各种交通枢纽相结合

【答案】ADE

【解析】依据《城市轨道交通线网规划标准》(GB/T 50546—2018)第7.2.1条，线路起始、终点车站应符合城市用地规划的要求。线路的起终点车站、支路分叉点均不宜布设在大客流断面位置，选项B、C错误。选项A、D、E符合题意。

2019-091. 下列关于城市道路系统规划的表述，正确的有(　　)。

A. 道路的功能应与毗邻道路用地的性质相协调
B. 道路路线转折角较大时，转折点宜放在交叉口上
C. 道路要有适当的路网密度和道路面积率
D. 公路兼有过境和出入城市交通功能时，宜与城市内部道路功能混合布置
E. 道路一般不应形成多路交叉口

【答案】ACE

【解析】道路路线转折角大时，转折点宜放在路段上，不宜放在交叉口上，选项B错误；公路兼有过境和出入城市交通功能时，不应与城市内部道路功能混合布置，选项D错误。选项A、C、E符合题意。

2019-092. 下列表述中，正确的有(　　)。

A. 历史文化名城保护规划应当划定历史建筑的保护范围界限

B. 当历史文化街区的保护范围与文物保护单位的保护范围及其建设控制地带出现重叠时，应以历史文化街区的保护范围要求为准

C. 对于已经不存在的文物古迹，在确保其原址的情况下，鼓励通过重建等方式加以展示

D. 历史城区应保持或延续原有的道路格局，保护有价值的街巷系统，保持特色街巷的原有空间尺度和界面

E. 历史文化街区保护规划应包括改善居民生活环境、保持街区活力、延续传统文化的内容

【答案】ADE

【解析】根据《历史文化名城保护规划标准》（GB/T 50357—2018）第 3.2.5 条，当历史文化街区的保护范围与文物保护单位的保护范围和建设控制地带出现重叠时，应坚持从严保护的要求，应按更为严格的控制要求执行，选项 B 错误。根据《中华人民共和国文物保护法》的第二十二条规定，不可移动文物已经全部毁坏的，应当实施遗址保护，不得在原址重建，选项 C 错误。

2019-093. 城市水系岸线按功能可划分为（　　）。

A. 自然性岸线　　　　　　　　B. 生态性岸线
C. 港口性岸线　　　　　　　　D. 生活性岸线
E. 生产性岸线

【答案】BDE

【解析】依据《城市水系规划规范》（GB 50513—2009，2016 年版）：城市水系岸线按功能分为生态性岸线、生活性岸线和生产性岸线。选项 B、D、E 符合题意。

2019-094. 根据《生活垃圾分类制度实施方案》，下列属于有害垃圾的有（　　）。

A. 废电池　　　　　　　　　　B. 非药物包装物
C. 废弃电子产品　　　　　　　D. 废塑料
E. 废相纸

【答案】ABE

【解析】根据《生活垃圾分类制度实施方案》（2017 年）有害垃圾主要品种包括：废电池（镉镍电池、氧化汞电池、铅蓄电池等），废荧光灯管（日光灯管、节能灯等），废温度计，废血压计，废药品及其包装物，废油漆、溶剂及其包装物，废杀虫剂、消毒剂及其包装物，废胶片及废相纸等。选项 A、B、E 符合题意。

2019-095. 下列关于控制性详细规划的表述，正确的有（　　）。

A. 控制性详细规划通过图纸控制的方式落实规划意图

B. 控制性详细规划具有法定效力

C. 控制性详细规划采用刚性与弹性相结合的控制方式

D. 控制性详细规划是纵向综合性的规划控制汇总

E. 控制性详细规划是协调各方利益的公共政策平台

【答案】BCE

【解析】控制性详细规划通过数据控制落实规划意图，选项A错误；控制性详细规划为横向综合性的规划控制汇总，选项D错误。选项B、C、E符合题意。

2019-096. 下列数据控制性详细规划图纸内容的有（　　）。

A. 供水管网的平面位置、管径

B. 燃气调压站、储配站位置

C. 防洪堤坝断面尺寸

D. 公共设施附属绿地边界

E. 主、次干路主要控制点坐标、标高

【答案】AE

【解析】燃气调压站、储配站位置属于总体规划的内容；防洪堤坝断面尺寸、公共设施附属绿地边界分别属于防洪坝和公共设施修建性详细规划阶段的内容，选项B、C、D不属于控制性详细规划的内容。供水管网的平面布局、管径，主次干路主要控制点的坐标、标高分别属于控制性详细规划中排水工程和道路竖向的内容，因此选项A、E符合题意。

2019-097. 下列关于村庄整治的表述，正确的有（　　）。

A. 村庄整治应因地制宜、量力而行、循序渐进、分期分批进行

B. 村庄整治应坚持以现有设施的整治、改造、维护为主

C. 各类设施的整治应做到安全、经济、方便使用与管理，注重实效

D. 村庄整治应优先选用当地原材料，保护、节约和合理利用资源

E. 村庄整治项目应根据实际需要和经济条件，由乡镇统筹确定

【答案】ABCD

【解析】村庄整治工作中，农村居民是实施主体和受益主体，尊重农民意愿，保护农民利益，村庄整治应根据村庄经济情况，结合本村实际和村民生产生活需要，按照轻重缓急程度，合理选择具体的整治项目，并不由乡镇统筹确定整治项目，选项E错误。由村庄整治规划的重点与原则可知，选项A、B、C、D表述正确。

2019-098. 属于历史文化名镇（村）保护规划成果基本内容的有（　　）。

A. 村镇历史文化价值概述、保护原则和工作重点

B. 村镇文化旅游资源评价及保护利用要求

C. 各级文保单位保护范围、建设控制地带

D. 村镇全域产业发展策略研究

E. 重点保护、整治地区的详细规划意向方案

【答案】ACE

【解析】《历史文化名城名镇名村保护条例》第十四条规定，保护规划应当包括下列内容：（一）保护原则、保护内容和保护范围；（二）保护措施、开发强度和建设控制要求；（三）传统格局和历史风貌保护要求；（四）历史文化街区、名镇、名村的核心保护范围和建设控制地带；（五）保护规划分期实施方案。

历史文化名镇（名村）保护规划文本一般包括以下内容：村镇历史文化价值概述；保

护原则和保护工作重点；整体层次上保护历史文化名村、名镇的措施，包括功能的改善、用地布局的选择或调整、空间形态和视廊的保护、村镇周围自然历史环境的保护等；各级文物保护单位的保护范围、建控制地带以及各类历史文化街区的范围界线，保护和整治的措施要求；对重要历史文化遗存修整、利用和展示的规划意见；重点保护、整治地区的详细规划意向方案；规划实施管理措施等。村镇文化旅游资源评价及保护利用要求、村镇全称产业发展策略研究不在其中。选项A、C、E符合题意。

2019-099. "邻里单位"理论的提出，其目的有（　　）。

  A. 满足家庭生活所需的基本公共服务
  B. 解决汽车交通与居住环境的矛盾
  C. 使住宅建设更加集中，集约使用土地
  D. 提高居住区街道的安全性
  E. 推动居民组织的形成

【答案】ABD

【解析】克莱伦斯·佩里提出的"邻里单位"理论，其目的是要在汽车交通开始发达的条件下，创造一个适合于居民生活的、舒适安全的和设施完善的居住社区环境。他认为，邻里单位就是"一个组织家庭生活的社区的计划"，因此这个计划不仅要包括住房，包括它们的环境，还要有相应的公共设施，这些设施至少要包括一所小学、零售商店和娱乐设施等。他同时认为，在当时快速汽车交通的时代，环境中最重要的问题是街道的安全，因此，最好的解决办法就是建设道路系统来减少行人和汽车的交织和冲突，并且将汽车交通完全地安排在居住区之外。邻里单位是从城市生活出发的空间组织理论，而非社团组织理论。综上所述，选项A、B、D符合题意。

2019-100. 下列城市设计相关著作与作者搭配正确的有（　　）。

  A. 凯文·林奇——《城市意象》
  B. 埃利尔·沙里宁——《形式合成纲要》
  C. 威廉·H. 怀特——《小城市空间的社会生活》
  D. 埃德蒙·N. 培根——《城市设计新理论》
  E. 扬·盖尔——《交往与空间》

【答案】ACE

【解析】克里斯托弗·亚历山大——《形式合成纲要》；亚历山大——《城市设计新理论》。选项B、D错误，选项A、C、E符合题意。

第八节　2020年真题

一、单选题（每题四个选项，其中一个选项为正确答案）

2020-001. 下列关于城市本质特征的表述，不准确是（　　）。

  A. 城市是人类文明的结晶
  B. 城市的集聚效益是其不断发展的根本动力

C. 城市是政治统治、军事防御和商品交换的集聚地

D. 城市是非农人口集聚的居民点

【答案】D

【解析】城市是非农人口集中,以从事工商业等非农业生产活动为主的居民点。选项D条件不充分,符合题意。

2020-002. 下列关于我国城市建制的表述,不准确的是( )。

A. 市镇设置标准主要基于集聚人口规模和城镇的政治经济定位

B. 市镇的设置标准包括经济、社会等指标要求

C. 城市建制由多层次的建制构成,包括区域分布、行政等级等

D. 城市建制兼具城市管理和区域管理的双重性

【答案】C

【解析】城市建制由多层次的建制构成,包括地域类型、行政等级等。因此选项C不准确。

2020-003. 按照城镇化的基本概念,不属于城镇化范畴的是( )。

A. 原有农业用地上出现大量建筑物、构筑物,土地景观发生变化

B. 第一产业向第二、三产业转变,产业结构发生变化

C. 城市生活方式向农村地区扩散和普及,家庭生活模式发生变化

D. 学历结构提高、老龄化加速,人口结构发生变化

【答案】D

【解析】城镇化是一个过程,是一个农业人口转化为非农业人口、农村地域转化为城市地域、农业活动转化为非农活动的过程。选项A、B属于有形的城镇化,选项C属于无形的城镇化,选项D中学历结构提高、老龄化加速、人口结构发生变化与城镇化没有直接关联,不属于城镇化范畴。因此选项D符合题意。

2020-004. 关于城市发展与区域发展,正确的是( )。

A. 城市是区域发展的基础

B. 区域是城市发展的核心

C. 城市和区域一同构成统一、开放的巨系统

D. 城市与其所在的区域是相互关联、相互制约、相互对立的关系

【答案】C

【解析】城市并非一种孤立存在的空间形态,它与其所在的区域存在相互联系、相互促进、相互制约的辩证关系,城市是区域增长、发展的核心,区域是城市存在与支撑其发展的基础。选项A、B错误。随着现代经济、社会与科学技术的发展,城市和区域共同构成了统一、开放的巨系统,城市与区域发展的整体水平越高,相互作用就越强。选项C正确。城市与区域之间的关系是相互联系、相互促进、相互制约的关系,不存在相互对立的关系。选项D错误。

2020-005. 下列关于城市发展与资源环境关系的表述,不准确的是( )。

A. 资源环境是城市发展的支撑与约束条件

B. 城市发展就是对资源环境这一约束条件的突破

C. 资源环境对城市发展带来约束的同时，也会极大地促进人们优化发展模式的意识和动力

D. 健康的城市发展方式有利于资源环境集约利用

【答案】B

【解析】环境、资源、经济和社会发展作为一个统一的大系统，在城市经济发展过程中，始终从城市生态经济的整体出发，努力探索二者和谐发展的实现途径。科学发展观要求实现城市经济增长与资源环境保护相互协调、相互促进的良性循环，健康的城市发展方式有利于对资源环境的保护和节约。选项B断章取义，只说城市发展就是对资源环境这一约束条件的突破，是不准确的，符合题意。

2020-010. 田园城市说法正确的是( )。

A. 工业应该放在独立区域

B. 3万人的上限如果多了就要建设另外一个新的城市

C. 田园城市本质是城市和乡村的结合体

D. 城市的收入全部来源工厂税收

【答案】C

【解析】田园城市中所有土地必须归全体居民集体所有，使用土地必须交付租金。城市的收入全部来自租金，在土地进行建设、聚居而获得的增值仍归集体所有。选项D错误。田园城市包括城市和乡村两个部分，边缘地区设有工厂企业。城市的规模必须加以限制，每个城市的人口限制在3.2万人，超过了这一规模就需要建设另一个新的城市。选项A、B错误，选项C正确。

2020-011. 西谛的城市形态描述错误的是( )。

A. 他写的城市建设艺术是重要著作

B. 他认为中世纪的城市是一点点生长起来的，更符合人的视觉感受

C. 他认为城市应当在主要广场和街道设计中强调艺术布局和土地使用的经济性

D. 他强调人的尺度环境、人的活动及它们之间的协调

【答案】C

【解析】西谛认为在现代城市对土地使用经济性追求的同时也应强调城市空间的效果，"应当在主要广场和街道的设计中强调艺术布局，而在次要地区则可以强调土地的最经济的使用"。因此选项C错误。

2020-012. 下列关于当代城市发展的表述正确的是( )。

A. 交通枢纽城市保持着持续发展

B. 电子商务兴起导致城市分散化加剧

C. 制造业城市会衰退，服务业城市会快速发展

D. 科创集中在大都市区

【答案】A

【解析】电子商务的发展不会导致城市中心分化加剧，选项B错误。发达国家的传统

工业城市普遍衰退，只有少数城市成功地经历了产业结构转型，即如果产业结构不转型，传统工业城市大概率会衰败，选项C错误。高科技区大概可以划分为四种类型，并提及"当今世界的科技创新仍然是主要来自传统的国际性大都会（如伦敦、巴黎和东京）"，"主要来自"并不意味着非大都会区就没有高科技区，选项D错误。因此选项A符合题意。

2020-013. 下列关于"生态足迹"的表述，错误是（　　）。
  A. "生态足迹"是衡量生态系统承载力的重要指标
  B. 它的值越高，反映人类对生态的破坏越严重
  C. 它是反映资源消耗强度的指标
  D. 用于计算保障人类生存所需的土地和水域的面积

【答案】B

【解析】生态足迹（Ecological footprint，EF）就是能够持续地提供资源或消纳废物的、具有生物生产力的地域空间（biologically productive areas），其含义就是要维持一个人、地区、国家的生存所需要的或者指能够容纳人类所排放的废物的、具有生物生产力的地域面积。生态足迹估计要承载一定生活质量的人口，需要多大的可供人类使用的可再生资源或者能够消纳废物的生态系统，又称之为"适当的承载力"（appropriated carrying capacity）。区域生态足迹如果超过了区域所能提供的生态承载力，就出现生态赤字；如果小于区域的生态承载力，则表现为生态盈余。区域的生态赤字或生态盈余，反映了区域人口对自然资源的利用状况。因此选项B错误。

2020-014. 下列不属于"公共交通导向开发"模式必须满足的要求（　　）。
  A. 在地铁站上盖开发多功能综合使用的综合体
  B. 居住区的公共设施和公共活动中心等围绕着公共交通的站点进行布局
  C. 混合的土地利用、便捷友好的街道与步行环境
  D. 依托公共交通站点和线路建设高强度的基础设施，提高土地的利用效率

【答案】A

【解析】"公共交通导向开发"是指围绕公共交通站点布局公共设施及公共活动中心，站点周边适度提高开发强度，提高土地利用效率，并不一定是地铁站上盖的多功能综合使用的综合体。因此选项A符合题意。

2020-015. 下列关于综合规划方法论，不准确的是（　　）。
  A. 综合规划方法论强调设计结合自然，其理论基础是可持续发展理论
  B. 通过对城市系统的各个组成要素及结构的研究，揭示这些要素的性质、功能以及这些要素之间的相互联系，全面分析问题和相应对策，从而在整体上对城市问题提出解决方案。
  C. 麦克劳林（J. B. McLoughlin）认为规划必然是一种系统过程，并建立了综合合理性方法论的过程模型
  D. 综合方法论在思维方式上强调理性，即用理性的方式认识和组织该过程中所涉及的各种关系

【答案】A

【解析】综合规划方法论是建立在理性的基础上的，它所强调的是思维内容的综合，需要考虑各个方面的内容和相互关系。在思维方式上强调理性，即运用理性的方式来认识和组织该过程中所涉及的种种关系，而这些关系的质量是建立在对象运作及过程的认识的基础上的。因此选项A不准确。

2020-016. 下列关于《雅典宪章》规划思想，正确的是(　　)。
　　A. 反映了城市美化运动对现代城市规划发展的基本认识和思想观念
　　B. 其思想方法是基于地理环境决定论基础之上的
　　C. 城市活动可以划分为居住、工作、生态和交通四大类
　　D. 必须制定必要的法律以保证城市规划的实现
【答案】D
【解析】《雅典宪章》反映的是现代建筑运动对现代城市规划发展的基本认识和思想观点，选项A错误。基于物质空间决定论，实质在于通过物质空间变量的控制，形成良好的环境，而这样的环境能自动地解决城市中的社会、经济、政治问题，促进城市的发展和进步，选项B错误。最突出的内容就是提出了城市的功能分区，认为居住、工作、游憩和交通是四大类基本活动，选项C错误。它鼓励的是对城市发展终极状态下各类用地关系的描述，并且"必须制定必要的法律以保证其实现"，选项D正确。

2020-017. 根据现行《中华人民共和国土地管理法》，国家实行(　　)用途管制制度。
　　A. 空间　　　　　　　　　　B. 国土
　　C. 国土空间　　　　　　　　D. 土地
【答案】D
【解析】《中华人民共和国土地管理法》（2019年修订）第四条，国家实行土地用途管制制度。因此选项D符合题意。

2020-018. 下列关于国土空间规划编制目的表述，不准确的是(　　)。
　　A. 促进城乡差异化发展
　　B. 坚持绿色、可持续发展
　　C. 优化国土空间结构和布局
　　D. 提升国土空间开发、保护的质量和效率
【答案】A
【解析】《中共中央国务院关于建立国土空间规划体系并监督实施的若干意见》中强调：坚持生态优先、绿色发展，尊重自然规律、经济规律、社会规律和城乡发展规律，因地制宜开展规划编制工作；坚持节约优先、保护优先、自然恢复为主的方针，在资源环境承载能力和国土空间开发适宜性评价的基础上，科学有序统筹布局生态、农业、城镇等功能空间，划定生态保护红线、永久基本农田、城镇开发边界等空间管控边界以及各类海域保护线，强化底线约束，为可持续发展预留空间。坚持山水林田湖草生命共同体理念，加强生态环境分区管治，量水而行，保护生态屏障，构建生态廊道和生态网络，推进生态系统保护和修复，依法开展环境影响评价。坚持陆海统筹、区域协调、城乡融合，优化国土空间结构和布局，统筹地上地下空间综合利用，着力完善交通、水利等基础设施和公共服

务设施，延续历史文脉，加强风貌管控，突出地域特色。坚持上下结合、社会协同，完善公众参与制度，发挥不同领域专家的作用。运用城市设计、乡村营造、大数据等手段，改进规划方法，提高规划编制水平。选项A中应该为"促进城乡统筹发展"而非"差异化"发展，因此选项A错误。

2020-019. 在国土空间规划中，不属于海洋功能区划必须遵循的原则是(　　)。
　　A. 保障海上交通安全　　　　　　B. 保障各有关行业用海
　　C. 保护和改善生态环境　　　　　D. 保障海域可持续利用
【答案】B
【解析】《关于印发〈海洋功能区划管理规定〉的通知》(国海发〔2007〕18号)第八条，海洋功能区划编制的原则：①按照海域的区位、自然资源和自然环境等自然属性，科学确定海域功能；②根据经济和社会发展的需要，统筹安排各有关行业用海(选项B不正确)；③保护和改善生态环境，保障海域可持续利用，促进海洋经济的发展(选项C、D正确)；④保障海上交通安全(选项A正确)；⑤保障国防安全，保证军事用海需要。因此选项B符合题意。

2020-020. 下列不属于湿地保护规划内容的是(　　)。
　　A. 湿地资源分布情况、类型及特点、水资源、野生生物资源状况
　　B. 湿地生态保护重点建设项目与建设布局
　　C. 投资估算和效益分析
　　D. 规划环境影响评价
【答案】D
【解析】根据《湿地保护管理规定》(2018年)第八条，湿地保护规划应当包括下列内容：①湿地资源分布情况、类型及特点、水资源、野生生物资源状况(选项A正确)；②保护和合理利用的指导思想、原则、目标和任务；③湿地生态保护重点建设项目与建设布局(选项B正确)；④投资估算和效益分析(选项C正确)；⑤保障措施。因此选项D不属于湿地保护规划内容，符合题意。

2020-021. 下列属于城镇体系的层次性的是(　　)。
　　A. 城镇之间的信息联系有层次
　　B. 中心城市的辐射范围有层次
　　C. 区域基础设施的等级和规模有层次
　　D. 城镇的职能分工有层次
【答案】D
【解析】城镇体系指在一个相对完整的区域中，由一系列不同职能分工、不同等级规模、空间分布有序的城镇所组成的联系密切、相互依存的城镇群体。因此选项D符合题意。

2020-022. "双评价"对国土空间规划支撑作用不包括(　　)。
　　A. 国土空间格局优化　　　　　　B. 规划指标的确定和分解
　　C. 划定城市绿线和蓝线　　　　　D. 重大工程安排

【答案】C

【解析】《资源环境承载能力和国土空间开发适宜性评价技术指南（试行）》（2020年1月19日）"7成果应用"中提出，评价成果具体从以下方面支撑国土空间规划编制：支撑国土空间格局优化（选项A正确）；支撑完善主体功能区分区；支撑完善主体功能分区；支撑划定三条控制线；支撑规划指标确定和分解（选项B正确）；支撑重大工程安排（选项C正确）；支撑高质量发展的国家空间策略；支撑编制空间类专项规划。城市绿线和蓝线不属于三条控制线范畴，因此选项C错误。

2020-023. 省级国土空间规划编制中，不属于矿产资源开发要求的是（　　）。

A. 明确禁止限制矿产资源勘察的空间
B. 明确禁止限制矿产资源开采的空间
C. 明确禁止限制矿产资源冶炼的空间
D. 明确矿山生态修复的空间

【答案】C

【解析】《省级国土空间规划编制指南（试行）》第3.3.1条，省级总规需要明确省域内大中型能源矿产、金属矿产和非金属矿产的勘查开发区域，明确禁止、限制矿产资源勘察开采的空间。选项A、B正确。选项C中矿产资源冶炼不属于采矿业，属于工业产业门类中的冶炼业，指南中省级总规需要明确省域内大中型能源矿产、金属矿产和非金属矿产的勘查开发区域，并不包括矿产资源加工冶炼的区域。因此选项C符合题意。

第3.5条，生态修复和国土综合整治中，结合山水林田湖草系统修复、国土综合整治、矿山生态修复和海洋生态修复等类型，提出修复和整治目标、重点区域、重大工程，选项D属于对矿产资源开发要求。

2020-024. 不属于省级国土空间规划向市县级国土空间规划传导的指导和约束要求的是（　　）。

A. 分区传导
B. 人口规模
C. 底线管理
D. 名录管理

【答案】B

【解析】《省级国土空间规划编制指南（试行）》（2020年1月17日）中第3.6.3条，市县规划传导：升级国土空间规划通过分区传导、底线管控、控制指标、名录管理、政策要求等方式，对市县级规划编制提出指导约束要求。省级国土空间规划要将上述要求分解到下级规划，下级规划不得突破。因此选项B符合题意。

2020-025. 关于三条控制线调整错误的是（　　）。

A. 涉及基本农田占用的报国务院审批
B. 涉及生态保护红线占用的报国土空间规划原审批机关审批
C. 涉及城镇开发边界调整的报国土空间规划原审批机关审批
D. 对生态保护红线内允许对生态功能不造成破坏的有限人为活动由省级政府制定具体监管办法

【答案】B

【解析】《关于在国土空间中统筹划定落实三条控制线的指导意见》(十一)严格实施管理：建立健全统一的国土空间基础信息平台，实现部门信息共享，严格三条控制线监测监管。三条控制线是国土空间用途管制的基本依据，涉及生态保护红线、永久基本农田占用的，报国务院审批；对于生态保护红线内允许的对生态功能不造成破坏的有限人为活动，由省级政府制定具体监管办法；城镇开发边界调整报国土空间规划原审批机关审批。因此选项B错误。

2020-026. 不应纳入城镇开发边界的是( )。

A. 独立于中心城区外的开发区
B. 都市圈内为中心城区服务的乡村休闲设施
C. 中心城区内留白区
D. 不得违法侵占的河道、湖面、滩地

【答案】B

【解析】选项B中"都市圈"点明了乡村休闲设施所处区域的空间尺度，虽然是为中心城区提供休闲服务功能，但是乡村休闲设施有可能远离中心城区，散落在都市圈内；同时其散落在都市圈内的乡村休闲设施不属于城镇集中开发建设范畴，从主导功能判断，划入乡村发展区更为恰当，不应划入城镇开发边界内。在《市级国土空间总体规划编制指南》(试行，2020年9月)附录G.3.1.1城镇集中建设区中明确将现状建成区、规划集中连片的城镇建设区和城中村、城边村，依法合规设立的各类开发区，国家、省、市确定的重大建设项目用地等应划入城镇集中建设区，即划入城镇开发边界中，选项A应划入城镇开发边界内。

中心城区内留白区属于规划分区中城镇开发边界围合范围内的战略预留区，选项C应划入城镇开发边界。选项D根据实际具体情况考虑是否划入城镇开发边界内，如果划入，应划入城镇开发边界内的特别用途区。选项B符合题意。

2020-027. 省级国土空间规划图件中，不属于规划成果图的是( )。

A. 主体功能区
B. 农业生产适宜性等级评价图
C. 重要产业集群布局规划图
D. 生态修复和国土空间综合整治规划图

【答案】B

【解析】《省级国土空间规划编制指南（试行）》(2020年1月17日)F.3.3评价分析图中指出，生态保护重要性等级评价图、农业生产适应性等级评价图、城镇建设适宜性登记评价图属于评价分析图，可根据地区实际情况和需求选择性绘制。因此选项B符合题意。

2020-028. 下列人口数量中，不属于城市规模划分标准的划分档位的是( )。

A. 20万人
B. 50万人
C. 200万人
D. 500万人

【答案】C

【解析】目前，将人口聚集规模（常住人口）超过1000万以上的作为超大城市，500万～1000万的作为特大城市，100万～500万的作为大城市（100万～300万为Ⅱ型大城市，300万～500万为Ⅰ型大城市），50万～100万的作为中城市，50万以下的作为小城市（20万以下为Ⅱ型小城市，20万～50万为Ⅰ型小城市）。选项C不属于城市规模划分标准的划分档位，符合题意。

2020-029. 不属于省级国土空间规划中主体功能分区类型的是( )。
  A. 优化开发区   B. 重点生态功能区
  C. 农产品主产区   D. 战略性矿产保障区名录
【答案】A
【解析】《省级国土空间规划编制指南（试行）》(2020年1月17日)"附录C 主体功能分区"中指出，省级主体功能区包括省级城市化发展区、农产品主产区和重点生态功能区，以及省级自然保护地、战略性矿产保障区、特别振兴区等重点区域名录。因此选项A符合题意。

2020-030. 下列无需划入生态保护红线的是( )。
  A. 饮用水源地一级保护区   B. 濒危野生生物栖息地
  C. 红树林分布区   D. 风景名胜区
【答案】D
【解析】《关于在国土空间中统筹划定落实三条控制线的指导意见》关于生态红线的概念描述："生态保护红线是指在生态空间范围内具有特殊重要生态功能、必须强制性严格保护的区域。优先将具有重要水源涵养、生物多样性维护、水土保持、防风固沙、海岸防护等功能的生态功能极重要区域，以及生态极敏感脆弱的水土流失、沙漠化、石漠化、海岸侵蚀等区域划入生态保护红线。"2020年8月20日国家林业和草原局自然保护地管理司《关于加强和规范自然保护地整合预案数据上报工作的函》（林保区便函〔2020〕14号）中提出："风景名胜区不参与整合优化，名称、范围不变。与之交差重叠的自然保护地按71号函调整范围、整合归并。"[备注：71号函为《自然资源部 国家林业和草原局关于做好自然保护区范围及功能分区优化调整前期有关工作的函》（自然资函〔2020〕71号）]。因此选项D符合题意。

2020-031. 不属于省级国土空间规划重点管控的是( )。
  A. 国土空间开发保护格局统筹及优化   B. 国家与省级重大基础设施
  C. 市县级国土空间规划传导   D. 全域旅游多样化高品质魅力化空间打造
【答案】D
【解析】《省级国土空间规划编制指南（试行）》（2020年1月17日）中"3 重点管控内容"包括：目标与战略、开发保护格局、资源要素保护与利用、基础支撑体系、生态修复和国土综合整治以及区域协调与规划传导。因此选项D符合题意。

2020-032. 在省级的双评价中，不属于生态保护重要性评价内容的是( )。
  A. 水源涵养   B. 水土保持
  C. 洪水调蓄   D. 生物多样性维护

【答案】C

【解析】《资源环境承载能力和国土空间开发适宜性评价技术指南（试行）》（2020年1月19日）附录A中"A.1生态保护重要性评价"中提道："水源涵养、水土保持、生物多样性维护、防风固沙、海岸防护等生态系统服务功能越重要，水土流失、石漠化、土地沙化、海岸侵蚀及沙源流失等生态脆弱性越高，且生态系统完整性越好、生态廊道的连通性越好，生态保护重要性等级越高。"因此选项C符合题意。

2020-033. 下列关于《市县国土空间开发保护现状评估指南（试行）》评估指标内涵错误的是（　　）。

A. 森林覆盖率指的是密闭度0.2以上的乔木林地和竹林地等

B. 自然水岸保有率指未经人为干扰的水体与陆地的水陆交界线长度占总的水陆交接线的比例

C. 地下水水体优良比例指地下水水质监测点中达到Ⅰ、Ⅱ、Ⅲ类水质标准的监测点占总检测点数量的比率

D. 行政村等级公路通达率指通行四级及以上公路的行政村数量占总量的比例

【答案】A

【解析】《自然资源部办公厅关于开展国土空间规划"一张图"建设和现状评估工作的通知》（自然资办发〔2019〕38号）附件3市县国土空间开发保护现状评估指标说明：A-05森林覆盖率（％）指郁闭度0.2以上的乔木林地和竹林地以及国家特别规定的灌木林、农田林网以及四旁（村旁、路旁、水旁、宅旁）林木的覆盖总面积占土地总面积的比率。因此选项A错误。

2020-034. 下列不属于生态修复和国土空间综合整治的是（　　）。

A. 农田综合整治   B. 大气综合整治
C. 海洋生态修复   D. 矿山生态修复

【答案】B

【解析】《省级国土空间规划编制指南（试行）》（2020年1月17日）"3.5生态修复和国土综合整治"中提出：落实国家确定的生态修复和国土综合整治的重点区域、重大工程。按照自然恢复为主、人工修复为辅的原则，以国土空间开发保护格局为依据，针对省域生态功能退化、生物多样性降低、用地效率低下、国土空间品质不高等问题区域，将生态单元作为修复和整治范围，按照保障安全、突出生态功能、兼顾景观功能的优先次序，结合山水林田湖草系统修复、国土综合整治、矿山生态修复和海洋生态修复等类型，提出修复和整治目标、重点区域、重大工程。因此选项B符合题意。

2020-035. 下列有助于实现可持续发展目标的是（　　）。

A. 在城市郊区建设大型购物中心

B. 适宜城市地区和郊区发展公交引导开发的紧凑布局

C. 加大城市拆旧建新的力度

D. 严控城市扩张，完善职住平衡

【答案】B

【解析】《可持续发展的规划对策》中强调缩短通勤和日常生活的出行距离，提高公共交通在出行方式中的比重，提高日常生活用品和服务的地方自给程度，采取以公共交通为主导的紧凑发展形态；提高生物多样化程度，显著增加城乡地区的生物量，维护地表水的存量和地表土的品质；显著减少化石燃料的消耗，更多地采用可再生的能源，改进材料的绝缘性能，建筑物的形式和布局应有助于提高能效；减少污染排放，采取综合措施改善空气、水体和土壤的品质，减少废弃物的总量，更多采用"闭合循环"的生产过程，提高废弃物的再生与利用程度。因此选项B符合题意。

2020-036. 根据自然资源部关于以"多规合一"为基础推进规划用地"多审合一、多证合一"改革的通知，下列不属于国土空间规划"多规合一""多证合一"的规划许可管理核发的证书是（　　）。

A. 建设项目预审与选址意见书

B. 建设用地规划批准书与建设用地规划许可证

C. 建设工程规划许可证

D. 乡村建设规划许可证

【答案】C

【解析】题目设计非常巧妙但是选项不严谨，两个维度考查关于"项目审批制度改革"的知识点。第一层维度为《自然资源部关于以"多规合一"为基础推进规划用地"多审合一、多证合一"改革的通知》（自然资规〔2019〕2号）文件中所提及进行"多证合一"的核发证书为选项A建设项目用地预审与选址意见书和选项B建设用地规划许可证，政策原文为"将建设用地规划许可证、建设用地批准书合并，自然资源主管部门统一核发新的建设用地规划许可证（见附件2），不再单独核发建设用地批准书"。选项B中仍继续出现"建设用地批准书"，不太恰当，但是在题干问题语境下，"建设用地批准书"是属于规划许可管理核发的证书，但是该证书与建设用地规划许可证合并了，不会再单独核发。第二层维度，《国务院办公厅关于全面开展工程建设项目审批制度改革的实施意见》（国办发〔2019〕11号）提及"将工程建设项目审批流程主要划分为立项用地规划许可、工程建设许可、施工许可、竣工验收四个阶段。其中，立项用地规划许可阶段主要包括项目审批核准、选址意见书核发、用地预审、用地规划许可证核发等。工程建设许可阶段主要包括设计方案审查、建设工程规划许可证核发等"。建设工程规划许可证属于工程建设许可阶段，不属于规划许可管理阶段。选项B虽然有歧义，但是按照《国务院办公厅关于全面开展工程建设项目审批制度改革的实施意见》（国办发〔2019〕11号），选项C作为答案更为恰当。

2020-037. 城市用地布局与道路关系错误的是（　　）。

A. 分散式用地布局的大城市，道路网一般不宜套用方格网状的道路网

B. 带状组团式用地布局的城市一般需要联系各组团的交通干路

C. 中心城市一般不会形成放射状的交通性网络形态

D. 城市公交干线对城市用地形态具有引导作用

【答案】C

【解析】城市形成的初期，城市是小城镇，规模小，多数呈现为单中心集中式布局，

城市道路大多为规整的方格网式，一般分为干路、支路和街巷三级。城市发展到中等规模，城市仍可能呈集中式布局，但会出现次级中心，城市形成较为紧凑的组团式布局，城市道路网在中心组团仍维持旧城的基本格局，在外围组团则形成了适应机动交通的三级道路网。城市发展到大城市，逐渐形成相对分散的、多中心组团式布局。城市中心组团与外围组团间形成由现代城市交通所需的城市快速路连接，城市道路系统开始向混合式道路网转化。特大城市呈现"组合型城市"的布局，城市道路进一步发展形成混合型网，因为有了加强区间联系的需求，快速路网组合为城市的疏通性交通干线路网，城区间利用公路或高速公路相联系。因此选项C错误。

2020-038. 下列关于城市交通系统相关表述错误的是（　　）。
　　A. 人的活动是城市交通的主要活动
　　B. 人在城市中的分布决定了城市交通的流动和分布
　　C. 城市用地是城市交通的非决定性因素
　　D. 城市用地功能要与道路功能相协调
【答案】C
【解析】从对雅典宪章的分析可以得到如下结论：①人的活动是城市交通的主要活动，也是城市交通的决定性因素。人的活动的需求、意愿和活动的能量决定了人的出行目的、出行方式、出行次数和出行的距离。人在城市用地中的分布和活动需求决定了城市交通的流动和分布。②城市用地是城市交通的决定性因素。城市交通产生于城市用地，一定的城市用地布局产生一定的交通分布，一定的交通分布就要有一定的道路和交通系统相匹配。城市道路网和公交网的结构和形态取决于城市用地的布局结构和形态，应该与城市的用地布局形态相协调。③要处理好城市用地布局与道路系统的合理关系，要有交通分流的思想和功能分工的思想，按照用地产生的交通的不同的功能要求，合理地布置不同类型和功能的道路，在不同功能的道路旁布置不同性质的建设用地，形成道路交通系统与城市用地布局的合理配合关系。因此选项C错误。

2020-039. 以下关于城市货运交通的表述，错误的是（　　）。
　　A. 地区性货运中心应临近对外货运交通枢纽
　　B. 生产性货运交通中心宜依托工业或仓储物流用地设置
　　C. 生产性物流集散区宜设置生产性货运中心
　　D. 生活性货物集散点宜设在居住用地内
【答案】D
【解析】货运站场的位置选择与货主的位置和货物的性质有关。供应城市日常生活用品的货运站应布置在城市中心区边缘；以工业产品、原料和中转货物为主的货运站应布置在工业区、仓库区或货物较为集中的地区，亦可设在铁路货运站、货运码头附近。生活性货物集散点既考虑货物集散、货运交通的便利性，同时应考虑尽量避免对居住区的干扰，因此不宜设在居住用地内，选项D错误。

2020-040. 下列关于综合交通规划说法不准确的是（　　）。
　　A. 在综合交通体系与城市空间布局协同中，重点是对出行距离的优化

B. 优先保障机动化交通空间
C. 利用城市公共交通引导城市开发
D. 城市建成区结合街区改造提高城市次干路和支路的密度

【答案】B

【解析】《城市综合交通体系规划标准》(GB/T 51328—2018)第3.0.3条"城市综合交通体系应优先发展绿色、集约的交通方式",在总则的条文说明中提及"交通规划从目标到指标都应转向绿色发展和以人为中心,将绿色与公平、安全、高效作为城市交通发展的重要目标与原则,在充分发挥机动交通提升城市效率的同时,更加关注绿色出行的安全和便捷,以及城市交通系统整体资源消耗与碳排放降低"。故综合交通规划中并不优先保障机动化交通空间,选项B说法不准确。

2020-041. 下列关于道路系统规划说法不准确的是（ ）。

A. 道路与两侧用地的关系必须符合道路的功能
B. 城市不同区位道路密度一致
C. 不同城市的道路类别构成可不同
D. 道路系统要满足工程管线、市政公用设施的布设

【答案】B

【解析】城市道路网密度受到现状、地形、交通分布、建筑及桥梁位置等条件的影响,不同城市,不同区位、不同性质地段的道路网密度应有所不同。选项A、C、D均出自《城市综合交通体系规划标准》(GB/T 51328—2018)。因此选项B符合题意。

2020-042. 下列关于对外交通说法不准确的是（ ）。

A. 城市对外交通与城市交通有相互转换关系
B. 城市的各主要功能区对外交通组织均应高效、便捷
C. 多中心大城市需要布局均衡、规模合理的多个综合交通枢纽
D. 城市对外交通走廊应预留穿越通道,减少对城市的分割

【答案】A

【解析】城市对外交通与城市交通有相互衔接的关系,而非相互转换的关系,选项A错误。选项B、C为《城市综合交通体系规划标准》(GB/T 51328—2018)第7.1.1条中"城市对外交通衔接应符合的规定"要求,选项D为第7.2.3条"减少对外交通对城市的分割"要求。

2020-043. 下列关于道路系统说法不准确的是（ ）。

A. 干线道路服务机动交通的组织
B. 支线道路服务多样化的街区层面活动组织
C. 集散道路应相互连通,功能重要,不可或缺
D. 集散道路承担城市中、长距离联系交通的集散和中、短距离交通出行

【答案】C

【解析】《城市综合交通体系规划标准》(GB/T 51328—2018)第12.2.1条,按照城市道路所承担的城市活动特征,城市道路应分为干线道路、支线道路,以及联系两者的集散道

路三个大类。选项C中集散道路应相互连通说法不正确。干线道路是城市骨架，主要服务城市的长距离机动交通需求，选项A正确；支线主要承担城市功能区内部的短距离地方性活动组织，同时也是城市街道活动组织的主要空间，选项B正确；集散道路和支线道路共同承担城市中、长距离联系交通的集散和城市中、短距离交通的组织，选项D正确。

2020-044. 下列关于公交线路规划说法错误的是（   ）。

A. 市级公交线路侧重速度和效率
B. 组团级公交线路侧重覆盖度和便捷性
C. 普通公交线路与城市服务性道路布局思路和方式相同
D. 快速公交车线路和城市快速路布局思路和方式相同

【答案】D

【解析】城市快速道路与城市快速公共交通布置的思路和方法不同。城市快速道路为了保证其快速、畅通的功能要求，应该尽可能与城市用地分离，与城市组团布局形成"藤与瓜"的关系；而快速公交线路要与客流集中的用地或节点衔接，以满足客流的需要。所以，快速公交线路应尽可能将各城市中心和对外客运枢纽串接起来，与城市组团布局形成"串糖葫芦"的关系。因此选项D符合题意。

2020-046. 国家级历史文化名城保护，下列说法不准确的是（   ）。

A. 国家级历史文化名城应当有2个以上的历史文化街区
B. 历史建筑集中成片
C. 申报历史文化名城，由地方政府提出申请，经相关部门审批
D. 对于符合规定条件而没有申报的城市，由相关部门向该城市所在省政府提出申报建议

【答案】C

【解析】《历史文化名城名镇名村保护条例》（2017年修订）中第九条，申报历史文化名城，由省、自治区、直辖市人民政府提出申请，经国务院建设主管部门会同国务院文物主管部门组织有关部门、专家进行论证，提出审查意见，报国务院批准公布。选项C中由地方政府提出申请说法不准确，符合题意。

2020-047. 下列不属于历史文化名城保护规划中应划定的保护范围是（   ）。

A. 应划定历史城区保护范围线
B. 应划定历史文化街区和历史地段保护范围线
C. 应划定历史建筑和传统建筑风貌建筑保护范围线
D. 应划定地下文物埋藏区保护范围线

【答案】C

【解析】《历史文化名城保护规划标准》（GB/T 50357—2018）中第3.1.6条规定，历史文化名城保护规划应划定历史城区、历史文化街区和其他历史地段、文物保护单位、历史建筑和地下文物埋藏区的保护界线，并应提出相应的规划控制和建设要求。因此选项C符合题意。

2020-048. 下列关于历史城区说法不准确的是（   ）。

A. 对建筑的高度、体量、风格和色彩等提出总体控制和引导要求

B. 应保持或延续原有的道路格局
C. 以市政集中供热为主
D. 集中增设停车楼

【答案】D

【解析】《历史文化名城保护规划标准》（GB/T 50357—2018）中第3.4.4条，历史城区应控制机动车停车位的供给，完善停车收费和管理制度，采取分散、多样化的停车布局方式。不宜增建大型机动车停车场。选项D不准确。

2020-049. 下列关于历史建筑说法不准确的是（ ）。

A. 历史建筑应保持和延续原有的使用功能；确需改变功能的，在不影响历史建筑风貌展示的前提下，改变内部结构
B. 历史建筑保护范围内新建、扩建、改建的建筑，应在高度、体量、立面、材料、色彩、功能等方面与历史建筑相协调
C. 对历史建筑保护范围内的各项建设活动提出管控要求
D. 各类建设工程选址应避开历史建筑

【答案】A

【解析】《历史文化名城保护规划标准》（GB/T 50357—2018）第5.0.4条，对历史建筑的维护修缮以及添加设施，或改变历史建筑的结构或者使用性质，均不得破坏历史建筑的历史特征、艺术特征、空间特征。改变历史建筑内部结构不得破坏历史建筑的历史特征、艺术特征、空间特征，选项A中仅提及不影响历史建筑风貌展示，因此选项A不准确。

2020-050. 下列关于历史文化街区说法准确的是（ ）。

A. 历史文化街区核心保护范围内的文物保护单位、历史建筑、传统风貌建筑的总用地面积不应小于核心保护范围内建筑总用地面积的60%。
B. 历史文化街区保护范围面积不应小于1hm²
C. 历史文化街区根据保护需要划定环境协调区
D. 当历史文化街区的保护范围与文物保护单位的保护范围和建设控制地带出现重叠时候，应坚持保护范围最大化的要求，应按更为严格的控制要求执行

【答案】A

【解析】该题为考查《历史文化名称保护规划标准》（GB/T 50357—2018）知识点。选项A、B为"4.1.1历史文化街区应具备的条件"，选项B应为"历史文化街区核心保护范围面积不应小于1hm²"；选项C说法错误，历史文化街区保护范围应包括核心保护范围和建设控制地带（标准3.2.2），不需要划定环境协调区；选项D说法错误，应为"3.2.5当历史文化街区的保护范围与文物保护单位的保护范围和建设控制地带出现重叠时候，应坚持从严保护的要求，应按更为严格的控制要求执行"。因此选项A符合题意。

2020-052. 燃气集中供热锅炉选址不准确的是（ ）。

A. 靠近负荷中心   B. 接入高压燃气管网
C. 应有良好的道路交通条件   D. 地质条件良好

【答案】B

【解析】《城市供热规划规范》(GB/T 51074—2015)中第6.3.2条,燃气集中锅炉房规划设计应符合的条件中,选项B中应为天然气管道接入,并不要求接入高压燃气管网,在选择压力级制时,应根据气源压力、城镇规划布局、用户用气压力、负荷需求、调峰需求等因素,经技术经济比较后确定。因此选项B符合题意。

2020-053. 变电站选址不准确的是( )。
  A. 避开军事、机场等敏感区域　　B. 交通条件便利
  C. 避开大气严重污染区　　D. 避开地质条件不良区域
【答案】A
【解析】变电站选址原则包括:①符合城市总体规划用地布局要求;②靠近负荷中心;③便于进出线;④交通运输方便;⑤应考虑对周围环境和邻近工程设施的影响和协调;⑥宜避开易燃、易爆区和大气严重污染区及严重盐雾区;⑦应满足防洪标准要求;⑧应满足抗震要求;⑨应有良好的地质条件。因此选项A符合题意。

2020-054. 环境卫生设施选址下列说法不准确的是( )。
  A. 生活垃圾焚烧厂距离学校、医院等公共服务设施距离不应小于300米
  B. 生活垃圾卫生填埋场应设置在城市规划建成区外,距农村居民点及人畜供水点不应小于500米
  C. 堆肥处理设施宜位于城市规划建成区的边缘地带,用地边界距城乡居住用地不应小于300米
  D. 餐厨垃圾集中处理设施用地边界距离城乡居住用地等区域不应小于500米
【答案】C
【解析】该题考查《城市环境卫生设施规划标准》(GB/T 50337—2018)的知识点,第6.4.1条,堆肥处理设施宜位于城市规划建成区的边缘地带,用地边界距城乡居住用地不应小于0.5km。因此选项C不准确。

2020-055. 下列说法错误的是( )。
  A. 天然气门站位于城市用地边缘
  B. 燃气储气配站靠近主干管附近
  C. 燃气储气配站位于全年主导风向上风侧
  D. 燃气瓶装供应站位于城市用地边缘
【答案】D
【解析】《城镇燃气规划规范》(GB/T 51098—2015)中第8.2.1条,门站站址应根据长输管道走向负荷分布、城镇布局等因素确定,宜设在规划城市或镇建设用地边缘。选项A正确;第8.2.2条储配站站址应根据负荷分布、官网布局、调峰需求等因素确定,宜设在城镇主干管网附近。选项B正确。燃气储配站是城市燃气输配系统中储存和分配燃气的设施。燃气储配站项目经营的产品通常为压缩天然气,为易燃易爆危险化学品,易燃易爆区应与站外居住区、人员集中场所和产生明火地点保持足够的安全距离;站内应将生产区、辅助生产区、管理区和生活区按功能相对集中分别布置,布置时应考虑生产流程、生产特点和火灾爆炸危险性,结合周边地形、风向等条件,以减少危险、有害因素的交叉影

响。管理区、生活区一般应布置在夏季主导风向的上风侧或全年最小风频风向的下风侧。如将燃气储气配站设在主导风向的上风方向，发生燃气泄漏后，被下风风向的居民或者工业场所内火源点燃的可能性大，危险也大，不宜设在全年主导风向上风侧，选项C错误，燃气储备站不能位于全年主导风向上风侧燃气瓶装供应站同样为易燃易爆危险设施，宜选址于城市用地边缘，选项D正确。

2020-056. 防灾避难场所分类为（   ）。

A. 紧急避难场所、短期避难场所、长期避难场所
B. 紧急避难场所、固定避难场所、中心避难场所
C. 临时避难场所、紧急避难场所、长期避难场所
D. 应急避难场所、固定避难场所、中心避难场所

【答案】B

【解析】《防灾避难场所设计规范》（GB 51143—2015）第3.1.4条，避难场所按照其配置功能级别、避难规划和开放时间，可划分为紧急避难场所、固定避难场所和中心避难场所三类。固定避难场所按预定开放时间和配置应急设施的完善程度可划分为短期固定避难场所、中期固定避难场所和长期固定避难场所三类。因此选项B符合题意。

2020-057. 建筑场地存在发震断裂时，考虑有关可忽略发震断裂错动对地面建筑的影响不准确的是（   ）。

A. 抗震设防烈度小于8度
B. 抗震设防烈度小于8度，隐伏断裂土覆盖厚度大于60m
C. 抗震设防烈度小于9度，隐伏断裂土覆盖厚度大于80m
D. 非全新世活动断裂

【答案】C

【解析】《建筑抗震设计规范》（GB 50011—2010）（2016版）第4.1.7条规定，场地内存在发震断裂时，应对断裂的工程影响进行评价，对符合下列规定之一的情况，可忽略发震断裂错动对地面建筑的影响：①抗震设防烈度小于8度；②非全新世活动断裂；③抗震设防烈度为8度和9度时，前第四纪基岩隐伏断裂的土层覆盖厚度分别大于60m和90m。因此选项C符合题意。

2020-058. 下列属于防洪规划体系中工程措施的是（   ）。

A. 水库调蓄   B. 泥石流防治
C. 行洪通道保护   D. 蓄洪区管理

【答案】B

【解析】泥石流防治属于地质灾害防护工程措施的内容，因此选项B符合题意。

2020-059. 消防站辖区不应跨越（   ）。

A. 城市快速路   B. 城市主干道
C. 铁路专用线   D. 高压走廊

【答案】A

【解析】根据《城市消防规划规范》（GB 51080—2015）第4.1.3条，消防站辖区划

定应结合城市地域特点、地形条件和火灾风险等,并应兼顾现状消防站辖区,不宜跨越高速公路、城市快速路、铁路干线和较大的河流。因此选项 A 符合题意。选项 C 铁路专用线是指由企业或者其他单位管理的与国家铁路或者其他铁路线路接轨的岔线,不同于铁路干线,消防站辖区可以跨越。

2020-060. 在城市水系规划中,关于滨水绿化控制线说法不准确的是( )。
A. 饮用水源一级保护区陆域应纳入滨水绿化控制区范围
B. 有提防的滨水绿化控制线应为堤顶背水一侧堤脚或防护林带边线
C. 无提防的,其滨水绿化控制线应为水域控制线
D. 沟渠的滨水绿化控制线与水域控制线的距离宜大于 4m

【答案】C

【解析】城市水系规划规范(GB 50513—2009,2016 年版)第 4.5.2 条第 3 款,无提防的江河、湖泊,其滨水线绿化控制线与水域控制线之间应留有足够空间。选项 C 说法不准确。

2020-061. 下列关于地下市政公用设施说法错误的是( )。
A. 地下垃圾转运站
B. 结合公共服务设施设置地下污水处理站
C. 商业街区设置地下变电站
D. 结合公用绿地设置地下再生水处理站

【答案】B

【解析】《城市地下空间规划标准》(GB/T 51358—2019)中第 8.2.2 条第 1 款,地下污水处理厂、再生水厂、大中型泵站、雨水调蓄池等地下市政场站的地面宜建设公园、绿地、广场和开敞型体育活动设施等,覆土深度应满足植被种植要求。选项 B 中地下污水处理站不可以结合公共服务设施设置,符合题意。

2020-062. 控制性详细规划控制指标中,下列哪一个不属于建筑建造控制指标?( )
A. 建筑限高   B. 建筑体量
C. 建筑退距   D. 建筑间距

【答案】B

【解析】控制性详细规划建筑建造控制指标包括:建筑高度、建筑后退和建筑间距。因此选项 B 符合题意。

2020-063. 下列关于容积率的说法不准确的是( )。
A. 容积率也可以称为建筑面积密度
B. 在旧区改建中,容积率的确定应考虑与拆建比的关系
C. 在容积率一定时,建筑层数与建筑密度成反比
D. 地块容积率一般采取上限控制的方式,必要时也可采用下限控制的方式

【答案】C

【解析】容积率是控制地块开发强度的一项重要指标,也称楼板面积率或建筑面积密度,是指地块内建筑总面积与地块用地面积的比值,选项 A 正确。在旧区改建中,需要

考虑经济上的可行性，根据实际情况把握拆除现状建筑的成本与新建建筑的获益之间的关系，即考虑拆建比。容积率的确定需要考虑与拆建比的关系，选项 B 准确。

容积率一定的情况下，建筑基地面积与建筑层数并不成比例关系。建筑基底面积相同的情况下，可以不同的单层面积来实现不同的建筑高度和建筑层数，选项 C 不准确。地块容积率一般采取上限控制的方式，保证地块的合理使用和良好的环境品质，必要时可以采取下限控制，以保证土地集约使用的要求，选项 D 正确。

2020-064. 控制性详细规划中地块边界划分不需要考虑的因素是( )。
  A. 用地权属红线   B. 行政边界
  C. 河流等自然边界   D. 土地混合使用要求
  【答案】D
  【解析】编制单元应综合考虑城市行政区划、自然地貌、城市特征、功能区划分、主要道路、重要基础设施、城市空间景观组织、社会组织等要素确定，其"四至"界限应明确、稳定，经过划定的编制单元，原则上不应更动。因此选项 D 符合题意。

2020-065. 下列属于控制性详细规划用地中明确需要独立占地的是( )。
  A. 邮政支局   B. 消防站
  C. 垃圾收集站   D. 社区服务站
  【答案】B
  【解析】消防站担负着扑救火灾和抢险救援的重要任务，是城市消防基础设施的重要组成部分，是需要独立占地的公共基础设施。《城市消防站建设标准》（建标152-2017）第十六条，消防站不宜设在综合性建筑物中。特殊情况下，设在综合性建筑物中的消防站应自成一区，并有专用出入口。选项 A、C、D 在《城市居住区规划设计标准》（GB 50180—2018）属于五分钟生活圈居住区配套设施，可联合设置，不需要独立占地。因此选项 B 符合题意。

2020-066. 下列关于修建性详细规划说法不准确的是( )。
  A. 修建性详细规划是对城市开发建设进行管理与控制
  B. 对所在地块的建设提出具体的安排和设计
  C. 用以指导建筑设计和各项工程施工设计
  D. 通过形象的方式表达城市空间与环境
  【答案】A
  【解析】修建性详细规划以实现规划范围内具体的预定开发建设项目为目标，将各个建筑物的具体用途、体型、外观以及各项城市设施的具体设计作为规划内容，属于开发建设蓝图型的详细规划；控制性详细规划是对城市开发建设进行管理与控制。因此选项 A 符合题意。

2020-067. 下列不属于修规基本图纸的是( )。
  A. 区位关系图   B. 用地规划图
  C. 管线综合图   D. 竖向规划设计图
  【答案】B

【解析】修建性详细规划应当具备的基本图纸（1：500～1：2000）：位置图、现状图、场地分析图、规划总平面图、道路交通规划设计图、竖向规划图、效果表达。选项 A、D 属于修规基本图纸。根据《城市规划编制管理办法》第四十三条，修建性详细规划应当包括市政工程管线规划设计和管线综合。选项 C 属于修规基本图纸。修建性详细规划属于开发建设蓝图型详细规划，实现规划范围内具体的预定开发建设项目为目的，用地性质已经在上位控制性详细规划中确定，修建性详细规划直接按照要求，对各个建筑物的具体用途、体型、外观以及各项城市设施进行具体设计。选项 B 用地规划图不属于修规基本图纸。因此选项 B 符合题意。

2020-068. 下列关于乡镇级国土空间规划说法错误的是（　　）。

A. 乡镇国土空间规划是对本行政区域开发保护作出的具体安排，侧重实施性

B. 乡镇可以几个为单元编制乡镇级国土空间规划

C. 乡镇级国土空间规划不与市县级国土空间规划合并编制

D. 乡镇国土空间规划由省级政府根据当地实际，明确规划编制审批内容和程序要求

【答案】C

【解析】《中共中央国务院关于建立国土空间规划体系并监督实施的若干意见》（中发〔2019〕18 号文）中提出："各地可因地制宜，将市县与乡镇国土空间规划合并编制，也可以几个乡镇为单元编制乡镇级国土空间规划。"因此选项 C 说法错误。

2020-069. 中共中央国务院印发《乡村振兴战略规划（2018－2022 年）》分类推进乡村发展，其类型为（　　）。

A. 保留提升类村庄、城郊融合类村庄、特色保护类村庄、搬迁撤并类村庄

B. 集聚提升类村庄、城郊融合类村庄、特色旅游类村庄、搬迁撤并类村庄

C. 集聚提升类村庄、城郊融合类村庄、特色保护类村庄、搬迁撤并类村庄

D. 保留提升类村庄、城郊融合类村庄、特色旅游类村庄、搬迁撤并类村庄

【答案】C

【解析】《乡村振兴战略规划（2018—2022 年）》分类推进乡村发展，其类型为集聚提升类村庄、城郊融合类村庄、特色保护类村庄、搬迁撤并类村庄。因此选项 C 符合题意。

2020-070. 宅基地三权分立是指哪三权？（　　）

A. 控制权、使用权、收益权　　B. 所有权、资格权、使用权

C. 所有权、使用权、收益权　　D. 控制权、使用权、转让权

【答案】B

【解析】《关于统筹推进自然资源资产产权制度改革的指导意见》（中办发〔2019〕25 号）中，在（四）健全自然资源资产产权体系中提及探索宅基地所有权、资格权、使用权"三权分置"。因此选项 B 符合题意。

2020-071. 下列关于历史文化名村名镇保护说法不准确的是（　　）。

A. 应当整体保护，保持传统格局、历史风貌和空间尺度

B. 改善历史文化名城、名镇、名村的基础设施、公共服务设施和居住环境

C. 原住民比例不得降低

D. 不得改变与其相互依存的自然景观和环境

【答案】C

【解析】《历史文化名城名镇名村保护条例》(2017年修正本) 中对原住民控制要求为"控制历史文化名城、名镇、名村的人口数量",并未限制原住民在人口规模中的占比。因此选项C符合题意。

2020-072. 下列关于邻里单位说法错误的是( )。

A. 以城市的主要交通干道为边界　　B. 内部车辆可达性
C. 商业区应当布置在邻里单位的周边　D. 学校应布置在邻里单位的中心

【答案】B

【解析】在邻里单位理论中,佩里认为在当时汽车交通的时代,环境中的最重要问题是街道的安全,因此,最好的解决办法就是建设道路系统来减少行人和汽车的交织与冲突,并且将汽车交通完全地安排在居住区之外。邻里单位应当以城市的主要交通干道为边界,这些道路应当足够的宽以满足交通通行的需要,避免汽车从居住单位内穿越。因此,选项B说法错误。

2020-073. 15分钟生活圈人口规模为( )。

A. 5000~12000　　B. 15000~25000
C. 30000~50000　D. 50000~100000

【答案】D

【解析】《城市居住区规划设计标准》(GB 50180—2018)"表格3.0.4 居住区分级控制规模"中,十五分钟生活圈居住人口(人)为50000~100000。因此选项D符合题意。

2020-074. 下列不属于居住区修建性详细规划的成果要求的是( )。

A. 区位关系　　B. 建筑方案选型
C. 综合技术经济论证　D. 绿化设计及植物配置

【答案】D

【解析】修建性详细规划层面的居住区规划设计的成果一般应有规划设计图纸及文件两大类,具体包括:①分析图,分析图中包括区位关系图,选项A属于成果要求;②规划设计图;③工程规划设计图;④形态意向规划设计图及模型,选项B建筑方案选型属于形态意向规划设计内容;⑤规划设计说明及技术经济指标,选项C为技术经济指标的内容。在修建性详细规划中,植物配置只需要提出建议即可,不需要到配置方案深度,因此选项D符合题意。

2020-075. 下列不属于居住区规划要求的是( )。

A. 满足安全、卫生的要求　　B. 创造归属感和认同感
C. 生活便利、环境舒服　　D. 与产业门类相协调

【答案】D

【解析】居住区规划不需要考虑与产业门类相协调,居住区功能布局中以居住、公共服务、商业服务等业态为主,与产业门类没有直接关系。因此选项D符合题意。

2020-076. 下列属于社区配套设施的是( )。

  A. 医院   B. 幼儿园

  C. 变电站   D. 文化馆

【答案】B

【解析】幼儿园为《城市居住区规划设计标准》（GB 50180—2018）中五分钟生活圈居住区配套设施，选项A、D为城市级公共服务设施，选项C为城市级市政基础设施。因此选项B符合题意。

2020-077. 下列最能体现城市设计公共政策属性的是( )。

  A. 旧城区有机更新改造，完善服务设施

  B. 公共领域塑造高品质空间场所

  C. 滨水绿道串联沿线各公园绿地

  D. 历史文化街区重点建筑修缮维护

【答案】B

【解析】城市设计公共政策属性体现出"管控工具"的政策管理形式，选项B公共领域塑造高品质空间场所，需要通过一系列的城市设计管控政策来实现，通过管控政策来约束公共领域内各地块多元市场主体开发建设行为。选项A、C、D为具体的城市设计手法，通过实施项目，采用城市设计手法来实现，虽然在项目设计过程中应遵循所在地区的城市设计管控要求，有一定的公共政策属性的体现，但是四个选项中最能体现城市设计公共政策属性的是选项B。

2020-078. 下列关于城市设计中城市色彩说法错误的是( )。

  A. 考虑地域特性下的人文需求和文脉传承需求

  B. 以基本色、辅助色和点缀色来构建城市色彩关系

  C. 城市各区可制定分区色谱和色彩规划导则

  D. 丰富多彩、对比强烈、个性鲜明彰显城市特色

【答案】D

【解析】在城市设计中通过城市色彩引导与管控，实现城市空间形象整体性与协调性，凸显城市特色与城市个性，用基调色统一色彩风貌整体，在此基础上根据功能特性、自然环境等条件不同，采用辅助色或点缀色等突出色彩特质。选项D中"丰富多彩、对比强烈"说法错误，难以实现城市空间形象的整体性和协调性。

2020-080. "十次小组"城市设计理论是( )。

  A. 自然主义   B. 结构主义

  C. 解构主义   D. 折中主义

【答案】B

【解析】在20世纪20～50年代末的现代建筑协会会议上，结构主义的支持者批判现代主义学派的功能主义学说，且发起一项对建筑使用者更为人性化的运动——建筑学和城市规划领域的结构主义思潮，更加强调组成要素间的各种关系和主体的作用。第一批结构主义者形成于20世纪50年代末，由国际现代建筑协会中分裂出来的派别"十次小组"中

的成员组成。"十次小组"认为，城市的空间组织必须坚持以人为核心的人际结合思想，必须以人的行为方式为基础，城市和建筑的形态必须从生活本身的结构发展而来。在此基础上他们提出，任何新的东西都是在旧机体中生长出来的，一个社区也是如此，必须对它进行修整，使它重新发挥作用。因此，城市的空间组织不是从一张白纸上开始的，而是一种不断进行的工作。所以任何一代人只能做有限的工作。每一代人必须选择对整个城市结构最有影响的方面进行规划和建设，而不是重新组织整个城市。选项B正确

二、多选题（每题五个选项，每题正确答案不少于两个选项，多选或漏选不得分）

2020-081. 下列属于城市空间组织理论的是( )。

  A. 邻里单位   B. 极差地租
  C. 线性城市   D. 中心地理论
  E. 倡导性规划

【答案】ABCD

【解析】城市空间组织理论包括：城市空间区位理论（工业区位理论、市场网络区位理论）、从城市功能组织出发的空间组织理论（《雅典宪章》）、从城市土地组织形态出发的空间组织理论（同心圆理论、扇形理论、多核心理论）、从经济合理性出发的空间组织理论（地租理论）、从城市道路交通出发的空间组织理论、从空间形态出发的空间组织理论（《城市建筑艺术》《拼贴城市》）、从城市生活出发的空间组织理论（《马丘比丘宪章》、"邻里单位"、"城市意象"、《美国大城市的死与生》）。因此选项A、B、C、D符合题意。

2020-082. 下列关于《周礼·考工记》的说法准确的是( )。

  A. 记载了城市的郊、田、林、牧地的相关关系的规则
  B. 汉代长安体现了《周礼·考工记》的功能分区
  C. 唐长安体现了《周礼·考工记》记载的城市形制规则
  D. 宋汴梁城采用里坊制，坊里严格管制
  E. 元大都很多方面体现了《周礼·考工记》记载的王城的空间布局制度

【答案】ACE

【解析】《周礼·考工记》记载了城市的郊、田、林、牧地相互关系的规则，选项A正确；根据汉代国都长安遗址的发掘，表明其布局尚未完全按照《周礼·考工记》的形制进行，没有贯穿全城的对称轴线，宫殿与居民区相互穿插，城市整体的布局并不规则，选项B错误；唐长安城采用规整的方格路网，居住分布采用里坊制，朱雀大街两侧各有54个里坊，每个里坊四周设置坊墙，里坊实行严格管制，坊门朝开夕闭，坊中考虑了城市居民丰富的社会活动和寺庙用地，选项C正确；随着商品经济的发展，中国城市建设中延绵了千年的里坊制度逐渐被废除，到北宋中叶，开封城中已建立较为完善的街巷制，选项D错误；元大都因水系择址新建，城市规划不受旧格局约束，所以其居民区与金中都新旧坊制混合形式不同，全部为开放形式的街巷，按照方位，元朝的元廷将大都街道分为50坊，虽能分为50个坊管理，但还是开放的街巷制，选项E正确。选项A、C、E符合题意。

2020-083. 下列措施可提高街道活力的是( )。

  A. 增加沿街餐饮和零售店   B. 增加街道绿地

C. 整治沿街商店招牌   D. 沿街建筑高度降低
E. 增加商业外摆

【答案】ABDE

【解析】增加沿街餐饮和零售店、增加街道绿地和增加商业外摆均可吸引人流，提高街道活力。沿街建筑高度降低可以提升街道的步行体验，可以间接提高街道活力。因此选项A、B、D、E符合题意。

2020-085. 关于同心圆理论，各项说法准确的是(   )。
A. 一环是行政区
B. 二环是衰败了的居住区
C. 三环是工人居住区，居住着工人和低收入白领
D. 四环是高档居住区
E. 五环是外围工业区

【答案】BCD

【解析】同心圆理论是由伯吉斯(E. W. Burgess)于1923年提出的。根据他的理论，城市可以划分成五个同心圆的区域：其结构模式为：①一环是中心商业区，是商业、文化和其他主要社会活动的集中点，城市交通运输网的中心。②二环是过渡带。最初是富人居住区，以后因商业、工业等经济活动的不断进入，环境质量下降，逐步成为贫民集中、犯罪率高的地方。③三环是工人居住区，其居民大多来自过渡带的第二代移民，他们的社会和经济地位有了提高。④四环是高级住宅区。以独户住宅、高级公寓和上等旅馆为主，居住中产阶级、白领工人、职员和小商人等。⑤五环是通勤居民区，是沿高速交通线路发展起来的，大多数人使用通勤月票，每天往返市区；上层和中上层社会的郊外住宅也位于该区，并有一些小型卫星城。因此选项B、C、D正确。

2020-088. 下列属于生态文明体制改革内容的是(   )。
A. 环境治理体系
B. 三条控制线
C. 统一用途管制的国土开发保护制度
D. 建立以国家公园为主体的自然保护地体系
E. "放管服"改善营商环境

【答案】ACD

【解析】生态文明体制改革构建起由自然资源资产产权制度、国土空间开发保护制度、空间规划体系、资源总量管理和全面节约制度、资源有偿使用和生态补偿制度、环境治理体系、环境治理和生态保护市场体系、生态文明绩效评价考核和责任追究制度等八项制度构成的产权清晰、多元参与、激励约束并重、系统完整的生态文明制度体系，推进生态文明领域国家治理体系和治理能力现代化，努力走向社会主义生态文明新时代。因此选项A、C、D符合题意。

2020-089. 工业用地选址应避开以下哪些设施？(   )
A. 水利设施   B. 居住用地

C. 文物古迹　　　　　　　　　D. 港口

E. 矿产采空区

【答案】ACE

【解析】工业用地应避开以下地区：军事用地、水力枢纽、大桥等战略目标，以及矿物蕴藏地区、采空区、文物古迹埋藏地区以及生态保护与风景旅游区、埋有地下设备的地区。港口是重要的对外交通枢纽，港口周边多布局工业用地，充分利用港口便捷的交通运输条件；有易燃易爆危险性、污染或噪声严重的企业，要求远离居住区，常规工业园区内要求布局一定比例居住用地，尽量满足职居平衡，因此工业用地选址不一定要避开居住用地。因此选项 A、C、E 符合题意。

2020-090. 用地竖向与用地布局说法准确的是（　　）。

A. 城镇中心区规划用地其自然坡度宜小于 20%，规划坡度宜小于 15%

B. 居住用地自然坡度宜小于 25%，规划坡度宜小于 10%

C. 工业、物流其自然坡度宜小于 15%，规划坡度宜小于 10%

D. 超过 8m 的高填方区仅限于用作绿地、广场

E. 结合自然地形，规划地面形式可分为平坡式、台地式

【答案】AC

【解析】城乡建设用地选择及用地布局应充分考虑竖向规划的要求，并应符合下列规定：①城镇中心区用地应选择地质、排水防涝及防洪条件较好且相对平坦和完整的用地，其自然坡度宜小于 20%，规划坡度宜小于 15%；②居住用地宜选择向阳、通风条件好的用地，其自然坡度宜小于 25%，规划坡度宜小于 25%；③工业、物流用地宜选择便于交通组织和生产工艺流程组织的用地，其自然坡度宜小于 15%，规划坡度宜小于 10%；④超过 8m 的高填方区宜优先用作绿地、广场、运动场等开敞空间；⑤应结合低影响开发的要求进行绿地、低洼地、滨河水系周边空间的生态保护、修复和竖向利用；⑥乡村建设用地宜结合地形，因地制宜，在场地安全的前提下，可选择自然坡度大于 25% 的用地。根据城乡建设用地的性质、功能，结合自然地形，规划地面形式可分为平坡式、台阶式和混合式。因此选项 A、C 正确。

2020-094. 容积率的赋值方法包括（　　）。

A. 回归分析　　　　　　　　　B. 强度分区

C. 类比法　　　　　　　　　　D. 环境容量

E. 方案论证

【答案】BCE

【解析】容积率的赋值方法包括：强度分区、类比法、方案论证。因此选项 B、C、E 符合题意。

2020-096. 下列关于控制性详细规划发展历程说法正确的是（　　）。

A. 1980 年，美国女建筑师协会来华进行学术交流，带来了区划法（zoning）的概念。

B. 1982 年上海浦东规划确定各地块的用地性质、用地面积、容积率、建筑密度、建

筑后退、建筑高度限制、车辆出入口方位及小汽车停车库位等8项控制指标。

C. 《广州街区规划》以城区的行政街区为规划单位，通过调查研究、现状分析、示意性建筑形体规划，检验控制指标在空间建设的合理性与可行性。

D. 《南京控制性详细规划理论方法研究》区分每一规划地块的实施控制和引导的控制性指标和引导性指标，为城市土地有偿使用和房地产事业提供了依据。

E. 《温州市旧城改造控制性详细规划》成为控制性详细规划的一次具有里程碑意义的规划实践，控制性详细规划编制方法基本定型。

【答案】ACE

【解析】选项B应为上海虹桥开发区详细规划确定各地块的用地性质、用地面积、容积率、建筑密度、建筑后退、建筑高度限制、车辆出入口方位及小汽车停车库位等8项控制指标，成为中国控制性详细规划的开先河之作；选项D应为《桂林中心区控制性详细规划》从"定性、定量和定位"这三个方面突出了详细规划的弹性，并与局部地段的城市设计相结合，区分每一规划地块的实施控制和引导的控制性指标和引导性指标，为城市土地有偿使用和房地产事业提供了依据，桂林市中心区详细规划是我国第一批具有系统的控制性详细规划思想和编制方法的项目之一。因此选项A、C、E正确。

2020-097. 下列关于《自然资源部办公厅关于加强村庄规划促进乡村振兴的通知》中村庄规划编制内容说法准确的是(　　)。

A. 确定产业布局用地，安排工业、仓储用地布局

B. 深入挖掘乡村历史文化资源，划定乡村历史文化保护线

C. 划定生态保护红线

D. 划定永久基本农田保护区和永久基本农田储备区

E. 近期推进项目，明确资金规模及筹措方式、建设主体和方式等

【答案】BE

【解析】《自然资源部办公厅关于加强村庄规划促进乡村振兴的通知》的主要任务包括：①统筹村庄发展目标；②统筹生态保护修复。落实生态保护红线划定成果，明确森林、河湖、草原等生态空间，尽可能多的保留乡村原有的地貌、自然形态等，系统保护好乡村自然风光和田园景观。加强生态环境系统修复和整治，慎砍树、禁挖山、不填湖，优化乡村水系、林网、绿道等生态空间格局。村庄规划层面，是落实生态保护红线划定成果，村庄规划无权划定生态保护红线，选项C不准确。③统筹耕地和永久基本农田保护。落实永久基本农田和永久基本农田储备区划定成果，落实补充耕地任务，守好耕地红线。统筹安排农、林、牧、副、渔等农业发展空间，推动循环农业、生态农业发展。完善农田水利配套设施布局，保障设施农业和农业产业园发展合理空间，促进农业转型升级。选项D不准确。④统筹历史文化传承与保护。深入挖掘乡村历史文化资源，划定乡村历史文化保护线，提出历史文化景观整体保护措施，保护好历史遗存的真实性。防止大拆大建，做到应保尽保。加强各类建设的风貌规划和引导，保护好村庄的特色风貌。选项B正确。⑤统筹基础设施和基本公共服务设施布局。⑥统筹产业发展空间。统筹城乡产业发展，优化城乡产业用地布局，引导工业向城镇产业空间集聚，合理保障农村新产业新业态发展用地，明确产业用地用途、强度等要求。除少量必需的农产品生产加工外，一般不在农村地

区安排新增工业用地。选项A提出在村庄中布局工业和仓储项目，不准确，工业和仓储项目应考虑向城镇产业空间集聚。⑦统筹农村住房布局。⑧统筹村庄安全和防灾减灾。⑨明确规划近期实施项目。研究提出近期急需推进的生态修复整治、农田整理、补充耕地、产业发展、基础设施和公共服务设施建设、人居环境整治、历史文化保护等项目，明确资金规模及筹措方式、建设主体和方式等。选项E正确。因此选项B、E符合题意。

2020-098. 下列关于居住区规划说法准确的是( )。
  A. 居住区用地分为住宅用地、道路用地、配套设施用地、公共绿地
  B. 居住区层级分为居住区、小区、组团、街坊四级结构
  C. 空间结构是各类用地根据组织结构、功能要求、用地条件等因素确定的相互关系
  D. 公共服务设施分级配置，并与居住人口规模相对应
  E. 居住区道路分级分为居住区道路、小区级道路、组团级道路、街坊级道路四级
  【答案】AC
  【解析】选项B、D、E为已废止《城市居住区规划设计规范》GB 50180—93（2016年版）条款内容，按照《城市居住区规划设计标准》（GB 50180—2018）答题仅选项A、C说法正确。选项A来自"表4.0.1-1 十五分钟生活圈居住区用地控制指标"，居住区用地构成为住宅用地、配套设施用地、公共绿地、城市道路用地。居住区空间布局形式是住宅、道路、绿地和配套服务设施等具体空间形态的布局，选项C说法准确，空间结构是根据组织结构、功能要求、用地条件等因素确定的相关关系。

  选项B应为居住区层级分为十五分钟生活圈、十分钟生活圈、五分钟生活圈及居住街坊四级，选项B不准确。

  选项D中"公共服务设施用词"不准确，新版标准已经改为"配套设施"，且配套设施配置应对居住区分级控制规模，以居住人口规模和设施服务范围（服务半径）为基础分级提供配套服务，选项D中漏掉了服务设施范围。

  居住区道路是城市道路交通系统的组成部分，要融入城市交通网络，支路是居住区主要的道路类型，居住街坊内为附属道路，选项E不准确。

2020-099. 下列属于"城市美化运动"影响的是( )。
  A. 朗方的华盛顿中心城区设计 B. 伯纳姆和本内特的芝加哥规划
  C. 格里芬的堪培拉城市设计 D. 拉钦斯的新德里规划
  E. 培根的旧金山城市设计
  【答案】AB
  【解析】城市美化运动是以1893年在芝加哥举行的博览会为起点的对市政建筑物进行全面改进的运动。该运动主将伯纳姆于1909年完成的芝加哥规划被称为第一份城市范围的总体规划。华盛顿规划是城市美化运动的典型代表，第一次实施了综合性城市规划，对华盛顿城市面貌和功能改善发挥了积极作用。因此选项A、B符合题意。

2020-100. 城市设计空间分析方法中属于计算机辅助的有( )。
  A. 虚拟现实分析 B. 视觉序列分析
  C. 元胞自动机 D. 空间句法分析

E. 意象地图分析

【答案】ABD

【解析】虚拟现实分析、视觉序列分析、空间句法分析属于计算机辅助城市设计空间分析方法,因此选项 A、B、D 符合题意。

第三章 考 点 速 记

第一节 城市与城市发展

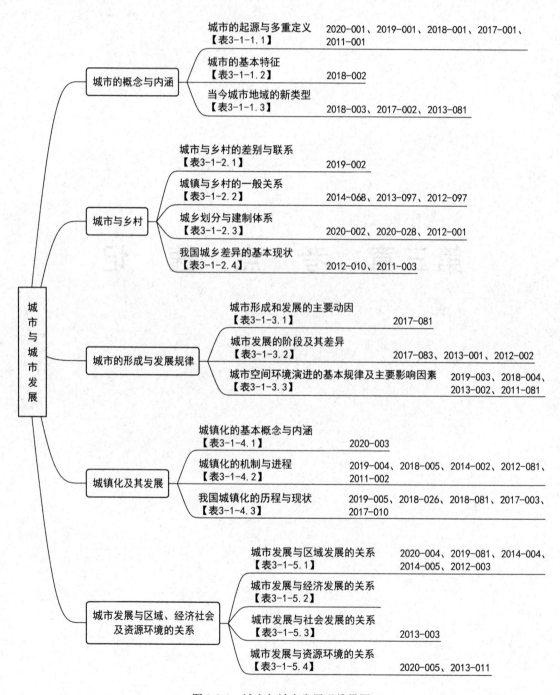

图 3-1-1 城市与城市发展思维导图

一、城市的概念与内涵

城市的起源与多重定义　　　　　　　　　　　　　　　　　　　　　　　表 3-1-1.1

内容	说明
城市的起源	① 城市最早是政治统治、军事防御和商品交换的产物。"城"是由军事防御产生的，"市"是由商品交换（市场）产生的。 ② 城市是由社会剩余物资的交换和争夺而产生的，也是社会分工和产业分工的产物。
城市的多重定义	① 产生：城市是人类第三次社会大分工的产物。 ② 功能：城市是工商业活动集聚的场所，是从事工商业活动的人群聚集的场所。 ③ 集聚：城市的本质特点是集聚，高密度的人口、建筑、财富和信息是城市的普遍特征。 ④ 区域：城市同周围区域保持紧密联系，具有控制、调整和服务等职能。 ⑤ 景观：城市是以人造景观为特征的聚落景观。 ⑥ 系统：城市是一个复杂且处于动态变化之中的自然—社会复合的巨系统。

城市的基本特征　　　　　　　　　　　　　　　　　　　　　　　　　　表 3-1-1.2

基本特征
① 城市的概念是相对存在的。 ② 城市以要素聚集为基本特征。城市的集聚效益是其不断发展的根本动力，也是城市与乡村的一大本质区别。 ③ 城市的发展是动态变化和多样的。 ④ 城市具有系统性。

当今城市地域的新类型　　　　　　　　　　　　　　　　　　　　　　　表 3-1-1.3

类型	说明
大都市区	① 大都市区是一个大的城市人口核心，以及与其有着密切社会经济联系的、具有一体化倾向的邻接地域的组合，它是国际上进行城市统计和研究的基本地域单元，是城镇化发展到较高阶段时产生的城市空间组织形式。 ② 美国是最早采用大都市区概念的国家。 ③ 西方其他国家也建立了自己的城市功能地域概念，如加拿大的"国情调查大都市区"，英国的"标准大都市劳动区"和"大都市经济劳动区"，澳大利亚的"国情调查扩展城市区"，瑞典的"劳动—市场区"以及日本的都市圈等。
大都市带	大都市带是指许多都市区连成一体，在经济、社会、文化等各方面存在密切交互作用的巨大城市地域。
全球城市区域	① 全球城市区域是指在全球化高度发展的前提下，以经济联系为基础，由全球城市及其腹地内经济实力较为雄厚的二级大中城市扩展联合而形成的一种独特空间现象。 ② 全球城市是以全球城市（或具有全球城市功能的城市）为核心的城市区域，而不是以一般的中心城市为核心的城市区域。

二、城市与乡村

城市与乡村的差别与联系　　　　　　　　　　　　　　　　　　　　　　表 3-1-2.1

内容	说明
区别	集聚规模的差异；生产效率的差异；生产力结构的差异；职能的差异；物质形态的差异；文化观念的差异。

续表

内容	说明
联系	物质联系；经济联系；人口移动联系；技术联系；社会作用联系；服务联系；政治、行政组织联系。

城镇与乡村的一般关系　　　　　　　　　　　　　　　　　　　　　　表 3-1-2.2

内容	说明
城市和乡村的一般关系	人类社会劳动的两次大分工形成了农村聚落和城市聚落。一般来讲，把人口规模较大的聚落称为城市，把人口数量较少、与农村还保持着直接联系的聚落称为镇。镇在我国是一级行政单元，镇以上是城市，镇以下是乡村。
我国的城乡行政体系	① 城镇是指我国市镇建制和行政区划的基础区域，城镇包括城区和镇区； ② 乡村是指城镇以外的其他区域。
城乡的行政建制构成	① 设市城市：我国的城市为人口数量达到一定规模，人口和劳动力结构、产业结构达到一定要求，基础设施达到一定水平，或有军事、经济、民族、文化等特殊要求，并经国务院批准设置的具有一定行政级别的行政单元。 ② 建制镇：除了建制市以外的城市聚落都称之为镇。其中具有一定人口规模，人口和劳动力结构、产业结构达到一定要求，基础设施达到一定水平，并被省（自治区、直辖市）人民政府批准设置的镇为建制镇。 ③ 县城关镇：它的中心是县政府所在地镇，具有城市的属性。县下面辖有镇和乡。 ④ 集镇（乡）：其余为集镇。而集镇不是一级行政单元，镇和乡一般是同行政单元。而镇则有更多的含义。第一，在镇的建制中存在的镇，总体上被认为是"小城镇"；第二，镇与农村有千丝万缕的联系，是农村的中心社区；第三，镇偏重于乡村间的商业中心，在经济上是有助于乡村的。可以认为镇是城乡的中间地带，是城乡的桥梁和纽带，具有为农村服务的功能，也是农村地区城镇化的前沿。
我国城乡建制的设置特点	① 广义的市是指其行政辖区，既包括中心城区，还包括中心城区之外的城镇和农村地区（郊区），规划上一般称市域。 ② 镇属于城市聚落，镇也含有其所辖的其他集镇和农村区域，规划上一般称镇域。 ③ 市的社会经济活动是以"城"为中心，而镇的社会经济活动是以"乡村"为服务对象。 ④ 乡的设置是针对其农村地区的属性，乡中心也不具备镇区的聚集条件，通常乡驻地职能是行政管理和服务。

城乡划分与建制体系　　　　　　　　　　　　　　　　　　　　　　表 3-1-2.3

内容	说明
我国20世纪50年代就制定了具体的市（镇）设置标准	① 聚集人口规模：目前，将人口聚集规模（常住人口）超过1000万以上的作为超大城市，500万～1000万的作为特大城市，100万～500万的作为大城市（100万～300万为Ⅱ型大城市、300万～500万为Ⅰ型大城市），50万～100万的作为中城市，50万以下的作为小城市（20万以下为Ⅱ型小城市，20万～50万为Ⅰ型小城市）。 ② 城镇的政治经济地位：依据城镇的政治经济地位，设置了首都、直辖市、省会城市等。
我国市制的基本特点	① 市制由多层次的建制构成：从地域类型上划分，包括了直辖市、省辖设区市（或自治区辖设区市）、不设区市（或自治州辖市）三个层次；从行政等级上划分，包括了省级、副省级、地级、县级四个等级；目前我国有北京、上海、天津、重庆四个直辖市（省级），25个副省级市，280余个地级市，370余个县级市。 ② 市制兼具城市管理和区域管理的双重性：市既有自己的自属辖区——市区，又管辖了下级政区（县或乡镇）。因此，中国市制实行的是城区型与地域型相结合的行政区划建制模式，一般称为广域型市制。

我国城乡差异的基本现状　　　　　　　　　　　　表 3-1-2.4

内容	说明
我国城乡差异的基本现状	① 城乡结构"二元化"。 ② 城乡收入差距拉大。 ③ 优势发展资源向城市单向集中。 ④ 城乡公共产品供给体制的严重失衡。

三、城市的形成与发展规律

城市形成和发展的主要动因　　　　　　　　　　　表 3-1-3.1

内容	说明
现代城市的发展凸显出的动力机制	① 自然资源开发和保护：自然资源开发与保护并存以及对可持续发展的追求成为现代城市发展的重要动因。 ② 科技革命与创新：科学技术是推动社会进步和城市发展的根本动力。 ③ 全球化与新经济：全球化的浪潮迅速席卷世界，新的经济形态和产业门类不断涌现，为城市发展提供了更多选择。 ④ 城市文化特质：城市文化特质是现代城市发展的持久动力。

城市发展的阶段及其差异　　　　　　　　　　　　表 3-1-3.2

城市发展阶段	说明
农业社会的城市	① 在农业社会历史中，尽管出现过少数相当繁荣的城市，并在城市和建筑方面留下了十分宝贵的人类文化遗产，但农业社会的生产力十分低下，对于农业的依赖性决定了农业社会的城市数量、规模及职能都是极其有限的，城市没有起到经济中心的作用，城市内手工业和商业不占主导地位，主要是政治、军事或宗教中心。 ② 农业社会的后期，以欧洲城市为代表孕育了一些资本主义萌芽，文艺复兴和启蒙运动的出现，使得西方市民社会显现雏形，为日后技术革新中的城市快速发展奠定了思想领域的基础。
工业社会的城市	① 城市逐渐成为人类社会的主要空间形态与经济发展的主要空间载体。 ② 工业文明也造成了环境污染、能源短缺、交通拥堵、生态失衡等诸多城市问题。
后工业社会的城市	① 有越来越多的学者认为我们正在逐步进入后工业社会，概括而言，后工业社会的生产力将以科技为主体，以高技术（如信息网络、快速交通等）为生产与生活的支撑，文化趋于多元化。 ② 城市的性质由生产功能转向服务功能，制造业的地位明显下降，服务业的经济地位逐渐上升。 ③ 高速公路、高速铁路、飞机等现代化运输工具大大削弱了空间距离对人口和经济要素流动的阻碍。 ④ 环境危机日益严重，城市的建设思想也由此走向生态觉醒，人类价值观念发生了重要变化并向"生态时代"迈进。 ⑤ 后工业社会种种因素导致了人们对未来城市发展形态及空间基础的多种理解，也为城市研究、城市规划设计提供了一个无比广阔的遐想空间。

城市空间环境演进的基本规律及主要影响因素　　　　　表 3-1-3.3

内容	说明
城市空间环境演进的基本规律	① 从封闭的单中心到开放的多中心空间环境； ② 从平面空间环境到立体空间环境； ③ 从生产性空间环境到生活性空间环境； ④ 从分离的均质城市空间到连续的多样城市空间。
影响城市空间环境演进的主要因素	① 自然因素：自然条件都直接或间接地影响着城市空间的发展； ② 社会文化因素：城市空间的形成与发展是社会生活的需要，也是社会生活的反映； ③ 经济与技术因素：科学技术发展和经济水平的提高带来了营造技术的水平变化； ④ 政治制度因素：城市从产生到发展，每一过程无不与政策、制度有关。

四、城镇化及其发展

城镇化基本概念与内涵　　　　　表 3-1-4.1

内容	说明
概念	城镇化是一个过程，是一个农业人口转化为非农业人口、农村地域转化为城市地域、农业活动转化为非农活动的过程，也可以认为是非农人口和非农活动的过程，或是非农人口和非农活动在不同规模的城市环境的地理集中过程，以及城市价值观、城市生活方式在乡村的地理扩散过程。
有形的城镇化	即物质上和形态上的城镇化，具体反映在： ① 人口的集中：城镇人口比重的增大、城镇密度的加大和城镇规模的扩大； ② 空间形态的改变：城市建设用地增加，城市用地功能的分化、土地景观的变化； ③ 经济社会结构的变化：产业结构的变化，由第一产业向第二、第三产业的转变； ④ 社会组织结构的变化：由分散的家庭到集体的街道，从个体的、自给自营到各种经济文化组织和集团。
无形的城镇化	即精神上、意识上的城镇化，生活方式的城镇化，具体包括： ① 城市生活方式的扩散； ② 农村意识、行为方式、生活方式转化为城市意识、方式、行为的过程； ③ 农村居民逐渐脱离固有的乡土式生活态度、方式，而采取城市生活态度、方式的过程。
城镇化率指标	① 将城镇常住人口占区域总人口的比重作为反映城镇化过程的最主要指标，称为"城镇化水平"或"城镇化率"。 ② 城镇化率的计算公式为：$PU=U/P$，式中，PU—城镇化率；U—城镇常住人口；P—区域总人口。 ③ 城镇化率直接反映了人口的集聚程度，又反映了劳动力的转移程度，目前在世界范围内被广泛采用，作为城镇化进程阶段划分的重要依据。

城镇化的机制与进程　　　　　表 3-1-4.2

内容	说明
城镇化的基本动力机制	农业剩余贡献；工业化推进；比较利益驱动；制度变迁促进；市场机制导向；生态环境诱导与制约的双重作用；城乡规划调控。
城镇化的基本阶段	集聚城镇化阶段；郊区化阶段；逆城镇化阶段；再城镇化阶段。

我国城镇化的历程与现状　　　　　　　　　表 3-1-4.3

内容	说明
我国城镇化的历程与现状	① 1949～1957 年：城镇化的启动阶段。 ② 1958～1965 年：城镇化的波动发展阶段。 ③ 1966～1978 年：城镇化的停滞阶段。 ④ 1979 年以来：城镇化的快速发展阶段。
中国城镇化的典型模式	① 计划经济体制下以国有企业为主导的城镇化模式（攀枝花、鞍山、东营、克拉玛依）； ② 商品短缺时期以乡镇集体经济为主导的城镇化模式，即"苏南模式"（苏州、无锡和常州）； ③ 市场经济早期以分散家庭工业为主导的城镇化模式，即"温州模式"； ④ 以外资及混合型经济为主导的城镇化模式； ⑤ 以大城市带动大郊区发展的成都模式； ⑥ 以宅基地换房集中居住的天津模式。
我国城镇化发展的现状特征	① 城镇化过程经历了大起大落阶段以后，已经进入了持续、加速和健康发展阶段； ② 城镇化发展的区域重点经历了由西向东的转移过程，总体上东部快于中西部，南方快于北方； ③ 在各级城市普遍得到发展的同时，区域中心城市及城市密集地区发展加速，成为区域甚至国家经济发展的中枢地区，成为接驳世界经济和应对全球化挑战的重要空间单元； ④ 部分城市正逐步走向国际化。
我国城镇化发展趋势	① 东部沿海地区城镇化总体快于中西部内陆地区，但中西部地区将不断加速； ② 以大城市为主体的多元化的城镇化道路将成为我国城镇化战略的主要选择； ③ 城市群、城市圈等将成为城镇化的重要空间单元； ④ 在沿海一些发达的特大城市，开始出现了社会居住分化、"郊区化"趋势。

五、城市发展与区域、经济社会及资源环境的关系

城市发展与区域发展的关系　　　　　　　　　表 3-1-5.1

说明
① 城市并非一种孤立存在的空间形态，它与其所在的区域存在相互联系、相互促进、相互制约的辩证关系，用一句话可以概括城市与区域的关系——城市是区域增长、发展的核心，区域是城市存在与支撑其发展的基础。 ② 区域发展产生了城市，城市又在发展中反作用于区域。 ③ 区域是城市发展的基础，城市是区域发展中的核心。

城市发展与经济发展的关系　　　　　　　　　表 3-1-5.2

关系	说明
城市的基本经济部类与非基本经济部类	① 城市经济一般可以分为基本的和从属（或非基本）的两种部类。 ② 基本经济部类是促进城市发展的动力，并且基本经济部类的发展将对从属经济部类的发展产生促进作用，从而形成一个循环和累积的反复过程。
城市是现代经济发展的最重要空间载体	通过城市这一重要的节点，资源、技术、劳动力、资本快速聚集并相互作用，从而使城市在自身经济实力不断得到提升的同时，带动区域、国家甚至是超国家尺度的空间经济发展。

城市发展与社会发展的关系　　　　　　　　　　表 3-1-5.3

说明
① 城市是社会生活与矛盾的集合体。 ② 健康的社会环境是促进城市发展的重要动力。

城市发展与资源环境的关系　　　　　　　　　　表 3-1-5.4

说明
① 资源环境是城市发展的支撑与约束条件。 ② 健康的城市发展方式有利于资源环境集约利用。

第二节　城市规划的发展及主要理论与实践

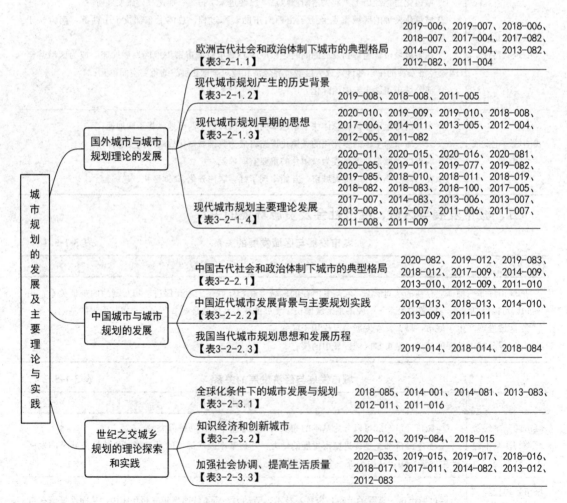

图 3-2-1　城市规划的发展及主要理论与实践思维导图

一、国外城市与城市规划理论的发展

欧洲古代社会和政治体制下城市的典型格局　　　　表 3-2-1.1

时期	背景	城市格局特点	典型城市
古典时期古希腊	欧洲文明的发祥地，经历了奴隶制的民主政体，形成一系列城邦国家。	① 布局模式：以方格网的道路系统为骨架、以城市广场为中心的希波丹姆模式，体现了民主和平等的城邦精神，米利都城得到了最为完整的体现。 ② 生活核心：围绕着广场建设有一系列公共建筑，这里成为市民集散的空间、城市生活的核心。 ③ 空间组织：神庙、市政厅、露天剧院和市场是市民生活的重要场所，也是城市空间组织的关键性节点。	米利都城、雅典
古典时期古罗马	古罗马时期是西方奴隶制发展的繁荣阶段。	① 享乐：城市大规模发展，除了道路、桥梁、城墙和输水道等城市设施以外，还大量地建造公共浴池、斗兽场和宫殿等供奴隶主享乐的设施。 ② 炫耀：城市成为帝王宣扬功绩的工具，广场、铜像、凯旋门和纪功柱成为城市空间的核心焦点，古罗马城是这一时期城市建设特征最为集中的体现。 ③ 维特鲁威的《建筑十书》：西方古代保留至今最早、最完整的古典建筑典籍；其中有不少关于城市规划、建筑工程、市政建设等方面的论述。	古罗马城
中世纪	罗马帝国的灭亡标志着欧洲进入封建社会的中世纪。经济和社会生活中心转向农村，手工业和商业十分萧条，城市处于衰落状态。	① 教堂：占据了城市的中心位置，教堂的庞大体量和高耸的尖塔成为城市空间和天际轮廓的主导因素。 ② 城堡：应对战争的冲击，一些封建领主建了许多具有防御作用的城堡，围绕着这些城堡也形成了一些城市。 ③ 自发生长：城市基本上多为自发生长，很少有按规划建造的；形成城市中围绕着公共广场组织各类城市设施的格局，以及狭小、不规则的道路网结构。	佛罗伦萨
文艺复兴	14 世纪，资本主义萌芽时期，艺术、技术和科学都得到飞速发展。	① 局部改建：许多中世纪城市已经不能适应新的生产及生活发展变化的要求，城市进行局部地区的改建。 ② 人文主义：在人文主义思想的影响下，建设了一系列具有古典风格和构图严谨的广场和街道，以及一些世俗的公共建筑。	威尼斯圣马可广场、梵蒂冈圣彼得大教堂
绝对军权	17 世纪，资产阶级与国王结成联盟，反对封建割据和教会势力，建立了一批中央集权的绝对君权国家。	① 城市改造：随着资本主义经济的发展，这些城市改建、扩建的规模超过以往任何时期；在这些城市改建中，巴黎的城市改建影响最大。 ② 古典主义：在古典主义思潮的影响下，轴线放射的街道（如香榭丽舍大道）、宏伟壮观的宫殿花园（如凡尔赛宫）和公共广场（如协和广场）成为该时期城市建设的典范。	巴黎

现代城市规划产生的历史背景　　　　　　　表 3-2-1.2

内容		说明
历史背景		① 社会状况：18 世纪的工业革命极大地吸引农村人口向城市集中。 ② 环境恶化：原有城市中各项设施不足，住宅短缺；交通设施的匮乏，需要廉价的距生产地点近的住房，居住与工厂混杂；住房缺乏基本的通风、采光且人口密度极高，导致传染疾病的流行。 ③ 引起关注：19 世纪中叶开始出现了一系列有关城市未来发展方向的讨论，为现代城市规划的形成和发展在理论上、思想上进行了充分的准备。
形成基础	思想基础	空想社会主义 ① 莫尔：期望通过对社会组织结构等方面的改革来改变当时他认为不合理的社会，并描述了他理想中的建筑、社区和城市。 ② 欧文：1817 年提出"协和村"（Village of New Harmony）的方案，在美国的印第安纳州购买 12000hm² 土地建设他的新协和村。 ③ 傅立叶：以"法郎吉"为单位建设由 1500~2000 人组成的社区，废除家庭小生产，以社会大生产替代。 ④ 戈定：在法国按照傅立叶的设想进行实践。
	法律基础	英国关于城市卫生和工人住房的立法 1909 年，英国《住房、城镇规划等法》的通过，标志着现代城市规划的确立。
	行政实践	巴黎改造 ① 法国巴黎改建是 1853 年，豪斯曼针对城市的给排水设施、环境卫生、公园和墓地等进行了全面的城市改建工作。通过政府直接参与和组织，对巴黎进行全面的改建。 ② 以道路切割来划分整个城市的结构，并将塞纳河两岸地区紧密地连接在一起。在街道改建的同时，结合整齐、美观的街景建设的需要，形成了标准的住房布局方式和街道设施。 ③ 在城市的两侧建造了两个森林公园，在城市中配置了大量的大面积公共开放空间。 ④ 成为 19 世纪末 20 世纪初欧洲和美洲大陆城市改建的样板。
	技术基础	城市美化 ① 西谛：英国公园运动。 ② 经奥姆斯特德：以纽约中央公园为代表的公园和公共绿地的建设。 ③ 以城市美化运动：以 1893 年在芝加哥举行的博览会为起点的对市政建筑物进行全面改进为标志。该运动主将伯纳姆于 1909 年完成的芝加哥规划被称为第一份城市范围的总体规划。
	实践基础	公司城建设 资本家为了就近解决在其工厂中工作的工人的居住问题、从而提高工人的生产能力，而由资本家出资建设、管理的小型城镇。
	实践	① 凯伯里：伯明翰； ② 莱佛：利物浦； ③ 美国的普尔曼：芝加哥南部的城镇。

现代城市规划早期的思想 表 3-2-1.3

内容	说明
霍华德的田园城市理论	① 理论提出：1898 年《明天：通往真正改革的平和之路》。 ② 概念：田园城市是为健康、生活以及产业而设计的城市，它的规模能提供丰富的社会生活，四周要有永久性农业地带围绕，城市的土地归公众所有，由一个委员会受托、管理。 ③ 田园城市模式：田园城市包括城市和乡村两个部分，边缘地区设有工厂企业。城市的规模必须加以限制，每个城市的人口限制在 3.2 万人，超过了这一规模就需要建设另一个新的城市。若干个田园城市围绕着中心城市（中心城市人口规模为 5.8 万人）呈圈状布局。 ④ 田园城市布局：城区平面呈圆形，中央为公园，有六条主干道路从中心向外辐射，在其核心部位布置一些独立的公共建筑；在城市直径线的外 1/3 处设一条环形的林荫大道；在城区的最外围地区建设各类工厂、仓库、小市场。 ⑤ 实践：1903 年组织了"田园城市有限公司"筹措资金，建立了第一座田园城市——莱彻沃斯。该城市的设计是在霍华德的指导下由恩温和帕克完成的。
勒·柯布西埃的现代城市	明天城市： ① 布局模式：300 万人口的城市规划方案。中央为中心区，除了必要的各种机关、商业和公共设施、文化和生活服务设施外，有将近 40 万人居住在 24 栋 60 层高的摩天大楼中，高楼周围有大片的绿地，建筑仅占地 5%。在其外围是环形居住带，有 60 万居民住在多层的板式住宅内。最外围的是可容纳 200 万居民的花园住宅。中心区有三层干道，即地下走重型车、地面用于市内交通和高架道路用于快速交通。市区与郊区由地铁和郊区铁路来联系。 ② 中心思想：提高市中心的密度，改善交通，全面改造城市地区，形成新的城市概念，提供充足的绿地、空间和阳光。 光辉城市： ① 中心思想：城市必须集中，只有集中的城市才有生命力，由于拥挤而带来的城市问题是完全可以通过技术手段而得到解决的，这种技术手段就是采用大量的高层建筑来提高密度和建立一个高效率的城市交通系统。 ② 著作实践：1933 年《雅典宪章》、20 世纪 50 年代昌迪加尔规划。
索里亚·玛塔的线形城市理论	① 提出者：西班牙工程师索里亚·玛塔于 1882 年首先提出。 ② 最主要的原则：城市建设的一切问题，均以城市交通问题为前提。即运输经济，耗时最少。 ③ 城市结构：由铁路和干道串联在一起、连绵不断的长条形建筑地带。 ④ 目的：既可以享受城市型的设施又不脱离自然。 ⑤ 实践：对城市规划和建设产生了重要影响，在斯大林格勒（今俄罗斯伏尔加格勒）等城乡规划实践中得到运用；哥本哈根指状式发展、巴黎轴向延伸等都是线形城市模式的最好例证。
戈涅的工业城市	① 提出者：法国建筑师戈涅于 20 世纪初提出，1904 年巴黎展出，1917 年出版《工业城市》。 ② 基本思路：注重各类设施本身的要求和与外界的相互关系，将各类用地按照功能互相分割，以便于各自的扩建，直接孕育了《雅典宪章》功能分区的原则。 ③ 特点：以重工业为基础，具有内在的扩张力量和自主发展的能力，因此更具有独立性，这对强调工业发展的国家和城市产生了重要的影响。
卡米洛·西谛的城市形态研究	① 提出者：1889 年西谛出版的《城市建设艺术》。 ② 原则：以确定的艺术方式形成城市建设。 ③ 研究结果：通过对城市空间的各类构成要素，如广场、街道、建筑、小品之间相互关系的探讨，揭示了这些设施位置的选择、布置以及与交通、建筑群体布置之间建立艺术的和宜人的相互关系的一些基本原则，强调人的尺度、环境的尺度与人的活动以及他们的感受之间的协调，从而建立起城市空间的丰富多彩和人的活动空间的有机构成。

续表

内容	说明
生物学家格迪斯的学说	① 出版：1915年格迪斯出版《进化中的城市》。 ② 基本思路：强调人与环境的相互关系，人类居住地与特定地点之间的关系是一种已经存在的、由地方经济性质所决定的精致的内在联系。 ③ 研究结果：把对城市的研究建立在对客观现实研究的基础之上，提出把自然地区作为规划研究的基本框架；将城市和乡村的规划纳入同一体系之中，使规划对象包括若干个城市以及它们所影响的整个地区；这一思想被美国学者芒福德等人发扬光大，形成了对区域的综合研究和区域规划。 ④ 提出城市规划的工作模式：调查—分析—规划。

现代城市规划主要理论发展　　　　表 3-2-1.4

内容			说明
城市发展理论	城市化理论		农业生产力的发展是城市兴起和成长的第一前提；农村劳动力的剩余是城市兴起和成长的第二前提。现代城市化发展的最基本动力是工业化；第三产业的发展也是城市化的推动力量。 城市化的三个阶段： ① 初期阶段：城市人口占总人口的比重在30%以下。这一阶段农村人口占绝对优势，生产力水平较低，工业提供的就业机会有限，农村剩余劳动力释放缓慢。 ② 中期阶段：城市人口占总人口的比重超过30%。城市化进入快速发展时期，城市人口可在较短的时间内突破50%，进而上升到70%左右。 ③ 后期阶段：城市人口占总人口的比重的70%以上。为了保持社会必需的农业规模，农村人口的转化趋于停止，这一阶段也成为城市化稳定阶段。
	城市发展原因的解释	城市发展的区域理论	① 城市是区域环境中的一个核心。 ② 区域产生城市，城市反作用于区域。 ③ 城市作为增长极与其腹地的基本作用机制有极化效应和扩散效应。
		城市发展的经济学理论	① 城市的经济活动是其中最重要和最显著的因素之一。 ② 城市的基础产业是城市经济力量的主体，它的发展是城市发展的关键。 ③ 基础产业指那些产品主要销往城市之外地区的产业部门。
		城市发展的社会学理论	① 决定人类社会发展的最重要因素是人类的互相依赖和互相竞争。 ② 互相依赖和互相竞争是人类社区空间关系形成的决定性因素，同样也是其进一步发展的决定性因素。
		城市发展的交通通讯理论	① 城市的发展主要起源于城市为人们提供面对面交往或交易的机会。 ② 城市的主要聚集效应在于使居民可以接近信息交换中心以及便利居民的互相交往。
	城市的分散模式理论	卫星城理论	① 提出：1924年，在阿姆斯特丹召开的国际城市会议上提出建设卫星城是防止大城市规模过大和不断蔓延的一个重要方法。 ② 定义：卫星城市是一个经济上、社会上、文化上具有现代城市性质的独立城市单位，但同时又是从属于某个大城市的派生产物。 ③ 特点：强化了与中心城市的依赖关系，强调中心城的疏解。 ④ 问题：对中心城市的过度依赖，造成子母城之间交通压力，难以真正疏解大城市。
		新城理论	① 提出：从20世纪10年代开始，人们把按照新的规划设计建设的新城市统称为"新城"。 ② 特点：强调城市的相对独立性。基本上是一定区域范围内的中心城市，为其周围的地区服务，并且与中心城市发生相互作用，成为城镇体系中的一个组成部分，对涌入大城市的人口起到一定的截流作用。

续表

	内容	说明
城市发展理论	城市的分散模式理论 — 有机疏散理论	① 提出：1942年，沙里宁《城市：它的发展、衰败和未来》。 ② 改建目标：把衰败地区中各种活动按照预定方案，转移到适合于这些活动的地方；把腾出来的地区按照预定方案进行整顿，改做其他适宜用途，保护一切老的和新的使用价值。 ③ 理论内容：他认为"对日常活动进行功能性的集中"和"对这些集中点进行有机分散"这两种组织方式，是使原先密集城市可以健康地疏散所必须采用的两种最主要的方法。
	广亩城市理论	① 提出：1932年，赖特《宽阔的田地》和《消失中的城市》。 ② 理论内容：在这种"城市"中，每一户周围都有一英亩的土地来生产供自己消费的食物和蔬菜；居住区之间以高速公路相连接，提供方便的汽车交通；沿着这些公路建设公共设施、加油站等，并将其自然分布在为整个地区服务的商业中心之内。
	城市体系理论 — 格迪斯	① 城市体系就是指一定区域内城市之间存在的各种关系的总和。 ② 城市体系的研究，起始于格迪斯对城市区域问题的研究。 ③ 人与环境的相互关系，揭示了决定现代城市成长和发展的动力，对城市的规划应当以自然地区为基础，城市的规划应当是城市地区的规划，即城市和乡村应纳入同一个规划的体系之中，使规划包括若干个城市以及它们周围所影响的整个地区。
	芒福德	确立区域规划的科学概念，并从思想上确立了区域城市关系是研究城市问题的逻辑框架。
	贝利	结合城市功能的相互依赖性、城市区域的观点、对城市经济行为的分析和中心地理论，逐步形成了城市体系理论。
城市空间组织理论	区位理论 — 农业区位理论	杜能的农业区位理论是区位理论的基础。工业区位理论是区位研究中数量相对集中的内容。20世纪50年代后，区位理论的研究发生了重大的变化。
	工业区位理论	韦伯认为影响区位的因素有区域因素和聚集因素。区域因素指运输成本和劳动力两项，聚集因素指生产区位的集中。
	市场网络区位理论	廖什在区位理论中第一个引入需求作为主要的空间变量。伊萨德从制造业出发组合了其他的区位理论，并结合现代经济学的思考，希望形成统一的、一般化的区位理论。
	功能组织 《雅典宪章》	① 提出：国际现代建筑协会于1933年通过了《雅典宪章》，确立了现代城市的功能分区原则。 ② 观点：《雅典宪章》提出"居住、工作、游憩与交通四大活动是研究及分析现代城市规划最基本的分类"，这四个主要功能要求各自都有其最适宜发展的条件，每一主要功能都有其独立性。 ③ 意义：功能分区的运用确实可以解决相当一部分当时城市中所存在的实际问题，改变城市中混乱的状况，让城市能"适应其中广大居民在生理上及心理上最基本的需求"。
	土地组织 同心圆理论	① 提出：1923年，伯吉斯。 ② 观点：城市划分为五个同心圆。即第一环是整个城市中心，即中央商务区（CBD）；第二环是过渡区；第三环是工人居住区；第四环是良好住宅区；第五环是通勤区。
	扇形理论	① 提出：1939年，霍伊特。 ② 观点：城市核心只有一个。任何土地使用均是从市中心区既有的同类土地使用的基础上由内向外扩展，并留在同一个扇形范围内。

续表

	内容		说明
城市空间组织理论	土地组织	多核心理论	① 提出：1945年，哈里斯、乌尔曼。 ② 观点：从经济合理性出发提出了影响城市活动分布的四项基本原则。有些活动要求设施在城市中为数不多的地区；有些活动受益于位置的相互接近；有些活动对其他活动会产生对抗或有消极影响，就会要求这些活动有所分离；有些活动因负担不起理想场所的费用，只好布置在不很合适的地方。
	经济合理性	含义	在完全竞争的市场经济中，城市土地必须按照最高、最好，也就是最有利的用途来进行分配。这一思想通过位置级差地租理论予以体现。
		伊萨德	认为决定土地租金的要素有与中心商务区的距离、顾客到该址的可达性、竞争者的数目和他们的位置以及降低其他成本的外部效果。
		阿伦索	现在比较精致也比较重要的地租理论是阿伦索于1964年提出的竞租理论。这一理论就是根据各类活动对距中心不同距离的地点所愿意或所能承担的最高限度租金的相互关系来确定这些活动的位置。
	城市道路交通	索里亚·玛塔	① 索里亚·玛塔的线形城市是铁路时代的产物。 ② "城市建设的一切问题，均以城市交通问题为前提"的原则，仍然是城市空间组织的基本原则。
		埃涅尔	① 交通运输是城市有机体内富有生机的活动的具体表现之一。 ② 过境交通不能穿越市中心，并且应该改善市中心区与城市边缘区和郊区公路的联系。城市道路干线的效率主要取决于道路交叉口的组织方法，为此提出了改进交叉口组织的三种方法：建设"街道立体交叉枢纽"、建设环岛式交叉口和地下人行通道。 ③ 埃涅尔提出的城市道路交通的组织原则和交叉口、交叉路组织方法在20世纪的城市道路交通规划和建设中都得到了广泛的运用。
		柯布西埃	① 柯布西埃的现代城乡规划方案是汽车时代的作品。 ② 在他的设想中，交通性干道分为3层，地下走重型车，地面用于市内交通，高架道路用于快速交通。
		佩里	提出邻里单位，斯坦"修正邻里单位"提出"大街坊"。
		新都市主义	提出"公交引导开发"的TOD模式。
	空间形态	西谛	① 1898年出版《城市建筑艺术》。 ② 提出现代城市建设中空间组织的艺术原则。
		罗西	① 城市空间类型是城市生活方式的集中反映，也是城市空间的深层结构，并且已经与市民的生活和集体记忆紧密结合。 ② 组成城市空间类型的要素是城市街道、城市的平面以及重要纪念物。
		克里尔兄弟	① 城市空间组织必须建立在以建筑物限定的街道和广场的基础之上，而且城市空间必须是清晰的几何形状。 ② 提出"只有其几何特征印迹清晰、具有美学特质并可能为我们有意识感知的外部空间才是城市空间"。
		柯林·罗和弗瑞德·科特	①《拼贴城市》。 ② 提出城市的空间结构体系是种小规模的不断渐进式变化结果。

续表

内容			说明
城市空间组织理论	城市生活	邻里单位	邻里单位由六个原则组成：规模、边界、开放空间、机构用地、地方商业和内部道路系统。
		城市意象	凯文·林奇提出了构成城市意象的五项基本要素：路径、边缘、地区、节点和地标。
		《美国大城市的死与生》	① 1961年，简·雅各布斯在《美国大城市的死与生》中认为街道和广场是真正的城市骨架形成的最基本要素，它们决定了城市的基本面貌。 ② 街道要有生命力应具备三个条件：街道必须是安全的；必须保持不断的观察；街道本身特别是人行道上必须不停地有使用者。 ③ 街道的生命力源于街道生活多样性，要做到多样性得坚持四个基本原则：作为整体的地区至少要用于两个基本功能，且越多越好；沿着街道的街区不应超过一定的长度；不同时代的建筑物共存于"纹理紧密的混合"之中；街道上要有高度集中的人。
		《城市并非树形》	① 1965年，亚历山大的《城市并非树形》则通过一系列的理论著作阐述了空间组织的原则。 ② 人的活动倾向比需求更为重要；城市空间的组织本身是个多重复杂的结合体，城市空间的结构应该是网格状的而不是树形的，任何简单化的提纯只会使城市丧失活力。
城市规划方法论		综合规划方法论	① 综合规划方法论是建立在理性的基础上的，它所强调的是思维内容的综合，需要考虑各个方面的内容和相互关系。 ② 代表人物：有麦克劳林和林德布罗姆。
		分离渐进方法论	① 渐进规划方法的基础是理性主义和实用主义思想的结合。 ② 1959年林德布罗姆发表《"得过且过"的科学》强调在渐进方法中必须遵循三个原则：按部就班原则、积小变为大变原则、稳中求变原则。
		混合渐进方法论	① 混合审视方法是由基本决策和项目决策两部分组成的。 ② 所谓基本决策是指宏观决策，不考虑细节问题，着重于解决整体性的、战略性的问题。所谓项目决策是指微观决策，也称为小决策。这是基本决策的具体化，受基本决策的限定，在此过程中，是依据分离渐进方法来进行的。 ③ 从整个规划的过程中可以看到，"基本决策的任务在于明确规划的方向，项目决策则是执行具体的任务"。
		连续性城乡规划方法论	① 布兰奇于1973年提出来的有关城乡规划过程的理论。 ② 成功的城乡规划应当统一地考虑总体的和具体的、战略的和战术的、长期的和短期的、操作的和设计的、现在的和终极状态，等等。
		倡导性规划方法论	① 达维多夫和雷纳于1962年发表《规划的选择理论》一文，他们认为规划是通过选择的序列来决定适当的未来行动的过程。 ② 规划的行为有一些必要的因素组成：目标的实现、选择的运用、未来导向、行动和综合性。
现代城市规划思想的发展		《雅典宪章》	① 背景：1933年由现代建筑运动的主要建筑师们所制定的。 ② 思想基础：以人为本。 ③ 思想内涵：提出了城市的功能分区，认为居住、工作、游憩和交通是四大类基本活动。 ④ 功能分区的意义：从对城市的分析入手，对城市活动进行分解，在解释问题的基础上提出改进建议，将各个部分结合在一起复原成为一个完整的城市。 ⑤ 基本任务：制定规划方案，建立各功能分区在终极状态下的"平衡状态"和"最合适的关系"。

续表

	内容	说明
现代城市规划思想的发展	《马丘比丘宪章》	① 背景：1977年形势的发展变化，进行修正。 ② 基本任务：强调人与人之间的相互关系对于城市和城乡规划的重要性，并将理解和贯彻这一关系视为城乡规划的基本任务。 ③ 动态系统：不仅要包括规划的制定，而且也要包括规划的实施。 ④ 强调规划的公众参与：达维多夫等在20世纪60年代初提出的"规划的选择理论"和"倡导性规划"的概念。

二、中国城市与城市规划的发展

中国古代社会和政治体制下城市的典型格局　　　　表 3-2-2.1

时期	说明
夏代时期	夏代留下的一些城市遗迹表明，当时已经具有一定的工程技术水平，如使用陶制的排水管及采用夯打土坯筑台技术等。
周代时期	① 最早的我国古代城乡规划思想基本形成时代。 ② 《周礼·考工记》记述了关于周代王城建设的空间布局："匠人营国，方九里，旁三门。国中九经九纬，经涂九轨。左祖右社，前朝后市。市朝一夫。"
春秋战国时期	① 我国古代城乡规划思想的多元化时代。 ② 战国时期，在都城建设方面，基本形成了大小套城的都城布局模式，即城市居民居住在称之为"郭"的大城，统治者居住在由大城所包围的被称为"王城"的小城中。
秦汉时期	① 我国古代城乡规划史中具有开创性意义的时代。 ② 发展了"象天法地"的理念，即强调方位，以天体星象坐标为依据，在都城咸阳的规划建设中得到了运用。 ③ 洛邑城空间规划布局为长方形，宫殿与市民居住生活区在空间上相互分离，整个城市的南北中轴线上分布了宫殿，并导入祭坛、明堂、辟雍等大规模的礼制建筑，突出皇权在城市空间组织上的统领性，《周礼》的规划思想理念得到充分的体现。
三国时期	① 功能分区的布局方法与自然结合的重要时期。 ② 公元213年魏王曹操营建的邺城规划布局中，已采用城市功能分区的布局方法。 ③ "形胜"是金陵城规划的主导思想，是对《周礼》城市形制理念的重要发展，突出了与自然结合的思想。
唐朝时期	① 轴线对称、方格路网、里坊制形成的发展时期。 ② 长安城采用中轴线对称的格局，规整的方格路网。
宋朝时期	① 从里坊制到街巷制的过渡时期。 ② 五代后周时期对东京（汴梁）城进行了有规划的改建和扩建，奠定了宋代开封城的基本格局。北宋中叶，开封城中已建立较为完善的街巷制。
元代时期	① 皇权至上与自然环境充分结合的规划时期。 ② 元大都采用三套方城、宫城居中和轴线对称布局的基本格局。 ③ 三套方城分别是内城、皇城和宫城，各有城墙围合，皇城位于内城的内部中央，宫城位于皇城的东部。 ④ 元大都有明确的中轴线，南北贯穿三套方城，突出皇权至上的思想。
明清时期	① 北部收缩了2.5km，南部扩展了0.5km，使中轴线更为突出。 ② 皇城前的东西两侧各建太庙和社稷，又在城外设置了天、地、日、月四坛。

中国近代城市发展背景与主要规划实践　　　　　　　表 3-2-2.2

时期	说明
19 世纪后半期到 20 世纪初	① 在开埠通商口岸的部分城市中，西方列强依据各国的城市规划体制和模式，对其所控制的地区和城市按照各自的意愿进行了规划设计。 ② 其中最为典型的是上海、广州等租界地区以及被外国殖民者所独占的青岛、大连、哈尔滨等城市。
1920 年代末到抗日战争结束	① 1929 年的南京"首都计划"，对南京进行功能分区，共计分为中央政治区、市行政区、工业区、商业区、文教区、住宅区等六大功能区。 ② 1929 年公布的《大上海计划》避开已经发展起来的租界地区，以建设和振兴华界为核心。整个中心区的规划路网采用小方格和放射路相结合的形式，中心建筑群采取中国传统的中轴线对称的手法。 ③ 抗日战争临近结束时，国民政府为战后重建颁布了《都市计划法》。
抗日战争结束后	编制了较为系统完善的城市规划方案，其中上海的《大上海都市计划》三稿和重庆《陪都十年建设计划》最具有代表性。

我国当代城市规划思想和发展历程　　　　　　　表 3-2-2.3

时期		说明
计划经济体制时期	1951 年 2 月	《政治局扩大会议决议要点》中指出，"在城市建设计划中，应贯彻为生产、为工人阶级服务的观点"，明确规定了城市建设的基本方针。 《基本建设工作程序暂行办法》，对基本建设的范围、组织机构、设计施工，以及计划的编制与批准等都作了明文规定。
	1952 年 9 月	第一次城市建设座谈会，决定各城市要制定城市远景发展的总体规划。
	第一个五年计划时期	以 156 个重点建设项目为中心的、由 694 个建设单位组成的工业建设，以建立社会主义工业化的初步基础。
	1956 年	国家建委颁布的《城市规划编制暂行办法》是新中国第一部重要的城市规划立法。
	1957 年	国家先后批准 15 个城市的总体规划和部分详细规划。
	1958 年 5 月	中共第八届全国代表大会第二次会议确定了"鼓足干劲、力争上游、多快好省地建设社会主义"的总路线。
	1960 年 11 月	第九次全国计划会议，却草率地宣布了"三年不搞城市规划"。
	1961 年 1 月	中共中央提出了"调整、巩固、充实、提高"八字方针。
	1974 年	《关于城市规划编制和审批意见》和《城市规划居住区用地控制指标》试行，终于使十几年来被废止的城市规划有了一个编制和审批的依据。
改革开放初期	1978 年 3 月	国务院召开了第三次城市工作会议《关于加强城市建设工作的意见》，该文件强调了城市在国民经济发展中的重要地位和作用。
	1978 年 12 月	我国进入了改革开放的新阶段。
	1980 年代初	实施"统一规划、综合开发、配套建设"的居住小区建设方式。
	1980 年 10 月	《全国城市规划会议纪要》下发，第一次提出要尽快建立我国的城市规划法制。
	1980 年 12 月	国家建委颁发《城市规划编制审批暂行办法》和《城市规划定额指标暂行规定》两个部门规章，为城市规划的编制和审批提供了法律和技术的依据。

续表

时期		说明
改革开放初期	1982年1月	国务院批准了第一批共24个国家历史文化名城,此后分别于1986年、1994年相继公布了第二、第三批共75个国家级历史文化名城。
	1984年	国务院颁发《城市规划条例》,城市规划专业领域第一部基本法规。
	1984~1988年	国家城市规划行政主管部门实行国家计委、建设部双重领导。
	1989年12月	全国人大常委会通过了《中华人民共和国城市规划法》。

三、世纪之交城乡规划的理论探索和实践

全球化条件下的城市发展与规划　　　　　　　　　　　　　　　表 3-2-3.1

内容		说明
城市体系结构变化	经济全球化的特征	各国的经济体系越来越开放;资源跨国流动扩张;跨国公司地位愈显突出;信息、通信、交通的革命。
	垂直性地域分工体系的发展趋势	① 在发达国家和部分新兴工业化国家已知地区; ② 制造业资本的跨国投资促进了发展中国家的城市迅速发展; ③ 在发达国家出现一系列科技创新中心和高科技产业基地。
	三种不同层面经济活动的集聚	① 担当管理/控制职能的部门; ② 担当研究/开发职能的部门; ③ 以常规流水线生产工厂为代表的制造/装配职能。
	全球城市世界城市	① 作为跨国公司的总部集中地,是全球或区域经济的管理/控制中心; ② 都是金融中心,对全球资本的运行具有强大的影响力; ③ 具有高度发达的生产性服务业,以满足跨国公司的商务需求; ④ 生产性服务业是知识密集型产业,因此,这些城市是知识创新的基地和市场; ⑤ 是信息、通信和交通设施的枢纽。

知识经济和创新城市　　　　　　　　　　　　　　　　　　　　表 3-2-3.2

内容		说明
知识经济主要特征		① 以信息技术和网络建设为核心; ② 以人力资本和技术创新为动力; ③ 以高新技术产业为支柱; ④ 以强大的科学研究为后盾。
创新城市形式	高科技园区	高科技企业的集聚区、科技城、技术园区、建立完整的科技都会。
	企业集群	一组在地理上靠近的、相互联系的公司和关联机构。

加强社会协调、提高生活质量　　　　　　　　　　　　　　　　表 3-2-3.3

内容	说明
影响居民归属感的主要原因	社区生活条件的满意程度;社区认同程度;社区内的社会关系;居住年限;社区活动的参与。
可持续发展	① 内容:对传统发展方式的反思和否定;对规范的可持续发展模式的理性设计。 ② 表现:工业应当高产低耗;能源应当被清洁利用;粮食需要保障长期供给;人口与资源应当保持相对平衡。 ③ 对策:缩短通勤和日常生活的出行距离;提高生物多样化程度,显著增加城乡地区的生物量;显著减少化石燃料的消耗,更多地采用可再生的能源;减少污染排放,采取综合措施改善空气、水体和土壤的品质,减少废弃物的总量。 ④ 建议:循环使用土地与建筑;优化地区管理;旧区复兴是城市持续发展的关键性内容;国家政策应当鼓励创新;高密度;加强城市规划与设计。

第三节 城乡规划体系

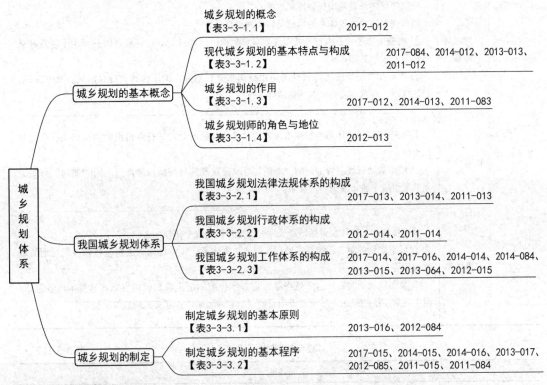

表 3-3-1 城乡规划体系思维导图

【注：此部分已经被新政策文件《中共中央国务院关于建立国土空间规划体系并监督实施的若干意见》（中发〔2019〕18号文）替换，直接查看后续第十节国土空间规划体系知识考点】

一、城乡规划的基本概念

城乡规划的概念　　　　　　　　　　　　　　　　　表 3-3-1.1

内容	说明
《城市规划基本术语标准》	城市规划是"对一定时期内城市的经济和社会发展、土地利用、空间布局以及各项建设的综合部署、具体安排和实施管理"。这是从城市规划的主要工作内容对城市规划所作的定义。
《〈中华人民共和国城乡规划法〉解说》	从城乡规划社会作用的角度对城乡规划作了如下定义："城乡规划是各级政府统筹安排城乡发展建设空间布局，保护生态和自然环境，合理利用自然资源，维护社会公正与公平的重要依据，具有重要公共政策的属性。"

现代城乡规划的基本特点与构成　　　　　　　　　　表 3-3-1.2

内容	说明
基本特点	综合性、政策性、民主性、实践性

续表

内容		说明
基本构成	法律法规体系	法律法规体系是城市规划体系的核心。 城市规划法律法规体系的构成可以有两种划分方式： ① 根据法律法规的内容与城市规划本身的相关性进行划分，一般可以分为主干法及其从属法、专项法和相关法。 ② 根据相关法律法规的属性与适用范围来进行划分：国家法律、行政法规、地方法规、行政规章、规范性文件、技术规范等。
	行政体系	① 城市规划行政体系是指城市规划行政管理权限的分配、行政组织的架构以及行政过程的整体。 ② 城市规划行政主管部门的"纵向"行政关系及其与其他政府部门之间"横向"行政关系共同组成了城市规划行政体系。
	工作体系	城市规划的工作体系包括城市规划的制定和实施两个部分： ① 城市规划的制定：包括了城市规划的文本体系、各类规划的编制过程和各类规划的审批过程等； ② 城市规划的实施：目的是将经法定程序批准的法定规划付诸实施，其基本内容包括：城市规划实施的组织、城市建设项目的规划管理和城市规划实施的监督检查。

城乡规划的作用 表 3-3-1.3

说明
宏观经济条件调控的手段；保障社会公共利益；协调社会利益、维护公平；改善人居环境。

城乡规划师的角色与地位 表 3-3-1.4

内容	说明
政府部门的规划师	角色：国家和政府的法律法规和方针政策的执行者；城市规划领域和运用城市规划对各类建设行为进行管理的管理者。 职责：作为政府公务员所担当的行政管理职责；担当了城市规划领域的专业技术管理职责。
规划编制部门的规划师	角色：专业技术人员和专家。 职责：编制经法定程序批准后可以操作的城市规划成果；为决策者提供咨询和参谋，担当着社会利益协调者。
研究与咨询机构的规划师	角色：专业技术人员和专家的身份为主。 职责：提出合理建议，进行技术储备。
私人部门的规划师	角色：特定利益团体的代言人，他们运用自己的专业技术与政府部门、规划编制机构或者咨询机构等的城市规划师进行沟通和交流，以维护其所代表的机构的利益。 职责：各自行业的利益诉求。

二、我国城乡规划体系

我国城乡规划法律法规体系的构成　　　　表 3-3-2.1

内容	说明
法律	《中华人民共和国城乡规划法》是整个国家法律体系的一个组成部分，是城乡规划法规体系的主干法和基本法。
法规	城乡规划行政法规和地方法规都是《城乡规划法》的具体化和深化，是结合具体的主题内容或地方特征对《城乡规划法》的贯彻和进一步执行的具体规定。
规章	《城市规划编制办法》和《村镇规划编制办法》。
规范性文件	各级政府及规划行政主管部门制定的其他具有约束力的文件统称为规范性文件。
标准规范	标准规范分为国家标准、地方标准和行业标准；标准规范中的强制性条文是政府对其执行情况实施监督的依据。

我国城乡规划行政体系的构成　　　　表 3-3-2.2

内容	说明
横向体系	城乡规划行政主管部门是各级政府的组成部门，对同级政府负责。
纵向体系	由不同层级的城乡规划行政主管部门组成，即国家城乡规划行政主管部门，省、自治区、直辖市行政主管部门，城市行政主管部门。

我国城乡规划工作体系的构成　　　　表 3-3-2.3

内容	说明
编制体系	① 我国城乡规划的编制体系由城镇体系规划、城市规划、镇规划、乡规划和村庄规划组成。 ② 城市规划、镇规划划分为总体规划和详细规划，详细规划分为控制性详细规划和修建性详细规划。
实施管理体系	① 城乡规划的实施组织：政府的基本职责。 ② 建设项目的规划管理：建设用地的规划管理、建设工程的规划管理。 ③ 城乡规划实施的监督检查：行政监察、立法机构监察、社会监督。

三、城乡规划的制定

制定城乡规划的基本原则　　　　表 3-3-3.1

说明
制定城乡规划应坚持政府组织、专家领衔、部门合作、公众参与、科学决策的原则。

制定城乡规划的基本程序　　　　表 3-3-3.2

区域	组织编制主体	审批	审议
城镇体系规划			
全国	国务院城市规划主管部门＋国务院有关部门	国务院审批	—
省域	省、自治区政府	国务院审批	本级人大常委

续表

区域	组织编制主体	审批	审议
总体规划			
省所在地	省人民政府	上级政府（国务院）	本级人大常委＋相关部门＋军事机关
其他城市	当地人民政府	上级政府（省政府）	本级人大常委＋相关部门＋军事机关
县政府所在地	县人民政府	上级政府（市政府）	本级人大常委＋相关部门＋军事机关
其他镇	镇人民政府	上级政府（县政府）	本级人大常委＋相关部门＋军事机关
总结：政府组织，上级政府在就自己组织，都是向上一级审批，再报人大常委			
乡村规划			
乡村	乡镇政府	上级政府	村民代表会
控制性详细规划			
城市	城市规划主管部门	本级政府	备案：本级人大常委＋上级政府
县政府所在地	城市规划主管部门	本级政府	备案：本级人大常委＋上级政府
镇	镇政府	上级政府	—
总结：市县城管编，报自己政府审，再报两人（人大常委＋上级政府）；镇政府编，报上级审，无需报两人（人大常委＋上级政府）			
修建性详细规划			
重要地块	城市规划主管部门	城市规划主管部门	—
一般地块	建设单位	城市规划主管部门	—

第四节　城镇体系规划

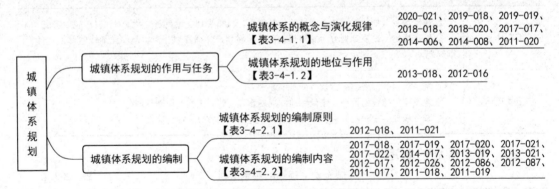

图 3-4-1　城镇体系规划思维导图

一、城镇体系规划的作用与任务

城镇体系的概念与演化规律　　　　　　　表 3-4-1.1

内容	说明
城镇体系的概念	城镇体系：一定区域内在经济、社会和空间发展上具有有机联系的城镇群体。 这个概念有以下几层含义： ① 城镇体系是以一个相对完整区域内的城镇群体为研究对象； ② 城镇体系的核心是中心城市； ③ 城镇体系是由一定数量的城镇所组成的； ④ 城镇体系最本质的特点是相互联系，从而构成一个有机整体。

续表

内容	说明
区域城镇体系演变的基本规律	① 按社会发展阶段分：前工业化阶段（农业社会）、工业化阶段、工业化后期至后工业化阶段（信息社会）。 ② 从空间演化形态来看：区域城镇体系演化一般会经历"点—轴—网"的逐步演化过程。
全球化时代城镇体系的新发展	当前世界城市发展的重要特点是全球城市化与城市全球化。

城镇体系规划的地位与作用　　　　　　　　　　　　　表 3-4-1.2

内容	说明
地位	① 定义：一定地域范围内，以区域生产力合理布局和城镇职能分工为依据，确定不同人口规模等级和职能分工的城镇的分布和发展规划。 ② 国务院城乡规划主管部门会同国务院有关部门组织编制全国城镇体系规划。 ③ 各省、自治区人民政府组织编制省域城镇体系规划。 ④ 全国城镇体系规划用于指导省域城镇体系规划。 ⑤ 全国城镇体系规划和省域城镇体系规划是城市总体规划编制的法定依据。 ⑥ 市域城镇体系规划作为城市总体规划的一部分，为下层面各城镇总体规划的编制提供区域性依据。
作用	① 指导总体规划的编制，发挥上下衔接的功能； ② 全面考察区域发展态势，发挥对重大开发建设项目及重大基础设施布局的综合指导功能； ③ 综合评价区域发展基础，发挥资源保护和利用的统筹功能； ④ 协调区域城市间的发展，促进城市之间形成有序竞争与合作的关系。

二、城镇体系规划的编制

城镇体系规划的编制原则　　　　　　　　　　　　　表 3-4-2.1

内容	说明
类型	① 按行政等级和管辖范围，可以分为全国城镇体系规划、省域（或自治区域）城镇体系规划、市域（包括直辖市以及其他市级行政单元）城镇体系规划等。 ② 根据实际需要，由共同的上级人民政府组织编制跨行政区域的城镇体系规划。 ③ 衍生型的城镇体系规划类型，例如都市圈规划、城镇群规划等。
基本原则	① 因地制宜的原则； ② 经济社会发展与城镇化战略互相促进的原则； ③ 区域空间整体协调发展的原则； ④ 可持续发展的原则。

城镇体系规划的编制内容　　　　　　　　　　　　　表 3-4-2.2

内容	说明
区域内必须控制开发的区域	自然保护区、退耕还林地区、大型湖泊、水源保护区、分滞洪地区、基本农田保护区、地下矿产资源分布区域、其他生态敏感区域等。
区域内的区域性重大基础设施的布局	高速公路、干线公路、铁路、港口、机场、区域性电厂和高压输电网、天然气站、天然气主干管、区域性防洪滞洪骨干工程、水利枢纽工程、区域饮水工程等。
涉及相邻城市、地区的重大基础设施布局	取水口、污水排放口、垃圾处理场等。

第五节 总体规划

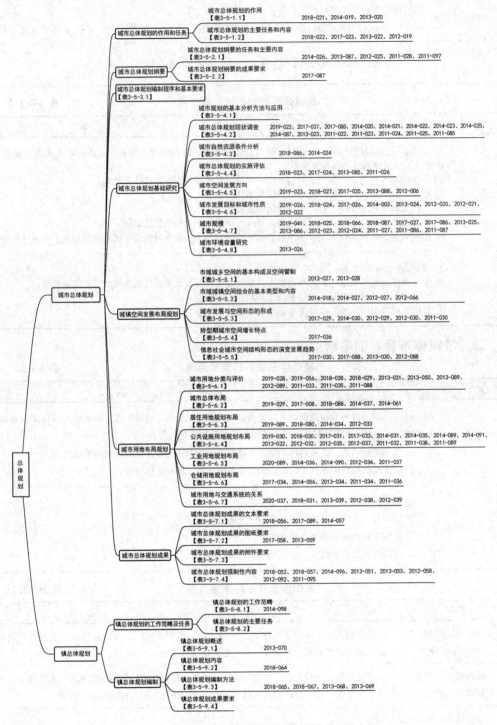

图 3-5-1 总体规划思维导图

一、城市总体规划的作用和任务

城市总体规划的作用　　　　　　　　　　　　　　　　　　　　　　　表 3-5-1.1

说明
① 城市总体规划是指导与调控城市发展建设的重要手段。 ② 经法定程序批准的城市总体规划文件，是编制城市近期建设规划、详细规划、专项规划和实施城市规划行政管理的法定依据。 ③ 城市总体规划是引导和调控城市建设，保护和管理城市空间资源的重要依据和手段，因此也是城市规划参与城市综合性战略部署的工作平台。

城市总体规划的主要任务和内容　　　　　　　　　　　　　　　　　　表 3-5-1.2

内容	说明
城市总体规划的主要任务	① 根据城市经济社会发展需求和人口、资源情况及环境承载能力，合理确定城市的性质、规模； ② 综合确定土地、水、能源等各类资源的使用标准和控制指标，节约和集约利用资源； ③ 划定禁止建设区、限制建设区和适宜建设区，统筹安排城乡各类建设用地； ④ 合理配置城乡各项基础设施和公共服务设施，完善城市功能； ⑤ 贯彻公交优先原则，提升城市综合交通服务水平； ⑥ 健全城市综合防灾体系，保证城市安全； ⑦ 保护自然生态环境和整体景观风貌，突出城市特色； ⑧ 保护历史文化资源，延续城市历史文脉； ⑨ 合理确定分阶段发展方向、目标、重点和时序，促进城市健康、有序发展。

二、城市总体规划纲要

城市总体规划纲要的任务和主要内容　　　　　　　　　　　　　　　　表 3-5-2.1

内容	说明
主要任务	① 研究总体规划中的重大问题； ② 提出解决方案并进行论证。
主要内容	① 提出市域城乡统筹发展战略； ② 确定生态环境、土地和水资源、能源、自然和历史文化遗产保护等方面的综合目标和保护要求，提出空间管制原则； ③ 预测市域总人口及城镇化水平，确定各城镇人口规模、职能分工、空间布局方案和建设标准； ④ 原则确定市域交通发展策略； ⑤ 提出城市规划区范围； ⑥ 分析城市职能、提出城市性质和发展目标； ⑦ 提出禁建区、限建区、适建区范围； ⑧ 预测城市人口规模； ⑨ 研究中心城区空间增长边界，提出建设用地规模和建设用地范围； ⑩ 提出交通发展战略及主要对外交通设施布局原则； ⑪ 提出重大基础设施和公共服务设施的发展目标； ⑫ 提出建立综合防灾体系的原则和建设方针。

城市总体规划纲要的成果要求　　　　　　　　　　　　　　　表 3-5-2.2

说明
城市总体规划纲要的成果包括文字说明、图纸和专题研究报告。

三、城市总体规划编制程序和基本要求

城市总体规划编制程序和基本要求　　　　　　　　　　　　　　　表 3-5-3

内容	说明
工作程序	现状调研；基础研究，构思方案；编制总体规划纲要；成果编制与评审报批。
基本要求	规划编制规范化；规划编制的针对性；科学性；综合性。

四、城市总体规划基础研究

城市规划的基本分析方法与应用　　　　　　　　　　　　　　　表 3-5-4.1

内容		说明
定性分析	因果分析法	城市规划分析中涉及的因素繁多，为全面考虑问题，提出解决问题的方法，往往先尽可能多地排列出相关因素，发现主要因素，找出因果关系。
	比较法	在城市规划中常常会碰到一些难以定量分析又必须量化的问题，对此可以采用对比的方法找出其规律性，例如确定新区或新城的各类用地指标，再参照相近的同类已建城市的指标。
定量分析	频数和频率分析	频数分布：是指一组数据中取不同值的个案的次数分布情况，它一般以频数分布表的形式表达。 频率分布：是指一组数据中不同取值的频数相对于总数的比率分布情况，一般以百分比的形式表达。
	集中量数分析	集中量数分析指的是用一个典型的值来反映一组数据的一般水平，或者说反映这组数据向这个典型值集中的情况。常见的有平均数、众数。
	离散程度分析	离散程度分析是用来反映数据离散程度。常见的有极差、标准差、离散系数。
	一元回归分析	利用两个要素之间存在比较密切的相关关系，通过试验或抽样调查进行统计分析，构造两个要素间的数学模型，以其中一个因素为控制因素（自变量），以另一个预测因素为因变量，从而进行试验和预测。
	多元线形回归分析	对多个要素之间构造数学模型。
	线性规划模型	决策变量为可控的连续变量。目标函数和约束条件都是线性的，这类模型称为线性规划模型。
	系统评价法	包括矩阵综合评价法、概率评价法、投入产出法、德尔菲法等。
	模糊评价法	应用模糊数学的理论对复杂的对象进行定量化评价。
	层次分析法	将复杂问题分解成比原问题简单得多的若干层次系统，灵活地应用于各类复杂的问题。
空间模型分析	实体模型	投影法画的总平面图、剖面图、立面图，主要用于规划管理与实施；用透视法画的透视图、鸟瞰图，主要用于效果表达。
	概念模型	几何图形法；等值线法；方格网法；图表法。

城市总体规划现状调查　　　　　　表 3-5-4.2

内容		说明
现状调查的内容	区域环境的调查	城市与周边发生相互作用的其他城市和广大的农村腹地所共同组成的地域范围。
	历史文化环境的调查	城市的经济、社会和政治状况的发展演变是城市发展最重要的决定因素。城市的特色与风貌体现在两个方面： ① 社会环境方面，是城市中的社会生活和精神生活的结晶，体现了当地经济发展水平和当地居民的习俗、文化素养、社会道德和生活情趣等； ② 物质环境方面，表现在历史文化遗产、建筑形式与组合、建筑群体布局、城市轮廓线、城市设施、绿化景观以及市场、商品、艺术和土特产等方面。
	自然环境的调查	① 自然地理环境，包括地理位置、地形地貌、工程地质、水文地质和水文条件等； ② 气象因素，包括风向、气温、降雨、太阳辐射等； ③ 生态因素，主要涉及城市及周边地区的野生动植物种类与分布、生态资源、自然植被、园林绿地、城市废弃物的处置对生态环境的影响等。
	社会环境的调查	① 人口方面，主要涉及人口的年龄结构、自然变动、迁移变动和社会变动； ② 社会组织和社会结构方面，主要涉及构成城市社会各类群体及它们之间的相互关系，包括家庭规模、家庭生活方式、家庭行为模式及社区组织等； ③ 还有政府部门、其他公共部门及各类企业事业单位的基本情况。
	经济环境的调查	① 城市整体的经济情况； ② 城市中各产业部门的状况； ③ 有关城市土地经济方面的内容； ④ 城市建设资金的筹措、安排与分配。
	广域规划及上位规划	城市规划将国土规划、区域规划以及城镇体系规划等具有更广泛空间范围的规划作为研究确定城市性质、规模等要素的依据之一。
	城市土地使用的调查	对规划区范围的所有用地进行现场勘查调查，对各类土地使用的范围、界限、用地性质等在地形图上进行标注，完成土地使用的现状图和用地平衡表。
	城市道路与交通设施的调查	城市交通设施可大致分为道路、广场、停车场等城市交通设施，以及公路、铁路、机场、车站、码头等对外交通设施。掌握各项城市交通设施的现状，分析发现其中存在的问题。
	城市园林绿化	开敞空间及非城市建设用地调查。了解城市现状各类公园、绿地、风景区、水面等开敞空间以及城市外围的大片农林牧业用地和生态保护绿地。
	城市住房及居住环境调查	了解城市现状居住水平，中低收入家庭住房状况，居民住房意愿，居住环境，当地住房政策。
	市政公用工程系统调查	主要是了解城市现有给水、排水、供热、供电、燃气、环卫、通信设施和管网的基本情况，以及水源、能源供应状况和发展前景。
	城市环境状况调查	① 有关城市环境质量的监测数据，包括大气、水质、噪声等方面。 ② 工矿企业等主要污染源的污染物排放监测数据。
现状调查的主要方法		现场踏勘；抽样或问卷调查；访谈或座谈会调查；文献资料搜集。

城市自然资源条件分析　　　　　　　　　　　　　　　　　　　　　　表 3-5-4.3

内容	说明
土地资源	① 土地在城乡建设发展中的作用：承载功能、生产功能、生态功能。 ② 城市用地的特殊性：区位的极端重要性；开发经营的集约性；土地使用功能的固定性；不同用地功能的整体性。
水资源	① 水资源是城市产生和发展的基础； ② 水资源制约工业项目的发展； ③ 丰富的水资源是城市的特色和标志； ④ 正确评价水资源供应量是城市规划必须做的基础工作。
矿产资源	① 矿产资源的开采和加工可促成新城市的产生。 ② 矿产资源决定城市的性质和发展方向。 ③ 矿产资源的开采决定城市的地域结构和空间形态。 ④ 矿业城市必须制定可持续的发展战略。

城市总体规划的实施评估　　　　　　　　　　　　　　　　　　　　　　表 3-5-4.4

内容	说明
目的	省域城镇体系规划、城市总体规划、镇总体规划的组织编制机关，应当组织有关部门和专家定期对规划实施情况进行评估，并采取论证会、听证会或者其他方式征求公众意见。对城乡规划实施进行定期评估，是修改城乡规划的前置条件。
要求	① 规划期限一般为 20 年。 ② 评估包括城市的发展方向和空间布局、人口与建设用地规模、综合交通、绿地、生态环境保护、自然与历史文化遗产保护、重要基础设施和公共服务设施等规划目标的落实情况以及强制性内容的执行情况。

城市空间发展方向　　　　　　　　　　　　　　　　　　　　　　　　　表 3-5-4.5

说明
影响城市发展方向的因素较多，可大致归纳为以下几种：自然条件；人工环境；城市建设现状与城市形态结构；其他因素。

城市发展目标和城市性质　　　　　　　　　　　　　　　　　　　　　表 3-5-4.6

内容	说明
城市发展目标	经济发展目标；社会发展目标；城市建设目标；环境保护目标。
城市职能	基本职能是指城市为城市以外地区服务的职能，是城市发展的主导促进因素。 主要职能是城市基本职能中比较突出的、对城市发展起决定作用的职能。
城市性质	① 城市性质是指城市在一定地区、国家以至更大范围内的政治、经济与社会发展中所处的地位和担负的主要职能。城市性质关注的是城市最主要的职能，是对主要职能的高度概括。 ② 城市性质是城市发展方向和布局的重要依据。 ③ 确定城市性质的方法：从地区着手，由面到点，调查分析周围地区所能提供的资源条件，农业生产特点、发展水平和对工业的要求，以及与邻近城市的经济联系和分工协作关系等；全面调查分析本市所在地点的建设条件、自然条件，政治、经济、文化等历史发展特点和现有基础，以及附近的风景名胜和革命纪念地等；自上而下，充分了解各级有关主管部门对于发展本市生产和建设事业的意图和要求，特别是这些意图和要求的客观依据。 ④ 在调查的基础上进行认真分析，从地区综合平衡出发，明确城市发展方向，从而确定城市性质。

城市规模　　　　　　　　　　　　　　　　　　　　　　　　表 3-5-4.7

内容		说明
城市规模		城市规模是以城市人口和城市用地总量所表示的城市的大小。
城市人口规模	城市人口构成	城市人口的状态是在不断变化的，可以通过对一定时期内城市人口的年龄、寿命、性别、家庭、婚姻、劳动、职业、文化程度、健康状况等方面的构成情况加以分析，反映其特征。
	城市人口变化	一个城市的人口始终处于变化之中，它主要受到自然增长与机械增长的影响，两者之和便是城市人口的增长值。 自然增长：指出生人数与死亡人数的净差值。通常以一年内城市人口的自然增加数与该年平均人数之比的千分率来表示其增长速度，称为自然增长率。 自然增长率＝（本年出生人口数－本年死亡人口数）/年平均人数×1000‰ 机械增长：指由于人口迁移所形成的变化量，即一定时期内，迁入城市的人口与迁出城市的人口的净差值。 机械增长率＝（本年迁入人口数－本年迁出人口数）/年平均人数×1000‰ 人口平均增长速度：指一定年限内，平均每年人口增长的速度。
	城市人口规模预测	综合平衡法、时间序列法、相关分析法（间接推算法）、区位法、职工带眷系数法、环境容量法（门槛约束法）、比例分配法、类比法。
城市用地规模	概念与公式	城市用地规模是指到规划期末城市规划区内各项城市建设用地的总和。 城市的用地规模＝预测的城市人口规模×人均建设用地面积标准。
	规划人均城市建设用地面积标准	① 城市总体规划人均建设用地指标分为四级：Ⅰ级为 60.1～75.0m²/人；Ⅱ级为 75.1～90.0m²/人；Ⅲ级为 90.1～105.0m²/人；Ⅳ级为 105.1～120.0m²/人。 ② 首都的规划人均城市建设用地面积指标应在 105.1～115.0m²/人内确定。 ③ 边缘地区和少数民族地区地多人少，人均城市建设用地面积指标，应专门论证，且上限不得大于 150m²/人。
	规划人均单项城市建设用地面积标准	① 人均居住用地面积指标：Ⅰ、Ⅱ、Ⅵ、Ⅶ气候区，28.0～38.0m²/人；Ⅲ、Ⅳ、Ⅴ气候区，23.0～36.0m²/人。 ② 规划人均公共管理与公共服务设施用地面积不应小于 5.5m²/人。 ③ 规划人均道路与交通设施用地面积不应小于 12.0m²/人。 ④ 规划人均绿地与广场用地面积不应小于 10.0m²/人，其中人均公园绿地面积不应小于 8.0m²/人。
	规划城市建设用地结构	居住用地、公共管理与公共服务设施用地、工业用地、道路与交通设施用地以及绿地与广场用地五大类主要用地规划，占城市建设用地的比例应符合下表。 规划人均城市建设用地面积指标一览表（m²/人）（见下表）

气候区	现状人均城市建设用地规模	规划人均城市建设用地规模取值区间	允许调整幅度		
			规划人口规模 ≤20.0 万人	规划人口规模 20.1 万～50.0 万人	规划人口规模 >50.0 万人
Ⅰ Ⅱ Ⅵ Ⅶ	≤65.0	65.0～85.0	>0.0	>0.0	>0.0
	65.1～75.0	65.0～95.0	+1.0～+20.0	+1.0～+20.0	+1.0～+20.0
	75.1～85.0	75.0～105.0	+1.0～+20.0	+1.0～+20.0	+0.1～+15.0
	85.1～95.0	80.0～110.0	+1.0～+20.0	-5.0～+20.0	-0.5～+15.0
	95.1～105.0	90.0～110.0	-0.5～+15.0	-10.0～+15.0	-10.0～+10.0
	105.1～115.0	95.0～115.0	-10.0～-0.1	-15.0～-0.1	-20.0～-0.1
	>115.0	≤115.0	<0.0	<0.0	<0.0
Ⅲ Ⅳ Ⅴ	≤65.0	65.0～85.0	>0.0	>0.0	>0.0
	65.1～75.0	65.0～95.0	+1.0～+20.0	+1.0～+20.0	+1.0～+20.0
	75.1～85.0	75.0～100.0	-5.0～+20.0	-5.0～+20.0	-0.5～+15.0
	85.1～95.0	80.0～105.0	-10.0～+15.0	-10.0～+15.0	-10.0～+10.0
	95.1～105.0	85.0～105.0	-15.0～+10.0	-15.0～+10.0	-15.0～+5.0
	105.1～115.0	95.0～115.0	-20.0～-0.1	-20.0～-0.1	-25.0～-5.0
	>115.0	≤110.0	<0.0	<0.0	<0.0

城市环境容量研究　　　　　　　　　　表 3-5-4.8

内容	说明
概念	城市环境容量，是指环境对于城市规模以及人类活动提出的限度。
类型	① 城市人口容量：有限性；可变性；稳定性。 ② 城市大气环境容量。 ③ 城市水环境容量。

五、城镇空间发展布局规划

市域城乡空间的基本构成及空间管制　　　　　表 3-5-5.1

内容	要点
市域城乡空间的基本构成	① 一般分为建设空间、农业开敞空间和生态敏感空间。 ② 细分为城镇建设用地、乡村建设用地、交通用地、其他建设用地、农业生产用地、生态旅游用地。
市域城乡空间的生态适宜性分区	鼓励开发区；控制开发区；禁止开发区。
市域城乡空间的主体功能区	优化调整区；重点开发区；适度发展区；控制发展区。

市域城镇空间组合的基本类型和内容　　　　　表 3-5-5.2

内容	说明
基本类型	均衡式；单中心集核式；分片组团式；轴带式。
内容	① 市域城镇聚落体系的确定与相应发展策略：中心城市—县城—镇区—乡集镇—中心村四级体系（经济发达地区：中心城区—中心镇—新型农村社区）； ② 市域城镇空间规模与建设标准； ③ 重点城镇的建设规模与用地控制； ④ 市域交通与基础设施协调布局； ⑤ 相邻城镇协调发展的要求； ⑥ 划定城乡规划区。

城市发展与空间形态的形成　　　　　　　　　表 3-5-5.3

内容	说明
集中型形态	城市建成区主体轮廓长短轴之比小于 4：1，是长期集中紧凑全方位发展的状态。
带型形态	这些城市往往受自然条件所限，或完全适应和依赖区域主要交通干线而形成，呈长条带状发展。
放射型形态	建成区总平面的主体团块有三个以上明确的发展方向，包括指状、星状、花状等，这些形态的城市多是位于地形较平坦而对外交通便利的平原地区。
星座型形态	城市总平面是由一个相当大规模的主体团块和三个以上较次一级的基本团块组成的复合式形态。
组团型形态	城市建成区是由两个以上相对独立的主体团块和若干个基本团块组成。
散点型形态	城市没有明确的主体团块，各个基本团块在较大区域内呈散点状分布。这种形态往往是资源较分散的矿业城市。

转型期城市空间增长特点　　　　　　　　　　　　　　　　　　　表 3-5-5.4

说明
新产业空间；新型业态；新居住空间；大学校园；生态保护空间；中央商务区（CBD）；快速交通网。

信息社会城市空间结构形态的演变发展趋势　　　　　　　　　　　表 3-5-5.5

内容	说明
大分散小集中	分散的结果就是城市规模扩大，市中心区的聚集效应降低，城市边缘区与中心区的聚集效应差别缩小，城市密度梯度的变化曲线日趋平缓，城乡界限变得模糊。
从圈层走向网络	网络化的趋势使城市空间形散而神不散，城市结构正是在网络的作用下，以前所未有的紧密程度联系着。分散化与网络化的另一个影响是城市用地从相对独立走向兼容。
新型集聚体出现	城市结构的网络化重构也将出现多功能新社区。

六、城市用地布局规划

城市用地分类与评价　　　　　　　　　　　　　　　　　　　　　表 3-5-6.1

内容		说明
城市用地分类		① 用地分类包括城乡用地分类、城市建设用地分类两部分，应按土地使用的主要性质进行划分。 ② 用地分类采用大类、中类和小类 3 级分类体系。 ③ 城乡用地共分为 2 大类、9 中类、14 小类。 ④ 城市建设用地共分为 8 大类、35 中类、42 小类。
城市用地评价	自然条件评价	① 工程地质条件：土质与地基承载力；地形条件；冲沟；滑坡与崩塌；岩溶；地震。 ② 水文及水文地质条件：地下水的存在形式，含水层的厚度、矿化度、硬度、水温及水的流动状态等条件。 ③ 气候条件：太阳辐射；风向；气温；降水与湿度。
	建设条件评价	① 城市用地布局结构方面； ② 城市市政设施和公共服务设施方面； ③ 社会、经济构成方面。
	经济条件评价	① 基本因素层：包括土地区位、城市设施、环境优劣度及其他因素。 ② 派生因素层：基本因素派生的，包括繁华度、交通通达度、城市基础设施、社会服务设施、环境质量、自然条件、城市规划等子因素。 ③ 因子层：从更小的侧面具体地对土地的使用产生影响。
城市用地的工程性评定	一类用地	一类用地即适宜修建的用地： ① 地形坡度在 10% 以下，符合各项建设用地的要求； ② 土质能满足建筑物地基承载能力的要求； ③ 地下水位低于建筑物、构筑物的基础埋置深度； ④ 没有被百年一遇的洪水淹没的危险； ⑤ 没有沼泽现象或采取简单的工程措施即可排除地面积水的地段； ⑥ 没有冲沟、滑坡、崩塌、岩溶等不良地质现象的地段。

续表

内容		说明
城市用地的工程性评定	二类用地	二类用地即基本适宜修建的用地： ① 土质较差，在修建建筑物时，地基需要采取人工加固措施； ② 地下水位距地表面的深度较浅，修建建筑物时，需降低地下水位或采取排水措施； ③ 属洪水轻度淹没区，淹没深度不超过1.5m，需采取防洪措施； ④ 地形坡度较大，修建建筑物时，除需要采取一定的工程措施外，还需动用较大土石方工程； ⑤ 地表面有较严重的积水现象，需要采取专门的工程准备措施加以改善； ⑥ 有轻微的活动性冲沟、滑坡等不良地质现象，需要采取一定的工程准备措施等。
	三类用地	三类用地即不适宜修建的用地： ① 地基承载力小于60kPa和厚度在2m以上的泥炭层或流沙层的土壤，需要采取很复杂的人工地基和加固措施才能修建； ② 地形坡度超过20%，布置建筑物很困难； ③ 经常被洪水淹没，且淹没深度超过1.5m； ④ 有严重的活动性冲沟、滑坡等不良地质现象，若采取防治措施需花费很大工程量和工程费用； ⑤ 农业生产价值很高的丰产农田，具有开采价值的矿藏埋藏，属给水水源卫生防护地段，存在其他永久性设施和军事设施等。
城市建设用地选择		选择有利的自然条件；尽量少占农田；保护古迹与矿藏；满足主要项目的要求；要为城市合理布局创造良好条件。

城市总体布局   表3-5-6.2

内容		说明
城市总体布局的基本原则		城乡结合，统筹安排；功能协调，结构清晰； 依托旧区，紧凑发展；分期建设，留有余地。
自然条件对城市总体布局的影响	地貌类型	包括山地、高原、丘陵、盆地、平原、河流谷地等。
	地表形态	包括地面起伏度、地面坡度、地面切割度等。
	地表水系	水系分布走向对污染较重的工业用地和居住用地规划布局有直接影响。
	地下水	地下水的矿化度、水温等条件决定着一些特殊行业的选址与布局。
	风向	考虑盛行风、静风所形成的工业污染对居住区的影响。
	风速	风速对城市工业布局影响很大。一般来说，风速越大，城市空气污染物越容易扩散，空气污染程度就越低；相反，风速越小，城市空气污染物越不易扩散，空气污染程度就越高。在静风占优势的城市，布局时除了将有污染的工业布置在盛行风向的下风地带以外，还应与居住区保持一定的距离，防止近处受严重污染。
城市总体布局的主要模式		集中式、分散式。
城市总体布局的基本内容		① 按组群方式布置工业企业，形成工业区； ② 按居住区、居住小区等组成梯级布置，形成城市居住区； ③ 配合城市各功能要素，组织城市绿化系统，建立各级休憩与游乐场所； ④ 按居民工作、居住、游憩等活动的特点，形成城市公共活动中心体系； ⑤ 按交通性质和交通速度划分城市道路类型，形成城市道路交通体系。

续表

内容	说明
城市总体布局的艺术性	① 城市用地布局艺术； ② 城市空间布局体现城市审美要求； ③ 城市空间景观的组织（城市轴线是组织城市空间的重要手段）； ④ 继承历史传统，突出地方特色。

居住用地规划布局　　　　　　　　　　　　　　　　　　　　　　表 3-5-6.3

内容		说明
居住用地的组成		住宅用地和居住小区及居住小区级以下的公共服务设施用地、道路用地及绿地。
居住用地指标	影响因素	① 城市规模：一般是大城市因工业、交通、公共设施等用地较之小城市的比重要高些，相对地居住用地比重会低些。同时也由于大城市可能建造较多高层住宅，人均居住用地指标会比小城市低些。 ② 城市性质：一般老城市建筑层数较低，居住用地所占城市用地的比重会高些，而新兴工业城市，因产业占地较大，居住用地比重就较低。 ③ 自然条件：丘陵或水网地区会因土地可利用率较低，需要增加居住用地的数量，加大该项用地的比重。 ④ 城市用地标准：城市社会经济发展水平不同，加上房地产市场的需求状况不一，也会影响到住宅建设标准和居住用地的指标。
	用地指标	① 居住用地的比重：居住用地占城市建设用地的比例为 20%～32%； ② 居住用地人均指标：人均居住用地指标为 18.0～28.0m^2，并规定大中城市不得少于 16.0m^2。
居住用地的规划布局		集中布置；分散布置；轴向布置。

公共设施用地规划布局　　　　　　　　　　　　　　　　　　　　表 3-5-6.4

内容		说明
公共设施分类	使用性质分	行政办公类、商业金融业类、文化娱乐类、体育类、医疗卫生类、大专院校类、文物古迹类、其他类。
	服务范围分	市级、居住区级、小区级。
	其他分类	非地方性/地方性、公益性/营利性。
公共设施用地规模	影响因素	城市性质；城市规模；城市经济发展水平；居民生活习惯；城市布局。
	规模确定	① 根据人口规模推算。 ② 根据各专业系统和有关部门的规定来确定。 ③ 根据地方的特殊需求，通过调研，按需确定。
公共设施的布局规划		① 公共设施项目要合理地配置； ② 公共设施要按照与居民生活的密切程度确定合理的服务半径； ③ 公共设施的布局要结合城市道路与交通规划考虑； ④ 根据公共设施本身的特点及其对环境的要求进行布置； ⑤ 公共设施布置要考虑城市景观组织的要求； ⑥ 公共设施的布局要考虑合理的建设顺序并留有余地； ⑦ 公共设施的布局要充分利用城市原有基础。

续表

内容	说明
城市公共中心的组织与配置	全市性公共中心。组织和布置全市性公共中心应考虑的因素： ① 按照城市的性质与规模组合功能与空间环境； ② 组织中心地区的交通； ③ 城市公共中心的内容与建设标准要与城市的发展目标相适应； ④ 慎重对待城市传统商业中心。

工业用地规划布局　　　　　　　　　　　　　　　　　表 3-5-6.5

内容		说明
城市中工业布置的基本要求	工业用地的自身要求	① 工业用地不应选在 7 级和 7 级以上的地震区； ② 工业用地应避开洪水淹没地段，一般应高出当地最高洪水位 0.5m 以上； ③ 工业用地的地下水位最好低于房屋的基础，并能满足地下工程的要求，地下水的水质要求不应对混凝土产生腐蚀作用； ④ 山地城市的工业用地应特别注意，不应选址于滑坡、断层、岩溶或泥石流等不良地质地段。
	交通运输的要求	铁路运输、水路运输、公路运输、连续运输。
	防止工业对城市环境的污染	减少有害气体对城市的污染；防止废水污染；防止工业废渣污染；防止噪声干扰。 ① 氮肥厂和炼油厂相邻布置时，两个厂排放的废气在阳光下发生化学反应，形成光化学污染； ② 工业区与居住区之间要设卫生防护带，不得将体育设施、学校、儿童机构和医院等布置在防护带内。
工业用地在城市中的布置	工业分类	按工业性质可分为冶金工业电力工业、燃料工业、机械工业、化学工业、建材工业等，工业布置中可按工业性质分成机械工业用地、化工工业用地等。
	布局原则	① 有足够的用地面积，用地条件符合工业的具体特点和要求，有方便的交通运输条件能解决给排水问题； ② 职工的居住用地应分布在卫生条件较好的地段上，尽量靠近工业区，并有方便的交通联系； ③ 在各个发展阶段中，工业区和城市各部分应保持紧凑集中，互不妨碍，并充分注意节约用地； ④ 相关企业之间应取得较好的联系，开展必要的协作，考虑资源的综合利用，减少市内运输。
	工业布局	工业用地位于城市特定地区；工业用地与其他用地形成组团；工业园或独立的工业卫星城；工业带。
旧城工业布局调整		"留、改、并、迁"。

仓储用地规划布局　　　　　　　　　　　　　　　　　表 3-5-6.6

内容	说明
分类	仓储用地分为：普通仓储用地、危险品仓储用地、堆场用地； 按照仓库的使用性质也可以分为：储备仓库、转运仓库、供应仓库、收购仓库等。

续表

内容	说明
布置原则	① 满足仓储用地的一般技术要求； ② 有利于交通运输； ③ 有利于建设、经营使用； ④ 节约用地，但有留有发展余地； ⑤ 沿河、湖、海布置仓库时，必须留出岸线，照顾城市居民生活； ⑥ 注意城市环境保护，防止污染，保证城市安全，应满足有关卫生、安全方面的要求。
布局	① 储备仓库：郊区，交通方便，有专用的独立地段。 ② 转运仓库：城市边缘或郊区，并与对外交通设施结合。 ③ 收购仓库：货源来向的郊区，城市干路口或水运必经的入口处。 ④ 供应仓库：接近其供应的地区。 ⑤ 特种仓库： A. 危险品仓库：远郊独立地段的专门用地上，同时应与使用单位所在位置方向一致； B. 冷藏仓库：设结合屠宰场、加工厂、皮毛处理厂等布置； C. 蔬菜仓库：城市市区边缘通向市郊的干路入口处； D. 木材仓库：城郊对外交通运输线或河流附近； E. 燃料及易燃材料仓库：郊区的独立地段。在气候干燥、风速大的城市，还必须布置在大风季节城市的下风向或侧风向。特别是油库选址时应离开城市居住区、变电所、重要交通枢纽等，并最好在城市地形的低处。

城市用地与交通系统的关系 表 3-5-6.7

内容	说明
形式配合关系	集中型较适应规模较小的城市，其道路网形式多为方格网状。 分散型城市，其道路网形式会因城市的分散模式而形成不同的网络形态。
功能配合关系	各级城市道路既是组织城市的"骨架"，又是城市交通的渠道。 城市中各级道路的性质、功能与城市用地布局结构的关系表现为城市道路功能布局。

七、城市总体规划成果

城市总体规划成果的文本要求 表 3-5-7.1

说明
城市总体规划文本是对规划的各项目标和内容提出规定性要求的文件，采用条文形式。文本格式和文字应规范、准确，利于具体操作。在规划文本中应当明确表述规划的强制性内容。

城市总体规划成果的图纸要求 表 3-5-7.2

说明
① 图纸比例为 1∶50000～1∶200000 的图纸：市域城镇分布现状图、市域城镇体系规划图、市域基础设施规划图、市域空间管制图； 　　② 图纸比例为 1∶5000～1∶25000 的图纸：除上述四种以外。

城市总体规划成果的附件要求 表 3-5-7.3

说明
城市总体规划附件包括规划说明、专题研究报告和基础资料汇编。

城市总体规划强制性内容 表 3-5-7.4

说明
① 城市规划区范围; ② 规划期限内城市建设用地的规模,城市各类绿地的具体布局; ③ 城市基础设施和公共服务设施用地; ④ 自然与历史文化遗产保护; ⑤ 城市防灾减灾。

八、镇总体规划的工作范畴及任务

镇总体规划的工作范畴 表 3-5-8.1

内容	说明
镇的现状等级层次 ——行政体系	① 镇的现状等级层次一般分为:县城关镇(县人民政府所在地镇)、县城关镇以外的建制镇(一般建制镇)、集镇(农村地区)。 ② 集镇不属于镇的规划范畴。
镇的规划等级层次 ——规划体系	① 镇的规划等级层次在县域城镇体系中一般分为中心镇和一般镇。县城关镇多为县域范围内的中心城市。 ② 中心镇指县域城镇体系中,在经济、社会和空间发展中发挥中心作用,且对周边农村具有一定社会经济带动作用的建制镇,是带动一定区域发展的增长极核,在区域内的分布相对均衡。 ③ 一般镇指县城关镇、中心镇以外的建制镇,其经济和社会影响范围仅限于本镇范围内,多是农村的行政中心和集贸中心,镇区规模普遍较小,基础设施水平也相对较低,第三产业规模和层次较低。
县城关镇规划的 工作范畴	县人民政府所在地镇与其他镇虽同为镇建制,但两者并不处在同一层次上。县人民政府所在地镇的规划参照城市的规划标准编制。
一般建制镇规划的 工作范畴	它的规划介于城市和乡村之间,这些镇的规划有别于城市和乡村,它的存在是为农村第一产业服务,又有第二、三产业的发展特征。

镇总体规划的主要任务 表 3-5-8.2

内容	说明
镇规划的任务	镇规划的任务是对一定时期内城镇的经济和社会发展、土地使用、空间布局以及各项建设的综合部署与安排。 ① 镇总体规划的主要任务是:落实市(县)社会经济发展战略及城镇体系规划提出的要求,综合研究和确定城镇性质、规模和空间发展形态,统筹安排城镇各项建设用地,合理配置城镇各项基础设施,处理好远期发展和近期建设的关系,指导城镇合理发展。 ② 镇区控制性详细规划的任务是:以镇区总体规划为依据,控制建设用地性质、使用强度和空间环境。制定用地的各项控制指标和其他管理要求。控制性详细规划是镇区规划管理的依据,并指导修建性详细规划的编制。 ③ 镇区修建性详细规划的任务是:对镇区近期需要进行建设的重要地区做出具体的安排和规划设计。

九、镇总体规划编制

镇总体规划概述　　　　　　　　　　　　　　　　　　　　　　　表 3-5-9.1

内容	说明
依据	法律法规依据；规划技术依据；政策依据。
原则	人本主义原则；可持续发展原则；区域协同、城乡协调发展原则；因地制宜原则；市场与政府调控相结合原则。
阶段和层次划分	① 镇规划分为总体规划和详细规划，详细规划分为控制性详细规划和修建性详细规划。总体规划之前可增加总体规划纲要阶段。 ② 县人民政府所在地镇的总体规划包括县域城镇体系规划和县城区规划，其他镇的总体规划包括镇域规划（含镇村体系规划）和镇区（镇中心区）规划两个层次。 ③ 镇可以在总体规划指导下编制控制性详细规划以指导修建性详细规划，也可根据实际需要在总体规划指导下，直接编制修建性详细规划。
期限	镇总体规划期限为 20 年，同时可对远景发展做出轮廓性的规划安排。

镇总体规划内容　　　　　　　　　　　　　　　　　　　　　　　表 3-5-9.2

内容	说明
镇总体规划纲要	对于规模较大的镇，发展方向、空间布局、重大基础设施等不太确定，在总体规划之前可增加总体规划纲要阶段。
镇规划的强制性内容	规划区范围、规划区建设用地规模、基础设施和公共服务设施用地、水源地和水系、基本农田和绿化用地、环境保护、自然与历史文化遗产保护、防灾减灾等。

镇总体规划编制方法　　　　　　　　　　　　　　　　　　　　　表 3-5-9.3

内容		说明
镇的性质的确定	确定方法	确定性质的方法有定性分析和定量分析。
	表述方法	镇性质的表述方法：区域地位作用＋产业发展方向＋城镇特色或类型。
镇的人口规模预测	人口规模	① 一是规划期末镇域总人口，应为其行政地域内户籍、寄住人口数之和，即镇域常住人口。 ② 二是规划期末镇区人口，即居住在镇区的非农业人口、农业人口和居住一年以上的暂住人口之和。
	预测方法	综合分析法、经济发展平衡法、劳动平衡法、区域分配法、环境容量法、线性回归分析法。
镇区建设用地标准	用地规模	镇用地规模是规划期末镇建设用地的面积。通常镇的人均建设用地指标应在每人 120m² 以内，也可根据现状人均建设用地指标设定规划调整幅度，考虑调整因素后，人均建设用地指标为每人 75～140m²。
	建设用地比例	**镇区规划建设用地比例表** | 类别代号	类别名称	占建设用地比例（%）	
---	---	---	---
		中心镇镇区	一般镇镇区
R	居住用地	28～38	33～43
C	公共设施用地	12～20	10～18
S	道路广场用地	11～19	10～17
G1	公共绿地	8～12	6～10
四类用地之和		64～84	65～85	

续表

内容		说明
镇区建设用地标准	建设用地选择	建设用地宜选在生产作业区附近，并充分利用原有用地调整挖潜，同土地利用总体规划相协调。需扩大用地规模时，宜选择荒地、薄地，不占或少占耕地、林地和牧草地；建设用地宜选在水源充足，水质良好，便于排水、通风和地质条件适宜的地段；建设用地应避开河洪、海潮、山洪、泥石流、滑坡、风灾、地震断裂等灾害影响和生态敏感地段；应避开水源保护区、文物保护区、自然保护区和风景名胜区，位于或邻近各类保护区的镇区，应通过规划减少对保护区的干扰；应避开有开采价值的地下资源和地下采空区、一级文物埋藏区；应避免被铁路、重要公路、高压输电线路、输油输气管线等穿越。在不良地质地带严禁布置居住、教育、医疗及其他公众密集活动的建设项目。
镇区用地规划布局	影响因素及原则	影响因素：①现状布局；②建设条件；③资源环境条件；④对外交通条件；⑤城镇性质；⑥发展机制。 布局原则：①旧区改造原则；②优化环境原则；③用地经济原则；④因地制宜原则；⑤弹性原则；⑥实事求是原则。
	空间形态及布局结构	镇布局空间形态模式可分为集中布局和分散布局两大类。 集中布局的空间形态模式可分为块状式、带状式、双城式、集中组团式四类。 分散布局的空间形态模式可分为分散组团式布局和多点分散式布局。
	居住用地规划	新建居住用地应优先选用靠近原有居住建筑用地的地段形成一定规模的居住区，便于生活服务设施的配套安排，避免居住建筑用地过于分散。
	公共设施用地规划	① 公共设施按其使用性质分为：行政管理、教育机构、文体科技、医疗保健、商业金融和集贸市场六类。 ② 城镇公共中心的布置方式有：布置在镇区中心地段；结合原中心及现有建筑；结合主要干道；结合景观特色地段；采用围绕中心广场，形成步行区或一条街等形式。 ③ 教育和医疗保健机构：必须独立选址，其他公共设施宜相对集中布置，形成公共活动中心。 ④ 商业金融机构和集贸：设施宜设在小城镇入口附近或交通方便的地段。 ⑤ 学校、幼儿园、托儿所的用地：应设在阳光充足、环境安静、远离污染和不危及学生、儿童安全的地段，距离铁路干线应大于300m，主要入口不应开向公路。 ⑥ 医院、卫生院、防疫站的选址：应方便使用和避开人流及车流量大的地段，并应满足突发灾害事件的应急要求。 ⑦ 集贸市场用地：用地的选址应有利于人流和商品的集散，并不得占用公路、主要干路、车站、码头、桥头等交通量大的地段；不应布置在文体、教育、医疗机构等人员密集场所的出入口附近和妨碍消防车辆通行的地段。
	生产设施和仓储用地规划布局	① 一类工业用地可布置在居住用地或公共设施用地附近；二、三类工业用地应布置在常年最小风向频率的上风侧及河流的下游。 ② 新建工业项目应集中建设在规划的工业用地中；对已造成污染的二类、三类工业项目必须迁建或调整转产。 ③ 镇区工业用地的规划布局：用地应选择在靠近电源、水源和对外交通方便的地段；同类型的工业用地应集中分类布置，协作密切的生产项目应邻近布置，相互干扰的生产项目应予以分隔；应紧凑布置建筑，宜建设多层厂房；应有可靠的能源、供水和排水条件，以及便利的交通和通信设施；公用工程设施和科技信息等项目宜共建共享；应设置防护绿地和绿化厂区；应为后续发展留有余地。

续表

内容		说明
镇区用地规划布局	生产设施和仓储用地规划布局	④ 农业生产及其服务设施用地的选址和布置：农机站、农产品加工厂等的选址应方便作业、运输和管理；养殖类的生产厂（场）等的选址应满足卫生和防疫要求，布置在镇区和村庄常年盛行风向的侧风位和通风、排水条件良好的地段，并应符合现行国家标准的有关规定；兽医站应布置在镇区的边缘。 ⑤ 仓库及堆场用地的选址和布置：应按存储物品的性质和主要服务对象进行选址；宜设在镇区边缘交通方便的地段；性质相同的仓库宜合并布置，共建服务设施；粮、棉、油类、木材、农药等易燃易爆和危险品仓库严禁布置在镇区人口密集区，与生产建筑、公共建筑、居住建筑的距离应符合环保和安全的要求。
	公共绿地布局	① 公共绿地分为公园和街头绿地。 ② 公共绿地应均衡分布，形成完整的园林绿地系统。

镇总体规划成果要求　　　　　　　　　　　表 3-5-9.4

说明
镇总体规划附件包括规划文本、图纸及附件（规划生活明书和基础资料汇编等）。

第六节　详　细　规　划

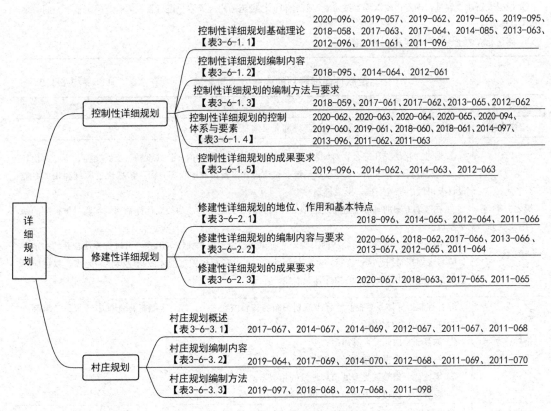

图 3-6-1　详细规划思维导图

一、控制性详细规划

控制性详细规划基础理论　　　　　　　　　　　　　　　　　　表 3-6-1.1

内容	说　明
地位与作用	① 规划与管理、规划与实施之间衔接的重要环节。 ② 是宏观与微观、整体与局部有机衔接的关键层次。 ③ 城市设计控制与管理的重要手段。 ④ 协调各利益主体的公共政策平台。
基本特征	① 通过数据控制落实规划意图。 ② 具有法律效应和立法空间。 ③ 横向综合性的规划控制汇总。 ④ 刚性与弹性相结合的控制方式。

控制性详细规划编制内容　　　　　　　　　　　　　　　　　　表 3-6-1.2

说　明
① 确定规划范围内不同性质用地的界线，确定各类用地内适建、不适建或者有条件允许建设的建筑类型。 ② 确定各地块建筑高度、建筑密度、容积率、绿地率等控制指标；确定公共设施配套要求、交通出入口方位、停车泊位、建筑后退红线距离等要求。 ③ 提出各地块的建筑体量、体型、色彩等城市设计指导原则。 ④ 根据交通需求分析，确定地块出入口位置、停车泊位、公共交通场站用地范围和站点位置、步行交通以及其他交通设施。规定各级道路的红线、断面、交叉口形式及渠化措施、控制点坐标和标高。 ⑤ 根据规划建设容量，确定市政工程管线位置、管径和工程设施的用地界线，进行管线综合。确定地下空间开发利用具体要求。 ⑥ 制定相应的土地使用与建筑管理规定。

控制性详细规划的编制方法与要求　　　　　　　　　　　　　　表 3-6-1.3

内容	说　明
工作步骤	现状分析研究、规划研究、控制研究和成果编制。
规划方案与用地划分	① 通过深化研究和综合，对编制范围的功能布局、规划结构、公共设施、道路交通、历史文化环境、建筑空间体型环境、绿地景观系统、城市设计以及市政工程等方面，依据规划原理和相关专业设计要求做出统筹安排，形成规划方案。 ② 在规划方案的基础上进行用地细分，一般细分到地块，成为控制性详细规划实施具体控制的基本单位。 ③ 用地细分应适应市场经济的需要，适应单元开发和成片建设等形式，可进行弹性合并。用地细分应与规划控制指标刚性连接，具有相当的针对性，应提出控制指标做相应调整的要求，以适应用地细分发生合并或改变时的弹性管理需要。
指标体系与指标确定	综合控制指标体系是控制性详细规划编制的核心内容之一。综合控制指标体系中必须包括编制办法中规定的强制性内容。 ① 测算法：由研究计算得出； ② 标准法：根据规范和经验确定； ③ 类比法：借鉴同类型城市和地段的相似案例比较总结； ④ 反算法：通过试做修建规划和形体设想方案估算。
控制方式	指标量化；条纹规定；图则标定；城市设计引导；规定性与指导性。

控制性详细规划的控制体系与要素 表 3-6-1.4

内容		说　明
土地使用	土地使用控制	用地性质、土地使用兼容、用地边界、用地面积。
	使用强度控制	容积率、建筑密度、人口密度、绿地率。
建筑建造	建筑建造控制	建筑高度、建筑后退、建筑间距。
	城市设计引导	建筑体量、建筑形式、建筑色彩、空间组合、建筑小品。
设施配套	公共设施配套	—
	市政设施配套	—
行为活动	交通活动控制	车行交通组织、步（人）行交通组织、公共交通组织、配建停车位。
	环境保护规定	—
其他控制		历史保护、五线控制、竖向设计、地下空间利用、奖励与补偿。

控制性详细规划的成果要求 表 3-6-1.5

内容	说　明
规划成果内容	规划文本、图件（图纸和图则）和附件（规划说明、基础资料和研究报告）。
深度要求	深化和细化城市总体规划，将规划意图与规划指标分解落实到街坊地块的控制引导之中，保证城市规划系统控制的要求。
	控制性详细规划在进行项目开发建设行为的控制引导时，将控制条件、控制指标以及具体的控制引导要求落实到相应的开发地块上，作为土地出让条件。
	所规定的控制指标和各项控制要求可以为具体项目的修建性详细规划、具体的建筑设计或景观设计等个案建设提供规划设计条件。
规划文本内容与深度要求	总则：阐明制定规划的依据、原则、适用范围、主管部门与管理权限等土地使用和建筑规划管理通则；用地分类标准、原则与说明；用地细分标准、原则与说明；控制指标系统说明；各类用地的一般控制要求；道路交通系统的一般控制规定；配套设施的一般控制规定；其他通用性规定。
	城市设计引导：城市设计系统控制，具体控制与引导要求关于规划调整的相关规定，包括调整范畴、调整程序、调整的技术规范奖励与补偿的相关措施与规定。
	附则：规划成果组成与使用方式、规划生效与解释权、相关名词解释。
	附表：《用地分类一览表》《现状与规划用地汇总表》《土地使用兼容控制表》《地块控制指标一览表》《公共服务设施规划控制表》《市政公用设施规划控制表》《各类用地与设施规划建筑面积汇总表》以及其他控制与引导内容或执行标准的控制表。
规划图纸内容与深度要求	规划图纸（1∶500～1∶2000）：位置图（比例不限）、现状图、用地规划图、道路交通规划图、绿地景观规划图、各项工程管线规划图、其他相关规划图纸。
	规划图则：用地编码图（标明各片区、单元、街区、街坊、地块的划分界限，并编制统一的可以与周边地段衔接的用地编码系统），总图则（包括地块控制总图则、"五线"控制总图则、设施控制总图则、总图则应重点体现控制性详细规划的强制性内容），分图则（1∶500～1∶2000；规划范围内针对街坊或地块分别绘制的规划控制图则，应全面系统地反映规划控制内容，并明确区分强制性内容）。
附件的内容与深度要求	规划说明书；相关专题研究报告；相关分析图纸；基础资料汇编。
控制性详细规划强制性内容	控制性详细规划确定的各地块的主要用途、容积率、建筑高度、建筑密度、绿地率、基础设施和公共服务设施配套规定等应当作为强制性内容。

二、修建性详细规划

修建性详细规划的地位、作用和基本特点　　　　　　　表 3-6-2.1

内容	说　　明
任务	依据已批准的控制性详细规划及城乡规划主管部门提出的规划条件，对所在地块的建设提出具体的安排和设计，用以指导建筑设计和各项工程施工设计。
地位与作用	① 地位：不可替代。 ② 作用：按照城市总体规划、分区规划以及控制性详细规划的指导、控制和要求，以城市中准备实施开发建设的待建地区为对象，对其中各项物质要素进行统一空间布局。
基本特点	① 以具体、详细的建设项目为对象，实施性较强。 ② 通过形象的方式表达城市空间与环境。 ③ 多元化的编制主体。

修建性详细规划的编制内容与要求　　　　　　　表 3-6-2.2

内容	说　　明
基本原则	贯彻"实用、经济、在可能条件下注意美观"的方针。坚持以人为本、因地制宜、注意协调的原则。
编制内容	根据《城市规划编制办法》第四十三条的规定，修建性详细规划编制应该包括以下内容： ① 建设条件分析及综合技术经济论证。 ② 建筑、道路和绿地等的空间布局和景观规划设计，布置总平面图。 ③ 对住宅、医院、学校和托幼等建筑进行日照分析。 ④ 根据交通影响分析，提出交通组织方案和设计。 ⑤ 市政工程管线规划设计和管线综合。 ⑥ 竖向规划设计。 ⑦ 估算工程量、拆迁量和总造价，分析投资效益。 ⑧ 绿地系统规划设计。 ⑨ 主要经济技术指标：总用地面积、总建筑面积、住宅建筑总面积、平均层数、容积率、建筑密度、住宅建筑容积率、建筑密度、绿地率。

修建性详细规划的成果要求　　　　　　　表 3-6-2.3

内容	说　　明
成果的内容与深度	修建性详细规划成果应当包括规划说明书、图纸。
成果的表达要求	① 说明书内容：规划背景、现状分析、规划设计原则与日照分析说明指导思想、规划设计构思、规划设计方案、日照分析说明、场地竖向设计、规划实施、主要技术经济指标。 ② 基本图纸（1∶500～1∶2000）：位置图、现状图、场地分析图、规划总平面图、道路交通规划设计图、竖向规划图、效果表达。

三、村庄规划

村庄规划概述 表 3-6-3.1

内容	说 明
指导思想和原则	因地制宜、循序渐进、统筹兼顾、协调发展。
规划阶段和层次划分	村庄规划一般分为总体规划和建设规划两个阶段。
规划期限	村庄规划期限比较灵活,一般整治规划考虑近期为 3~5 年。

村庄规划编制内容 表 3-6-3.2

内容	说 明
村庄、集镇总体规划	① 乡级行政区域的村庄; ② 集镇布点; ③ 村庄和集镇的位置、性质、规模和发展方向; ④ 村庄和集镇的交通、供水、供电、商业、绿化等生产和生活服务设施的配置。
村庄、集镇建设规划	① 住宅、乡(镇)村企业、乡(镇)村公共设施,公益事业等各项建设的用地布局,用地规划,有关的技术经济指标,近期建设工程以及重点地段建设具体安排。 ② 村庄建设规划的主要内容:[备注:在国土空间规划体系中村庄规划的定位和编制内容发生重大变化,详情参见《关于加强村庄规划促进乡村振兴的通知》(自然资办发〔2019〕35 号)]。 ③ 根据本地区经济发展水平,参照集镇建设规划的编制内容,主要对住宅和供水、供电、道路、绿化、环境卫生以及生产配套设施做出具体安排。

村庄规划编制方法 表 3-6-3.3

内容	说 明
技术要点	① 村庄规划应主要以行政村为单位编制,范围包括整个村域,如果是需要合村并点的多村规划,其规划范围也应包括合并后的全部村域。 ② 村庄规划人口规模的增加应以自然增长为主,机械增长不能作为规划依据。 ③ 用地布局应以节约和集约发展为指导思想,村庄建设用地应尽量利用现状建设用地、弃置地、坑洼地等,规划农村人均综合建设用地要控制在规定的标准以内。 ④ 村庄规划应重点考虑公共服务设施、道路交通、市政基础设施、环境卫生设施规划等内容。 ⑤ 充分体现"四节"原则,大力推广新技术。
村庄分类	① 影响因素:风险性生态要素、资源性生态要素、村庄规模和管理体制、历史文化资源保护等。 ② 村庄分类:村庄可分为城镇化整理、迁建、保留发展三种村庄。城镇化整理型村庄是位于规划城市(镇)建设区内的村庄。迁建型村庄是与生态限建要素有矛盾需要搬迁的村庄,根据限建要素对村庄限制程度的不同,可将迁建村庄分为近期迁建、逐步迁建、引导迁建三种类型。保留发展型村庄包括位于限建区内可以保留但需要控制规模的村庄和发展条件好可以保留并发展的村庄,可分为三种类型:保留控制发展型、保留适度发展型、保留重点发展型村庄。
成果要求	① 村庄规划的成果应当包括规划图纸与必要的说明。 ② 规划的基本图纸包括:村庄位置图、用地现状图、用地规划图、道路交通规划图、市政设施系统规划图等。

第七节 专项规划

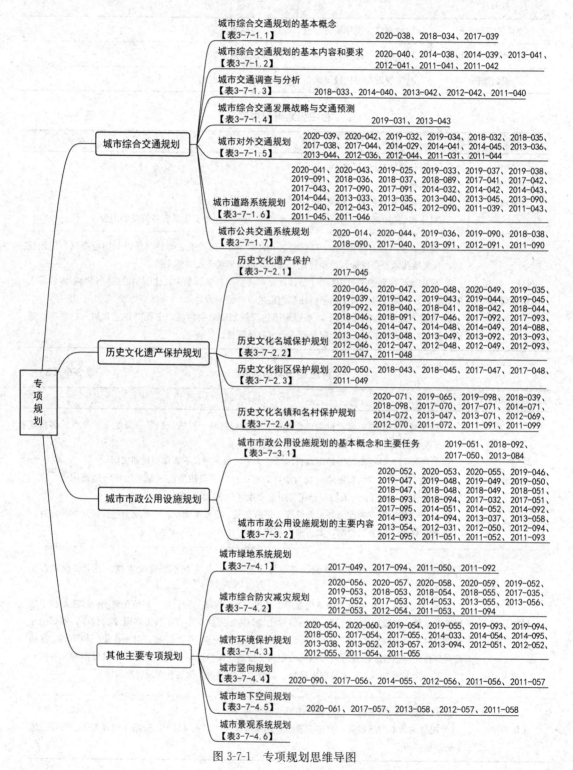

图 3-7-1 专项规划思维导图

一、城市综合交通规划

城市综合交通规划的基本概念　　　　　表 3-7-1.1

内容		说明
概念	地域关系	城市对外交通和城市交通两大部分。
	形式	地上交通、地下交通、路面交通、轨道交通、水上交通等。
	运输性质	客运交通和货运交通两大类型。
	交通位置	道路上的交通和道路外的交通。
现代城市交通的特点与发展规律		① 城市交通与城市对外交通的联系加强了,综合交通和综合交通规划的概念更为清晰; ② 随着城市交通机动化程度的明显提高,城市交通的机动化已经成为现代城市交通发展的必然趋势。

城市综合交通规划的基本内容和要求　　　　　表 3-7-1.2

内容	说明
城市交通发展战略研究的工作内容	① 现状分析:分析城市交通发展的过程、出行规律、特性和现状城市道路交通系统存在的问题; ② 城市发展分析:根据城市经济社会和空间的发展,分析城市交通发展的趋势和规律,预测城市交通总体发展水平; ③ 战略研究:确定城市综合交通发展目标,确定发展模式,制定发展战略和政策,预测城市交通发展、交通结构和各项指标,提出实施规划的重要技术经济政策和管理政策; ④ 规划研究:结合城市空间和用地布局基本框架,提出城市道路交通系统的基本结构和初步规划方案。
城市道路交通系统规划的工作内容	① 规划方案:依据城市交通发展战略,结合城市土地使用的规划方案,具体提出城市对外交通、城市道路系统、城市客货运交通系统和城市道路交通设施的规划方案,确定相关各项技术要素的规划建设标准,落实城市重要交通设施用地的选址和用地规模; ② 交通校核:在规划方案基本形成后,采用交通规划方法对城市道路交通系统规划方案进行交通校核,提出反馈意见,并从土地使用和道路交通系统两方面进行修改,最后确定规划方案; ③ 实施要求:提出对道路交通建设的分期安排及相应的政策措施和管理要求。

城市交通调查与分析　　　　　表 3-7-1.3

内容	说明
城市道路交通调查与分析	城市道路交通调查包括对机动车、非机动车、行人的流量、流向和车速等的调查。
交通出行 OD 调查与分析	目的:OD 调查就是交通出行的起、终点调查,以得到现状城市交通的流动特性,是交通规划的基础工作。 交通区划分:为了对 OD 调查获得的资料进行科学分析,需要把调查区域分成若干交通区,每个交通区又可分为若干交通小区。划分交通区应符合下列条件。 ① 交通区应与城市用地布局规划和人口等调查的区划相协调; ② 交通区的划分应便于把该区的交通分配到交通网上; ③ 应使每个交通区预期的土地使用动态和交通的增长大致相似; ④ 交通区的大小也取决于调查的类型和调查区域的大小,交通区划得越小,精确度越高,但资料整理工作会越困难。

续表

内容	说　明
交通出行OD调查与分析	居民出行调查：居民出行 OD 调查的对象包括年满 6 岁以上的城市居民、暂住人口和流动人口。调查的内容包括：调查对象的社会经济属性（家庭地址、用地性质、家庭成员情况、经济收入等）和调查对象的出行特征（出行起终点、出行目的、出行次数、出行时间、出行路线、交通方式的选择等）。 居民出行规律包括出行分布和出行特性。城市居民的出行特性有下列四项要素。 ① 出行目的：包括上下班出行（含上下学出行）、生活出行（购物、游憩、社交）和公务出行三大类。交通规划主要研究上下班出行，这是形成客运高峰的主要出行。 ② 出行方式：居民采用步行或使用交通工具的方式。 ③ 平均出行距离：即居民平均每次出行的距离。还可以用平均出行时间和最大出行时间来表示。 ④ 日平均出行次数：即每日人均出行次数，反映城市居民对生产、生活活动的要求程度。生产活动越频繁，生活水平越高，日平均出行次数就越多。 货运出行调查：货运调查常采用抽样发调查表或深入单位访问的方法，通过分析可以研究货运出行生成的形态，取得货运交通生成指标，货运出行与土地使用特征（性质、面积、规模）、社会经济条件（产值、产量、货运总量、生产水平）之间的关系，得到全市不同货物运输量、货流及货运车辆的（道路）空间和时间的分布规律。

城市综合交通发展战略与交通预测　　　　　　表3-7-1.4

内容		说　明
城市综合交通发展战略研究基本内容	预估城市交通总体发展水平	预测方法：弹性系数法、趋势外推法、千人拥有法。
	城市交通发展战略分析	发展模式： ① 以小汽车为主体的交通模式，如发达国家的分散型城市（洛杉矶）； ② 以轨道公交为主、小汽车和地面公交为辅的交通模式，如发达国家超级大城市（伦敦、纽约、东京、巴黎）； ③ 以小汽车为主、公交为辅的交通模式，如北美、欧洲多数城市； ④ 以公交为主、小汽车为主导（公交与小汽车并重）的交通模式，如中国香港、新加坡； ⑤ 以公交为主、小汽车为辅的交通模式，多为发展中国家。 发展目标： 形成一个优质、高效、整合的城市交通系统。
	城市交通政策制定	① 城市交通政策的内容：政策目标、政策背景、地域范围、政策种类、政府执行机构。 ② 三大城市交通政策：城市交通方式引导政策、城市交通地域差别化发展政策、城市道路交通设施建设与城市交通协调发展政策。
	城市交通预测	按照出行生成、出行分布、出行方式划分、交通分配四个阶段进行交通流量预测。

城市对外交通规划　　　　　表 3-7-1.5

内容		说　明
铁路规划	分类、分级	铁路是城市主要的对外交通设施。城市范围内的铁路设施基本上可分为两类： ① 直接与城市生产、生活有密切关系的客、货运设施，如客运站、综合性货运站及货场等； ② 与城市生产、生活没有直接关系的铁路专用设施，如编组站、客车整备场、迂回线等。
	铁路场站在城市中的布置	铁路设施应按照其对城市服务的性质和功能进行布置。 ① 客运站：中、小城市客运站可以布置在城区边缘，大城市可能有多个客运站，应深入城市中心区边缘布置。客运站的布置方式有通过式、尽端式和混合式三种。 ② 编组站：由到发场、出发场、编组场、驼峰、机务段和通过场组成，用地范围一般比较大，其布置要避免与城市的相互干扰，同时要考虑职工的生活。 ③ 货运站：大城市、特大城市的货运站应按其性质分别设于其服务的地段。以到发为主的综合性货运站（特别是零担货物）一般应接近货源或结合货物流通中心布置；以某几种大宗货物为主的专业性货运站应接近其供应的工业区、仓库区等大宗货物集散点，一般应设在市区外围；不为本市服务的中转货物装卸站则应设在郊区，结合编组站或水陆联运码头设置；危险品（易爆、易燃、有毒）及有碍卫生（如牧畜货场）的货运站应设在市郊，要有一定的安全隔离地带。中小城市一般设置一个综合性货运站或货场，其位置既要满足货物运输的经济合理要求，也要尽量减少对城市的干扰。
公路规划	分类、分级	① 公路分类：根据公路的性质和作用，及其在国家公路网中的位置对公路的分类，分为国道（国家级干线公路）、省道（省级干线公路）、县道（县级干线公路，联系各乡镇）和乡道。设市城市可设置市道，作为市区联系市属各县城的公路。 ② 公路分级：按公路的使用任务、功能和适应的交通量对公路的分级，可分为高速公路、一级、二级、三级、四级公路。大城市、特大城市可布置高速公路环线联系各条高速公路，并与城市快速路网相衔接。对于中、小城市，考虑城市未来的发展，高速公路应远离城市中心，采用互通式立体交叉以专用的入城道路（或一般等级公路）与城市联系。
	公路在市域内的布置	① 有利于城市与市域内各乡、镇之间的联系，适应城镇体系发展的规划要求。 ② 干线公路与城市道路网有合理联系。过境公路应绕城（切线或环线）而过。 ③ 要逐步改变公路直接穿过小城镇的状况，并注意防止新的沿公路进行建设的现象发生。
	公路汽车场站的布置	① 客运站：大城市、特大城市和作为地区公路交通枢纽的城市，公路客货流量和交通量都很大，常为多个方向的长途客运设置多个客运站，并与货运站和技术站分开设置。设在城市中心区边缘，用城市交通性干路与公路相连。中小城市一般可设一个长途客运站。 ② 货运站、技术站：供应城市日常生活用品的货运站应布置在城市中心区边缘；以工业产品、原料和中转货物为主的货运站应布置在工业区、仓库区或货物较为集中的地区，亦可设在铁路货运站、货运码头附近。
港口规划	分类	港口是水陆联运的枢纽，城市港口可分为客运港和货运港。 港口分为水域和陆域两大部分。
	港口选址与规划原则	① 港口选址应与城市总体规划布局相互协调； ② 港口建设应与区域交通综合考虑； ③ 港口建设与工业布局要紧密结合； ④ 合理进行岸线分配与作业区布置； ⑤ 加强水陆联运的组织。
	客运港与旅游码头在城市中的布置	客运港是专门停泊客轮和转运快件货物的港口，又称客运码头。客运港应选在与城市生活性用地相近、交通联系方便的位置，综合考虑港口作业、站房设施、站前广场、站前配套服务设施等的布置，以及与城市干路相衔接。

续表

内容		说　明
航空港规划	分类	① 民用航空港（机场）按其航线性质可分为国际航线机场和国内航线机场。 ② 民用机场又可按航线布局分为枢纽机场、干线机场和支线机场。
	航空港布局规划	① 要从区域的角度考虑航空港的共用及其服务范围。在城市分布比较密集的区域，应在各城市使用都方便的位置设置若干城市共用的航空港，高速公路的发展有利于多座城市共用一个航空港。随着航空事业的进一步发展，一个特大城市周围可能布置有若干个机场，机场应适度集中，力戒分散建设，除非有特殊理由（如著名旅游胜地）。 ② 航空港的选址要满足保证飞机起降安全的自然地理和气象条件，要有良好的工程地质和水文条件。
	与城市的交通联系	① 现代航空技术的发展，要达到机场选址的要求，国际航空港与城区的距离一般都应超过10km。我国城市城区与航空港的距离一般为 20～30km。 ② 常采用专用高速公路的方式，使航空港与城市间的时间距离保持在 30 分钟以内。

城市道路系统规划　　　　　　　　　　　　表 3-7-1.6

内容		说明
影响城市道路系统布局的因素		① 城市在区域中的位置（城市外部交通联系和自然地理条件）； ② 城市用地布局结构与形态（城市骨架关系）； ③ 城市交通运输系统（市内交通联系）。
城市道路系统规划的基本要求	满足组织城市各部分用地布局的"骨架"要求	① 城市各级道路应成为划分城市各组团、各片区地段、各类城市用地的分界线； ② 城市各级道路应成为联系城市各组团、各片区地段、各类城市用地的通道； ③ 城市道路的选线应有利于组织城市的景观。
	满足城市交通运输的要求	① 道路的功能必须同毗邻道路的用地的性质相协调； ② 城市道路系统完整，交通均衡分布； ③ 要有适当的道路网密度和道路用地面积率； ④ 城市道路系统要有利于实现交通分流； ⑤ 城市道路系统要为交通组织和管理创造良好的条件； ⑥ 城市道路系统应与城市对外交通有方便的联系。
	满足各种工程管线布置的要求	城市公共事业和市政工程管线、煤气管道及地上架空线杆等一般都沿道路敷设。
	满足城市环境的要求	道路的走向最好由东向北偏转一定的角度（一般不大于 15°），最好能避免正东、正西方向。
城市道路分类	城市道路的规划分类	快速路、主干路、次干路、支路。
	城市道路的功能分类	交通性道路、生活性道路。

续表

内容		说明
城市道路系统的空间布局	城市干道网类型	① 方格网式道路系统。方格网式，又称棋盘式，是最常见的道路网类型。适用于地形平坦的城市。 ② 环形放射式道路系统。环形放射式道路系统起源于欧洲以广场组织城市的规划手法，最初是几何构图的产物，适用于大城市。 ③ 自由式道路系统。能够适应地形起伏变化，较易形成活泼、丰富的景观效果。优点是因地制宜，不规则布局，变化很多，非直线系数较大。 ④ 混合式道路系统。"方格网＋环形放射式"的道路系统是大城市、特大城市发展后期形成的效果较好的一种道路网形式，如北京。 ⑤ 链式道路网。由一两条主要交通干路作为纽带（链），如同脊骨一样联系着各类较小范围的道路网而形成的。常见于组合型城市或带状发展的组团式城市，如兰州。
	城市道路的分工	城市道路网可以分为快速道路网和常速道路网两大道路网。城市道路网又可以大致分为交通性道路网和生活服务性道路网两个相对独立又有机联系（也可能部分重合为混合性道路）的网络。
	城市各级道路的衔接	① 城市道路衔接原则：低速让高速；次要让主要；生活性让交通性；适当分离。 ② 城镇间道路与城市道路网的衔接：城镇间道路把城市对外联络的交通引出城市，又把大量入城交通引入城市。所以城镇间道路与城市道路网的连接应有利于把城市对外交通迅速引出城市，避免入城交通对城市道路特别是城市中心地区道路交通的过多冲击。 ③ 城市各级各类道路的衔接关系：实现不同性质、不同功能要求、不同通行规律的交通流在时空上的分流，使城市各级各类道路上交通能够实现有序的流动，各种交通间的转换能够正常进行。
城市道路系统的技术空间布置	交叉口间距	城市各级道路交叉口间距 | 道路类型	快速路	主干路	次干路	支路
---	---	---	---	---
设计车速(km/h)	≥80	40～60	40	≤30
交叉口间距	1500～2500	700～1200	350～500	150～250	 注：＊ 小城市取低值
	道路网密度	城市干路网密度： $$\delta_{干}=\frac{城市干路总长度}{城市用地总面积}\ (km/km^2)$$ 城市干路总长度包括城市快速路、城市主干路和次干路的总长度。规范规定大城市一般 $\delta_{干}=2.4\sim3km/km^2$，中等城市 $\delta_{干}=2.2\sim2.6km/km^2$。建议大城市选用 $\delta_{干}=4\sim6km/km^2$，中、小城市选用 $\delta_{干}=5\sim6km/km^2$。 城市道路网密度： $$\delta_{路}=\frac{城市道路总长度}{城市用地总面积}\ (km/km^2)$$ 城市道路总长度包括所有城市道路的总长度。单纯考虑机动车交通的可忽略步行、自行车专用道。规范规定大城市一般 $\delta_{路}=5\sim7km/km^2$，中等城市 $\delta_{路}=5\sim6km/km^2$。建议一般选用 $\delta_{路}=7\sim8km/km^2$。

续表

内容		说明
城市道路系统的技术空间布置	道路红线宽度	道路红线是道路用地和两侧建设用地的分界线,即道路横断面中各种用地总宽度的边界线,道路红线宽度又称为路幅宽度。 **不同等级道路的红线宽度** <table><tr><td>项目</td><td>快速路</td><td>主干路</td><td>次干路</td><td>支路</td></tr><tr><td>红线宽度(m)</td><td>60~100</td><td>40~70</td><td>30~50</td><td>20~30</td></tr></table> 注:当设计车速大于50km/h时,必须设置中央分隔带。
	道路横断面类型	① 一块板道路横断面:一块板道路的车行道可以用作机动车专用道、自行车专用道以及大量作为机动车与非机动车混合行驶的次干路及支路。 ② 两块板道路横断面:两块板道路用中央分隔带(可布置低矮绿化)将车行道分成两部分。 ③ 三块板道路横断面:三块板道路通常利用两条分隔带将机动车流和自行车(非机动车)流分开,机动车与非机动车分道行驶,可以提高机动车和自行车的行驶速度、保障交通安全。 ④ 四块板道路横断面:四块板横断面就是在三块板的基础上,增加中央分隔带,解决对向机动车相互干扰的问题。四块板道路的占地和投资都很大,交叉口通行能力较低。
	道路横断面选择与组合	① 城市快速路:封闭的汽车专用路,其横断面应采用分向通行的两块板形式。必须穿越城市组团内中心地段时,可以采用高架方式与城市主干路立体组合,或选用四块板横断面,降低等级为城市交通性主干路。 ② 城市交通性主干路:应是机动车快车道与机非混行的慢车道的组合形式。 ③ 城市生活性主干路:宜布置为机、非分行的三块板或分向通行的两块板道路横断面。 ④ 次干路和支路:宜布置为一块板道路横断面。
城市交通设施规划	城市交通设施分类	交通枢纽设施;道路交通设施;停车设施。
	城市交通枢纽在城市中的布置	① 货运交通枢纽:在城市道路系统规划中,应注意使货运交通枢纽尽可能与交通性的货运干路有良好的联系,尽可能在城市中结合转运枢纽点布置若干个集中的货运交通枢纽。 ② 客运交通枢纽:城市客运交通枢纽是指城市对外客运设施(铁路客站、公路客站、水运客站和航空港等)和城市公共交通枢纽。公路长途客运设施常布置在城市中心区边缘、铁路客站、水运客站附近。客运交通枢纽必须与城市客运交通干路有方便的联系,又不能过多地冲击和影响客运交通干路的畅通。
	城市道路交通设施的布置	① 设施性交通枢纽包括为避免人流、车流相互交叉的立体交叉(包括人行天桥和地道)和为解决车辆停驻而设置停车场等。 ② 立体交叉的布置主要取决于城市道路系统的布局,是为快速交通之间的转换和快速交通与常速交通之间的转换或分离而设置的,主要应设置在快速干道的沿线上。在交通流量很大的疏通性交通干道上,也可设置立体交叉。

续表

内容		说明
城市交通设施规划	城市停车设施的布置	① 城市公共停车场（包括自行车公共停车场）的用地总面积可以按规划城市人口人均 $0.8\sim1.0m^2$ 安排。其中，机动车停车场的用地面积宜占 80%～90%，自行车停车场的用地面积宜占 10%～20%。 ② 市中心和组团中心的机动车停车位应占全部机动车停车位数的 50%～70%，城市对外道路主要出入口停车场的机动车停车位数占 5%～10%。

城市公共交通系统规划 表 3-7-1.7

内容		说明
城市客运交通系统的规划思想		"优先发展公共交通"的思想内涵：指导思想是在城市客运系统中把公共交通作为主体。其目的是为城市居民提供方便、快捷、优质的公共交通服务，以吸引更多的客流，使城市交通结构更为合理，运行更为畅通。
城市公共交通类型和特征	轨道公共交通	① 地铁。地铁的概念不仅仅局限于地下运行，随着城市规模的扩大与延伸，地铁线路延伸到市郊时，为了降低工程造价，一般都引出地面，采用地面或高架。对于部分运行在地面的电动车辆封闭线路或高架线路，单向高峰小时运力在 3000 人次以上的都可采用地铁交通方式。 ② 轻轨。通常宜建于 100 万人口以下的城市，对于更大的城市，大多布置在郊区或城市边缘区域。轻轨系统车辆轻，乘、降方便，车站设施简单，线路工程量小，造价低。 ③ 城市铁路。城市铁路一般位于城市外围，是联系城市与郊区的轨道交通方式。 ④ 有轨电车。有轨电车具有运力大、客运成本低的优点，缺点是机动性差、造价高、速度低、运行时产生振动与噪声。
	城市公共汽车、无轨电车	① 公共汽车的设备较为简单，有车辆、车场以及沿线路设置的停靠站和首末站。 ② 无轨电车的优点是噪声低、无废气排放、启动快、加速性能好、变速方便，特别适合在交通拥挤、启动频繁的市区道路上行驶，对道路起伏变化大、坡度陡的山城也较适宜。
城市公共交通常用专业术语	公共汽车拥有量指标	规划城市公共汽车拥有量指标，大城市为 800～1000 人/标准车，中、小城市为 1200～1500 人/标准车。
	公共交通线网密度	每 $1km^2$ 城市用地面积上有公共交通线路经过的道路中心线长度；一般要求市中心区的规划公共交通线路网密度应达到 $3\sim4km/km^2$，在城市边缘地区应达到 $2\sim2.5km/km^2$。
	乘客平均换成系数	城市居民平均一次出行换乘公共交通线路的次数，是衡量乘客直达程度的指标。大城市不应大于 1.5，中、小城市不应大于 1.3。
现代城市公共交通系统规划基本理念	规划要求	大、中城市应优先发展公共交通，控制私人交通工具的发展，小城市应完善市区至郊区的公交线路。城市人口规模超过 100 万时，应规划设置快速轨道交通线网。

续表

内容		说　明
现代城市公共交通系统规划基本理念	公共交通系统结构	① 公交系统按高效运行的要求，将公交路线设置为主要线路和次要线路，中远距离为主要路线，以体现"大运量"和"快速"的交通服务特征，站距可较长；短距离为次要路线，站距应短一些，以体现"方便"的交通服务性。 ② 换乘枢纽形成层次结构。按城市的功能结构设置市级换乘枢纽和组团级换乘枢纽。 ③ 线路与枢纽之间形成合理对接。城市换乘枢纽之间、城市换乘枢纽与组团换乘枢纽之间、组团枢纽与组团枢纽之间，应设置主要线路，解决长距离快速运送。 ④ 交通工具的合理选择。长距离适宜采用轨道交通或 BRT 等大运力的公交形式，短距离适宜采用小型车。
	公共交通线网	① 公交普通线路要体现为乘客服务的方便性，同服务性道路一样要与城市用地密切联系，应布置在城市服务性道路上。 ② 快速公交线路要与客流集中的用地或节点衔接，以满足客流的需要。所以，快速公交线路应尽可能将各城市中心和对外客运枢纽串接起来，与城市组团布局形成"串糖葫芦"的关系。 ③ 在我国，城市快速轨道交通线路应该使用专用通道，与城市道路分离而不宜互相结合。准快速的公交快车线路则应主要布置在主干路上，设置公交专用道以保障其通行条件。
公共交通网规划	系统确定	① 最理想的系统：快速轨道交通承担组团间、组团与市中心以及联系市级大型人流集散点（如体育场、市级公园、市级商业服务中心等）的中远距离客运。 ② 一般城市公共交通线路网类型有五种：棋盘型、中心放射型、环线型、混合型、主辅线型。
公交换乘枢纽与场站规划	公交车场	通常设置为综合性管理、车辆保养和停放的"中心车场"，也可以专为车辆大修设"大修厂"，专为车辆保养设"保养场"或专为车辆停放设"中心站"。
	公交枢纽站	公交枢纽站可分为客运换乘枢纽站、首末站和到发站三类。客运换乘枢纽站位于多条公共交通线路会合点，还有城市主要交叉口处的中途换乘枢纽站。
	公交停靠站	公共交通站点服务面积以半径 300m 计算，不得小于城市用地面积的 50%，以半径 500m 计算，不得小于 90%。

二、历史文化遗产保护规划

历史文化遗产保护　　　　　　　　　　　表 3-7-2.1

内容	说　明
组成	历史文化遗产包括物质文化遗产和非物质文化遗产。 ① 物质文化遗产是具有历史、艺术和科学研究价值的文物。 ② 非物质文化遗产是指各种以非物质形态存在的与群众生活密切相关、世代相承的传统文化表现形式。

历史文化名城保护规划　　　　　　　　　　　　　　　表 3-7-2.2

内容	说　　明
申报条件	① 保存文物特别丰富； ② 历史建筑集中成片； ③ 保留着传统格局和历史风貌； ④ 历史上曾经作为政治、经济、文化、交通中心或者军事要地，或者发生过重要历史事件，或者其传统产业、历史上建设的重大工程对本地区的发展产生过重要影响，或者能够集中反映本地区建筑的文化特色、民族特色。 ⑤ 申报历史文化名城的，在所申报的历史文化名城保护范围内还应当有两个以上的历史文化街区。
特征类型	古都型；传统风貌型；风景名胜型；地方及民族特色型；近现代史迹型；特殊职能型；一般史迹型。
保护层次	历史文化名城；历史文化保护区；文物保护单位。
规划内容	① 历史文化名城的格局和风貌；与历史文化密切相关的自然风貌、水系、风景名胜、古树名木；反映历史风貌的建筑群、街区、村镇；各级文物保护单位；民俗精华、传统工艺、传统文化等。 ② 历史文化名城保护规划必须分析城市的历史、社会、经济背景和现状，体现名城的历史价值、科学价值、艺术价值和文化内涵。 ③ 历史文化名城保护规划应建立历史文化名城、历史文化街区与文物保护单位三个层次的保护体系。 ④ 历史文化名城保护规划应确定名城保护目标和保护原则，确定名城保护内容和保护重点，提出名城保护措施。 ⑤ 历史文化名城保护规划应包括城市格局及传统风貌的保持与延续，历史地段和历史建筑群的维修改善与整治，文物古迹的确认。 ⑥ 历史文化名城保护规划应划定历史地段（历史文化街区）、历史建筑（群）、文物古迹和地下文物埋藏区的保护界线，并提出相应的规划控制和建设的要求。 ⑦ 历史文化名城保护规划应合理调整历史城区的职能，控制人口容量，疏解城区交通，改善市政设施，以及提出规划的分期实施及管理的建议。
成果要求	规划文本、规划图纸和附件（包括规划说明书和基础资料汇编）三部分组成。

历史文化街区保护规划　　　　　　　　　　　　　　　表 3-7-2.3

内容	说　　明
概念	保存有一定数量和规模的历史建筑、构筑物，并且传统风貌完整的生活地域。
基本特征	① 历史文化街区是有一定的规模，并具有较完整或可整治的景观风貌，没有严重的视觉环境干扰，能反映某历史时期某一民族及某个地方的鲜明特色，在这一地区的历史文化上占有重要地位。 ② 有一定比例的真实遗存，携带着真实的历史信息。 ③ 历史文化街区应在城镇生活中仍起着重要的作用，是生生不息的、具有活力的社区，这也就决定了历史文化街区不但记载了过去城市的大量的文化信息，而且还不断并继续记载着当今城市发展的大量信息。
划定原则	① 有比较完整的历史风貌； ② 构成历史风貌的历史建筑和历史环境要素基本上是历史存留的原物； ③ 历史文化街区占地面积不小于 $1hm^2$； ④ 历史文化街区内文物古迹和历史建筑占地面积宜达到保护区内建筑总用地 60% 以上。

历史文化名镇和名村保护规划 表 3-7-2.4

内容	说 明
历史文化名镇和名村	从 2003 年起，建设部、国家文物局分期分批公布中国历史文化名镇和中国历史文化名村，并制定了《中国历史文化名镇（村）评选办法》。规定条件如下： ① 历史价值和风貌特色：建筑遗产、文物古迹比较集中，能较完整地反映某一历史时期的传统风貌和地方特色、民族风情，具有较高的历史、文化、艺术和科学价值，辖区内存有清末以前或有重大影响的历史传统建筑群。 ② 原状保存程度：原貌基本保存完好，或已按原貌整修恢复，或骨架尚存、可以整体修复原貌。 ③ 具有一定规模：镇现存历史传统建筑总面积 5000m² 以上，或村现存历史传统建筑总面积 2500m² 以上。
规划内容	《历史文化名城名镇名村保护条例》第十四条规定，保护规划应当包括下列内容： ① 保护原则、保护内容和保护范围； ② 保护措施、开发强度和建设控制要求； ③ 传统格局和历史风貌保护要求； ④ 历史文化街区、名镇、名村的核心保护范围和建设控制地带； ⑤ 保护规划分期实施方案。
成果要求	规划文本、规划图纸和附件（包括规划说明书和基础资料汇编）三部分组成。

三、城市市政公用设施规划

城市市政公用设施规划的基本概念和主要任务 表 3-7-3.1

内容	说 明
概念	市政公用设施，泛指由国家或各种公益部门建设管理，为社会生活和生产提供基本服务的行业和设施。城市市政公用设施是城市发展的基础，是保障城市可持续发展的关键性措施。
主要任务	① 城市总体规划阶段：根据确定的城市发展目标、规模和总体布局以及本系统上级主管部门的发展规划确立本系统的发展目标，提出保障城市可持续发展的水资源、能源利用与保护战略；合理布局本系统的重大关键性设施和网络系统，制定本系统主要的技术政策、规定和实施措施；综合协调并确定城市供水、排水、防洪、供电、通信、燃气、供热、消防、环卫等设施的规模和布局。 ② 城市分区规划阶段：据城市总体规划，结合本分区的现状基础、自然条件等，从市政公用设施方面分析论证城市分区规划布局的可行性、合理性，提出调整、完善等意见和建议。 ③ 城市详细规划阶段：据城市总体规划和分区规划，结合详细规划范围内的各种现状情况，从市政公用设施方面对城市详细规划的布局提出相应的完善、调整意见。

城市市政公用设施规划的主要内容 表 3-7-3.2

内容	说 明
城市水资源规划	① 水资源开发与利用现状分析：区域、城市的多年平均降水量、年均降水总量，地表水资源量、地下水资源量和水资源总量。 ② 供用水现状分析：从地表水、地下水、外调水量、再生水等几个方面分析供水现状及趋势，从生活用水、工业用水、农业用水及生态环境用水等几方面分析用水现状、用水效率水平及趋势。 ③ 供需水量预测及平衡分析：根据本地地表水、地下水、再生水及外调水等现状情况及发展趋势，预测规划可供水资源，提出水资源承载能力；根据城市经济社会发展规划，集合城市总体规划方案，预测城市需水量，进行水资源供需平衡分析。 ④ 水资源保障战略：根据城市经济社会发展目标和城市总体规划目标，结合水资源承载能力，按照节流、开源、水源保护并重的规划原则，提出城市水资源规划目标，制定水资源保护、节约用水、雨洪及再生水利用、开辟新水源、水资源合理配置及水资源应急管理等战略保障措施。

续表

内容	说　明
城市给水工程规划	① 城市总体规划：确定用水量标准，预测城市总用水量；平衡供需水量，选择水源，确定取水方式和位置；确定给水系统的形式、水厂供水能力和厂址，选择处理工艺；布置输配水干管、输水管网和供水重要设施，估算干管管径。 ② 城市分区规划：估算分区用水量；进一步确定供水设施规模，确定主要设施位置和用地范围；对总体规划中输配水管渠的走向、位置、线路，进行落实或修正补充，估算控制管径。 ③ 城市详细规划：计算用水量，提出对用水水质、水压的要求；布置给水设施和给水管网；计算输配水管渠管径，校核配水管网水量及水压。
城市再生水工程规划	① 城市总体规划：确定再生水利用对象、用水量标准、水质标准，预测城市再生水需水量；结合城市污水处理厂规模、布局，合理布置再生水厂布局、规模和服务范围；布置再生水输配水干管、输水管网和供水重要设施。 ② 城市分区规划：估算分区再生水需水量；进一步确定再生水设施规模，确定主要设施位置和用地范围；对总体规划中再生水输配水干管的走向、位置、线路，进行落实或修正补充，估算控制管径。 ③ 城市详细规划：计算再生水需水量，提出对用水水压的要求；布置再生水设施和管网；计算输配水管渠管径，校核配水管网水量及水压。
城市排水工程规划	① 城市总体规划：确定排水体制；划分排水区域，估算雨水、污水总量，制定不同地区污水排放标准；进行排水管、渠系统规划布局，确定雨水、污水主要泵数量、位置，以及水闸位置；确定污水处理厂数量、分布、规模、处理等级以及用地范围；确定排水干管、渠的走向和出口位置；提出污水综合利用措施。 ② 城市分区规划：估算分区的雨水、污水排放量；按照确定的排水体制划分排水系统；确定排水干管的位置、走向、服务范围、控制管径以及主要工程设施的位置和用地范围。 ③ 城市详细规划：对污水排放量和雨水量进行具体的统计计算；对排水系统的布局、管线走向、管径进行计算复核，确定管线平面位置、主要控制点标高；对污水处理工艺提出初步方案。
城市河湖水系规划	① 城市总体规划：确定城市防洪标准和河道治理标准；结合城市功能布局确定河湖水系布局和功能定位，确定城市河湖水系水环境质量标准；划分河道流域范围，估算河道洪水量，确定河道规划蓝线和两侧绿化隔离带宽度；确定湿地保护范围；落实景观河道补水水源，布置河道污水截流设施。 ② 城市详细规划：根据河道治理标准和流域范围计算河道洪水量，确定河道规划中心线和蓝线位置；协调河道与城市雨水管道高程衔接关系，计算河道洪水位，确定河道横断面形式、河道规划高程；确定补水水源方案和河道污水截流方案。
城市能源规划	① 确定能源规划的基本原则和目标； ② 预测城市能源需求； ③ 平衡能源供需（包括能源总量和能源品种），并进一步优化能源结构； ④ 落实能源供应保障措施及空间布局规划； ⑤ 落实节能技术措施和节能工作； ⑥ 制定能源保障措施。
城市电力工程规划	① 城市总体规划：预测城市供电负荷；选择城市供电电源；确定城市电网供电电压等级和层次；确定城市变电站容量和数量；布局城市高压送电网和高压走廊；提出城市高压配电网规划技术原则。 ② 城市分区规划：预测分区供电负荷；确定分区供电电源方位；选择分区变、配电站容量和数量；进行高压配电网规划布局。 ③ 城市详细规划：计算用电负荷；选择和布局规划范围内的变、配电站；规划设计 10kV 电网；规划设计低压电网。

续表

内容	说 明
城市燃气工程规划	① 城市总体规划：预测城市燃气负荷；选择城市气源种类；确定城市气源厂和储配站的数量、位置与容量；选择城市燃气输配管网的压力级制；布局城市燃气干管。 ② 城市分区规划：确定燃气输配设施的分布、容量和用地；确定燃气输配管网的级配等级，布局输配干线管网，估算分区燃气的用气量；确定规划范围内生命线系统的布局以及维护措施。 ③ 城市详细规划：计算燃气用量；规划布局燃气输配设施，确定其位置、容量和用地；规划布局燃气输配管网；计算燃气管网管径。
城市供热工程规划	① 城市总体规划：预测城市热负荷；选择城市热源和供热方式；确定热源的供热能力、数量和布局；布局城市供热重要设施和供热干线管网。 ② 城市分区规划：估算城市分区的热负荷；布局分区供热设施和供热干管；计算城市供热干管的管径。 ③ 城市详细规划：计算规划范围内热负荷；布局供热设施和供热管网；计算供热管道管径。
城市通信工程规划	① 城市总体规划：依据城市经济社会发展目标、城市性质与规模，以及通信有关基础资料，宏观预测城市近期和远期通信需求量，预测与确定城市近、远期电话普及率和装机容量，确定邮政、移动通信、广播、电视等发展目标和规模；提出城市通信规划的原则及其主要技术措施；研究和确定城市长途电话网近、远期规划；确定近、远期邮政、电话局所的分区范围，局所规模和局所选址；研究和确定近、远期广播及电话台、站的规模和选址，拟定有线广播、有线电视网的主干路规划和管道规划；划分无线电收发信区，制定相应主要保护措施；研究和确定城市微波通道，制定相应的控制保护措施。 ② 城市分区规划：依据城市通信总体规划和城市分区规划，对分区内的近、远期电信、邮政作微观预测；确定分区长途电话规划；勘定新建邮政电话局所；明确在分区内近、远期广播、电视台站规模及预留用地面积；明确分区内无线电收发信区范围，控制保护措施；确定分区电话、有线广播、有线电视近、远期主干路和主要配线路，以及电信缆道的管孔数。 ③ 城市详细规划：计算规划范围内的通信需求量；确定邮政、电信局所、广电设施的具体位置、用地及规模；确定通信线路的位置、敷设方式、管孔数、管道埋深等；划定规划范围内电台、微波站、卫星通信设施控制保护界线。
城市环境卫生设施规划	① 城市总体规划：测算城市固体废弃物产量，分析其组成和发展趋势，提出污染控制目标；确定城市固体废弃物的收运方案；选择城市固体废物处理和处置方法；布局各类环境卫生设施，确定服务范围、设置规模、设置标准、用地指标等；进行可能的技术经济方案比较。 ② 城市详细规划：估算规划范围内固体废物产量；提出规划区的环境卫生控制要求；确定垃圾收运方式；布局废物箱、垃圾箱、垃圾收集点、垃圾转运点、公厕、环卫管理机构等，确定其位置、服务半径、用地、防护隔离措施等。
城市工程管线综合规划	① 热力管不应与电力、通信电缆和压力管道共沟； ② 管道应布置在沟底，当沟内有腐蚀性介质管道时，排水管应位于其上面； ③ 腐蚀介质管道的标高应低于沟内其他管线； ④ 火灾危害性属于甲、乙、丙类的液体、液化石油气、可燃气体、毒性气体和液体以及腐蚀性介质管道，不应共沟敷设； ⑤ 凡有可能产生相互影响的管线，不应共沟敷设。
城市市政公用设施规划强制性内容	① 饮用水水源保护区：一般划分为一级保护区和二级保护区，必要时可增设准保护区。各级保护区应有明确的地理界线。 ② 河湖水系及湿地保护区：应划定湿地、河湖、水系等蓝线范围。 ③ 落实并控制城市重要市政基础设施：包括水源、水厂、污水处理厂、热电站或集中锅炉房、气源、调压站、电厂、变电站、电信中心或邮电局、电台等。

四、其他主要专项规划

城市绿地系统规划　　　　　　　　　　　　　　　　　　　　　　　表 3-7-4.1

内容	说　明
功能	改善小气候，调节气温和湿度；改善城市卫生环境，改善城市空气质量；减少地表径流，减缓暴雨积水，涵养水源，蓄水防洪；减灾功能；显著改善城市景观；承载游憩活动；城市节能。
分类	《城市绿地分类标准》（CJJ/T 85—2017）：公园绿地（G1）；防护绿地（G2）；广场用地（G3）；附属绿地（XG）；区域绿地（EG）。
指标	《城市绿地分类标准》（CJJ/T 85—2017）：绿地的主要统计指标为绿地率、人均绿地面积、人均公园绿地面积、城乡绿地率。应按下式计算： 绿地率：$\lambda_g = [(A_{g1} + A_{g2} + A'_{g3} + A_{xg})/A_c] \times 100\%$ 式中　λ_g——绿地率（%）；A_{g1}——公园绿地面积（m²）；A_{g2}——防护绿地面积（m²）；A'_{g3}——广场用地中的绿地面积（m²）；A_{xg}——附属绿地面积（m²）；A_c——城市的用地面积（m²），与上述绿地统计范围一致。 人均绿地面积：$A_{gm} = (A_{g1} + A_{g2} + A'_{g3} + A_{xg})/N_p$ 式中　A_{gm}——人均绿地面积（m²/人）；A_{g1}——公园绿地面积（m²）；A_{g2}——防护绿地面积（m²）；A'_{g3}——广场用地中的绿地面积（m²）；A_{xg}——附属绿地面积（m²）；N_p——人口规模（人），按常住人口进行统计。 人均公园绿地面积：$A_{g1m} = A_{g1}/N_p$ 式中　A_{g1m}——人均公园绿地面积（m²/人）；A_{g1}——公园绿地面积（m²）；N_p——人口规模（人），按常住人口进行统计。 城乡绿地率：$\lambda_G = [(A_{g1} + A_{g2} + A'_{g3} + A_{xg} + A_{eg})/A_c] \times 100\%$ 式中　λ_G——城乡绿地率（%）；A_{g1}——公园绿地面积（m²）；A_{g2}——防护绿地面积（m²）；A'_{g3}——广场用地中的绿地面积（m²）；A_{xg}——附属绿地面积（m²）；A_{eg}——区域绿地面积（m²）；A_c——城乡的用地面积（m²），与上述绿地统计范围一致。
原则	整体性原则；匀布原则；自然原则；地方性原则。
布局	块状绿地布局；带状绿地布局；楔形绿地布局；混合式绿地布局。

城市综合防灾减灾规划　　　　　　　　　　　　　　　　　　　　　　表 3-7-4.2

内容	说　明
主要内容	① 城市总体规划中的主要内容：确定城市消防、防洪、人防、抗震等设防标准；布局城市消防、防洪、人防等设施；制定防灾对策与措施；组织城市防灾生命线系统。 ② 城市详细规划中的主要内容：确定规划范围内各种消防设施的布局及消防通道间距等；确定规划范围内地下防空建筑的规模、数量、配套内容、抗力等级、位置布局，以及平战结合的用途；确定规划范围内的防洪堤标高、排涝泵站位置等；确定规划范围内疏散通道、疏散场地布局。

城市环境保护规划　　　　　　　　　　　　　　　　　　　　　　　　表 3-7-4.3

内容		说　明
基本任务		一是生态环境保护；二是环境污染综合防治。
主要内容	大气环境保护规划	① 大气环境质量规划； ② 大气污染控制规划。
	水环境保护规划	① 饮用水源保护规划的主要内容； ② 水污染控制规划的主要内容。
	噪声污染控制规划	① 噪声污染控制规划目标； ② 噪声污染控制方案。

续表

内容		说　　明
主要内容	固体废物污染规划	① 固体废物污染控制规划目标。根据环境目标，按照资源化、减量化和无害化的原则确定各类固体废物的综合利用率与处理、处置指标体系并制定最终治理对策。 ② 规划指标。固体废物污染物防治规划指标主要包括：工业固体废物：处置率、综合利用率；生活垃圾：城镇生活垃圾分类收集率、无害化处理率、资源化利用率；危险废物：安全处置率；废旧电子电器：收集率、资源化利用率。 ③ 规划内容。固体废物污染控制规划包括生活垃圾污染控制规划、工业固体废物污染控制规划、危险废物污染控制规划、医疗废物安全处置规划等。

城市竖向规划　　　　　　　　　　　　　　　　表 3-7-4.4

内容	说　　明
总体规划阶段的竖向规划	① 城市用地组成及城市干路网。 ② 城市干路交叉点的控制标高，干路的控制纵坡度。 ③ 城市其他一些主要控制点的控制标高，包括铁路与城市干路的交叉点、防洪堤、桥梁等标高。 ④ 分析地面坡向、分水岭、汇水沟、地面排水走向，还应有文字说明及对土方平衡的初步估算。
详细规划阶段的竖向规划方法	设计等高线法；高程箭头法；纵横断面法。

城市地下空间规划　　　　　　　　　　　　　　表 3-7-4.5

内容	说　　明
概念	① 地下空间。地表以下，为满足人类社会生产、生活、交通、环保、能源、安全、防灾减灾等需求而进行开发、建设与利用的空间。 ② 地下空间资源。一是依附于土地而存在的资源蕴藏量；二是依据一定的技术经济条件合理开发利用的资源总量；三是一定社会发展时期内有效开发利用的地下空间总量。 ③ 城市公共地下空间。一般包括下沉式广场、地下商业服务设施、轨道交通车站，以及城市公共的地下空间和开发地块中规划规定的公共活动性地下空间等，是城市公共活动系统的重要组成部分。
主要内容	总体规划： ① 城市地下空间开发利用的现状评价； ② 城市地下空间资源的评估； ③ 城市地下空间开发利用的指导思想与发展战略； ④ 城市地下空间开发利用的需求； ⑤ 城市地下空间开发利用的总体布局； ⑥ 地下空间开发利用的分层规划； ⑦ 地下空间开发利用的各专项设施规划； ⑧ 地下空间规划的实施； ⑨ 地下空间近期建设规划。 控制性规划： ① 根据上层规划的要求，确定规划范围内各专项地下空间设施的总体规模、平面布局和竖向分层等关系； ② 对地块之间的地下空间连接作出指导性控制。 修建性规划： ① 根据上位规划的要求，进一步确定规划区地下空间资源综合开发利用的功能定位、开发规模以及地下空间各层的平面和竖向布局； ② 根据地下空间控制性详细规划确定的指标和管理要求，进一步明确公共性地下空间的各层功能、与城市公共空间和周边地块的连通方式；明确地下各项设施的位置和出入交通组织；明确开发地块内必须开放或鼓励开放的公共性地下空间范围、功能和连通方式等控制要求。

城市景观系统规划 表3-7-4.6

内容	说明
主要内容	① 依据城市自然、历史文化特点和经济社会发展规划的战略要求，确定城市景观系统规划的指导思想和规划原则； ② 调查发掘与分析评价城市景观资源、发展条件及存在问题； ③ 研究确定城市景观的特色与目标； ④ 研究城市用地的结构布局与城市景观的结构布局，确定符合社会思想的城市景观结构； ⑤ 划定有关城市景观控制区，如城市背景、制高点、门户、景观轴线及重点视廊视域、特征地带等，并提出相关安排； ⑥ 划定需要保留、保护、利用和开发建设的城市户外活动空间，整体安排客流集散中心、闹市、广场、步行街、名胜古迹、亲水地带和开敞绿地的结构布局； ⑦ 确定分期建设步骤和近期实施项目； ⑧ 提出实施管理建议； ⑨ 编制城市景观系统规划的图纸和文件。

第八节 其他主要规划类型

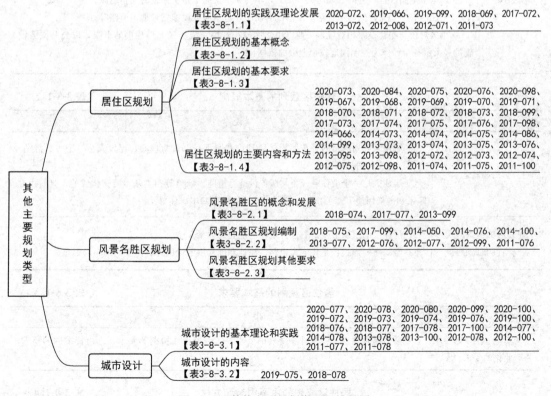

图 3-8-1 其他主要规划类型思维导图

一、居住区规划

居住区规划的实践及理论发展　　　　　　　　　　　　　　　　　　表 3-8-1.1

内容	说　明
邻里单位	理论：1929 年美国社会学家克莱伦斯·佩里，首先提出了"邻里单位"的理论，他提出了邻里单位的六条原则： ① 邻里单位周边为城市道路所包围，城市交通不穿越邻里单位内部； ② 邻里单位内部道路系统应限制外部车辆穿越，一般应采用尽端式道路，以保持内部的安全和安静； ③ 以小学的合理规模为基础控制邻里单位的人口规模，使小学生不必穿过城市道路，一般邻里单位的规模是 5000 人左右，规模小的邻里单位是 3000～4000 人； ④ 邻里单位的中心是小学，与其他服务设施一起布置在中心广场或绿地中； ⑤ 邻里单位占地约 160 英亩（约合 65hm^2），每英亩 10 户，保证儿童上学距离不超过半英里（0.8km）； ⑥ 邻里单位内小学周边设有商店、教堂、图书馆和公共活动中心。
居住小区	在邻里单位被广泛采用的同时，伦敦警察 Tripp 为解决伦敦交通拥挤问题而提出"划区"的理论，即在城市中开辟城市干路用以疏通交通，并把城市划分为大街坊的做法。 居住小区的基本特征： ① 以城市道路或自然界限（如河流）划分，不为城市交通干路所穿越的完整地段； ② 小区内有一套完善的居民日常使用的配套设施，包括服务设施、绿地、道路等； ③ 小区规模与配套设施相对应，一般以小学的最小规模对应小区人口规模的下限，以公共服务设施的最大服务半径作为控制用地规模上限的依据。

居住区规划的基本概念　　　　　　　　　　　　　　　　　　　　表 3-8-1.2

内容	说　明
目的和概念	① 居住区规划的目的是按照居住区理论和原则，以人为核心，建设安全、卫生、舒适、方便、优美的居住环境。 ② 居住区是一个由住宅、公共服务设施、道路、绿地等四类基本要素构成的、具有内在联系和内部用地平衡关系的、有层次特征的城市基本居住单元。
居住区的组织形式与空间布局形式	① 居住区的组织形式是居住区规模与配套的关系。 ② 空间布局形式：是住宅、道路、绿地和配套服务设施等具体空间的布局形态。

居住区规划的基本要求　　　　　　　　　　　　　　　　　　　　表 3-8-1.3

说　明
①安全、卫生的要求；②物质舒适性要求；③精神享受性的要求；④与城市相协调的要求；⑤可持续性的要求；⑥产业化的要求。

居住区规划的主要内容和方法　　　　　　　　　　　　　　　　　表 3-8-1.4

内容	说　明
居住区用地	城市居住区的住宅用地、配套设施用地、公共绿地以及城市道路用地的总称。

续表

内容	说　明
居住区分级控制规模	① 十五分钟生活圈居住区：以居民步行十五分钟可满足其物质与生活文化需求为原则划分的居住区范围；一般由城市干路或用地边界线所围合、居住人口规模为50000～100000人（17000～32000套住宅），配套设施完善的地区。 ② 十分钟生活圈居住区：以居民步行十分钟可满足其基本物质与生活文化需求为原则划分的居住区范围；一般由城市干路、支路或用地边界线所围合、居住人口规模为15000～25000人（5000～8000套住宅），配套设施齐全的地区。 ③ 五分钟生活圈居住区：以居民步行五分钟可满足其基本生活需求为原则划分的居住区范围；一般由支路及以上城市道路或用地边界线所围合，居住人口规模为5000～12000人（1500～4000套住宅），配建社区服务设施的地区。 ④ 居住街坊：由支路等城市道路或用地边界线围合的住宅用地，是住宅建筑组合形成的居住基本单元；居住人口规模在1000～3000人（300～1000套住宅，用地面积2～4hm²），并配建有便民服务设施。
公共服务设施	配套设施应遵循配套建设、方便使用、统筹开放、兼顾发展的原则进行配置，其布局应遵循集中和分散兼顾、独立和混合使用并重的原则，并应符合下列规定： ① 十五分钟和十分钟生活圈居住区配套设施，应依照其服务半径相对居中布局。 ② 十五分钟生活圈居住区配套设施中，文化活动中心、社区服务中心（街道级）、街道办事处等服务设施宜联合建设并形成街道综合服务中心，其用地面积不宜小于1hm²。 ③ 五分钟生活圈居住区配套设施中，社区服务站、文化活动站（含青少年、老年活动站）、老年人日间照料中心（托老所）、社区卫生服务站、社区商业网点等服务设施，宜集中布局、联合建设，并形成社区综合服务中心，其用地面积不宜小于0.3hm²。 ④ 旧区改建项目应根据所在居住区各级配套设施的承载能力合理确定居住人口规模与住宅建筑容量；当不匹配时，应增补相应的配套设施或对应控制住宅建筑增量。
道路系统	居住区的路网系统应与城市道路交通系统有机衔接，并应符合下列规定： ① 居住区应采取"小街区、密路网"的交通组织方式，路网密度不应小于8km/km²；城市道路间距不应超过300m，宜为150～250m，并应与居住街坊的布局相结合； ② 居住区内的步行系统应连续、安全、符合无障碍要求，并应便捷连接公共交通站点； ③ 在适宜自行车骑行的地区，应构建连续的非机动车道； ④ 旧区改建，应保留和利用有历史文化价值的街道、延续原有的城市肌理。 居住街坊内附属道路的规划设计应满足消防、救护、搬家等车辆的通达要求，并应符合下列规定： ① 主要附属道路至少应有两个车行出入口连接城市道路，其路面宽度不应小于4.0m；其他附属道路的路面宽度不宜小于2.5m； ② 人行出口间距不宜超过200m； ③ 最小纵坡不应小于0.3%，最大纵坡应符合表6.0.4的规定；机动车与非机动车混行的道路，其纵坡宜按照或分段按照非机动车道要求进行设计。 附属道路最大纵坡控制指标（%） | 道路类别及其控制内容	一般地区	积雪或冰冻地区
---	---	---
机动车道	8.0	6.0
非机动车道	3.0	2.0
步行道	8.0	4.0	 居住区道路网形式有规则式、自由式、混合式等。 居住区道路网形式在交通组织上分为人车混行、人车分流两种形式。

续表

内容	说　明
住宅建筑的形式与布局形式	① 住宅形式：可按照高度分为低层（1～3层）、多层（4～6层）和高层住宅，按照户型组合可以分为板式和塔式住宅。 ② "行列式""周边式""点群式"是住宅群体空间的三种基本形式。
住宅布置中的日照和通风	① 在布局中注意朝向和建筑间距，保证有良好的日照，应充分利用太阳高度角和方位角，通过住宅错位、塔板结合等方式达到国家建筑日照标准。 ② 住宅的通风条件依赖于住宅朝向和地方主导风向的关系、建筑间距、建筑形式、建筑群体组合形式等。
住宅布置中的噪声问题	① 对居住区外部噪声的防治主要采用隔离法； ② 对住区内部的交通噪声的防治，可以采用车辆不进入小区内部，而将车行道设在地块边缘的方法； ③ 采用尽端路，减小交通噪声的影响范围； ④ 采取减速措施，降低车速等。
绿地与居住环境	① 人均公共绿地面积：十五分钟生活圈居住区不少于 $2.0m^2/$人，十分钟生活圈居住区不少于 $1.0m^2/$人，五分钟生活圈居住区不少于 $1.0m^2/$人。居住区公园中应设置 10%～15% 的体育活动场地。 ② 当旧区改建确实无法满足规定时，可采取多点分布以及立体绿化等方式改善居住环境，但人均公共绿地面积不应低于相应控制指标的 70%。 ③ 居住街坊内集中绿地的规划建设，应符合下列规定：新区建设不应低于 $0.5m^2/$人，旧区改建不应低于 $0.35m^2/$人；宽度不应小于 8m；在标准的建筑日照阴影线范围之外的绿地面积不应少于 1/3，其中应设置老年人、儿童活动场地。
规划指标与成果表达	技术经济指标（包括用地平衡及主要及技术经济指标）、规划设计图纸及文件。

二、风景名胜区规划

风景名胜区的概念和发展　　　　　　　　　　表 3-8-2.1

内容	说　明
定义	风景名胜区是指具有观赏、文化或者科学价值，自然景观、人文景观比较集中，环境优美，可供人们游览或者进行科学、文化活动的区域。
基本特征	① 风景名胜区应当具有区别于其他区域的能够反映独特的自然风貌或具有独特的历史文化特色的比较集中的景观； ② 风景名胜区应当具有观赏、文化或者科学价值，是这些价值和功能的综合体； ③ 风景名胜区应当具备游览和进行科学文化活动的多重功能。
特点	① 相对于一般旅游区，风景名胜区是由各级地方人民政府向上级政府申报，经审核批准后获得政府命名。其中，国家级风景名胜区是由省人民政府申报，由国务院审批命名；省级风景名胜区由市（县）级人民政府申报，由省级人民政府审批命名。 ② 相对于地质公园、森林公园，风景名胜区管理依据的法律地位较高，是国务院颁布的《风景名胜区条例》。 ③ 相对于自然保护区，风景名胜区和自然保护区虽然都有国务院颁布的《条例》作为管理依据（自然保护区的管理依据为《自然保护区条例》），都突出强调"保护第一"的原则，但由于设立自然保护区的目的主要是永久保护和科学研究，维护区域生态平衡，保护生态环境和生物多样性，因此，两者在设立目的、性质、服务对象和管理方式等方面具有较大的差异性。风景名胜区区别于自然保护区还具有提供社会公众的游览、休憩功能，具有较强的旅游属性

续表

内容	说　　明
分类	① 按用地规模分类：可分为小型风景区（20km² 以下）、中型风景区（21～100km²）、大型风景区（101～500km²）、特大型风景区（500km² 以上）。 ② 按资源类别分类：历史圣地类、山岳类、岩洞类、江河类、湖泊类、海滨海岛类、特殊地貌类、城市风景类、生物景观类、壁画石窟类、纪念地类、陵寝类、民俗风景类、其他类。
发展状况	2006年12月1日，国务院颁布的《风景名胜区条例》开始实施，明确规定"科学规划、统一管理、严格保护、永续利用"是我国名胜区工作的基本原则。

风景名胜区规划编制　　　　　　　　　　　　　　　表 3-8-2.2

内容		说　　明
阶段		总体规划阶段和详细规划阶段。
总体规划阶段	内容	① 风景资源评价。 ② 生态资源保护措施、重大建设项目布局、开发利用强度。 ③ 风景名胜区的功能结构与空间布局。 ④ 禁止开发和限制开发的范围。 ⑤ 风景名胜区的游客容量。游客容量一般由一次性游客容量、日游客容量、年游客容量三个层次表示，具体测算方法可分别采用：线路法、卡口法、面积法、综合平衡法。 ⑥ 有关专项规划：保护培育规划；风景游赏规划；典型景观规划；游览设施规划；基础工程规划；居民社会调控规划；经济发展引导规划；土地利用协调规划；近期保护与发展规划。
	成果	规划文本；规划说明书；规划图纸；基础资料汇编。
详细规划阶段	内容	① 规划依据、基本概况、景观资源评价、规划原则、布局规划、景点建设规划、旅游服务设施规划、游览与道路交通规划、生态保护和建设项目控制要求、植物景观规划，以及供水、排水、供电、通信、环保等基础工程设施规划。 ② 风景名胜区详细规划不一定要对整个风景名胜区规划的范围进行全面覆盖，但是风景名胜区总体规划确定的核心景区、重要景区和功能区、重点开发建设地区以及其他需要进行严格保护或需要编制控制性、修建性详细规划的区域，必须依照国家有关规定与要求编制。 ③ 符合规划的建设项目，也应按照国务院《风景名胜区条例》以及有关法律、法规的规定逐级办理报批手续后，方可组织实施。确定建设的项目必须符合经批准的风景名胜区总体规划和详细规划，建设前应事先对建设项目进行可行性研究和环境影响评价；经批准的建设项目生态环境保护工程措施应与工程建设同时进行，确保风景名胜资源及其生态环境得到有效保护。
	成果	规划文本、规划图纸、规划说明和基础资料。

风景名胜区规划其他要求　　　　　　　　　　　　　表 3-8-2.3

内容	说　　明
风景名胜区规划编制主体	① 国家级风景名胜区规划编制的主体是所在省、自治区人民政府建设主管部门或者直辖市人民政府风景名胜区主管部门。一般可以采取两种方式：一是自行承担全部编制的相关工作，按照有关规定确定编制单位编制规划；二是牵头组织风景名胜区所在地人民政府或风景名胜区管理机构进行编制，按照有关规定确定编制单位编制规划。 ② 省级风景名胜区规划编制主体是所在地县级人民政府，一般可以采取两种方式：一是自行承担全部编制的相关工作，按照有关规定确定编制单位编制规划；二是牵头组织风景名胜区管理机构进行编制，按照有关规定确定编制单位编制规划。

续表

内容	说　　明
风景名胜区规划编制单位资质	① 国家级风景名胜区的规划编制要求具备甲级规划编制资质的单位承担。 ② 省级风景名胜区的规划编制只要求具备规划设计资质，但并没有明确其资格等级。但一般应由具备乙级以上（甲级或乙级）规划编制资质的单位承担。
风景名胜区规划审查审批	国家级风景名胜区规划的审查审批： ① 国家级风景名胜区总体规划：编制修改完善后，报省、自治区、直辖市人民政府审查。经审查通过后，由省、自治区、直辖市人民政府报国务院审批。 ② 国家级风景名胜区详细规划：编制修改完善后再由省、自治区级人民政府建设主管部门或直辖市风景名胜区主管部门报国务院建设主管部门审批。 省级风景名胜区规划的审查审批： ① 省级风景名胜区总体规划：编制完成后，应参照国家级风景名胜区总体规划的审查程序进行审查审批，具体办法由各地自行制定。 ② 省级风景名胜区详细规划：编制修改完善后，再由县级（或县级以上）人们政府报省、自治区级人民政府建设主管部门或直辖市风景名胜区主管部门审批。
风景名胜区规划修改和修编	修改：经批准的风景名胜区规划具有法律效力、强制性和严肃性，不得擅自改变。 ① 风景名胜区总体规划确需修改的，凡涉及范围、性质、保护目标、生态资源保护措施、重大建设项目布局、开发利用强度以及功能结构、空间布局、游客容量等重要内容的，应当将修改后的风景名胜区总体规划报原审批机关批准后，方可实施。 ② 风景名胜区详细规划确需修改的，也应当按照有关审批程序，报原审批机关批准。 修编：风景名胜区总体规划期届满两年，规划组织编制单位应组织专家对规划实施情况进行评估。规划修编工作应当在原规划有效期截止之日前完成总体规划的编制报批工作。因特殊情况，原规划期限到期后，新规划未获得批准的，原规划继续有效。

三、城市设计

城市设计的基本理论和实践　　　　　　　　　　　　　　表 3-8-3.1

内容	说　　明
强调建筑与空间的视觉质量	"视觉艺术"的思路，是一种对城市设计较早相对"建筑"的狭义理解，这种思路突出强调了城市设计的结果特征，注重城市空间的视觉质量和审美经验，以城市景观和形式的表现为基本对象，而将文化、社会、经济、政治以及空间要素的形成等都置于次要地位。
	卡米洛·西谛：呼吁城市建设者向过去丰富而自然的城镇形态学习。卡米洛·西谛理想中美丽而有机的城镇具有以下基本特征：首先城镇建设自由灵活、不拘程式；其次城镇应通过建筑物与广场、环境之间恰当地相互协调，形成和谐统一的有机体；此外，广场和街道应构成有机的围合空间。
	戈登·库伦：从20世纪40年代到50年代末，戈登·库仑等人进一步强化了这种概念，即认为视觉组合在城镇景观中应处于绝对支配地位。
	埃德蒙·N·培根：认为城市设计的目的就是通过纪念性要素构成城市的脉络结构来满足市民感性的城市体验。因此，他强调城市形态的美学关系和视觉感受。培根的城市设计观点特别注重整体性原则。培根尤为强调空间的重要性，专门讨论了一系列空间问题：形式空间、界定空间、表现空间、空间和时间、空间和运动、建筑与空间等，为现代城市设计拓展了一个重要领域。

续表

内容	说　　明
强调建筑与空间的视觉质量	新理性主义：在20世纪后期，以阿尔多·罗西、罗伯·克里尔和里昂·克里尔为代表的新理性主义倡导重新认识公共空间的重要意义，通过重建城市空间秩序来整顿现代城市的面貌。阿尔多·罗西认为，经由历史发展起来的各种城市本身已经从类型学的角度为今天的城市提供了方案，实际上，各种类型的城市形态不是新的创造，而是以城市本身作为来源，重新应用已有的类型而已。罗伯·克里尔在《城市空间》一书中收集和定义了各种街道、广场，将其视为构成城市空间的基本要素，并称之为"城市空间的形态系列"。
与人、空间和行为的社会特征密切相关	在城市景观艺术的大量研究基础上，埃利尔·沙里宁首先强调社会环境的重要性，关心城市所表达出的文化气质与精神内涵，提倡物质与精神完整统一的城市设计方法。尽管还是从建筑学的角度看待城市环境，但是他反对从前的城市改建单纯着眼于广场、干道、纪念性建筑以及其他引人注目的东西，而忽视了居住环境问题。沙里宁认为，城市设计应当照顾到城市社会的所有问题——物质的、社会的、文化的和美学的，并且逐步地在长时期内，把它们纳入连贯一致的物质秩序中去。关于城市设计的方法，他提出三维空间的观点，强调整体性、全面性和动态性，尤其是把对人的关心放在首要位置，提出以人为本的设计前提，成为现代城市设计的突破点。 沙里宁的城市设计思想建立在社会学基础上，致力于为城市居民创造适宜的生活条件，并且与其本人"有机疏散"的规划理论紧密联系，并与此前以形态为主的设计思潮出现了根本的区别。 十次小组批评《雅典宪章》束缚了城市设计的实践，其设计思想的基本出发点是对人的关怀和对社会的关注。 凯文·林奇认为城市设计不是一种精英行为，而应该是大众经验的集合，在研究对象的层次方面，主张更多地研究人的精神意象和感受，而不只是城市环境的物质形态。他认为认知是城市生活的基础，城市设计应当以满足人的认知要求为目标，城市形象并不只取决于客观的形象和标准，而是人的主观感受的合成。 简·雅各布斯也是研究社会与空间关系的代表人物，在其著作《美国大城市的死与生》中，她严厉抨击了现代主义者的城市设计基本观念，并宣扬了当代城市设计的理念。 她认为城市永远不会成为艺术品，因为艺术是生活的抽象，而城市是生动、复杂而积极的生活本身。简·雅各布斯反对大规模的城市开发和更新活动，推崇人性化的城市环境，在整个欧美掀起人们对现代城市规划的深刻反思。 扬·盖尔在北欧对公共空间的研究产生了广泛的影响，他的著作《交往与空间》从当代社会生活中的室外活动入手研究，对人们如何使用街道、人行道、广场、庭院、公园等公共空间进行了深入调查分析，研究怎样的建筑和环境设计能够更好地支持社会交往和公共生活，提出户外空间规划设计的有效途径。 克里斯托弗·亚历山大尊重城市的有机生长，强调使用者参与过程，在《俄勒冈实验》中，基于校园整体形态及不同使用者的功能需求，他提出有机秩序、参与、分片式发展、模式、诊断和协调六个建设原则。 威廉·H. 怀特在1970年代对纽约的小型城市广场、公园与其他户外空间的使用情况进行了长达三年的观察和研究，在他的著作《小城市空间的社会生活》中，描述了城市空间质量与城市活动之间的密切关系。事实证明，物质环境的一些小小改观，往往能显著地改善城市空间的使用状况。
创造场所	克里斯汀·诺伯格－舒尔茨在《场所精神》中提出了行为与建筑环境之间应有的内在联系。场所不仅具有实体空间的形式，而且还有精神上的意义。他还进一步指出，场所的空间特性与风格，取决于围合的形式，而场所的意义则取决于认同感及归属感，场所精神可以通过区位、空间形态和自身的特色表达出来。

续表

内容	说 明
城市设计目标的探索	凯文·林奇在1981年出版的《关于美好城市形态的理论》中定义了城市设计的五个功能纬度： ① 生命力：衡量场所形态与功能契合的程度，以及满足人的生理需求的能力； ② 感觉：场所能被使用者清晰感知并构建于相关时空的程度； ③ 适宜性：场所的形态与空间肌理要符合使用者存在和潜在的行为模式； ④ 可达性：接触其他的人、活动、资源、服务、信息和场所的能力，包括可接触要素的质量与多样性； ⑤ 控制性：使用场所和在其中工作或居住的人创造、管理可达空间和活动的程度。
	英国牛津综合技术学院的伊恩·本特利等五人对城市设计的目标和原则进行了探讨，最终在《建筑环境共鸣设计》中提出了七个关键问题：可达性、多样性、可识别性、活力、视觉适宜性、丰富性、个性化。其后，在考虑到城市形态和行为模式对生态的影响，又加入了资源效率、清洁和生态支撑三项原则。
	1933年新都市主义协会成立后发表了《新都市主义宪章》，倡导在下列原则下，重新建立公共政策和开发实践： ① 邻里在用途与人口构成上的多样性； ② 社区应该对步行和机动车交通同样重视； ③ 城市必须由形态明确和普遍易达的公共场所和社区设施所形成； ④ 城市场所应当由反映地方历史、气候、生态和建筑传统的建筑设计和景观设计所构成。

城市设计的内容　　　　　　　　　　　　　　　　　表3-8-3.2

内容	说 明
城市形态与空间	城市形态的构成要素主要有土地用途、建筑形式、地块划分和街道类型。 ① 土地用途是一个相对间接的影响要素，它决定了地块上的建筑功能。 ② 建筑是城市中街区的主要组成要素，建筑的形体、组合和体量限定了城市中的街道和广场空间。 ③ 地块划分和建筑有一定关联，地块很少会被细分，地块的合并通常是为了建造更大的建筑，较大的地块甚至占据了整个城市街区。 ④ 街道是城市街区之间的空间，街道的格局往往承载了城市发展的历史信息，街道和街区、地块以及建筑共同反映了城市肌理。
城市设计中的感知和体验	城市意象领域的重要著作是凯文·林奇的《城市意象》，通过研究，他发现对城市中区域、地标和路径观察可以很容易地确定并组成一个完整的图示，产生了一个称为"可意象性"的概念：即物质环境的一种特性，任何观察者都很可能唤起强烈的意象。他认为有效的环境意象需要三个特征：个性、结构、意义。总结出了五个关键的形态要素：路径、边缘、地区、节点、地标。
城市设计中的审美和视觉	① 室外空间可以分为积极空间和消极空间。积极空间相对围合，具有明确和独特的形状，而消极空间大多缺乏可以感知的连续边缘或形状，比如建筑物周围的空地。最终的围合程度还取决于空间的高宽比，不同的高宽比可以创造出更多的视觉体验。 ② 积极的城市空间呈现出不同的大小和形状，主要有两种类型：街道和广场。一般来说，街道是动态的空间，而广场是静态的空间。当平面上的长宽比大于3：1时，这个比值确定了一个广场的比例上限，也是一条街道的比例下限。 ③ 卡米洛·西谛和保罗·祖克的广场艺术原则：围合、独立的雕塑群、形状。
城市设计中的功能问题	① 功能包括公共空间的使用、建筑密度和混合使用、物理环境设计三个方面的问题。 ② 在公共空间中，人们一般希望五种基本的需求得到满足：舒适、放松、对环境的被动参与、对环境的主动参与、发现。 ③ 公共空间中的步行活动是体验城市的核心，也是产生生活和活动的一个重要因素。因此，要设计成功的公共空间，就必须了解和研究人的步行活动方式。根据比尔·希利尔的研究，在城市中的步行活动具有三个元素：出发点、目的地、路径上所经历的一系列空间。 ④ 一般来说越多门窗面向公共空间越好，与公共空间相邻的建筑功能还应当与人的活动有关系。

续表

内容	说 明
城市设计中的社会问题	① 扬·盖尔把公共空间中的活动分为三类：必要性活动（上班、上学、购物）；可选择性活动（散步、喝咖啡、观看路人）；自愿发生的活动（问候和交谈）。他认为，在低水平的公共空间中，只有必要性活动发生，而在高质量的公共空间中，更多的选择性和社会性活动才会产生。 ② 公共空间的安全感是城市设计成功的一个基本条件。

第九节 城乡规划实施

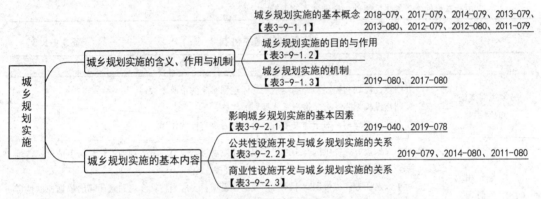

图 3-9-1 城乡规划实施思维导图

一、城乡规划实施的含义、作用与机制

城乡规划实施的基本概念　　　　　表 3-9-1.1

内容		说 明
主要手段	规划手段	政府运用规划编制和实施的行政权力，通过各类规划的编制来推进城乡规划的实施。
	政策手段	通过制定规划实施的政策导引来引导城市开发建设行为。
	财政手段	① 政府运用公共财政直接参与到建设活动中。包括政府通过市政公用设施和公益性设施的建设，如道路、给排水、学校等，还包括政府对具有社会福利保障性设施的开发建设，如建设公共住宅（廉租房、经济适用房等）。政府也可以为实施城乡规划，采用与私人开发企业合作进行特定地区和类型的开发建设活动，如旧城改造和更新、开发区建设等。 ② 政府通过对特定地区或类型的建设活动进行财政奖励，包括减免税收、提供资金奖励或者补偿、信贷保证等，从而使城市规划所确定的目标和内容为私人开发所接受和推进。
	管理手段	政府根据法律授权，通过对开发项目的规划管理，保证城乡规划所确立的目标、原则和具体内容在城市开发和建设行为中得到贯彻。这种管理实质上是通过对具体建设项目的开发建设进行控制来达到规划实施的目的。
实施城乡的非公共部门行为		① 以实质性的投资、开发活动来实施城市规划； ② 各类组织、机构、团体或者个人对各项建设活动的监督。

城乡规划实施的目的与作用　　　　　表 3-9-1.2

内容	说　　明
目的	城乡规划实施的目的在于实现城市规划对城市建设和发展的引导和控制作用。
作用	城乡规划的实施就是为了使城市的功能与物质性设施及空间组织之间不断地协调。 这种协调主要体现在几个方面： ① 根据城市发展的需要，在空间和时序上有序安排城市各项物质性设施的建设，使城市的功能、各项物质性设施的建设在满足各自要求的基础上，相互之间能够协调、相辅相成，促进城市的协调发展； ② 根据城市的公共利益，适时建设满足各类城市活动所需的公共设施，推进城市各项功能的不断优化； ③ 适应城市社会的变迁，在满足不同人群和不同利益集团的利益需求的基础上取得相互之间的平衡，同时又不损害城市的公共利益； ④ 处理好城市物质性设施建设与保障城市安全、保护城市的自然和人文环境等的关系，全面改善城市和乡村的生产和生活条件，推进城市的可持续发展。

城乡规划实施的机制　　　　　表 3-9-1.3

内容		说　　明
城乡规划实施的组织		① 近期建设规划和控制性详细规划是总体规划实施的重要手段； ② 近期建设规划能够有序推进总体规划的实施； ③ 控制性详细规划，对于建设项目的管理有着决定性的作用。
城乡规划实施的管理	建设用地管理	① 对于以划拨方式提供国有土地使用权的建设项目，应当向城乡规划主管部门申请核发选址意见书，在得到许可后，方能由土地主管部门划拨土地。 ② 对于以出让方式提供国有土地使用权的建设项目，应当将城乡规划管理部门依据控制性详细规划提供的规划条件，作为土地使用权出让合同的组成部分。 ③ 在乡、村庄规划区内的建设项目，不得占用农用地，确需占用农地的，应办理相关手续。
	建设工程管理	① 在城市、镇规划区内进行建筑物、构筑物、道路、管线和其他工程建设的，建设单位或者个人应当向城市、县人民政府城乡规划主管部门或者省、自治区、直辖市人民政府确定的镇人民政府申办建设工程规划许可证。 ② 在乡、村庄规划区内进行建设的，建设单位或者个人应当向乡、镇人民政府提出申请，由乡、镇人民政府报城市、县人民政府城乡规划主管部门核发乡村建设规划许可证。
	建设项目实施的监督检查	① 要求有关单位和人员提供与监督事项有关的文件、资料，并进行复制。 ② 要求有关单位和人员就监督事项涉及的问题作出解释和说明，并根据需要进入现场进行勘测。 ③ 责令有关单位和人员停止违反有关城乡规划的法律、法规的行为。
城乡规划实施的监督检查		① 行政监督检查：是指各级人民政府及城市规划主管部门对城市规划实施的全过程实行的监督管理。 ② 立法机构的监督检查：地方各级人民政府应当向本级人民代表大会常务委员会或者乡、镇人民代表大会报告城乡规划的实施情况，并接受监督。 ③ 社会监督：是指社会各界对城市规划实施的组织和管理行为的监督。

二、城乡规划实施的基本内容

影响城乡规划实施的基本因素　　　　　表 3-9-2.1

说　　明
①政府组织管理；②城市发展状况；③社会意愿与公众参与；④法律保障；⑤城市规划的体制。

公共性设施开发与城乡规划实施的关系 表 3-9-2.2

内容		说 明
公益性设施开发及其特征	概念	公共性设施是指社会公众所共享的设施,主要包括公共绿地、公立的学校和医院等,也包括城市道路和各项市政基础设施。
	特征	公共性设施主要是由政府公共部门进行开发的,因为公共性设施是最为典型的公共物品,具有非排他性和非竞争性。
公益性设施开发的过程	项目设想阶段	公共性设施项目的提出,大致可以分为两种类型:一种是弥补型的,另外一种是发展型的。就政府行为而言,前者是被动的,是出现了问题之后的应对;后者是主动的,是在问题产生之前的有意识引导。
	可行性研究阶段	可行性研究是项目决策的关键性步骤。 公共设施项目的可行性研究更主要是针对要达到的设施建设目标所需要的投资量,即确定对项目建设的投资总额,并且证明这样的投资额对于实现设施需要达到的社会目标是必需的。
	项目决策阶段	在可行性研究成果的基础上,政府部门需要对是否投资建设、合适投资建设等作出决策。
	项目实施阶段	在一般情况下,项目实施至少可以分为两个阶段,即项目设计阶段和项目施工阶段。
	项目投入使用阶段	项目施工完成后,经验收通过即可投入使用,并发挥其效用。
公共性设施开发与城乡规划实施		① 公共性设施的开发建设是政府有目的地、积极地实施城乡规划的重要内容和手段。 ② 公共性设施的开发建设对私人的商业性开发具有引导作用,通过特定内容的公共性设施的开发建设,也规定了商业性开发的内容和数量,从而保证商业性开发计划与城乡规划所确定的内容相一致,从整体上保证城市规划的实施。

商业性设施开发与城乡规划实施的关系 表 3-9-2.3

内容		说 明
商业性设施开发及其特征	概念	商业性开发是指以营利为目的的开发建设活动。
	特征	所有商业性开发的决策都是在对项目的经济效益和相关风险进行评估的基础上做出的。
商业性设施开发的过程		项目构想与策划阶段;建设用地的获得;项目投融资阶段;项目实施阶段;销售与经营。
商业性设施开发与城乡规划实施	在商业性开发的项目构想与策划阶段	需要对项目所在地的城乡规划有充分的认识,并在城乡规划所引导的方向上来构想和策划相关的项目,同时也要充分考虑公共性设施的负荷能力。
	在建设用地获得的阶段	土地使用的规划条件必须成为土地(使用权)交易的重要基础,并且在此后的实施过程中得到全面的贯彻,这是保证商业性开发活动能够为城乡规划实施做出贡献的重要条件。
	在项目实施阶段	城乡规划部门通过对项目设计的成果进行控制,保证规划的意图在项目的设计阶段能得到体现。
	在项目建成后的销售和经营阶段	销售的合同应当执行和延续规划条件,即应杜绝不符合规划条件的使用。

第十节 国土空间规划

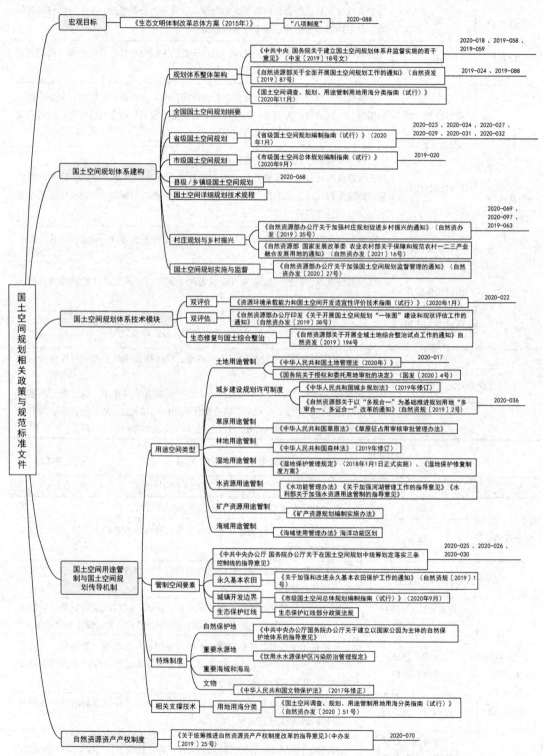

图 3-10-1 国土空间规划政策与规范标准文件思维导图

一、全面深化改革背景下的国土空间规划体系

有些考生会简单地认为当前职业资格考试试题会紧跟时政新闻,在考试中出一些"热点"题目,这样的想法是完全不对的。不要简单地将国土空间规划等同于每年新出来的新的规划类项目类型,比如新农村规划、乡村振兴规划、新型城镇化综合改革试验区规划、总体规划等,而是需要放在全面深化改革背景下来看待当前正在构建体系的国土空间规划。国土空间规划是基于当前社会发展阶段的变化和社会发展速度的变化,通过对部门合并,调整各部门规划事权范围,通过事权改革来实现管理方式、管理途径的迭代,建设和实现国家治理能力现代化。

(一)宏观目标

2015年中共中央国务院印发《生态文明体制改革总体方案》中明确提出国土空间规划宏观目标是从根本上推进生态文明建设,推进生态文明领域国家治理体系和治理能力现代化。新时代的国土空间规划体系重构立足于国家治理视角,建立贯穿中央意志,落实基层治理,面向人民群众的国土空间规划体系,实现国土空间治理体系与治理能力的现代化。国土空间规划成为落实国土空间开发保护政策,实现生态文明的重要手段和工具。生态文明建设成为国土空间规划的核心任务。

(二)最新要求

2021年3月发布的《中华人民共和国国民经济和社会发展第十四个五年规划和2035年远景目标纲要》中明确提出当前我国发展所处的环境:"当前和今后一个时期,我国发展仍然处于重要战略机遇期,但机遇和挑战都有新的发展变化。当今世界正经历百年未有之大变局,新一轮科技革命和产业变革深入发展,国际力量对比深刻调整,和平与发展仍然是时代主题,人类命运共同体理念深入人心。"随着改革开放40多年,经济社会获得了长足的发展,面向未来将如何实现进一步的发展,需要客观认清当下发展所存在的问题和所处的历史时期。

我国已转向高质量发展阶段,制度优势显著,治理效能提升,经济长期向好,物质基础雄厚,人力资源丰富,市场空间广阔,发展韧性强劲,社会大局稳定,继续发展具有多方面优势和条件。同时,我国发展不平衡不充分问题仍然突出,重点领域关键环节改革任务仍然艰巨,创新能力不适应高质量发展要求,农业基础还不稳固,城乡区域发展和收入分配差距较大,生态环保任重道远,民生保障存在短板,社会治理还有弱项。

在主要目标、健全城乡融合发展体制机制、完善城镇化空间布局、全面提升城市品质、优化区域经济布局、促进区域协调发展等方面对国土空间规划编制提出新要求。

主要目标:国土空间开发保护格局得到优化,生产生活方式绿色转型成效显著,能源资源配置更加合理、利用效率大幅提高,单位国内生产总值能源消耗和二氧化碳排放分别降低13.5%、18%,主要污染物排放总量持续减少,森林覆盖率提高到24.1%,生态环境持续改善,生态安全屏障更加牢固,城乡人居环境明显改善。

完善城镇化空间布局。优化提升京津冀、长三角、珠三角、成渝、长江中游等城市群,发展壮大山东半岛、粤闽浙沿海、中原、关中平原、北部湾等城市群,培育发展哈长、辽中南、山西中部、黔中、滇中、呼包鄂榆、兰州—西宁、宁夏沿黄、天山北坡等城市群。优化城市群内部空间结构,构筑生态和安全屏障,形成多中心、多层级、多节点的网络型城市群。依托辐射带动能力较强的中心城市,提高1小时通勤圈协同发展水平,培

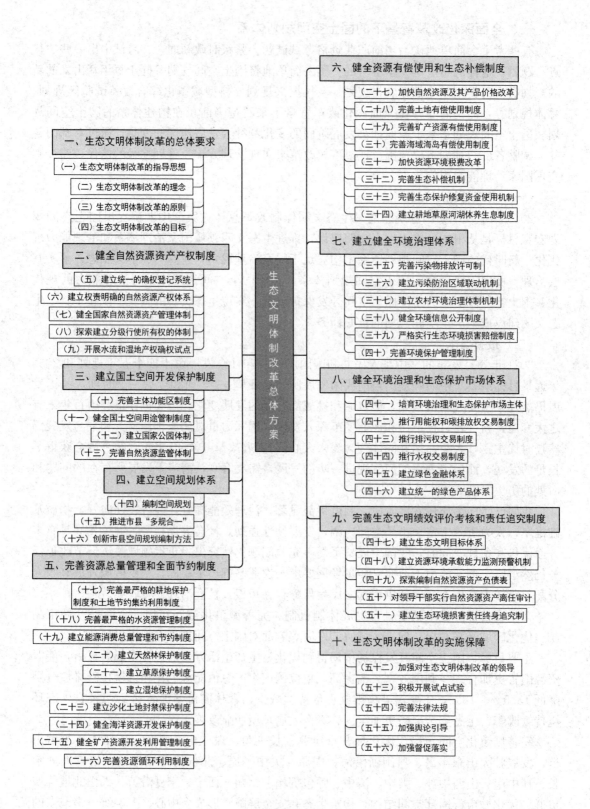

图 3-10-1.1 《生态文明体制改革总体方案》内容框架

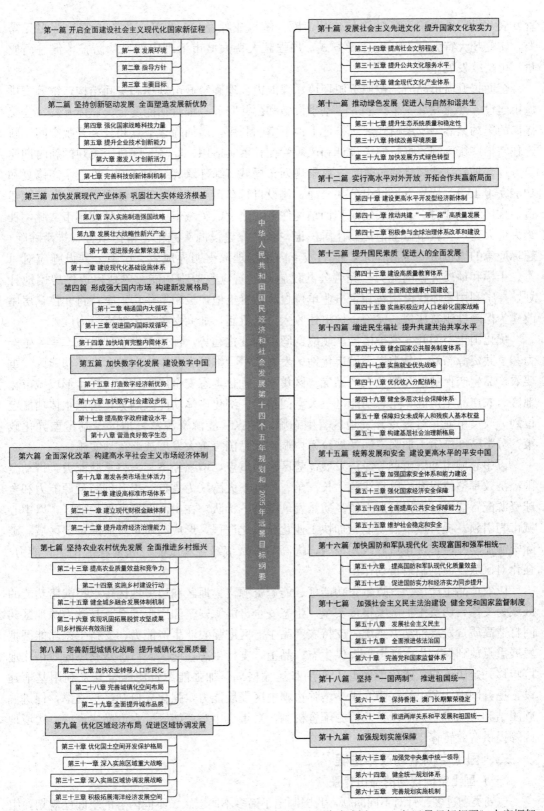

图 3-10-1.2 《中华人民共和国国民经济和社会发展第十四个五年规划和 2035 年远景目标纲要》内容框架

育发展一批同城化程度高的现代化都市圈。统筹兼顾经济、生活、生态、安全等多元需要，转变超大特大城市开发建设方式，加强超大特大城市治理中的风险防控，促进高质量、可持续发展。

全面提升城市品质。按照资源环境承载能力合理确定城市规模和空间结构，统筹安排城市建设、产业发展、生态涵养、基础设施和公共服务。推行功能复合、立体开发、公交导向的集约紧凑型发展模式，统筹地上地下空间利用，增加绿化节点和公共开敞空间，新建住宅推广街区制。推行城市设计和风貌管控，落实适用、经济、绿色、美观的新时期建筑方针，加强新建高层建筑管控。科学规划布局城市绿环绿廊绿楔绿道，推进生态修复和功能完善工程，优先发展城市公共交通，建设自行车道、步行道等慢行网络，发展智能建造，推广绿色建材、装配式建筑和钢结构住宅，建设低碳城市。保护和延续城市文脉，杜绝大拆大建，让城市留下记忆、让居民记住乡愁。建设源头减排、蓄排结合、排涝除险、超标应急的城市防洪排涝体系，推动城市内涝治理取得明显成效。增强公共设施应对风暴、干旱和地质灾害的能力，完善公共设施和建筑应急避难功能。单列租赁住房用地计划，探索利用集体建设用地和企事业单位自有闲置土地建设租赁住房，支持将非住宅房屋改建为保障性租赁住房。完善土地出让收入分配机制，加大财税、金融支持力度。

优化国土空间开发保护格局。顺应空间结构变化趋势，优化重大基础设施、重大生产力和公共资源布局，分类提高城市化地区发展水平，推动农业生产向粮食生产功能区、重要农产品生产保护区和特色农产品优势区集聚，优化生态安全屏障体系，逐步形成城市化地区、农产品主产区、生态功能区三大空间格局。细化主体功能区划分，按照主体功能定位划分政策单元，对重点开发地区、生态脆弱地区、能源资源富集地区等制定差异化政策，分类精准施策。加强空间发展统筹协调，保障国家重大发展战略落地实施。

以中心城市和城市群等经济发展优势区域为重点，增强经济和人口承载能力，带动全国经济效率整体提升。以京津冀、长三角、粤港澳大湾区为重点，提升创新策源能力和全球资源配置能力，加快打造引领高质量发展的第一梯队。在中西部有条件的地区，以中心城市为引领，提升城市群功能，加快工业化城镇化进程，形成高质量发展的重要区域。破除资源流动障碍，优化行政区划设置，提高中心城市综合承载能力和资源优化配置能力，强化对区域发展的辐射带动作用。

以农产品主产区、重点生态功能区、能源资源富集地区和边境地区等承担战略功能的区域为支撑，切实维护国家粮食安全、生态安全、能源安全和边疆安全，与动力源地区共同打造高质量发展的动力系统。支持农产品主产区增强农业生产能力，支持生态功能区把发展重点放到保护生态环境、提供生态产品上，支持生态功能区人口逐步有序向城市化地区转移并定居落户。优化能源开发布局和运输格局，加强能源资源综合开发利用基地建设，提升国内能源供给保障水平。增强边疆地区发展能力，强化人口和经济支撑，促进民族团结和边疆稳定。健全公共资源配置机制，对重点生态功能区、农产品主产区、边境地区等提供有效转移支付。

二、国土空间规划改革进程

（一）国土空间规划的提出背景

规划类型过多：针对不同问题，我国制定了诸多不同层级、不同内容的空间性规划，组成了一个复杂的体系。

内容重叠冲突：由于规划类型过多，各部门规划自成体系，不断扩张，缺乏顶层设计；各类规划在基础数据的采集与统计、用地分类标准及空间管制分区标准等技术方面存在差异，内容的重叠冲突不可避免，且审批流程复杂、周期过长，导致地方规划朝令夕改。

规划类型   表 3-10-2.1

主管部门	规划名称	规划期限	规划层次	规划范围
国家发改委	经济社会发展规划	5 年	国家、省、市、县	全域
国家发改委	主体功能区规划	10～15 年	国家、省	全域
原国土资源部	土地利用总体规划	15 年	国家、省、市、县、乡	全域
原国土资源部	国土规划	15～20 年	国家、省	全域
住房和城乡建设部	城乡规划	15～20 年	城镇	城镇局部
原环保部	生态环境保护规划	5 年	国家、省、市（县）	局部

（二）国土空间规划的解决方案

国土空间规划的解决方案国土空间规划的解决方案   表 3-10-2.2

问题	解决方案	说明
规划类型过多	多规合一	将主体功能区规划、土地利用规划、城乡规划等空间规划融合为统一的国土空间规划，实现"多规合一"。
内容重叠冲突	一张图	完善国土空间基础信息平台。以自然资源调查监测数据为基础，采用国家统一的测绘基准和测绘系统，整合各类空间关联数据，建立全国统一的国土空间基础信息平台。 以国土空间基础信息平台为底板，结合各级各类国土空间规划编制，同步完成县级以上国土空间基础信息平台建设，实现主体功能区战略和各类空间管控要素精准落地，逐步形成全国国土空间规划"一张图"，推进政府部门之间的数据共享以及政府与社会之间的信息交互。
审批流程复杂、周期过长	成立自然资源部	根据机构改革方案，全国陆海域空间资源管理及空间性规划编制和管理职能被整合进自然资源部。
地方规划朝令夕改	一张蓝图干到底	严格执行规划，以钉钉子精神抓好贯彻落实，久久为功，做到一张蓝图干到底。

注：依据《中共中央国务院关于建立国土空间规划体系并监督实施的若干意见》中"二、总体要求（二）主要目标"的内容编制。

（三）国土空间规划的政策进程

国土空间规划的政策进程   表 3-10-2.3

时间	政策进程
2012 年 11 月 首次提出	中共十八大报告 明确提出"促进生产空间集约高效、生活空间宜居适度、生态空间山清水秀"的总体要求，将优化国土空间开发格局作为生态文明建设的首要举措。
2013 年 11 月 地位初现	《中共中央关于全面深化改革若干重大问题的决定》 "加快生态文明制度建设"的要求，首次提出"通过建立空间规划体系，划定生产、生活、生态空间开发管制界限，落实用途管制"。从此，空间规划正式从国家引导和控制城镇化的技术工具上升为生态文明建设基本制度的组成部分，成为治国理政的重要支撑。

续表

时间	政策进程
2015年9月 编制试点	《生态文明体制改革总体方案》 整合目前各部门分头编制的各类空间性规划，编制统一的空间规划，实现规划全覆盖。空间规划是国家空间发展的指南、可持续发展的空间蓝图，是各类开发建设活动的基本依据。空间规划分为国家、省、市县（设区的市空间规划范围为市辖区）三级。研究建立统一规范的空间规划编制机制。鼓励开展省级空间规划试点。
2018年9月26日	《乡村振兴战略规划（2018—2022年）》
2018年3月 机构改革	《深化党和国家机构改革方案》 要求组建自然资源部，"强化国土空间规划对各项规划的指导约束作用，推进多规合一，实现土地利用规划、城乡规划等有机融合"。 《国务院机构改革方案》 明确组建自然资源部，统一行使所有国土空间用途管制和生态保护修复职责，"强化国土空间规划对各项规划的指导约束作用"，推进"多规合一"；负责建立空间规划体系并监督实施。
2019年4月	中共中央办公厅 国务院办公厅印发《关于统筹推进自然资源资产产权制度改革的指导意见》
2019年5月23日 正式启动	《中共中央国务院关于建立国土空间规划体系并监督实施的若干意见》（中发〔2019〕18号） 标志着将主体功能区、土地利用规划、城乡规划等空间性规划融合为一体的"国土空间规划体系"的整体框架已经明确。这是一项重要改革成果和具有创新意义的制度建构。同时这份文件是当前国土空间规划体系构建的顶层设计，在《国土空间规划法》尚未出台的情况下，作为当前开展国土空间规划各项工作的依据。
2019年5月28日	《自然资源部关于全面开展国土空间规划工作的通知》（自然资发〔2019〕87号）
2019年5月	《市县国土空间规划基本分区与用途分类指南（试行）》
2019年5月31日	《自然资源部办公厅关于加强村庄规划促进乡村振兴的通知》
2019年6月	《城镇开发边界划定指南（试行）》
2019年6月	中共中央办公厅、国务院办公厅印发《关于建立以国家公园为主体的自然保护地体系的指导意见》
2019年8月26日	《生态保护红线勘界定标技术规程》（生态环境部、自然资源部）
2019年9月	《关于以"多规合一"为基础推进规划用地"多审合一、多证合一"改革的通知》（自然资规〔2019〕2号）
2019年11月1日	《关于在国土空间规划中统筹划定落实三条控制线的指导意见》
2019年12月10日	《自然资源部关于开展全域土地综合整治试点工作的通知》（自然资发〔2019〕194号）
2020年1月17日	《省级国土空间规划编制指南（试行）》
2020年1月22日	《资源环境承载能力和国土空间开发适宜性评价指南（试行）》
2020年5月	《关于加强国土空间规划监督管理的通知》（自然资办发〔2020〕27号）
2020年7月29日	自然资源部 农业农村部关于农村乱占耕地建房"八不准"的通知（自然资发〔2020〕127号）
2020年9月	《市级国土空间总体规划编制指南（试行）》
2020年11月17日	《国土空间调查、规划、用途管制用地用海分类指南（试行）》（自然资办发〔2020〕51号）
2020年12月15日	《自然资源部办公厅关于进一步做好村庄规划工作的意见》（自然资办发〔2020〕57号）
2021年1月28日	自然资源部 国家发展改革委 农业农村部关于保障和规范农村一二三产业融合发展用地的通知（自然资办发〔2021〕16号）

三、国土空间规划的基本概念

相关概念来源于《省级国土空间规划编制指南（试行）》及《资源环境承载能力和国土空间开发适宜性评价指南（试行）》的部分内容。

国土空间规划的基本概念　　　　　　表3-10-3

术语	定义
国土空间	国家主权与主权权利管辖下的地域空间，包括陆地国土空间和海洋国土空间。
国土空间规划	对国土空间的保护、开发、利用、修复作出的总体部署与统筹安排。
国土空间保护	对承担生态安全、粮食安全、资源安全等国家安全的地域空间进行管护的活动。
国土空间开发	以城镇建设、农业生产和工业生产等为主的国土空间开发活动。
国土空间利用	根据国土空间特点开展的长期性或周期性使用和管理活动。
生态修复和国土综合整治	遵循自然规律和生态系统内在机理，对空间格局失衡、资源利用低效、生态功能退化、生态系统受损的国土空间，进行适度人为引导、修复或综合整治，维护生态安全、促进生态系统良性循环的活动。
国土空间用途管制	以总体规划、详细规划为依据，对陆海所有国土空间的保护、开发和利用活动，按照规划确定的区域、边界、用途和使用条件等，核发行政许可、进行行政审批等。
主体功能区	以资源环境承载能力、经济社会发展水平、生态系统特征以及人类活动形式的空间分异为依据，划分出具有某种特定主体功能、实施差别化管控的地域空间单元。
国土空间规划分区	国土空间规划分区是以全域覆盖、不交叉、不重叠为基本原则，以国土空间的保护与保留、开发与利用两大管控属性为基础，根据市县主体功能区战略定位，结合国土空间规划发展策略，将市县全域国土空间划分为生态保护区、自然保留区、永久基本农田集中区、城镇发展区、农业农村发展区、海洋发展区等6类基本分区，并明确各分区的核心管控目标和政策导向。同时，还可对城镇发展区、农业农村发展区、海洋发展区等规划基本分区进行细化分类。
国土空间规划一张图	国土空间规划一张图是指以自然资源调查监测数据为基础，采用国家统一的测绘基准和测绘系统，整合各类空间关联数据，建成全国统一的国土空间基础信息平台后，再以此平台为基础载体，结合各级各类国土空间规划编制，建设从国家到市县级、可层层叠加打开的国土空间规划"一张图"实施监督信息系统，形成覆盖全国、动态更新、权威统一的国土空间规划"一张图"。
"三区三线"	"三线"分别对应在城镇空间、农业空间、生态空间划定的城镇开发边界、永久基本农田、生态保护红线三条控制线。其中： 生态空间是指以提供生态系统服务或生态产品为主的功能空间； 农业空间是指以农业生产、农村生活为主的功能空间； 城镇空间是指以承载城镇经济、社会、政治、文化、生态等要素为主的功能空间。 "三区"是指城镇空间、农业空间、生态空间三种类型的国土空间。其中： 生态保护红线是指在生态空间范围内具有特殊重要生态功能，必须强制性严格保护的陆域、水域、海域等区域。 永久基本农田是指按照一定时期人口和经济社会发展对农产品的需求，依据国土空间规划确定的不得擅自占用或改变用途的耕地； 城镇开发边界是指在一定时期内因城镇发展需要，可以集中进行城镇开发建设，重点完善城镇功能的区域边界，涉及城市、建制镇以及各类开发区等。

续表

术语	定 义
"双评价"	"双评价"是指资源环境承载能力与国土空间开发适宜性评价。 资源环境承载能力评价，指的是基于特定发展阶段、经济技术水平、生产生活方式和生态保护目标，一定地域范围内资源环境要素能够支撑农业生产、城镇建设等人类活动的最大规模。 国土空间开发适宜性评价，指的是在维系生态系统健康和国土安全的前提下，综合考虑资源环境等要素条件，特定国土空间进行农业生产、城镇建设等人类活动的适宜程度。
"双评估"	"双评估"是指国土空间开发保护现状评估、现行空间类规划实施情况评估。 国土空间开发保护现状评估一般以安全、创新、协调、绿色、开放、共享理念构建的指标体系为标准，从数量、质量、布局、结构、效率等角度，找出一定区域国土空间开发保护现状与高质量发展要求之间存在的差距和问题所在。同时可在现状评估基础上，结合影响国土空间开发保护因素的变动趋势，分析国土空间发展面临的潜在风险。 空间规划实施评估是指对现行土地利用总体规划、城乡总体规划、林业草业规划、海洋功能区划等空间类规划，在规划目标、规模结构、保护利用等方面的实施情况进行评估，并识别不同空间规划之间的冲突和矛盾，总结成效和问题。
生态单元	具有特定生态结构和功能的生态空间单元，体现区域（流域）生态功能系统性、完整性、多样性、关联性等基本特征。
第三次全国国土调查	第三次全国国土调查，简称"三调"。三调于2017年10月启动，以2019年12月31日为标准时点，全面查清我国陆地国土的利用现状。国土空间规划体系统一采用CGCS2000国家大地坐标系和1985国家高程基准作为空间定位基础。2021年3月，三调工作已基本完成，待上报党中央、国务院审议通过后，将为各级国土空间规划编制提供翔实的数据支撑。

四、国土空间规划体系

国土空间规划体系分为四个体系，即编制审批体系、实施监督体系、法规政策体系和技术标准体系。

（一）国土空间规划编制审批体系

国土空间规划编制体系（五级三类）　　　表3-10-4.1

总体规划	详细规划		相关专项规划
全国国土空间规划			专项规划
省国土空间规划			专项规划
市国土空间规划	（边界内） 详细规划	（边界外） 村庄规划	专项规划
县国土空间规划			
镇（乡）国土空间规划			

注：依据《中共中央国务院关于建立国土空间规划体系并监督实施的若干意见》中"三、总体框架（三）分级分类建立国土空间规划"的内容编制。

总体规划的编制与审批　　　表3-10-4.2

类型	编制重点	编制、审批主体
全国国土空间规划	是对全国国土空间作出的全局安排，是全国国土空间保护、开发、利用、修复的政策和总纲，侧重战略性。	由自然资源部会同相关部门组织编制，由党中央、国务院审定后印发。

续表

类型	编制重点	编制、审批主体
省国土空间规划	是对全国国土空间规划的落实,指导市县国土空间规划编制,侧重协调性。	由省级政府组织编制,经同级人大常委会审议后报国务院审批。
市国土空间规划	市县和乡镇国土空间规划是本级政府对上级国土空间规划要求的细化落实,是对本行政区域开发保护作出的具体安排,侧重实施性。	需报国务院审批的城市国土空间总体规划,由市政府组织编制,经同级人大常委会审议后,由省级政府报国务院审批; 其他市县及乡镇国土空间规划由省级政府根据当地实际,明确规划编制审批内容和程序要求; 各地可因地制宜,将市县与乡镇国土空间规划合并编制,也可以几个乡镇为单元编制乡镇级国土空间规划。
县国土空间规划		
镇(乡)国土空间规划		

注:依据《中共中央国务院关于建立国土空间规划体系并监督实施的若干意见》"三、总体框架中"部分内容编制。

专项规划与详细规划的编制与审批　　　　　　　　　　表 3-10-4.3

规划类型	编制审批主体
海岸带、自然保护地等专项规划及跨行政区域或流域的国土空间规划。	由所在区域或上一级自然资源主管部门牵头组织编制,报同级政府审批。
涉及空间利用的某一领域专项规划,如交通、能源、水利、农业、信息、市政等基础设施,公共服务设施,军事设施,以及生态环境保护、文物保护、林业草原等专项规划。	由相关主管部门组织编制。
相关专项规划	可在国家、省和市县层级编制。
在城镇开发边界内的详细规划。	由市县自然资源主管部门组织编制,报同级政府审批。
在城镇开发边界外的乡村地区的详细规划。	以一个或几个行政村为单元,由乡镇政府组织编制"多规合一"的实用性村庄规划,作为详细规划,报上一级政府审批。

注:依据《中共中央国务院关于建立国土空间规划体系并监督实施的若干意见》中"三、总体框架"中部分内容编制。

2019 年 5 月,自然资源部印发《关于全面开展国土空间规划工作的通知》(自然资发〔2019〕87 号),全面部署开展各级国土空间规划编制,并要求各地加强衔接和上下联动,基于国土空间基础信息平台,搭建从国家到市县级的国土空间规划"一张图"实施监督信息系统,形成覆盖全国、动态更新、权威统一的国土空间规划"一张图",明确国土空间规划报批审查的要点。

明确各地不再新编和报批主体功能区规划、土地利用总体规划、城镇体系规划、城市(镇)总体规划、海洋功能区划等。已批准的规划期至 2020 年后的省级国土规划、城镇体系规划、主体功能区规划、城市(镇)总体规划,以及原省级空间规划试点和市县"多规合一"试点等,要按照新的规划编制要求,将既有规划成果融入新编制的同级国土空间规划中。

对现行土地利用总体规划、城市（镇）总体规划实施中存在矛盾的图斑，要结合国土空间基础信息平台的建设，按照国土空间规划"一张图"要求，作一致性处理，作为国土空间用途管制的基础。一致性处理不得突破土地利用总体规划确定的 2020 年建设用地和耕地保有量等约束性指标，不得突破生态保护红线和永久基本农田保护红线，不得突破土地利用总体规划和城市（镇）总体规划确定的禁止建设区和强制性内容，不得与新的国土空间规划管理要求矛盾冲突。今后工作中，主体功能区规划、土地利用总体规划、城乡规划、海洋功能区划等统称为"国土空间规划"。

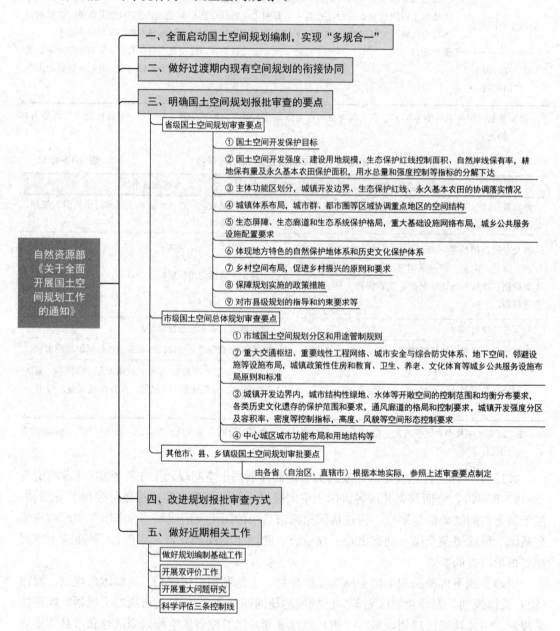

图 3-10-4.1 自然资源部印发《关于全面开展国土空间规划工作的通知》内容框架

(二) 国土空间规划实施监督体系

国土空间规划实施与监管　　　　　　　　　　　　　　　　　　表 3-10-4.4

内容	说　明
强化规划权威	规划一经批复，任何部门和个人不得随意修改、违规变更，防止出现换一届党委和政府改一次规划。 下级国土空间规划要服从上级国土空间规划，相关专项规划、详细规划要服从总体规划；坚持先规划、后实施，不得违反国土空间规划进行各类开发建设活动；坚持"多规合一"，不在国土空间规划体系之外另设其他空间规划。 相关专项规划的有关技术标准应与国土空间规划衔接。 因国家重大战略调整、重大项目建设或行政区划调整等确需修改规划的，须先经规划审批机关同意后，方可按法定程序进行修改。 对国土空间规划编制和实施过程中的违规违纪违法行为，要严肃追究责任。
改进规划审批	按照谁审批、谁监管的原则，分级建立国土空间规划审查备案制度。 精简规划审批内容，管什么就批什么，大幅缩减审批时间。 减少需报国务院审批的城市数量，直辖市、计划单列市、省会城市及国务院指定城市的国土空间总体规划由国务院审批。 相关专项规划在编制和审查过程中应加强与有关国土空间规划的衔接及"一张图"的核对，批复后纳入同级国土空间基础信息平台，叠加到国土空间规划"一张图"上。
健全用途管制制度	以国土空间规划为依据，对所有国土空间分区分类实施用途管制。 在城镇开发边界内的建设，实行"详细规划＋规划许可"的管制方式；在城镇开发边界外的建设，按照主导用途分区，实行"详细规划＋规划许可"和"约束指标＋分区准入"的管制方式。 对以国家公园为主体的自然保护地、重要海域和海岛、重要水源地、文物等实行特殊保护制度。 因地制宜制定用途管制制度，为地方管理和创新活动留有空间。
监督规划实施	依托国土空间基础信息平台，建立健全国土空间规划动态监测评估预警和实施监管机制。 上级自然资源主管部门要会同有关部门组织对下级国土空间规划中各类管控边界、约束性指标等管控要求的落实情况进行监督检查，将国土空间规划执行情况纳入自然资源执法督察内容。 健全资源环境承载能力监测预警长效机制，建立国土空间规划定期评估制度，结合国民经济社会发展实际和规划定期评估结果，对国土空间规划进行动态调整完善。
推进"放管服"改革	以"多规合一"为基础，统筹规划、建设、管理三大环节，推动"多审合一""多证合一"。 优化现行建设项目用地（海）预审、规划选址以及建设用地规划许可、建设工程规划许可等审批流程，提高审批效能和监管服务水平。

注：依据《中共中央国务院关于建立国土空间规划体系并监督实施的若干意见》中"五、实施与监管"的内容编制。

(三) 国土空间规划法规政策体系

国土空间规划的法规政策　　　　　　　　　　　　　　　　　　表 3-10-4.5

内容	说　明
完善法规政策体系	研究制定国土空间开发保护法，加快国土空间规划相关法律法规建设。梳理与国土空间规划相关的现行法律法规和部门规章，对"多规合一"改革涉及突破现行法律法规规定的内容和条款，按程序报批，取得授权后施行，并做好过渡时期的法律法规衔接。 完善适应主体功能区要求的配套政策，保障国土空间规划有效实施。

注：依据《中共中央国务院关于建立国土空间规划体系并监督实施的若干意见》中"六、法规政策与技术保障"的内容编制。

(四)国土空间规划技术标准体系

国土空间规划技术保障 表 3-10-4.6

内容	说明
完善技术标准体系	按照"多规合一"要求,由自然资源部会同相关部门负责构建统一的国土空间规划技术标准体系,修订完善国土资源现状调查和国土空间规划用地分类标准,制定各级各类国土空间规划编制办法和技术规程。
完善国土空间基础信息平台	以自然资源调查监测数据为基础,采用国家统一的测绘基准和测绘系统,整合各类空间关联数据,建立全国统一的国土空间基础信息平台。以国土空间基础信息平台为底板,结合各级各类国土空间规划编制,同步完成县级以上国土空间基础信息平台建设,实现主体功能区战略和各类空间管控要素精准落地,逐步形成全国国土空间规划"一张图",推进政府部门之间的数据共享以及政府与社会之间的信息交互。

注:依据《中共中央国务院关于建立国土空间规划体系并监督实施的若干意见》中"六、法规政策与技术保障"的内容编制。

(五)国土空间基础信息平台的建设

同步构建国土空间规划"一张图"实施监督信息系统。基于国土空间基础信息平台,整合各类空间关联数据,着手搭建从国家到市县级的国土空间规划"一张图"实施监督信

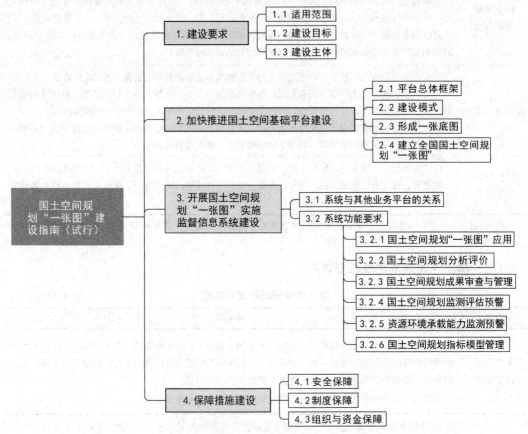

图 3-10-4.2 《国土空间规划"一张图"建设指南(试行)》内容框架

息系统，形成覆盖全国、动态更新、权威统一的国土空间规划"一张图"。《关于开展国土空间规划"一张图"建设和现状评估工作的通知》明确依托国土空间基础信息平台，开展工作。并强调规划"一张图"实施监督信息系统建设要和规划编制同步进行，未完成系统建设的不得报批规划。2021年3月9日，国家标准《国土空间规划"一张图"实施监督信息系统技术规范》，2021年10月1日实施。

五、国土空间规划编制体系

在生态文明建设与资源紧缺的条件下，在新型城镇化与高品质人居环境要求下，我国国土空间规划改革对规划目标协同、自然资源管理、空间品质提升都提出了新的要求。为解决我国规划管理、资源保护和城乡建设中涌现的各类问题，技术标准体系需要突破现有技术瓶颈，实现规划目标传导以及关键要素配置优化，构建一套空间优化和控制的技术方案，具有战略引领和刚性管控双重作用，建立起一定范围区域国土空间规划、建设管理的统一，实现生态文明导向下高质量发展的国土空间格局和结构性控制要求。

因此，在规划编制中需要实现战略引领与刚性管控在各级国土空间总体规划编制中耦合联动，形成系统性、整体性的功能管控与参数管控体系，有效实现下级规划服从上级规划，国家和区域战略有效传导，同时实现各类空间内和区域整体的生产-生活-生态"三生"结构均衡、有序、协调规划与布局，促进形成高质量、可持续的国土空间开发保护格局。

（一）主体功能区制度

主体功能区是宏观大尺度空间区域治理的政策工具，我国拥有960万平方公里的陆域国土，自然地理环境和资源基础的区域差异很大，区位条件和区域间相互关系极其复杂，社会经济发展阶段和基本特征也具有鲜明的地方特色，非常需要"因地制宜""统筹协调""长远部署"。在宏观大尺度区域空间尺度上，急需这样的一个规划或战略，规划目标是在空间尺度上解决总体布局问题、在时间序列上解决长远部署问题，规划性质是具有战略指导性、又不失控制约束力度，规划要求充分兼顾科学性和可操作性。其核心是战略性、基础性和约束性，主体功能区规划和主体功能区战略就承担了这样的功能。

《中华人民共和国国民经济和社会发展第十一个五年规划纲要》提出了推进形成主体功能区的要求。2011年，在《中华人民共和国国民经济和社会发展第十二个五年规划纲要》中，把主体功能区提升到战略高度。实施区域发展总体战略和主体功能区战略，构筑区域经济优势互补、主体功能定位清晰、国土空间高效利用、人与自然和谐相处的区域发展格局。

2021年3月《中华人民共和国国民经济和社会发展第十四个五年规划和2035年远景目标纲要》中第三十章第一节明确提到"完善和落实主体功能区制度"，强调顺应空间结构变化趋势，优化重大基础设施、重大生产力和公共资源布局，分类提高城市化地区发展水平，推动农业生产向粮食生产功能区、重要农产品生产保护区和特色农产品优势区集聚，优化生态安全屏障体系，逐步形成城市化地区、农产品主产区、生态功能区三大空间格局。细化主体功能区划分，按照主体功能定位划分政策单元，对重点开发地区、生态脆弱地区、能源资源富集地区等制定差异化政策，分类精准施策。加强空间发展统筹协调，保障国家重大发展战略落地实施。

主体功能区作为区域空间治理的政策工具，与政府责任主体挂钩，便于中央的宏观管理与明确政府责任,同时,依据空间均衡原则,在较大尺度的空间体系内来统筹考虑分工协作关系,推动形成经济发展与人口、资源环境相协调的区域发展格局。优化、重点、限制开发区域,在国家大空间尺度上进行扁平化、越级定位的方式,基本采取以"县"级行政单位辖区为基本单元,属于典型的"区域"型国土空间。

为保障国土空间管制的有效实施,全国主体功能区规划及各省规划中均提出多样化的配套政策。为实行分类管理的区域政策,形成经济社会发展符合各区域主体功能定位的导向机制,主体功能区规划中确定了适应主体功能区定位的区域政策体系,包含了财政、投资、产业、土地、农业、人口、民族、环境、应对气候变化等多个方面,针对不同类型主体功能区分别提出。

(二)省级国土空间规划

省级国土空间规划是对全国国土空间规划的落实,指导市县国土空间规划编制,侧重协调性,由省级政府组织编制,经同级人大常委会审议后报国务院审批。从发展要求的层面上看,省级空间规划要落实国家和省重大发展战略。从规划的功能发挥层面上看,省级国土空间规划要成为引领"三生空间"科学布局、推动高质量发展和高品质生活的重要手段,也必须落实好重大发展战略,提高规划实施的权威和效应。

省级国土空间规划是对全国国土空间规划纲要的落实和深化,是一定时期内省域国土空间保护、开发、利用、修复的政策和总纲,是编制省级相关专项规划、市县等下位国土

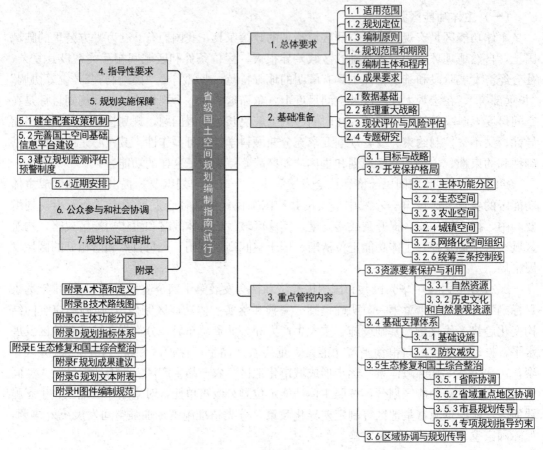

图 3-10-5.1 《省级国土空间规划编制指南(试行)》内容框架

空间规划的基本依据，在国土空间规划体系中发挥承上启下、统筹协调作用，具有战略性、协调性、综合性和约束性。

省级国土空间规划目标年为2035年，近期目标年为2025年，远景展望至2050年，远景展望至2050年。编制主体为省级人民政府，由省级自然资源主管部门会同相关部门开展具体编制工作。编制程序包括准备工作、专题研究、规划编制、规划多方案论证、规划公示、成果报批及规划公告等。规划成果则包括规划文本、附表、图件、说明和专题研究报告，以及基于国土空间规划基础信息平台的国土空间规划"一张图"等。

《指南》提出了国土空间规划的重点管控性内容，包括目标与战略、开发保护格局、资源要素保护与利用、基础支撑体系、区域协调与规划传导等六方面内容。自然资源部对规划编制给出了指导性要求。包括探索绿水青山就是金山银山的实现路径，完善生态产品价值实现机制，提升自然资源资产的经济、社会和生态价值。

《指南》特别指出，在进行规划论证和审批时，面对存在重大分歧和颠覆性意见的意见建议，行政层面不要轻易拍板，要经过充分论证后形成决策方案。

（三）市级国土空间规划

自然资源部办公厅印发《市级国土空间总体规划编制指南（试行）》（以下简称《指南》），指导和规范市级国土空间总体规划编制工作。本轮规划目标年为2035年，近期至2025年，远景展望至2050年。

《指南》旨在贯彻落实《中共中央国务院关于建立国土空间规划体系并监督实施的若干意见》《自然资源部关于全面开展国土空间规划工作的通知》，突出体现"多规合一"要求，强调市级国土空间总体规划的战略引领、底线管控作用，从总体要求、基础工作、主要编制内容、公众参与和多方协同、审查要求等5个方面，提出了市级国土空间总体规划编制的原则性、导向性要求。

《指南》明确了市级国土空间总体规划的定位、工作原则、规划范围、期限和层次等，并对编制主体与程序、成果形式作出了规定。《指南》强调，市级国土空间总体规划是市域国土空间保护、开发、利用、修复和指导各类建设的行动纲领，应注重体现综合性、战略性、协调性、基础性和约束性。编制市级国土空间总体规划，要坚持以人民为中心、坚持底线思维、坚持一切从实际出发，做好陆海统筹、区域协同、城乡融合，体现市级国土空间总体规划的公共政策属性，注重创新规划工作方法。

《指南》要求，编制市级国土空间总体规划必须建立在扎实的工作基础上：以第三次全国国土调查为基础，统一工作底图底数；分析当地自然地理格局，开展资源环境承载能力和国土空间开发适宜性评价；对现行城市总体规划、土地利用总体规划等空间类规划和相关政策实施进行评估，开展灾害和风险评估；根据实际需要，加强重大专题研究；开展总体城市设计研究，将城市设计贯穿规划全过程。

《指南》明确了市级国土空间总体规划的主要编制内容：一是落实主体功能定位，明确空间发展目标战略；二是优化空间总体格局，促进区域协调、城乡融合发展；三是强化资源环境底线约束，推进生态优先、绿色发展；四是优化空间结构，提升连通性，促进节约集约、高质量发展；五是完善公共空间和公共服务功能，营造健康、舒适、便利的人居环境；六是保护自然与历史文化，塑造具有地域特色的城乡风貌；七是完善基础设施体系，增强城市安全韧性；八是推进国土整治修复与城市更新，提升空间综合价值；九是建立规划实施保障机制，确保一张蓝图干到底。以上内容体现了新时代国土空间规划鲜明的价值导向。同时，《指南》还明确了市级国土空间总体规划的强制性内容，聚焦底线、民生、安全等，是上级政府审查的重点。《指南》强调，市级国土空间总体规划编制过程中要加强公众参与和多方协同，在规划编制审批全过程中贯彻落实"人民城市人民建，人民城市为人民"理念。

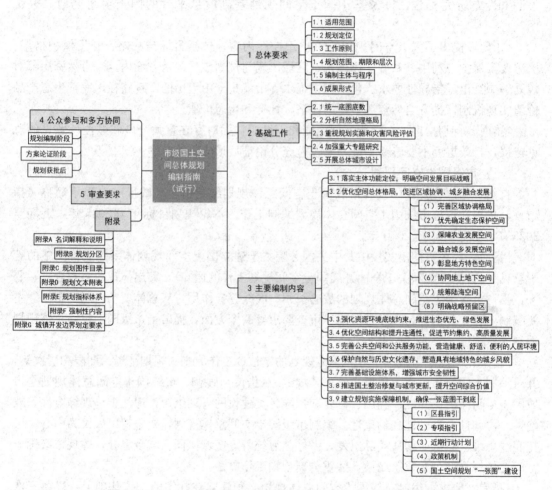

图 3-10-5.2 《市级国土空间总体规划编制指南（试行）》内容框架

（四）村庄规划与乡村振兴

2019年5月自然资源部办公厅发布《关于加强村庄规划促进乡村振兴的通知》（自然资办发〔2019〕35号），明确村庄规划是法定规划，是国土空间规划体系中乡村地区的详细规划，是开展国土空间开发保护活动、实施国土空间用途管制、核发乡村建设项目规划许可、进行各项建设等的法定依据。要整合村土地利用规划、村庄建设规划等乡村规划，实现土地利用规划、城乡规划等有机融合，编制"多规合一"的实用性村庄规划。村庄规划范围为村域全部国土空间，可以一个或几个行政村为单元编制。

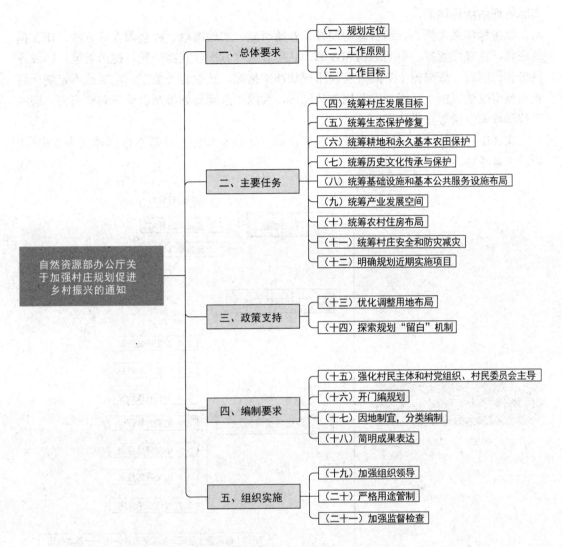

图 3-10-5.3 自然资源部办公厅《关于加强村庄规划促进乡村振兴的通知》内容框架

六、国土空间规划技术支撑
（一）双评估

2019年7月18日，自然资源部办公厅印发《关于开展国土空间规划"一张图"建设和现状评估工作的通知》（自然资办发〔2019〕38号），指出国土空间开发保护现状评估工作将贯彻落实《中共中央国务院关于建立国土空间规划体系并监督实施的若干意见》的重大部署，成为提升国土空间治理体系和治理能力现代化的重要抓手。评估工作将及时发现国土空间治理问题，有效传导国土空间规划重要战略目标，开展国土空间规划编制和动态维护，做好规划实施工作。

评估工作要体现底线要求，反映对生态文明的贡献；要科学评估规划实施现状与规划约束性目标的关系；要客观反映国土空间开发保护结构、效率和宜居水平；要着力发现规划实施中存在的空间维度"重量轻质"、时间维度"重静轻动"、政策维度"重地轻人"等突出矛盾和问题；要结合技术指南要求，统筹兼顾，构建科学有效、便于操作、符合当地实际的评估指标体系。

以指标体系为核心，结合基础调查、专题研究、实地踏勘、社会调查等方法，切实摸清现状，在底线管控、空间结构和效率、品质宜居等方面，找准问题，提出对策，形成评估报告。同时，依据国土空间开发利用现状评估指标，获取相关数据，定期或不定期开展重点城市或地区国土空间开发利用现状评估，为国土空间规划编制、动态调整完善、底线管控和政策供给等提供依据。

文件中《市县国土空间开发保护现状评估——基本指标》及基本指标释义为2020年原理考试考点。

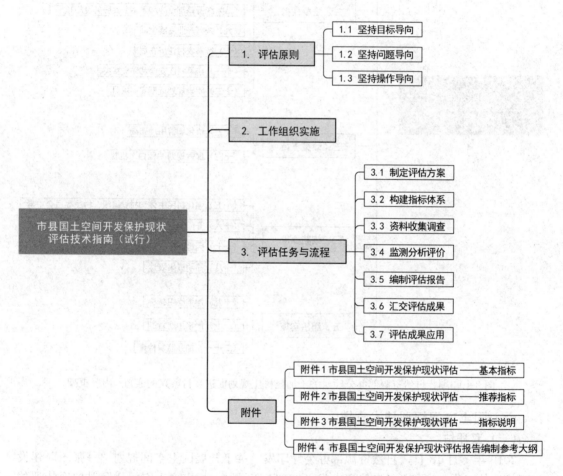

图 3-10-6.1 《市县国土空间开发保护现状评估技术指南（试行）》内容框架

（二）双评价

2020年2月，印发了《资源环境承载能力和国土空间开发适宜性评价指南（试行）》，将"双评价"作为编制国土空间规划的前提，强化资源禀赋本底约束，将水、土地、气候、生态、环境、灾害等作为评价指标，研判生态保护极重要区域，以及农业发展和城镇建设适宜区域和规模，为统筹划定三条控制线，优化国土空间开发保护格局提供支撑。

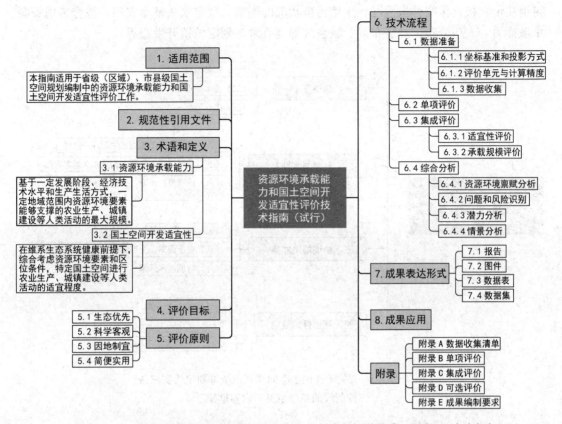

图 3-10-6.2 《资源环境承载能力和国土空间开发适宜性评价指南（试行）》内容框架

七、用途管制与资源总量管理

（一）三条控制线

2019年，中办、国办印发《关于在国土空间规划中统筹划定落实三条控制线的指导意见》，明确随着国土空间规划体系的逐步建立，三条控制线划定工作逐渐深入，三条控制线作为国土空间规划的核心要素和强制性内容，作为统一实施国土空间用途管制和生态保护修复的重要基础，已经成为共识，同时是考试中的重点文件。同时需要结合规划编制指南，熟悉在省级和市级国土空间规划中如何通过编制和实施国土空间规划对三条控制线进行统筹优化，通过分级传导、分类管控，实现对三条控制线的落实落地。

对于生态保护红线、永久基本农田、城镇开发边界"三条控制线"在基础数据、划定标准、管理规定等方面存在的统筹协调不足、交叉冲突难落地的现实问题，明确统筹协调"三条控制线"的基本原则、协调规则、落实路径和保障措施。生态保护红线、永久基本农田、城镇开发边界"三条控制线"，是调整经济结构、规划产业发展、推进城镇化不可逾越的红线。

文件中明确了划定生态保护红线、永久基本农田、城镇开发边界的主要依据。其中，优先将具有重要水源涵养、生物多样性维护、水土保持等生态功能极重要区域和生态极敏感脆弱的水土流失、沙漠化、石漠化等区域划入生态保护红线；依据耕地现状分布，根据耕地质量、粮食作物种植情况、土壤污染状况的要素,划定永久基本农田;综合考虑资源承载能力、人口分布、经济布局、城乡统筹等要素,划定城镇开发边界。

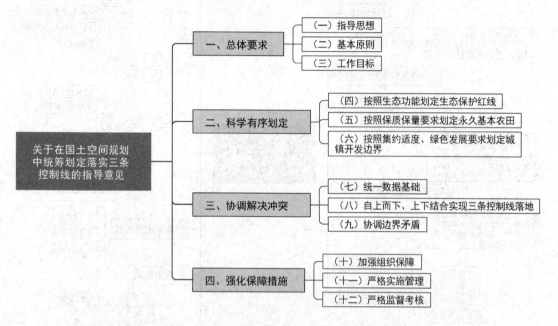

图 3-10-7.1 《关于在国土空间规划中统筹划定落实三条控制线的指导意见》内容框架

(二)用地用海分类

《分类指南》是实施国家自然资源统一管理、建立国土空间开发保护制度的一项重要基础性标准,为建立统一的国土空间用地用海分类,实施全国自然资源统一管理、合理利用和保护自然资源提供了基础。

《分类指南》体现生态优先、绿色发展理念,对国土空间用地用海类型进行归纳、划分,采用三级分类体系,共设置 24 种一级类、106 种二级类及 39 种三级类,反映国土空间配置与利用的基本功能,并满足自然资源管理需要。

《分类指南》适用于自然资源管理全过程,按照"统一底图、统一标准、统一规划、统一平台"要求,适用于国土调查、国土空间规划到用途管制,并延伸到土地审批、不动产登记等工作。实现国土空间全域全要素覆盖,首次将海洋资源利用的相关用途纳入用地用海分类体系,实现陆域、海域全覆盖。设置了"湿地",并对耕地、园地、林地、草地等含义进行了修改完善,在陆域实现生产、生活、生态等各类用地全覆盖。适应农业农村发展新特点,切实防止耕地"非农化""非粮化",设置了"农业设施建设用地",实现建设用地的全覆盖。为满足空间差异化与精细化管理需求,设置了"城镇社区服务设施用地""农村社区服务设施用地""物流仓储用地"。为应对城市未来发展的不确定性,设置了"留白用地"。在使用原则中鼓励土地混合使用和空间复合利用,在细分规定中为制定差别化细则留下空间。

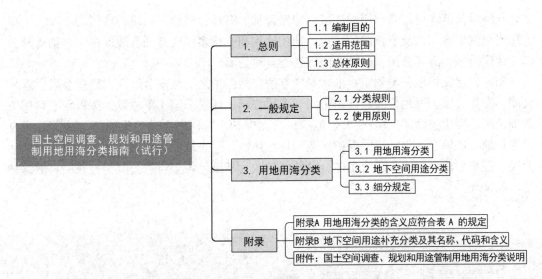

图 3-10-7.2 《国土空间调查、规划和用途管制用地用海分类指南（试行）》内容框架

（三）自然生态空间管制

1. 建立以国家公园为主体的自然保护地体系

2019年6月中共中央办公厅、国务院办公厅印发了《关于建立以国家公园为主体的自然保护地体系的指导意见》建成中国特色的以国家公园为主体的自然保护地体系，推动各类自然保护地科学设置，建立自然生态系统保护的新体制新机制新模式，建设健康稳定高效的自然生态系统，为维护国家生态安全和实现经济社会可持续发展筑牢基石，为建设富强民主文明和谐美丽的社会主义现代化强国奠定生态根基。

明确自然保护地功能定位。自然保护地是由各级政府依法划定或确认，对重要的自然生态系统、自然遗迹、自然景观及其所承载的自然资源、生态功能和文化价值实施长期保护的陆域或海域。建立自然保护地目的是守护自然生态，保育自然资源，保护生物多样性与地质地貌景观多样性，维护自然生态系统健康稳定，提高生态系统服务功能；服务社会，为人民提供优质生态产品，为全社会提供科研、教育、体验、游憩等公共服务；维持人与自然和谐共生并永续发展。要将生态功能重要、生态环境敏感脆弱以及其他有必要严格保护的各类自然保护地纳入生态保护红线管控范围。

科学划定自然保护地类型。按照自然生态系统原真性、整体性、系统性及其内在规律，依据管理目标与效能并借鉴国际经验，将自然保护地按生态价值和保护强度高低依次分为三类。

国家公园：是指以保护具有国家代表性的自然生态系统为主要目的，实现自然资源科学保护和合理利用的特定陆域或海域，是我国自然生态系统中最重要、自然景观最独特、自然遗产最精华、生物多样性最富集的部分，保护范围大，生态过程完整，具有全球价值、国家象征，国民认同度高。

自然保护区：是指保护典型的自然生态系统、珍稀濒危野生动植物种的天然集中分布区、有特殊意义的自然遗迹的区域。具有较大面积，确保主要保护对象安全，维持和恢复珍稀濒危野生动植物种群数量及赖以生存的栖息环境。

自然公园：是指保护重要的自然生态系统、自然遗迹和自然景观，具有生态、观赏、文化和科学价值，可持续利用的区域。确保森林、海洋、湿地、水域、冰川、草原、生物等珍贵自然资源，以及所承载的景观、地质地貌和文化多样性得到有效保护。包括森林公园、地质公园、海洋公园、湿地公园等各类自然公园。

制定自然保护地分类划定标准，对现有的自然保护区、风景名胜区、地质公园、森林公园、海洋公园、湿地公园、冰川公园、草原公园、沙漠公园、草原风景区、水产种质资源保护区、野生植物原生境保护区（点）、自然保护小区、野生动物重要栖息地等各类自然保护地开展综合评价，按照保护区域的自然属性、生态价值和管理目标进行梳理调整和归类，逐步形成以国家公园为主体、自然保护区为基础、各类自然公园为补充的自然保护地分类系统。

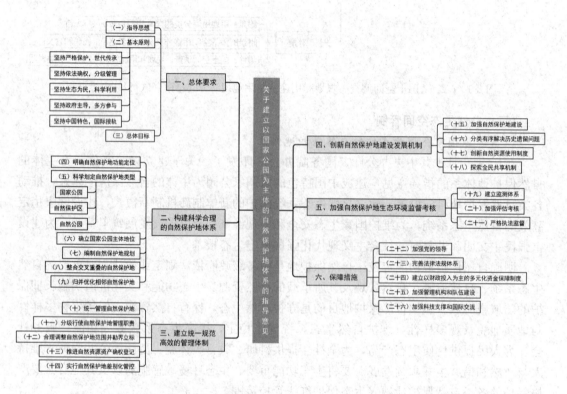

图 3-10-7.3 《关于建立以国家公园为主体的自然保护地体系的指导意见》内容框架

2. 湿地、草原、森林等生态空间管制要求

自然资源部组建后，推进自然资源生态空间用途管制试点，深入探索构建差别化、分级分类的自然生态空间用途管制规则。试点地区将自然生态空间区分为生态保护红线和一般生态空间，统筹森林、草原、河流、湖泊、湿地、海洋等自然要素，实行分级分类用途管制；按照"区域准入＋正负面清单＋用途转用"的模式，探索构建了差别化的自然生态空间用途管制规则；积极探索了流域综合治理、生态空间复合利用等生态空间保护新举措。2019年6月，试点基本完成。当前《自然生态空间用途管制办法》仍在修订完善中，需要关注自然资源生态空间管制现行的法律法规和政策文件中相应的管控要求。

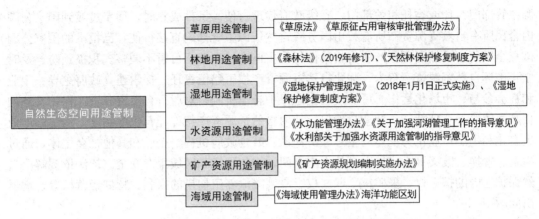

图 3-10-7.4　自然生态空间用途管制内容框架

（四）自然资源产权改革

2019 年 4 月中共中央办公厅、国务院办公厅印发了《关于统筹推进自然资源资产产权制度改革的指导意见》，指出自然资源资产产权制度是加强生态保护、促进生态文明建设的重要基础性制度。改革开放以来，我国自然资源资产产权制度逐步建立，在促进自然资源节约集约利用和有效保护方面发挥了积极作用，但也存在自然资源资产底数不清、所有者不到位、权责不明晰、权益不落实、监管保护制度不健全等问题，导致产权纠纷多发、资源保护乏力、开发利用粗放、生态退化严重。

其中强调健全自然资源资产产权体系。适应自然资源多种属性以及国民经济和社会发展需求，与国土空间规划和用途管制相衔接，推动自然资源资产所有权与使用权分离，加快构建分类科学的自然资源资产产权体系，着力解决权利交叉、缺位等问题。处理好自然资源资产所有权与使用权的关系，创新自然资源资产全民所有权和集体所有权的实现形式。落实承包土地所有权、承包权、经营权"三权分置"，开展经营权入股、抵押。探索宅基地所有权、资格权、使用权"三权分置"。加快推进建设用地地上、地表和地下分别设立使用权，促进空间合理开发利用。探索研究油气探采合一权利制度，加强探矿权、采矿权授予与相关规划的衔接。依据不同矿种、不同勘查阶段地质工作规律，合理延长探矿权有效期及延续、保留期限。根据矿产资源储量规模，分类设定采矿权有效期及延续期限。依法明确采矿权抵押权能，完善探矿权、采矿权与土地使用权、海域使用权衔接机制。探索海域使用权立体分层设权，加快完善海域使用权出让、转让、抵押、出租、作价出资（入股）等权能。构建无居民海岛产权体系，试点探索无居民海岛使用权转让、出租等权能。完善水域滩涂养殖权利体系，依法明确权能，允许流转和抵押。理顺水域滩涂养殖的权利与海域使用权、土地承包经营权，取水权与地下水、地热水、矿泉水采矿权的关系。

强调强化自然资源整体保护。编制实施国土空间规划，划定并严守生态保护红线、永久基本农田、城镇开发边界等控制线，建立健全国土空间用途管制制度、管理规范和技术标准，对国土空间实施统一管控，强化山水林田湖草整体保护。加强陆海统筹，以海岸线为基础，统筹编制海岸带开发保护规划，强化用途管制，除国家重大战略项目外，全面停止新增围填海项目审批。对生态功能重要的公益性自然资源资产，加快构建以国家公园为主体的自然保护地体系。国家公园范围内的全民所有自然资源资产所有权由国务院自然资源主管部门行使或委托相关部门、省级政府代理行使。条件成熟时，逐步过渡到国家公园内全民所有自然资源资产所有权由国务院自然资源主管部门直接行使。已批准的国家公园试点全民所有自然资源资产所有权具体行使主体在试点期间可暂不调整。积极预防、及时制止破坏自然资源资产行为，强化自然资源资产损害赔偿责任。探索建立政府主导、企业和社会参与、市场化运作、可持续的生态保护补偿机制，对履行自然资源资产保护义务的权利主体给予合理补偿。健全自然保护地内自然资源资产特许经营权等制度，构建以产业生态化和生态产业化为主体的生态经济体系。鼓励政府机构、企业和其他社会主体，通过租赁、置换、赎买等方式扩大自然生态空间，维护国家和区域生态安全。依法依规解决自然保护地内的探矿权、采矿权、取水权、水域滩涂养殖捕捞的权利、特许经营权等合理退出问题。

八、规划实施与监督监管

（一）规划用地"多审合一、多证合一"改革

2019年09月20日自然资源部发布《关于以"多规合一"为基础推进规划用地"多审合一、多证合一"改革的通知》（自然资规〔2019〕2号）明确为落实党中央、国务院推进政府职能转变、深化"放管服"改革和优化营商环境的要求，以"多规合一"为基础推进规划用地"多审合一、多证合一"改革的有关事项通知如下：

（1）合并规划选址和用地预审

将建设项目选址意见书、建设项目用地预审意见合并，自然资源主管部门统一核发建设项目用地预审与选址意见书，不再单独核发建设项目选址意见书、建设项目用地预审意见。

涉及新增建设用地，用地预审权限在自然资源部的，建设单位向地方自然资源主管部门提出用地预审与选址申请，由地方自然资源主管部门受理；经省级自然资源主管部门报自然资源部通过用地预审后，地方自然资源主管部门向建设单位核发建设项目用地预审与选址意见书。用地预审权限在省级以下自然资源主管部门的，由省级自然资源主管部门确定建设项目用地预审与选址意见书办理的层级和权限。

使用已经依法批准的建设用地进行建设的项目，不再办理用地预审；需要办理规划选址的，由地方自然资源主管部门对规划选址情况进行审查，核发建设项目用地预审与选址意见书。

建设项目用地预审与选址意见书有效期为三年，自批准之日起计算。

（2）合并建设用地规划许可和用地批准

将建设用地规划许可证、建设用地批准书合并，自然资源主管部门统一核发新的建设用地规划许可证，不再单独核发建设用地批准书。

以划拨方式取得国有土地使用权的，建设单位向所在地的市、县自然资源主管部门提出建设用地规划许可申请，经有建设用地批准权的人民政府批准后，市、县自然资源主管部门向建设单位同步核发建设用地规划许可证、国有土地划拨决定书。

以出让方式取得国有土地使用权的，市、县自然资源主管部门依据规划条件编制土地出让方案，经依法批准后组织土地供应，将规划条件纳入国有建设用地使用权出让合同。建设单位在签订国有建设用地使用权出让合同后，市、县自然资源主管部门向建设单位核发建设用地规划许可证。

（3）推进多测整合、多验合一

以统一规范标准、强化成果共享为重点，将建设用地审批、城乡规划许可、规划核实、竣工验收和不动产登记等多项测绘业务整合，归口成果管理，推进"多测合并、联合测绘、成果共享"。不得重复审核和要求建设单位或者个人多次提交对同一标的物的测绘成果；确有需要的，可以进行核实更新和补充测绘。在建设项目竣工验收阶段，将自然资源主管部门负责的规划核实、土地核验、不动产测绘等合并为一个验收事项。

（4）简化报件审批材料

各地要依据"多审合一、多证合一"改革要求，核发新版证书。对现有建设用地审批和城乡规划许可的办事指南、申请表单和申报材料清单进行清理，进一步简化和规范申报材料。除法定的批准文件和证书以外，地方自行设立的各类通知书、审查意见等一律取消。加快信息化建设，可以通过政府内部信息共享获得的有关文件、证书等材料，不得要求行政相对人提交；对行政相对人前期已提供且无变化的材料，不得要求重复提交。支持各地探索以互联网、手机APP等方式，为行政相对人提供在线办理、进度查询和文书下载打印等服务。

图 3-10-8.1 《关于以"多规合一"为基础推进规划用地"多审合一、多证合一"改革的通知》内容框架

（二）加强国土空间规划监督管理

2020年5月自然资源部办公厅发布《关于加强国土空间规划监督管理的通知》（自

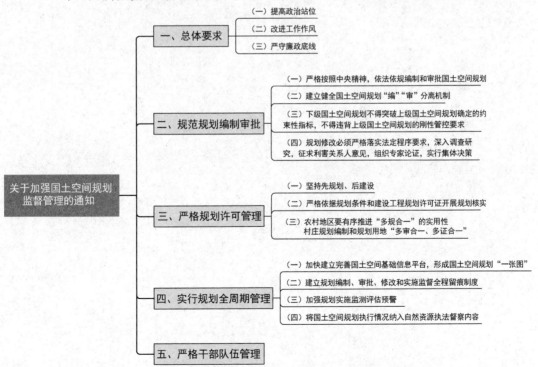

图 3-10-8.2 《关于加强国土空间规划监督管理的通知》内容框架

然资办发〔2020〕27号),明确建立健全国土空间规划"编""审"分离机制,建立规划编制、审批、修改和实施监督全程留痕制度。同时要求,规划审查应充分发挥规划委员会的作用,实行参编单位专家回避制度,推动开展第三方独立技术审查;规划修改必须严格落实法定程序要求,深入调查研究,征求利害关系人意见,组织专家论证,实行集体决策。